高等学校教材·软件工程

软件工程基础实践

郑江滨　李　易　金强国　马春燕　梁　旭　马佳曼　编著

西北工业大学出版社

西安

【内容简介】 本书的主要内容包括软件项目的计划与管理、软件项目的需求分析、软件项目的概要设计、软件项目的详细设计、软件项目的实现、软件项目的测试、软件项目的维护和其他软件开发方法等。本书不仅介绍基本方法、原理和原则，而且给出特色化的软件案例，并利用软件开发工具，图文并茂地对软件开发过程中相关理论知识点进行说明和展示；以技术文档为驱动，鼓励读者通过实践对软件工程进行深入的理解和探索。

本书可作为高等学校计算机及相关专业软件工程课程的教材，也可供有关技术人员参考使用。

图书在版编目(CIP)数据

软件工程基础实践 / 郑江滨等编著. -- 西安 ：西北工业大学出版社，2024.12. --（高等学校教材）.
ISBN 978-7-5612-9624-0

Ⅰ. TP311.5

中国国家版本馆 CIP 数据核字第 20246GQ708 号

RUANJIAN GONGCHENG JICHU SHIJIAN

软 件 工 程 基 础 实 践

郑江滨　李易　金强国　马春燕　梁旭　马佳曼　编著

责任编辑：成　瑶　张　潼		策划编辑：何格夫	
责任校对：杨　兰		装帧设计：高永斌　李　飞	

出版发行：西北工业大学出版社

通信地址：西安市友谊西路 127 号　　　　　邮编：710072

电　　话：(029)88491757，88493844

网　　址：www.nwpup.com

印　刷　者：兴平市博闻印务有限公司

开　　本：787 mm×1 092 mm　　　　　1/16

印　　张：20.5

字　　数：512 千字

版　　次：2024 年 12 月第 1 版　　　　2024 年 12 月第 1 次印刷

书　　号：ISBN 978-7-5612-9624-0

定　　价：80.00 元

如有印装问题请与出版社联系调换

前　言

　　软件工程在现代软件开发中具有重要的地位和作用,它通过系统化的方法和工具,提高软件开发效率、确保软件质量、降低软件开发成本,从而推动软件产业的发展和创新。软件工程是指将工程原理和方法应用于软件开发过程的学科,其涉及软件的设计、开发、测试、维护和管理等各个阶段。它旨在提高软件开发的效率和质量,并确保软件满足用户的需求和预期。软件工程理论包含很多抽象的原理和原则,整个软件开发过程(从可行性分析、软件需求分析到软件的设计、编码、测试和维护),需要借助诸多的软件开发工具。"软件工程"是一门实践性很强的课程,软件工程实践既有助于学生理解抽象的软件工程原理,又能指导学生进行规范的软件项目开发,这就是笔者撰写本书的目的。

　　本书作为《软件工程基础》(第 2 版)(ISBN 978 - 7 - 5612 - 9240 - 2)的实验配套教材,以软件工程的项目开发过程为主线,侧重于软件项目开发实践,主要阐明了在软件项目开发过程实践(软件项目计划、可行性分析、需求分析、概要设计、详细设计、测试及维护等)中应遵循的基本原理和原则,如何应用计算机辅助设计软件工具进行软件项目开发,以及如何撰写出规范的软件项目开发文档。本书给出了一个依据国家标准(简称"国标")撰写的完整教学案例的软件开发文档,其中包括软件项目的需求分析、概要设计和详细设计文档。本书还给出了各开发阶段文档的模板,并介绍了能力成熟度模型(CMM)以及目前比较流行的敏捷和 DevOps 软件开发方法。此外,书中各章节的相关知识点都配有教学案例。

　　本书将软件工程理念、思想、方法和工具充分融入整个软件开发过程,将抽象的软件工程理论变为看得见、摸得着的软件工程实践,帮助学生在做中学,旨在培养学生良好的团队组织和沟通能力、规范的软件开发文档撰写能力、前沿软件开发工具的应用能力,全面提升学生的软件项目开发实践能力。

　　本书共 8 章,具体内容如下:

　　第 1 章,软件项目的计划与管理,主要包括选择软件开发模型、软件项目管理、软件配置管理、版本与分支管理常用工具、常用的软件工程工具简介、软件能力成熟度模型简介和可选实践项目题目等。

　　第 2 章,软件项目的需求分析,主要包括可行性分析、需求分析的内容、结构化需求分析、结构化分析案例、面向对象分析、面向对象分析案例、软件需求规格说明、软件需求规格文档和一个依据国标(GB)撰写的教学案例——基于 Web 的网上外卖发布与订单管理系统需求规格说明示例。

第 3 章,软件项目的概要设计,主要包括面向对象设计中的启发规则、描绘软件结构的图形工具、数据库设计、人机界面设计、概要设计文档以及一个依据国标撰写的教学案例——基于 Web 的网上外卖发布与订单管理系统概要设计文档示例。

第 4 章,软件项目的详细设计,主要包括结构化程序设计、结构化详细设计常用工具、面向对象详细设计——设计类中的服务、详细设计文档以及一个依据国标撰写的教学案例——基于 Web 的网上外卖发布与订单管理系统详细设计文档示例。

第 5 章,软件项目的实现,主要包括软件项目常用的集成开发环境(IDE)简介、编码风格。

第 6 章,软件项目的测试,主要包括软件测试准则、黑盒测试技术简介及举例、白盒测试技术简介及举例、单元测试、集成测试、持续集成和软件测试报告。

第 7 章,软件项目的维护,主要包括软件维护过程、维护活动记录和软件维护规格说明文档。

第 8 章,其他软件开发方法,主要包括敏捷软件开发方法和 DevOps 软件开发方法。

本书的主要特色如下:

(1)将软件工程理念、思想、方法和工具充分融入整个软件开发过程,注重软件项目开发实践;

(2)将复杂问题简单化,用具体实例说明在软件各开发过程中采用何种软件工具撰写出规范的软件开发文档;

(3)将抽象问题直观化,对于所涉及的各知识点都给出实例及图表;

(4)将抽象理论具象化,依据国标通过一个完整的教学案例给出了整个开发项目的软件开发文档,包括项目的需求分析、概要设计和详细设计文档;

(5)与前沿开发方法接轨,介绍了目前 IT 企业最流行的敏捷和 DevOps 软件开发方法;

(6)具有很强的实用性及可操作性,介绍了根据所开发的软件项目特点选择合适的软件开发模型、软件项目管理、软件配置管理、版本与分支管理常用工具、常用的软件工程工具和能力成熟度模型等。

本书融入党的二十大精神,注重培养学生的爱国精神和技术创新能力,引导当代学生树立坚定的理想信念,勇于面对软件工程领域的挑战,努力成为引领新时代软件行业发展的高素质人才,为实现中华民族伟大复兴贡献智慧和力量。

本书由梁旭撰写第 1 章,郑江滨撰写第 2 章和第 8 章,李易撰写第 3 章和第 5 章,马佳曼撰写第 4 章,金强国撰写第 6 章,马春燕撰写第 7 章;郑江滨完成全书统稿工作。

在撰写本书的过程中,笔者参阅了大量文献资料,在此向其作者表示感谢。同时,要特别感谢南京大学的研究生陈宏,西北工业大学软件学院的研究生李悦平、辛必乔和许晋嘉,他们为本书的出版做了大量的工作。另外,感谢西北工业大学出版社的策划编辑何格夫,他给予笔者很多帮助和支持。

　　由于水平有限,书中难免存在欠妥之处,敬请广大读者批评指正。

编著者

2024 年 6 月

目 录

第1章　软件项目的计划与管理

1.1　选择软件开发模型

在软件开发过程中,选择一个合适的软件开发模型可以有效地提高开发效率、降低开发成本,并确保项目按期交付。下面将介绍几种常见的软件开发模型及其适用场景。

1.1.1　软件开发模型

1. 构造修复模型

构造修复模型是指在软件开发过程中,通过识别和解决问题来改进和修复现有的软件系统。它旨在通过分析和理解软件系统中的缺陷、错误或性能问题,并针对这些问题实施相应的解决方案,来提高系统的稳定性、可靠性和性能。

2. 瀑布模型

瀑布模型是一种经典的软件开发模型,它将软件开发过程划分为一系列线性和有序的阶段,每个阶段都需在前一个阶段完成后才能开始。

3. 快速原型模型

快速原型模型是一种软件开发模型,旨在快速建立一个可交互、可演示的原型,以便更好地理解用户需求、验证设计概念和获得反馈。

4. 增量模型

增量模型将软件系统的开发划分为一系列可交付的增量或部分,并且每个增量或部分都经历完整的软件开发生命周期,从而逐步构建出完整的系统。

5. 面向对象模型

面向对象模型是一种全新的软件开发模式,它提供了软件重用的良好框架和支持体系。事件驱动、数据封装和组件技术的发展,为软件开发创造了新的模式,但需求的描述、定义的模式、软件的体系与结构、组件的测试方法与约束条件、模块一致性、移植性等问题,还需要更进一步的研究、分析和实验。

6. 统一软件开发过程

统一软件开发过程(Rational Unified Process,RUP)是一种面向对象的软件开发过程,它使用一系列的模型、文档和工具来支持软件项目的开发过程,包括需求分析、设计、构建、测试和部署等阶段,能够很好地适应不断变化的需求和环境。

7. 敏捷过程

敏捷过程是一种软件开发方法,旨在通过快速、灵活的迭代开发,及时响应变化,提高客户满意度和软件交付效率。

1.1.2 软件开发模型的适用场景

1.1.1 节介绍了常用的软件开发模型的含义,下面将逐个介绍这些常用软件开发模型的适用场景。选择合适的软件开发模型需要分析软件项目的特点,如规模、复杂性、团队规模、技术要求、时间要求等。

(1)构造修复模型适用于规模较小、相对简单或需要灵活开发的项目。复杂的、高度定制化或对需求稳定性和规范性要求较高的项目,可能需要采用其他结构化和规范化的开发模型。此外,构造修复模型的成功也需要高效的沟通和协作,以确保每个迭代的修复和改进都能够满足利益相关者的期望和需求。

(2)瀑布模型适用于小型并且需求稳定的项目,比如初创公司或初次使用软件开发模型。对于初创公司或没有太多软件开发经验的团队来说,瀑布模型可以提供一种相对简单及可理解的开发方法,它的线性顺序使得开发过程更容易管理和控制。

(3)快速原型模型适用于那些需要在早期收集反馈和快速迭代的项目,尤其是注重用户体验、界面设计和市场验证的项目。它能够加快开发流程,减少后期修复和改进的工作量,并提高产品质量和用户满意度。

(4)增量模型适用于需求变动频繁,需求逐步明确的项目,对于高风险的项目,增量模型可以降低风险并提高项目交付的成功率。它将项目划分为多个增量,可以对每个增量进行风险评估和风险管理,并及时调整和修复。

(5)面向对象模型适用于需要建模和设计复杂系统的项目。它通过将系统划分为多个对象,并通过对象之间的交互和关系来表示系统的结构和行为,来更好地理解和管理系统。

(6)RUP 是一种迭代增量的软件开发过程框架,适用于各种规模和类型的软件项目。它更适用于大型软件项目和企业级开发。

(7)敏捷过程适用于需求变化频繁、难以完全预测的项目。它将开发过程划分成短小的迭代周期,使团队能够快速地响应需求变化,并在每次迭代中交付部分可用的软件。它尤其适用于需求不明确或者需求模糊的项目,是小团队开发可以采用的开发模型。

常用软件开发模型的比较如表 1-1 所示。

表 1-1 常见软件开发模型的比较

软件开发模型	优 点	缺 点
构造修复模型	快速、简单,适合规模小且无须维护的软件	软件质量无保证
瀑布模型	规范、质量高,文档齐备	错误的更正成本高
快速原型模型	产品符合用户要求	原型软件的可靠性与重用性差

续表

软件开发模型	优　点	缺　点
增量模型	客户能够及早获得产品,版本的升级容易	软件的需求要明确,否则容易蜕变为构造修复模型
面向对象模型	不断的迭代和循环,降低了软件错误发生的概率,软件重用技术的发展,提高了软件可靠性,降低了开发成本	开放的软件架构,且组件的定义和质量是关键
RUP	基于迭代和增量开发,模型驱动的开发,面向对象的开发方法,以用例为中心的开发、过程和指导文档,重视团队协作	复杂性高、成本高,依赖于模型,难以适应变化,文档过多,开发成本高、时间长
敏捷过程	响应变化能力强,客户参与度高,交付效率高,团队合作能力强	缺乏文档,没有详细计划,对技术水平要求高,容易造成软件的质量问题

1.1.3　实际案例

假设要开发一个新闻发布系统项目。考虑到该项目存在需求变动的风险,其需求可能随时发生变化,敏捷开发模型可能是一个更好的选择,这是因为它可以快速地适应变化,并持续地与客户进行反馈和沟通。又如,假设要开发一个电子商务网站。由于该项目的需求相对稳定且规模较大,因此考虑选择采用增量模型,可以先完成基本的购物流程,然后通过每个增量迭代的方式,逐步添加其他功能模块。未来,随着技术和业务需求的变化,可能还会出现新的软件开发模型。因此,需要密切关注行业的发展动向,不断更新和优化模型。

1.2　软件项目管理

1.2.1　团队组织与学生项目组队模板

随着软件规模的增大和复杂度的增加,在给定期限内,个人"单打独斗"地完成软件项目已经变得不再现实;只有汇集多名软件技术人员,并且合理组织,才能有效分工,协同一致地完成开发工作。

1. 团队构建因素

要想成功地完成软件开发项目,项目团队必须以高效、有益的方式组织起来,并能有效地交流与沟通。在构建团队时,要结合项目因素和人员因素考虑团队的组成结构。

项目因素主要结合下面的问题来考虑:

(1)项目的规模大小和复杂程度;

(2)对项目中用户问题的可分解程度;

(3)对项目性能、操作等非功能性要求的程度;

(4)项目开发时间的限制程度;

(5)对项目质量要求和可靠性要求的程度;

(6)与用户就项目的交流程度。

项目因素是团队组建的外部因素,人员因素是团队组建的内部因素。人员因素主要考虑以下几个方面。

(1)团队人员的综合因素。综合因素涉及人员参与项目的时间、技术能力,适宜完成项目需求、设计、实现、测试和维护哪些阶段的任务。

(2)对团队人员的培训和磨合。其中包括项目的应用背景、团队人员的技术培训、彼此之间的配合和默契程度。

(3)在有条件的情况下,对团队人员配置应该按照技术和管理双轨制组织。

2. 团队组织原则

(1)尽早落实责任:在软件项目工作开始时,要尽早指定专人负责,使其有权进行管理,并对任务的完成负全责。

(2)减少接口:一个组织的生产效率会随着完成任务中存在的通信路径数目的增加而降低,要有合理的人员分工、好的组织结构、有效的通信,以减少不必要的生产率损失。

(3)责权均衡:软件经理人员的责权不应比委任给他责任的人的责权还大。

3. 团队组织方式

目前软件项目团队的组织方式很多,团队组织方式不仅涉及人员的构成,还取决于项目特点、对人员的组织和管理经验。对项目问题分解方式的不同,使得团队组织和团队人员的分工也不一样。

(1)按项目划分。把软件人员按项目整体打包分配方式组成项目开发团队。团队成员自始至终参加项目的整个软件工程开发过程,负责完成软件系统的问题定义、设计、实现、测试、维护、文档编写,各阶段的技术审查和管理复审等工作。这种组织方式要求团队人员的综合素质高,每个人所分配的任务可以涉及整个项目的各个阶段,包括质量管理控制和文档编制。

(2)按开发阶段划分。把团队人员按软件工程开发阶段划分成若干不同的小组,小组成员负责本阶段的工作。小组划分作为开发过程的一个阶段,起到承上启下的作用。这种职能划分方式,使得软件人员把主要精力关注于有限的问题上,有利于提高系统质量。

团队人员的 3 种组织方式,如图 1-1 所示。

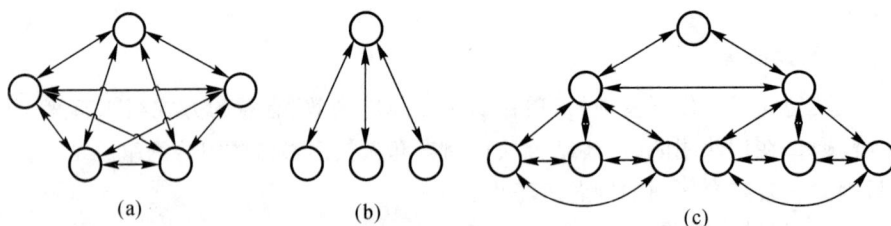

图 1-1 团队人员的 3 种组织方式

(a)民主制小组;(b)主程序员组;(c)层次式小组

(1)民主制小组。民主制小组形式的特点是当遇见问题时,小组成员间平等地交换意见,协商解决问题。任务目标的制定和分配,都由小组成员共同完成。假设有 N 个小组成员,则小组成员间的彼此通信量为 $N(N-1)/2$。如果小组成员数量增加 1 倍,那么通信量将增加至 4 倍多。可见,民主制小组成员不宜过多,以 2~8 名成员为宜。同时,较少人员容易就重大问题达成共识,制定的标准易于被大家接受,并且容易管理和实现过程控制。民主制小组通常就开发过程中的核心技术、系统攻关等问题以非正式方式组织,虽然小组名义上有组长或负责人,但他的地位和作用与小组其他人员相当。

(2)主程序员组。主程序员组最初是 IBM 公司在 20 世纪 70 年代初采用的人员组织方式。这种组织的核心是由 1 位经验多、技术好、能力强的主程序员、2~5 位程序员、1 位后备工程师组成。

主程序员负责小组开发活动的计划、任务分配、人员协调与技术审查,同时设计和实现项目中的核心部件。

程序员按照主程序员的设计方案和步骤,具体负责所分配任务的开发、文档编写等相关工作。

后备工程师支持主程序员的工作,为主程序员提供咨询,或共同参与分析、设计和完成任务。后备工程师在必要时能够替代主程序员引导小组继续完成后续项目的任务,他可以根据项目规模、时间、资金等条件的约束,灵活增加其他相关人员以辅助项目,并按质保量完成整个项目。

(3)层次式小组。层次式小组由一位项目负责人负责小组开发活动的计划、任务分配与人员协调。项目负责人的下面有多个小组按层次结构组织,每个小组类似主程序员组形式,由一位经验多、技术好、能力强的程序员作为小组内部的高级程序员,负责小组开发活动的计划、任务分配、人员协调与技术审查,同时负责设计和实现项目中的核心部件。层次式小组其他成员按照层次结构分配到多个小组中,并由多个小组共同完成项目任务。

软件质量管理归根到底是对人员的管理。由于参与到软件项目中的人员很多,各自的职责也不尽相同,因此对人员的管理需要有组织地进行。图 1-2 所示为学生项目组队模板图,主要涉及课题名称、组员构成以及组员信息。在实际工作中,可根据具体的项目需要,在以上信息的基础上进行修改。

软件工程导论实验课组队表						
组号	选题	组员姓名	学号	QQ 号	e-mail	手机号
1						
2						

图 1-2　学生项目组队模板图

1.2.2 项目开发计划的主要内容及模板

(1)项目计划的要素。计划是管理工作的重要职能,在软件项目管理中,软件项目从制订项目计划开始。项目计划中需要确定目标和范围,时间、地点和资金,人员和技术等内容。

(2)项目计划类别表如表1-2所示。

表1-2　项目计划类别表

类别	说明
项目实施计划	软件开发的综合性计划,包括责任人员、进度、环境、资源、组织等
质量保证计划	把软件开发的质量要求具体规定为在每个开发阶段中可以检查的质量保证活动
软件测试计划	规定测试活动的责任人员、测试方法、进度、资源、人员职责等
文档编制计划	规定所开发的项目应编制的文档种类、内容、进度、人员职责等
用户培训计划	规定对用户进行培训的目标、要求、进度、人员职责等
综合支持计划	规定软件开发过程中所需要的支持,以及如何获得和利用这些支持
软件分发计划	规定软件开发过程中所需要的支持,如何获得和利用这些支持,以及软件项目完成后,如何提交给客户

在以上各类计划中,软件项目实施计划是综合性的,进行工作的划分是该计划应首先解决的问题。常用的计划结构有按阶段进行项目的计划、任务分解结构和责任矩阵。

(3)如何安排项目计划的进度。进度安排的准确程度可能比成本估算程度更重要。如果进度安排落空,那么会导致市场机会的丧失,使得用户不满意,也会导致成本的增加。因此,在考虑进度安排时,要把人员的工作量与花费的时间联系起来。对于一个小型软件开发项目,一个人就可以完成需求分析、设计、编码和测试工作。而对于一个较大型的软件项目,若由一个人单独开发,则时间太长,因此软件开发组是必要的。一般软件开发组的规模不能太大,人数不能太多(2~8人较合适),当参加同一软件工程项目的人数超过1人的时候,开发工作就会出现并行情况。

1.2.3 进度安排的图形方法——甘特图

甘特图(Gantt chart)又称横道图、条状图(bar chart),它通过条状图来显示项目、进度和其他时间相关的系统进展的内在关系随着时间进展的情况。甘特图是人们常用来进行项目进度安排的一种工具,是以提出者亨利·劳伦斯·甘特(Henry Laurence Gantt)先生的名字命名的。甘特图通过活动列表和时间刻度表示出特定项目的顺序与持续时间。它是一种线条图,横轴表示时间,纵轴表示项目,线条表示期间计划和实际完成情况。它直观表明计划何时进行、进展与要求的对比,便于管理者弄清项目的剩余任务,评估工作进度。图1-3所示为一个典型甘特图示例,甘特图包含以下3个含义:

(1)以图形或表格的形式显示活动;

(2)通用的显示进度的方法;

(3)构造时含日历上的天数和持续时间,不将周末节假日算在进度内。

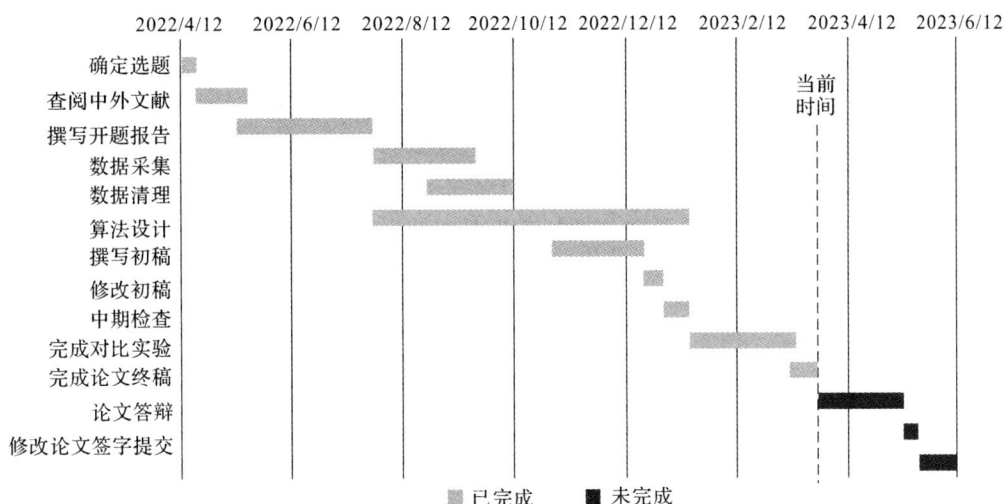

图 1-3 甘特图示例

甘特图是以作业排序为目的,将活动与时间联系起来的最早尝试的工具之一,帮助企业描述工作中心(Working Center)、工作进度及人力资源等资源。甘特图简单、醒目、便于编制,在管理中广泛应用。

为了更好地理解甘特图,下面使用 Excel 软件来绘制一张项目计划甘特图。

1.2.3.1 准备原始数据

先分析一下项目计划:2020 年 10 月 10 日—31 日,总共 21 天。原始数据包括工作内容、计划开始时间以及阶段工期。其中,工作内容分别为项目立项、数据采集、数据清洗、算法设计、代码实现、软件测试、撰写报告、项目结题。每种工作内容对应有一个开始时间以及持续天数。项目计划数据如图 1-4 所示。

	计划开始时间	工期
项目立项	2020/10/10	3
数据采集	2020/10/13	1
数据清洗	2020/10/14	2
算法设计	2020/10/16	6
代码实现	2020/10/22	4
软件测试	2020/10/26	1
撰写报告	2020/10/27	3
项目结题	2020/10/31	1

图 1-4 项目计划数据

1.2.3.2 制作图表

在任意一个单元格中输入 0～21 的任意数字(即当前已进行天数),如在 E12 单元格输入 9。为了换算出当前具体日期,在 E14 单元格输入公式=C3+E12,在这种情况下,显示的是 2020/10/19,生成辅助信息图如图 1-5 所示。

	计划开始时间	阶段工期	阶段完成	阶段剩余
项目立项	2020/10/10	3	3	0
数据采集	2020/10/13	4	4	0
数据清洗	2020/10/14	3	3	0
算法设计	2020/10/16	6	3	3
代码实现	2020/10/22	4	0	4
软件测试	2020/10/26	2	0	2
撰写报告	2020/10/27	3	0	3
项目结题	2020/10/30	1	0	1

当前天数	9
工期总时长	21
当前日期	2020/10/19

图 1-5 生成辅助信息图

然后,在 E、F 两列中插入辅助列——阶段完成和阶段剩余,根据计划时间与当前时间的关系,可以通过公式自动生成对应的数据。以"项目立项"为例,在单元格 E3 处插入如下公式:=IF(C3≥E14,0,IF(C3+D3≥E14,E14-C3,D3))。在单元格 F3 处插入如下公式:=D3-E3,生成的"阶段完成"与"阶段剩余"数据如图 1-5 所示。选中 C、D、E、F 列中的相应数据,插入堆积条形图,生成的甘特图如图 1-6 所示。一个简单的项目计划甘特图就制作完成了,横轴为日期,纵轴为工作内容名称。矩形块左端为需求开始时间,右端为结束时间,若矩形块有灰色部分,则对应为工作内容尚未完成的部分。甘特图方便人们直观地对项目进行全局性的把控。

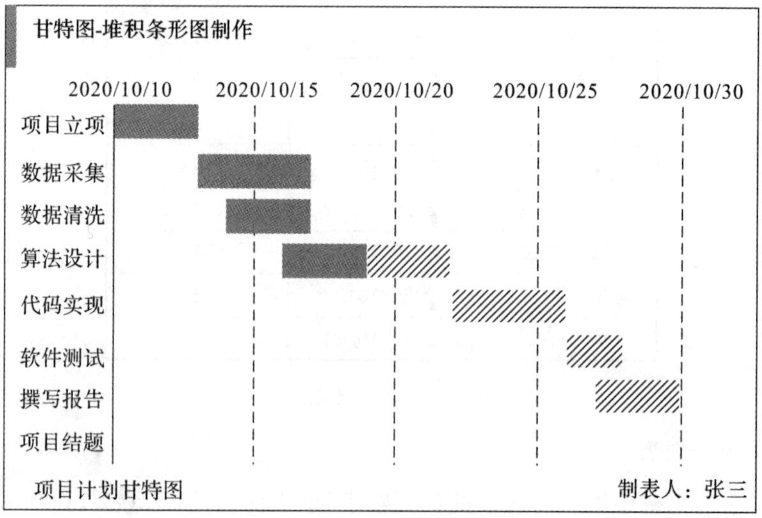

图 1-6 生成的甘特图

1.3　软件配置管理

1.3.1　配置管理概述

配置管理是软件工程中的一个关键过程,它负责跟踪和控制软件项目中的所有配置项的更改。配置管理涵盖了整个软件生命周期中对产品、过程和相关文档的标识、控制、状态跟踪以及变更审核等活动,可在整个软件开发生命周期中维护软件产品的完整性和可追踪性。

配置管理主要包括对需求规格、设计文档、源代码、可执行文件、测试用例等所有软件工件的版本控制。此外,配置管理还包括了变更请求、问题追踪、发布计划等一系列与软件开发迭代紧密相关的活动管理。一方面,在软件开发过程中会生成各类开发产物与技术文档,如需求模型、设计模型、源代码、可执行文件、测试用例,以及技术文档、计划文档、会议记录等。另一方面,软件在开发和使用过程中不可避免地会发生变更,如用户需求发生变化,测试或使用时发现了产品缺陷,或者软件需要引入新的特性等。最核心的是,软件开发活动本身也是以一种增量和迭代的方式进行的,软件发生变更即产生一个新的软件版本。因此,为了确保软件开发和变更有序进行并向客户发布正确的产品版本,需要有一整套相应的管理方法和工具,否则整个过程就会变得混乱而且容易出错。

具体而言,软件配置管理主要包含以下 4 个方面的内容。

(1)版本管理:规范软件版本命名,制订软件版本发布和迭代计划,跟踪软件的变更与版本历史并确保不同开发人员的修改不会彼此干涉。

(2)开发任务管理:开发任务主要包括由正向需求分解引出的特性开发任务以及由软件缺陷引发的缺陷修复任务;开发任务管理需要对开发任务进行规范描述,追踪开发任务的处理流程,同时对变更请求进行决策,跟踪变更请求的处理与实施。

(3)构建管理:管理软件的外部依赖(例如第三方库),对代码、数据和外部依赖等软件制品进行编译和链接,从而生成可执行的软件版本,同时运行测试以检查构建和集成是否成功。

(4)发布管理:在软件构建结果的基础上打包形成可发布的软件版本并进行存档,提供回溯和审查,持续跟踪供客户和用户使用的已发布软件版本。

配置管理为软件开发提供了一套方法、流程和工具来维护和管理软件的版本演化及产品发布,并有效地存储和跟踪软件的所有变更与版本历史。如果没有配置管理的支持,那么开发人员可能会无法了解软件的演化历史或者获取特定版本的软件源代码,也无法协调多个开发人员的文档和代码修改行为,从而导致开发人员之间的修改互相干扰,甚至交付错误的软件版本给客户等严重问题。

1.3.2　产品版本号命名

软件产品在开发及应用过程中,需要不断进行版本的迭代更新。产品版本号命名是配置管理的重要组成部分,它为软件的每个发布版本提供了唯一且易于理解的身份标识,有助于标识和区分不同的软件版本。一个清晰、一致的版本号命名规范对于软件的发布、维护和升级至关重要。目前使用较广泛的是点分式版本命名规范,其格式是 M. S. F. B([SP][C]),共由 6 部分组成。

(1)主版本号 M(Major Version):标识产品平台或整体架构。M 版本号由两位数字组成,从 1 开始以 1 为单位递增,编号到 99,不足两位不补位。当软件产品平台或整体架构发生变化时,M 版本号变化。

(2)次版本号 S(Senior Version):标识局部架构、重大特性或无法向前兼容的接口。S 版本号由两位数字组成,从 0 开始以 1 为单位递增,编号到 99,不足两位不补位。当软件产品的局部架构、重大特性或无法向前兼容的接口发生变化时,S 版本号变化。当 M 版本号升级时,S 版本号清零。

(3)特性版本号 F(Feature Version):标识规划的新特性版本。F 版本号由两位数字组成,从 0 或 1 开始以 1 为单位递增,编号到 99,不足两位不补位。当软件产品支持的特性集发生变化时,F 版本号变化。当 S 版本号升级时,F 版本号清零。

(4)编译版本号 B(Build Version):标识编译构建的版本号。B 版本号由三位数字组成,从 0 或 1 开始以 1 为单位递增,编号到 999,不足三位不补位。当软件产品重新编译构建时,B 版本号变化。当 F 版本号升级时,B 版本号清零。

(5)补丁包版本号 SP(Service Pack Version):标识累计一段时间的补丁,即把一段时间的补丁打包出一个补丁包。SP 版本号由三位数字组成,从 001 开始以 1 为单位递增,编号到 999。当软件产品发布新的补丁包时,SP 版本号变化。当 B 版本号升级时,SP 版本号清零。

(6)补丁版本号 C(Cold Patch Version):标识一个补丁。C 版本号由两位数字组成,从 01 开始以 1 为单位递增,编号到 99。当软件产品发布新的补丁时,C 版本号变化。当 B 版本号升级时,C 版本号清零。

在版本号中,[]表示可选字段,()采用英文半角括号,仅有可选字段时用()。因此,以上各个部分中,补丁包版本号 SP 和补丁版本号 C 是可选的,而这两个版本号都是在维护阶段使用。版本号一旦明确,一般不允许随意修改。如果一定要进行修改,那么就必须发起版本号变更申请,只有通过变更决策才能修改版本号。

此外,还有一些其他的版本号命名规范,如语义版本规范 X. Y. Z[X 表示主版本号,标识出现不兼容的应用程序接口(API)变化;Y 表示次版本号,标识新增向后兼容的功能;Z 表示补丁版本号,标识修复向后兼容的缺陷],以及 VXXXRXXXCXX[SPC/CPXXX](V 标识主力产品平台的变化,R 标识面向客户发布的特性及变化,C 标识功能增强性小版本/修复缺陷的维护版本,SPC 标识补丁包,CP 标识一个补丁)。除了上述的命名规则外,有些项目还可能采用其他的命名方式,如日期(年. 月. 日)、里程碑等,具体取决于项目的实际需求和团队的约定。合理的版本号命名有助于团队成员、用户及维护者清晰地了解软件当前的成熟度、新特性以及与前一版本的差异。

1.3.3　代码版本管理

在代码开发进程中,不可避免地会面临一些需求和问题,如代码演化历史跟踪、历史版本回退、代码质量检查、多人开发协作冲突等。以上这些场景都需要代码版本管理(Version

Control)的支持。代码版本管理是软件开发中用于追踪和管理源代码变化的一种技术。而版本控制系统则是实现上述目标的一种有效途径,版本控制系统能够存储、追踪代码修改的完整历史记录(即版本库),同时也提供了多种机制帮助开发人员进行协同开发。

通过使用版本控制系统(如 Git、SVN 等),开发人员可以协同工作,记录每次代码的修改历史,方便地回滚到之前的版本,以及合并不同开发人员的工作成果。通过分支管理和合并机制,版本控制系统可以支持并行开发、迭代发布等多种复杂的工作模式,还可以实现代码合入前的质量检查等门禁检查功能。

具体地,在代码版本管理中,开发人员可以对代码进行提交(commit)、分支(branch)、合并(merge)等操作。每个提交都会生成一个新的版本,并记录下更改的内容、时间以及提交者等信息。通过分支,开发人员可以在不影响主分支的情况下,进行新功能的开发或缺陷(BUG)的修复。在分支上的开发完成后,开发人员可以通过合并操作将更改合并到主分支中。版本控制系统不仅提高了代码开发效率,还增强了代码的安全性和可维护性。版本控制系统主要分为两类:集中式版本控制系统和分布式版本控制系统。以下分别对其进行介绍。

1. 集中式版本控制系统

集中式版本控制系统中的版本库集中存放在中央服务器上(见图 1-7)。当开发人员开始工作时,需要先从中央服务器拉取工作文件的最新版本;在开发人员完成工作后,需要将工作文件的更新提交到中央服务器。在此过程中,开发人员的客户端机器上不会存储完整的版本库,而只存储所拉取的中央服务器上的文件快照。因此,开发人员必须联网才能工作,而中央服务器的单点故障会影响整个开发团队。如果中央服务器宕机了,那么所有开发人员都无法拉取最新版本和提交更新,也就无法协同工作。此外,如果中央服务器在没有备份的情况下发生磁盘损坏,那么将丢失所有版本库数据。目前,集中式版本控制系统已经逐渐被分布式版本控制系统所取代,但在一些遗留系统中由于迁移代价过大还在继续使用。常用的集中式版本控制系统有 CVS(Concurrent Versions System,并行版本系统)和 SVN(Subversion)。

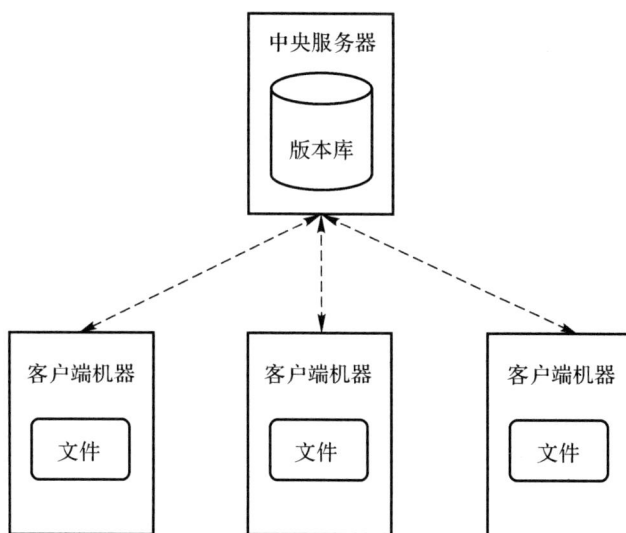

图 1-7　集中式版本控制系统图

2. 分布式版本控制系统

分布式版本控制系统中每个开发人员的客户端机器上都存储着完整的版本库。如图 1-8 所示,每个开发人员都有版本库的本地副本或者克隆,即每个开发人员维护着自己的本地版本库。开发人员在完成工作后,可以把工作文件的更新提交到本地版本库。因此,开发人员不需要联网就可以工作。理论上讲,在协同工作时,各个开发人员可以把各自的更新推送给其他开发人员,开发人员之间就可以互相看到各自的更新了。而在实际开发过程中,由于各个开发人员可能不在一个局域网内,或者某个开发人员并没有开机工作,因此很少在开发人员之间推送版本库的更新。取而代之的工作模式是在分布式版本控制系统中设置中央服务器,但这个中央服务器仅用来方便管理多人协同工作,即每个开发人员可以拉取中央服务器上的最新版本库,也可以将本地版本库的更新推送到中央服务器上的版本库。任何客户端机器都可以胜任中央服务器的工作,中央服务器和客户端机器没有本质区别。如果中央服务器发生宕机或者磁盘损坏,那么丢失的版本库数据可以从各个开发人员的本地版本库中恢复。此外,分布式版本控制系统具有灵活的、强大的分支管理策略。目前,分布式版本控制系统是最流行的版本控制系统。常用的分布式版本控制系统有 Mercurial 和 Git。

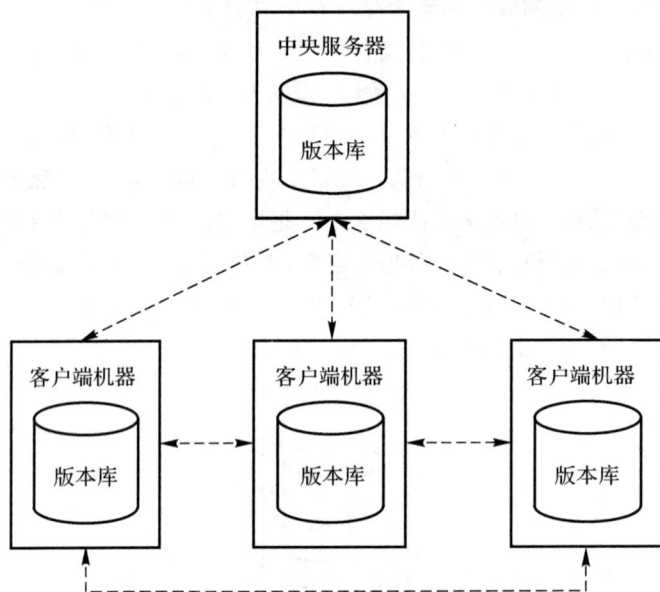

图 1-8　分布式版本控制系统图

Git 是目前最流行的分布式版本控制系统,其基本工作流程如图 1-9 所示。使用 Git 进行版本跟踪及并行协作开发的流程如下:

(1)加入一个软件项目的开发团队后,可以通过克隆命令将中央服务器上该项目的远程仓库复制到本地机器,构成本地仓库。此时,本地机器上项目文件所在的目录称为工作区。

(2)在工作区修改或者新增了项目文件后,可以通过添加命令将指定的项目文件保存到暂存区,即暂时保存对指定项目文件的更改。

(3)当完成了一件原子性的任务后(如修复了一个缺陷、重命名了一个类属性),可以通过提交命令将暂存区中的所有文件提交到本地仓库,形成一个本地提交版本。

（4）当需要把该提交集成到项目并推送给其他开发人员时,可以通过推送命令将本地仓库中的本地提交推送到中央服务器的远程仓库中。

（5）当发现一次提交的内容有错误并想撤销本次提交时,可以通过重置命令将暂存区重置到这次提交之前的状态,同时也可以选择是否将工作区也重置到这次提交之前的状态。

（6）当在工作区改乱了某个文件并想直接丢弃对该文件的修改时,可以通过检出、切换分支命令将该文件重置为暂存区或者本地仓库中的文件内容。

（7）当在工作区改乱了某个文件并添加到了暂存区时,可以通过重置命令将暂存区中的该文件重置为本地仓库中的文件内容（之前的本地提交版本）。

（8）当需要在其他开发人员的开发基础上继续协同开发时,可以通过拉取命令将中央服务器上远程仓库的所有最新提交全部拉取到本地仓库,并与本地仓库进行合并。

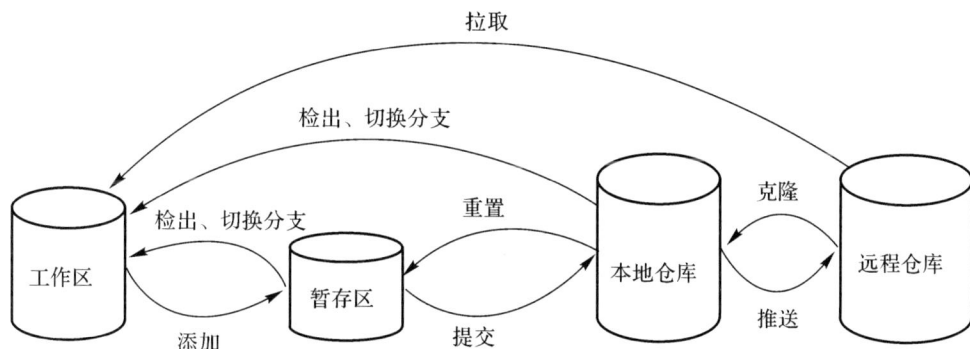

图 1-9　Git 的基本工作流程

以上内容描述了使用 Git 进行版本跟踪管理及协作开发的大致过程,更详细的 Git 指令操作将在 1.4 节中进行介绍。

1.3.4　分支与基线管理

1.3.4.1　分支

分支是版本控制系统中的一个重要概念,它允许开发人员在不同的开发路径上并行工作,而不互相干扰。分支通常用于并行开发、功能测试、错误修复等场景。通过创建分支,开发人员可以在不影响主干代码的情况下进行独立的工作,待工作完成后再将分支合并回主干。软件开发实践中经常采用的分支类型有 5 种,即主分支（master）、补丁分支（hotfix）、发布分支（release）、开发分支（develop）、特性分支（feature）。图 1-10 所示为 Git 分支管理示意图,其展示了开发过程中各分支创建及合并的流程,对应的详细讲解如下。

（1）主分支:对应版本发布,代表一份稳定的、随时可在生产环境中部署使用的代码版本。

（2）补丁分支:当生产环境中的发布版本出现了缺陷,需要马上修复时,则从主分支派生出补丁分支,从而使得开发分支上的开发人员可以继续工作,而负责缺陷修复的开发人员可以在补丁分支上进行快速的缺陷修复而互不干扰。待修复完成后,需将补丁分支合并到主分支及开发分支。

(3)发布分支:当开发分支上的代码已经基本稳定,并实现了版本发布所计划的新特性时,需要从开发分支派生出一个发布分支,为版本发布做好准备。具体而言,首先需要在发布分支上进行测试,如果发现有缺陷就需要在发布分支上进行修复,如果没有,那么可以准备版本发布的元数据(如版本号)。这些步骤全部完成后,需要将发布分支合并到主分支,并产生一个新的发布版本;同时也要将发布分支合并到开发分支,以确保开发分支上也更新了版本发布时的代码变更。

(4)开发分支:对应的是团队日常开发环境中的代码,该部分代码即使有问题(实现不完整或包含缺陷等)也不会影响到主分支。

(5)特性分支:当开发团队需要开发一个新功能时,可以从开发分支派生出一个特性分支。一般而言,开发团队往往会同时开发多个新功能,这就需要派生出多个特性分支,开发人员就可以在相应的特性分支上进行新功能开发且互不干扰。当开发团队完成了新功能开发后,需要进行分支合并,即把特性分支上的代码合并到开发分支。

分支是版本控制系统中的一个重要概念,用于分离不同开发任务或功能模块,使得开发人员可以在各自的分支上独立工作,互不影响。合理运用分支策略能够有效提高开发效率,降低集成风险。在分支管理中,一个分支被称为一条代码线,一条代码线的上级(即该代码线被派生出来的起源代码线)被称为它的基线。

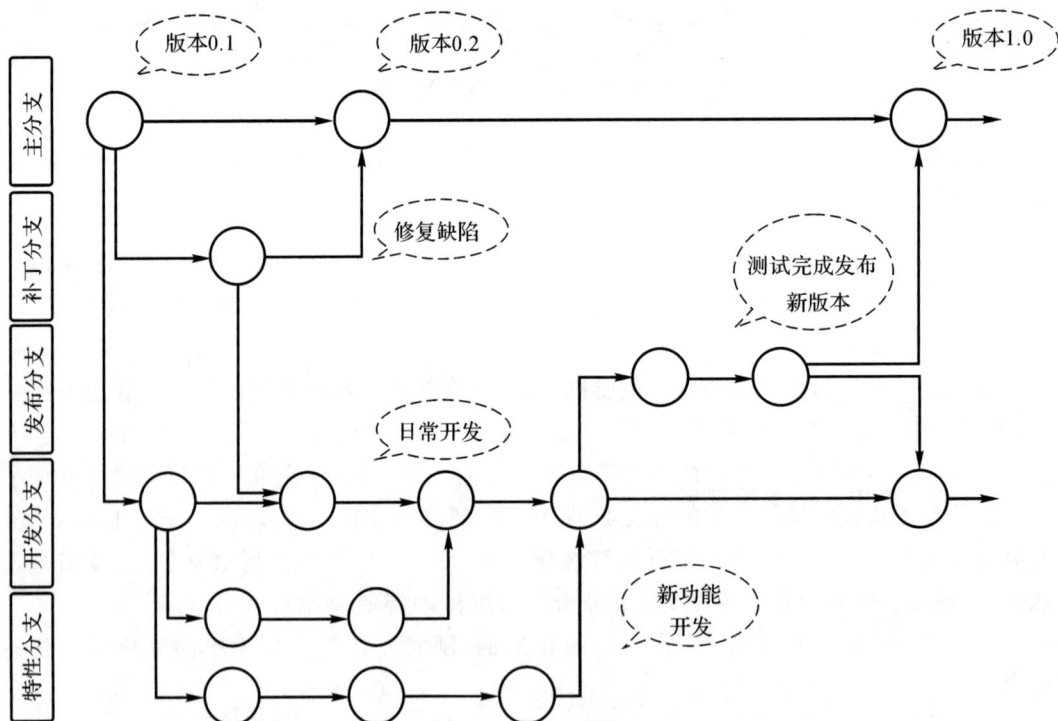

图 1-10　Git 分支管理示意图

1.3.4.2　基线管理

基线是指在某一特定时间点上,经过正式评审并批准的一组配置项的版本集合。基线是项目管理和配置管理的重要工具,它用于定义项目在不同阶段的工作产品状态。这些版本经过审查和验证,具有稳定性,并作为后续开发和维护的基础。建立基线意味着该版本的代码将受到严格的变更控制,只有经过审批的变更请求才能被纳入新的基线中,这对于保障软件质量、追溯问题源头和进行项目管理具有重要意义。

基线管理包括基线的建立、评审、发布和变更控制等活动。通过建立基线,项目团队可以确保开发过程中的数据一致性和稳定性;通过评审和发布基线,项目团队可以确保项目的工作产品符合预定的质量标准和需求;通过严格的变更控制流程,项目团队可以防止未经授权的变更对项目造成不利影响。基线管理的主要目的是确保软件项目的稳定性和可追踪性,避免因为频繁的更改而导致项目失控。

在进行分支和基线管理时,需要注意以下几点:

(1)合理规划分支策略:根据项目需求和团队规模,制定合适的分支策略,避免分支过多导致管理混乱。

(2)严格控制基线变更:基线一旦确定,就需要进行严格的管理和控制,确保只有在必要的情况下才进行变更。

(3)保持分支和基线的同步:定期将分支上的更改合并到主分支和基线中,保持代码的同步和一致性。

(4)记录和管理变更历史:对所有的分支和基线变更进行记录和管理,方便后续的追踪和审计。

1.4　版本与分支管理常用工具

版本控制系统(Version Control System)是一种记录一个或若干文件内容变化,以便将来查阅特定版本修订情况的系统。版本控制系统能够追踪项目从开始到结束的整个过程,实现团队协同开发。对开发人员而言,版本控制技术是团队协作开发的桥梁,有助于多人同步进行大型程序开发。

根据系统架构的不同,版本控制系统可以分为集中式版本控制系统和分布式版本控制系统,下面分别对其进行介绍。

1.4.1　集中式版本控制系统

为了让不同系统上的开发人员能够协同工作,集中式版本控制系统(Centralized Version Control System,CVCS)应运而生。这类系统都有一个单一的中央服务器,其作用是管理及保存所有文件的修订版本。而协同工作的开发人员均通过客户端连接到这台服务器,获取文件版本或者提交本地更新,代表性的实现有 CVS、SVN 及 Perforce 等。对于集中式的版本控制系统而言,其最显而易见的缺点是中央服务器的单点故障问题。一旦中央服务器宕机,就会出现谁都无法提交更新的情况,那么也就无法协同工作。此外,如果磁盘发生故障,而备份又不够及时,那么就有丢失数据的风险,最坏的情况是丢失整个项目的历史更改记录。为了解决这个问题,各类分布式版本控制系统(Distributed Version Control System,DVCS)相继问世。

版本控制系统对文件进行管理主要有两种模式:锁—修改—解锁(Lock - Modify - Unlock)和拷贝—修改—合并(Copy - Modify - Merge)。对于前者,开发人员在对某一个文件进行修改时,需要先将其锁住,修改完成后释放,其互斥的工作机制不利于并行开发,因此效率受限。而对于后者,当某一用户想修改文件时,可以先将远程节点的文件下载到本地端,然后在本地端对副本进行修改,修改操作完成后,再将副本合并到远端节点并解决潜在的修改冲突,这类工作模式能够更好地实现并行开发。

1.4.2　分布式版本控制系统

对于分布式版本控制系统而言,客户端节点不仅仅是提取最新版本的文件快照,还要把代码仓库完整地镜像下来。每一次克隆操作,都是对代码仓库的完整备份,因此任何一处协同工作用的服务器发生故障,都可以用任何一个镜像出来的本地仓库进行恢复。代表性的实现有 Git、Mercurial、Bazaar 及 Darcs 等。

1.4.2.1　Git 简介

Git 是当前最常用的分布式版本控制系统。在 Git 系统中,参与项目的每个节点不仅拥有文件的当前状态,还在本地保存了该项目的完整历史记录。节点用户可以在本地频繁提交更新、创建新版本(无需连接远程仓库),待版本完成时,可以统一提交合并至远程共享仓库,这样极大地提高了并行开发的效率。具体而言,使用 Git 将带来如下好处。

(1)单人工作的场景。使用 Git 对修改进行跟踪,能够很容易地恢复到前一个版本,对应版本的所有文件将出现在工作区。如果项目修改后不能正常工作,那么可以随时进行版本回退。另外,可以通过创建不同分支来构建不同的功能分支。完成测试之后,可以将这些分支合并到主分支上,或者在验证不通时将其删除。

(2)团队工作场景。使用 Git 能够实现并行开发。首先,Git 具有解决冲突的能力,多人可以同时对相同的文件进行修改。在修改相互之间没有冲突的情况下,Git 能够自动合并这些修改,否则 Git 将指出发生冲突的部分,方便开发人员综合考虑解决冲突后再次进行合并。其次,使用 Git 可以创建独立分支。在同一个项目中,不同的人可以在不同的分支工作,聚焦于开发不同的功能。最后,在各自完成后合并这些功能分支。

(3)对于项目文件,Git 定义了 3 种状态,即已提交(committed)、已修改(modified)、已暂存(staged)。开发过程中本地文件可能处于上述 3 种状态之一。其中:已修改表示文件已发生了改变;已暂存表示对一个文件的当前修改进行了缓存,包含在下次提交的快照中;已提交表示数据已经保存在本地仓库的版本数据库中。3 种状态对应于 Git 的 3 类分区,即工作区、暂存区以及仓库。工作区、暂存区及仓库之间的关系图如图 1 - 11 所示。工作区即项目目录,开发人员在项目目录下创建及修改文件,进行日常开发。为了修改不遗失,可以将当前的修改添加至暂存区,此时,所做的修改即被标记并缓存,等待提交至本地仓库。当所有文件的修改完成并缓存后,开发人员可以一并将暂存区中的修改提交至仓库,形成一个版本。

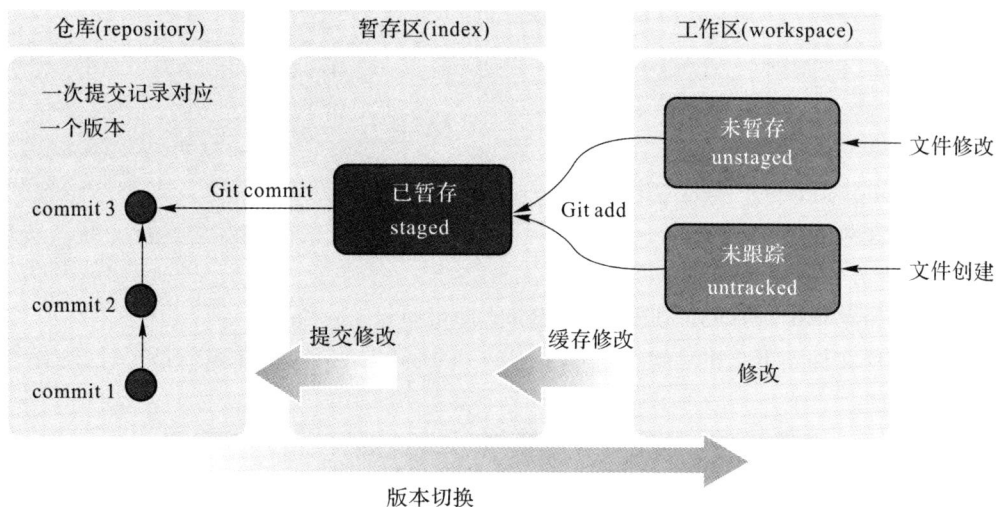

图 1-11　工作区、暂存区及仓库之间的关系图

　　对于节点之间的协作开发,本地仓库与远程仓库之间通过克隆、拉取、推送等操作进行版本同步。当前所广泛使用的 GitHub、Gitte 等服务即扮演图 1-12 中远程仓库的角色。

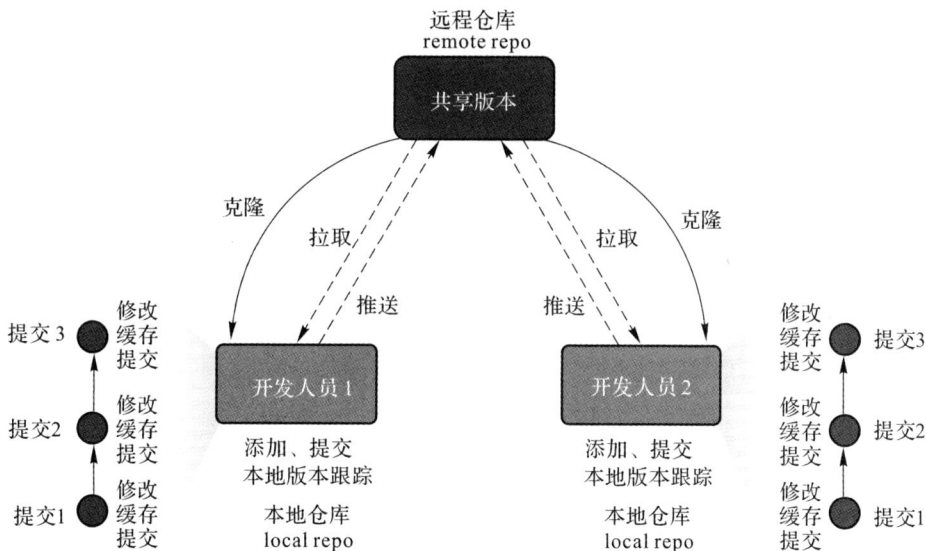

图 1-12　Git 并行开发架构图

1.4.2.2　Git 实践

1. Git 的安装

(1)Linux 平台下安装 Git。

1)终端中直接安装:

```
$ sudo apt-get install git
```

2)通过编译源码安装,下载 Git 源码,解压进入目录,终端中配置、编译、安装:

```
$ ./config
$ make
$ sudo make install
```

(2)Windows 平台下安装 Git。

从 Git 官网 https://git-scm.com/download 下载对应版本并双击进行安装。安装之后,通过如下方式使用 Git:

1)在开始菜单中选择 Git→选择 Git Bash,即可打开 Git 终端;

2)在工程文件夹下点击右键→选择 Open Git Bash here,即可在当前目录打开 Git 终端(见图 1-13);

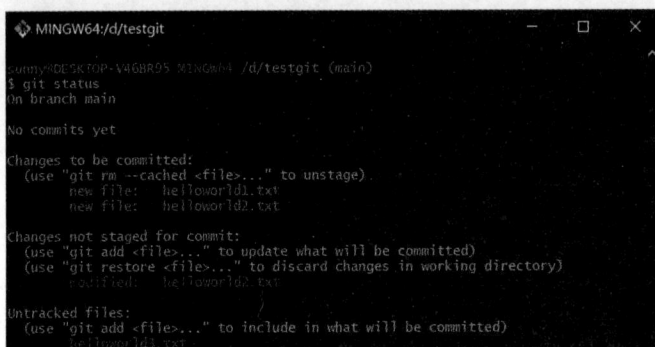

图 1-13 Git 命令行终端图

3)在工程文件夹下点击右键→选择 Open Git GUI here,即可在当前目录打开 Git 图形用户界面(GUI)(见图 1-14)。

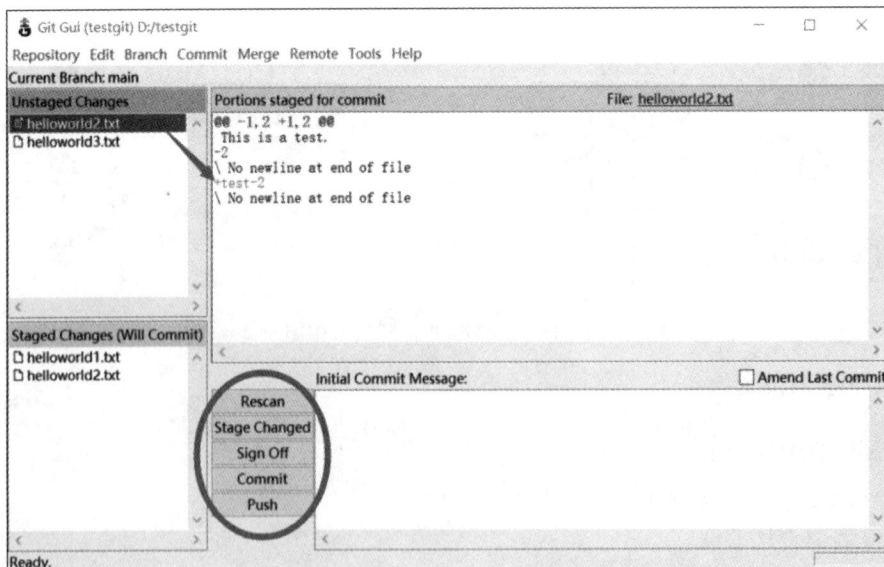

图 1-14 Git 图形用户界面

软件安装完成之后,还需要配置好用户信息才能正常使用 Git。打开 Git 命令行终端,输入如下指令,通过用户名和 Email 对本 Git 节点的身份信息进行全局配置:

```
$ git config - - global user. name "student"
$ git config - - global user. email "student@ mailserver. com"
```

其中,双引号中的内容为个人信息,确定开发人员的身份信息,标记修改内容的原作者,在协作开发项目时尤为重要。

2. 常用 Git 命令

(1)创建本地仓库。

```
$ mkdir dir_name        ♯创建目录用于项目开发
$ git init              ♯进入目录后,对其进行初始化
```

执行上述命令后,即在 dir_name 目录下生成. git 文件夹,用于存放版本控制所需的文件,这也代表着当前文件夹成为一个仓库,将由 Git 进行跟踪管理。

创建好仓库目录之后便可以在其中进行项目开发了。

文件状态跟踪:通过如下指令可以查询当前项目中文件的修改、暂存和提交状态。

```
$ git status
```

假如工作区中的文件已经被修改了,可以通过如下命令查询具体的文字修改:

```
$ git diff 文件名
```

在确定修改无误后,可以通过如下指令将工作区中已修改的文件加进暂存区:

```
$ git addmain. cpp      ♯将 main. cpp 文件的修改加入到暂存区
  $ git add.            ♯将工作区当前所有的已修改添加至暂存区
```

类似地,开发过程中可以不断修改和更新文件,并通过 git add 指令持续地将所做的修改添加至暂存区。待所有修改完成时,可通过以下命令将当前的暂存区提交至本地版本库:

```
$ git commit - m "bug fixed"
```

其中,双引号中的内容为本轮暂存区中所有修改的注释,作为后续恢复版本时的参考。进行了多轮修改和提交之后,可以通过如下指令打印提交日志,以便对历史修改进行跟踪:

```
$ git log
```

当开发人员需要退回到某个之前的版本时(撤销修改),则执行如下指令:

```
$ git reset - - hard 版本号
```

其中,版本号在每次 commit 时由算法生成。历史版本号可以借助 git log 及 git reflog 命令查看。

如果想取消某个文件当前工作区中的修改,可以执行如下指令:

```
$ git checkout - -文件名
```

执行后,该文件工作区中的修改被撤销。假如暂存区中存在该文件,则该文件将被当前暂存区中的状态覆盖;该文件未暂存的情况下,其将被当前版本库中的状态覆盖。类似地,如果

工作区中该文件被误删除,也可以通过此方式恢复文件至暂存区及版本库中的最新状态。

需要从版本库中删除文件则执行如下指令:

```
$ git rm 文件名              # 从工作区和暂存区中删除该文件
$ git rm - - cached 文件名    # 仅从暂存区中删除该文件
$ git rm - f 文件名           # 从工作区和暂存区中删除修改后的该文件
```

出于必要性和可行性的考虑,项目中存在一些无需纳入版本控制的文件,如编译器生成的临时文件、体积较大的数据库文件、可再次生成的结果文件、不需要的日志文件、操作系统生成的垃圾文件、带有机密信息的配置文件等。开发人员可以编写 .gitignore 文件来配置 Git 在版本控制时略过这些文件。以下给出一个例子,更多的 .gitignore 模板参见 https://github.com/github/gitignore。

```
# 忽略所有 .a 文件
* .a
# 即使上述规则忽略所有的 .a 文件,如下语句声明依然需要跟踪 lib.a 文件
! lib.a
# 仅仅忽略当前目录下的 TODO 文件(非子目录 TODO)
/TODO
# 忽略 build/文件夹内的所有文件
build/
# 忽略 doc/目录下的 txt 文件,如 doc/notes.txt;而非 doc/子目录下的 txt 文件,如 doc/server/arch.txt
doc/ * .txt
# 忽略 doc/目录下的所有 pdf 文件
doc/ * * / * .pdf
```

需要说明的是,Git 版本控制系统只能跟踪文本文件的内容修改,能够明确改动的具体内容。但是对于非文本类的二进制文件,只能记录修改状态,无法对具体的修改内容进行跟踪和恢复。

在多人协作开发的模式下,每个人都向中心节点提交自己的文件,就可能存在着代码被多次修改、替换的风险,但是版本控制系统能够在每次更新操作后进行相应的记录。一旦发生误操作,开发人员能够根据中心节点中的版本记录,将项目恢复到出现问题之前的其他版本。因此,借助版本控制系统,软件开发项目可以被分割为若干模块,每个模块并行地进行开发工作,最终合并到主版本上,从而有效地提高了整体编程效率。

(2)添加远程仓库。

当本地开发希望推送合并到远程仓库时,可以通过 git push 操作进行。首先需要将本地仓库同远程仓库建立链接进行绑定,指令如下:

```
$ git remote add origin git@github.com:username/helloworld.git
```

其中,origin 为远程仓库的名字。

在本地修改完成后,把当前主分支版本推送到远程仓库,指令如下:

```
$ git push - u origin main
```

其中,origin main 表示远程仓库的 main 分支。- u 可以将本地与远程仓库的 main 分支进行关联,仅第一次推送时需要。

可以使用如下指令查看本地仓库所链接的远程仓库:

```
$ git remote - v
```

希望断开链接时,执行如下指令:

```
$ git remote rm origin
```

其中,origin 为断开的远程仓库名。

除了自己创建仓库之外,也可以直接克隆其他节点上的仓库,在别人的基础上进行开发。克隆远程仓库的指令如下:

```
$   git clone 仓库地址
```

此处,git clone 之后为远端仓库的存放地址,通常有如下几种:

```
git@github. com:username/helloworld. git        ♯通过 ssh 访问,免密码登录
https://github. com/username/helloworld. git     ♯通过 https 访问,速度稍慢
root@ip:/home/git/helloworld. git                ♯通过 ssh 访问,免密码登录
```

对于自己架设的服务器,其地址构成为[用户名]@[主机 ip 地址]:[仓库目录本地路径]。

(3)分支的创建与合并。

在开发新功能时,为了避免破坏原始代码,开发人员可以创建新的分支,然后在新分支上进行本地开发,开发完成时再合并到主分支上。创建分支以及版本合并便成为协作开发的重点。以下将对相关指令进行介绍:

```
$ git branch 分支名        ♯创建分支
$ git checkout 分支名      ♯切换至分支
$ git branch              ♯查看所有分支;当前分支前有 * 号
$ git branch - d 分支名    ♯删除分支
$ git merge 分支名         ♯将该分支合并到主分支
$ git log - - graph       ♯查看分支合并图
```

如果当前分支的修改同主分支发生冲突,那么需要手动修改冲突部分的代码再进行合并。

```
$ git status         ♯查询发生冲突的文件
$ git diff 文件名     ♯查看具体的冲突内容
```

以上讲解了协同开发过程中所频繁使用到的 Git 指令。除此之外,可以使用 GUI 程序(如 GitKraKen、SourceTree、GitHub Desktop 等)以图形化界面的方式来便捷地使用 Git 对项目版本进行管理,能够更加直观地观察文件的修改状态以及分支的合并路径。VSCode 软件中也可以安装 Git 插件,从而省去重复敲击 Git 指令的麻烦。

凭借简单高效的优点,Git 已成为版本管理的常用工具之一。基于此,产业界发布了面向 Git 的多种代码托管服务如 GitHub、GitLab 及 Gitee 等。其中,GitHub 在全球范围内具有较高的知名度,全球开发人员通过 GitHub 并行协作见图 1 - 15。当然,除了使用商用的

Git 托管服务外,也可以架设私有的 Git 服务器。

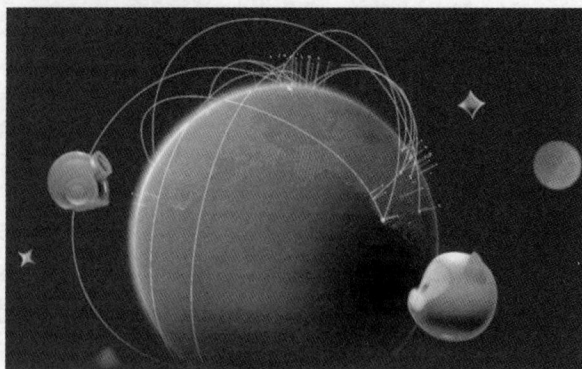

图 1-15　全球开发者通过 GitHub 并行协作图

1.4.2.3　GitHub 简介

作为免费的远程仓库,GitHub 提供了用以共享仓库的统一位置接口并配套了一个基于 Web 的使用界面。GitHub 页面示例如图 1-16 所示,开发人员通过 Web 页面可以方便地对当前仓库进行分叉(Fork)、拉请求(Pull request)以及提交问题(Issues)。

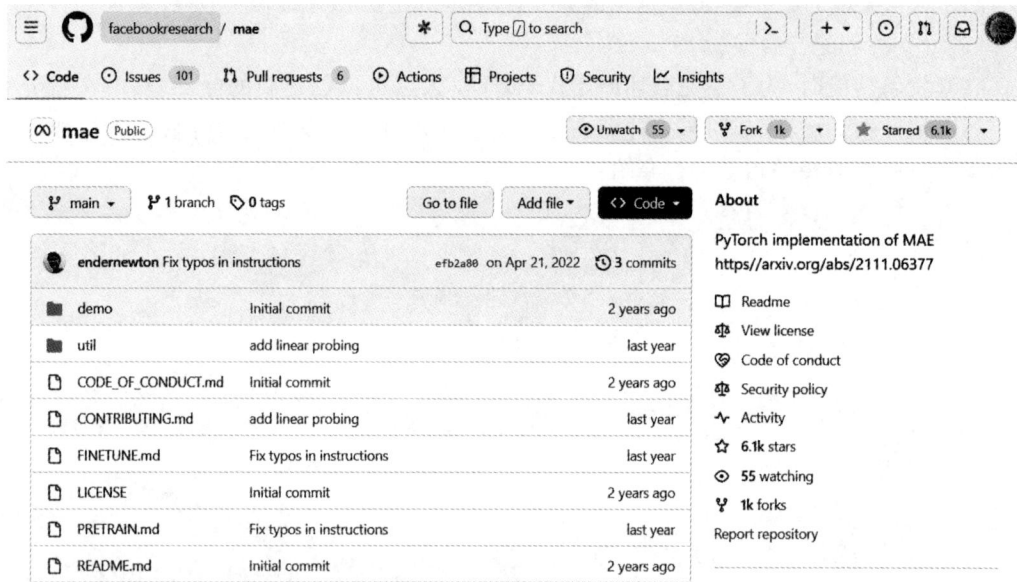

图 1-16　GitHub 页面示例

对他人所发布的 GitHub 项目,开发人员不具有写权限(SSH Key 公钥未登记至对方账号),因而无法执行 git push 将自己所做的修改合并到主版本中。不过,开发人员可以首先通过 web 页面上的 Fork 操作将该项目复制到自己的 GitHub 账号中,然后通过 git clone 将自己的 GitHub 仓库克隆到本地进行开发,之后使用 git push 操作同步修改至自己的 GitHub 仓库中。最终,通过 Pull requests 的方式向原作者发起请求。如果原作者认同你的修改,那么会同意将其合并到项目中。

通过 Issues 功能，开发人员可以反馈开发及使用过程中所遇到的问题，因此代码作者能够更快地发现和解决问题。团队成员能够更加有效地对所做的修改进行说明、讨论和评估，整体上更加高效地推动了代码的测试和迭代进程。

开发人员可以在 GitHub 上创建自己的项目副本供其他开发人员加入或使用。图1-17 展示了在 GitHub 上创建新的仓库，其主要包括项目名称、项目简介、访问权限、README 以及使用版权等的撰写及选择。下面将对其进行介绍。

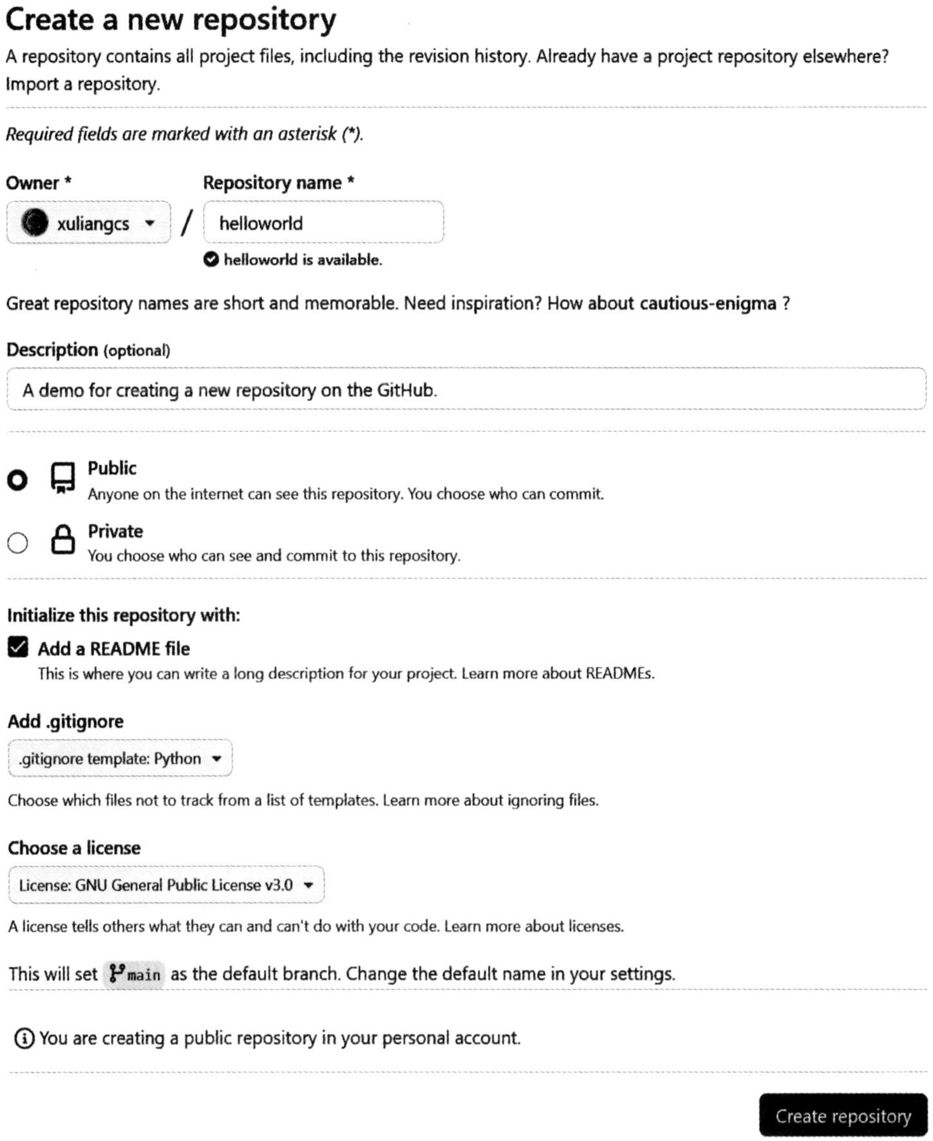

Create a new repository

A repository contains all project files, including the revision history. Already have a project repository elsewhere? Import a repository.

Required fields are marked with an asterisk (*).

Owner *　　　　**Repository name ***

⬤ xuliangcs ▾ ／ helloworld

✔ helloworld is available.

Great repository names are short and memorable. Need inspiration? How about **cautious-enigma** ?

Description (optional)

A demo for creating a new repository on the GitHub.

⦿ 🖥 **Public**
Anyone on the internet can see this repository. You choose who can commit.

◯ 🔒 **Private**
You choose who can see and commit to this repository.

Initialize this repository with:

☑ **Add a README file**
This is where you can write a long description for your project. Learn more about READMEs.

Add .gitignore

.gitignore template: Python ▾

Choose which files not to track from a list of templates. Learn more about ignoring files.

Choose a license

License: GNU General Public License v3.0 ▾

A license tells others what they can and can't do with your code. Learn more about licenses.

This will set 🔀 main as the default branch. Change the default name in your settings.

ⓘ You are creating a public repository in your personal account.

Create repository

图 1-17　在 GitHub 上创建新的仓库

1. README. md 文件

该文件的内容将显示在项目主页中文件列表的正下方，它通常包含项目介绍、环境配置需求、安装方法、使用方法、测试方法、运行结果、效果演示、数据库/模型参数文件链接以及参考文献等内容。详实的 README 文档能够有效地帮助其他开发人员快速地了解本项目的框架，有助于项目的协同开发及应用。其中,. mk 文件的结构化撰写需要遵循 markdown 语法。

2. 版权协议

项目中的 License 文件规定了代码使用的权限,常用的有 GPL、BSD、MIT 以及 Apache（见图 1-18）。在选择版权协议时往往需要考虑如下因素：是否允许商业使用；是否允许修改后发布；修改发布的部分是否需要开源；是否需要添加原软件版权协议；等等。

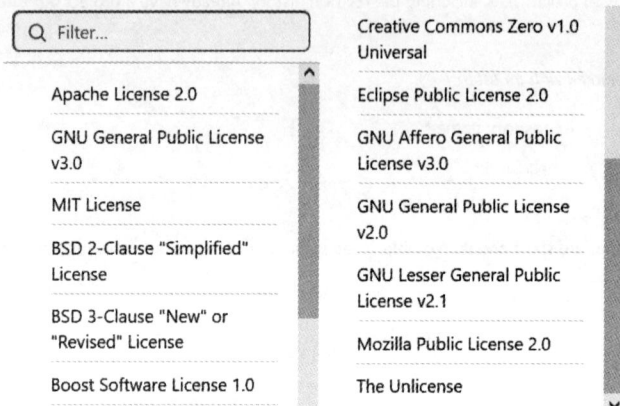

图 1-18 常用的版权协议图

1.5 常用的软件工程工具简介

计算机辅助软件工程（Computer Aided Software Engineering,CASE）原来是指用来支持管理信息系统（MIS）开发的、由各种计算机辅助软件和工具组成的一个大型综合性软件开发环境。随着各种工具及软件技术的发展、完善和不断集成,CASE 逐步由单纯的辅助开发工具环境转化为一种相对独立的方法。

计算机辅助软件工程工具是一类用于支持软件开发过程的自动化或半自动化的软件工具。狭义地说,CASE 是一组工具和方法的集合,可以辅助软件生存周期各个阶段的软件开发。广义地说,CASE 是辅助软件开发的任何计算机技术,其主要包含两个含义：一是在软件开发和维护过程中提供计算机辅助支持；二是在软件开发和维护过程中引入工程化方法。

从学术研究的角度来讲,CASE 吸收了计算机辅助设计（CAD）、操作系统、数据库、计算机网络等许多研究领域的原理和技术。它把软件开发技术、方法和软件工具等集成为一个统一而一致的框架。由此可见,CASE 是多年来在软件开发方法、软件开发管理和软件工具等方面研究和发展的产物。

1.5.1 需求分析工具

1. 需求分析工具需具备的功能

为了使团队能够更好地理解和管理项目需求,提高需求的质量和一致性,确保软件开发项目的成功,需求分析工具需要具备以下功能。

(1)需求捕获:能够从用户、利益相关者或业务分析师处获取和记录需求。

(2)需求建模:使用图形、图表和其他可视化工具来创建需求的图形表示。

(3)需求管理:提供跟踪、版本控制、变更管理和报告功能,以确保需求在整个软件开发生命周期中得到妥善管理。

(4)验证和确认:确定所获取的需求是准确和完整的,以及软件是否满足这些需求。

(5)协作和沟通:支持团队成员之间的协作和沟通,以确保所有人对需求有共同的理解。

(6)可追溯性:能够跟踪需求从获取到实现的整个过程,包括与测试、设计和编码等其他开发活动的关联。

(7)集成能力:能够与其他软件开发工具和流程(如项目管理、配置管理和测试管理工具)集成。

(8)报告和文档生成:自动生成有关需求的报告和文档,以便向相关人员传达关键信息。

(9)用户友好性:提供直观易用的界面和功能,使非技术用户也能轻松使用。

2. 常用的需求分析工具

各种类型的需求分析软件工具层出不穷,此处仅对常用的一些工具进行介绍。

(1)Jira:最初是 Atlassian 公司的一款问题追踪工具,现在广泛用于项目管理和需求管理,支持需求的创建、分配、跟踪和报告。其具有缺陷跟踪、需求收集、流程审批、任务跟踪、项目跟踪和敏捷管理等功能。图 1-19 所示为 Jira 工作界面,Jira 能够以图形化的方式直观地对用户需求、目标任务、代码缺陷(BUG)、项目进度等事务进行跟踪和管理。

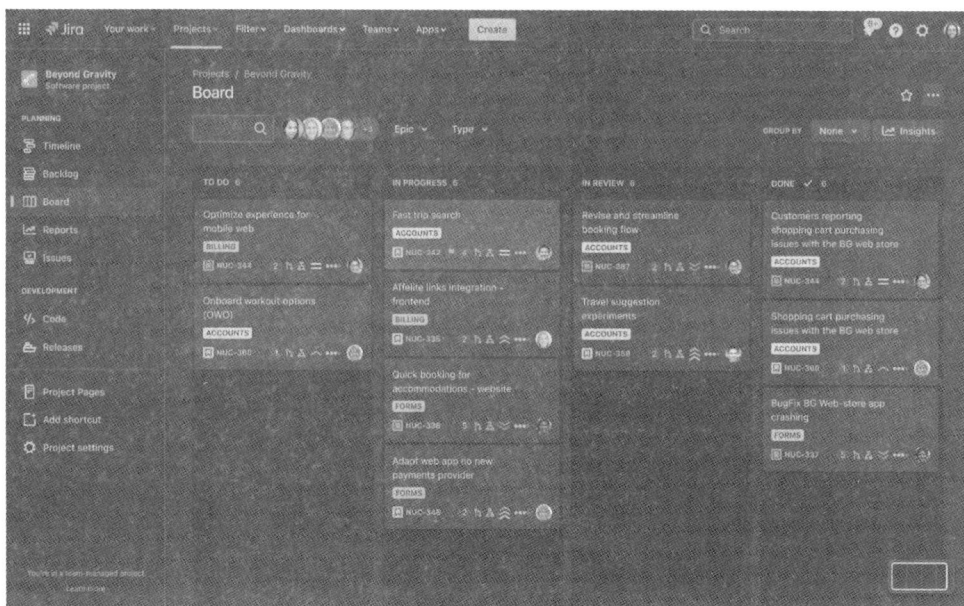

图 1-19　Jira 工作界面

(2)PingCode:一款简单易用的新一代国产研发管理平台。一站式工具链(避免安装各种插件的麻烦),实现了研发管理的自动化、数据化和智能化,能够有效地提升研发效能。此外,它具备需求收集、需求清洗、需求评审、需求排期、需求转化以及需求分发等功能模块,是Jira 的国产平替方案之一。PingCode 工作界面如图 1-20 所示。

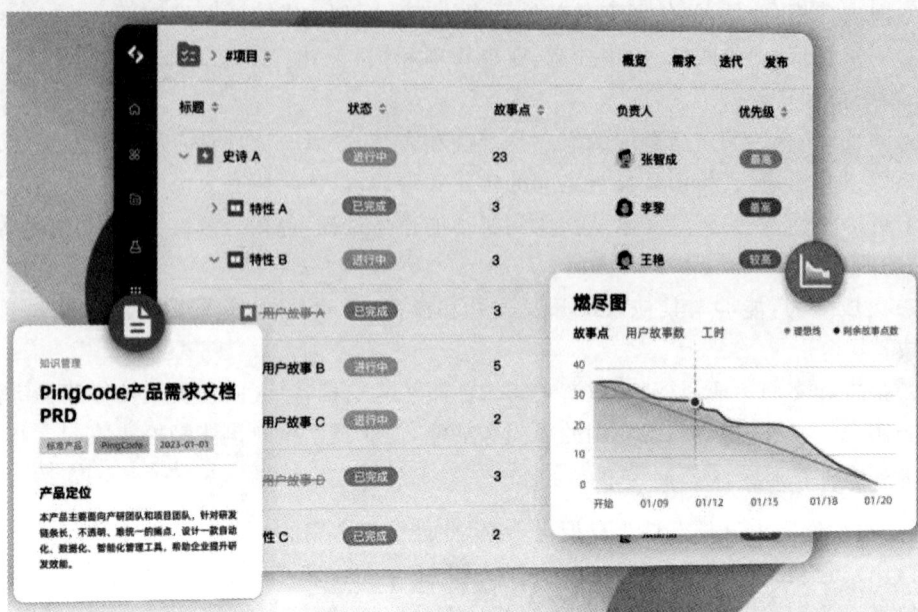

图 1-20　PingCode 工作界面

(3)Xebrio:一款功能强大且丰富的一站式需求管理工具。需求分析贯穿整个项目的不同阶段,包括需求可视化分析、任务制定、代码构建、代码测试、代码缺陷跟踪、文档创建、项目进度分析等各个环节。Xebrio 支持实时多人协作,特别适用于复杂的工程项目。

(4)Jama:一款专业的需求管理软件,其核心优势在于强大的需求追溯性,使团队能够清晰地定义需求间的关系。它能够解决复杂软件系统开发过程中所面临的跨团队、跨工具需求追溯问题,帮助开发团队摆脱以往低效的设计审查、数据共享以及基于电子表格和邮件的协作方式。

(5)Visure Requirements:提供了一个集中式的解决方案,能够进行需求创建、需求收集及需求管理。此外,它整合了风险管理及需求测试功能模块,实现了端到端的可追溯性。

(6)Modern Requirements4 DevOps:一款针对 Azure DevOps 和 Microsoft Teams 环境的需求管理工具,支持需求收集、分析、协作和验证。它可以构建实时更新的需求文档、图表、模拟、用例模型和其他资产,这些资产会随着需求的变化自动更新。

(7)ReqSuite® RM:一个全面的需求管理平台,提供了丰富的工具包,拥有强大的定制选项,以及协作管理、跟踪、分析、批准、审查、导出、导入和重用需求的能力。

(8)IBM Rational RequisitePro:IBM 公司的一款需求管理工具,用于收集、跟踪和管理软件需求。它支持需求分类、优先级设定、版本控制以及与其他 IBM Rational 工具的集成。RequisitePro 允许用户创建、编辑和维护详细的需求规格说明书,包括功能需求、业务规则、非功能性需求等,并且提供了丰富的属性字段来描述每个需求,如优先级、风险、复杂性、状态等。其功能已被整合到 IBM Engineering Lifecycle Management(ELM)套件中。

（9）Enterprise Architect：一款功能强大的建模工具，支持多种统一建模语言（UML）图的创建和导出，还提供了丰富的插件和扩展功能。除了建模功能外，Enterprise Architect 也包含了需求管理模块，可以进行需求捕获、分析、追溯和验证。

（10）Lucidchart：一款在线的绘图和建模工具，支持多种软件需求图表的创建和共享，用户界面简洁易用。

（11）Confluence：一款 Atlassian 公司的团队协作和知识管理工具，但也可用于编写和共享需求文档，尤其是在敏捷开发环境中。

（12）Draw.io：一款在线绘图工具，可以用来创建各种图表，包括用例图、数据流图和状态机图，无需注册即可使用，有助于需求的可视化表达。

（13）Microsoft Visio：一款功能强大的绘图和建模工具，支持创建和可视化各类软件需求图表，如数据流图、用例图、实体-关系（E-R）图、流程图等。

（14）Axure RP：一款主要用于原型设计和交互设计的工具，但也可用来创建和文档化需求，特别是对于用户界面和用户体验的需求。Axure RP 能够快速创建基于目录组织的原型文档、功能说明、交互界面以及带注释的 Wireframe 网页，可以自动生成用于演示的网页文件和 Word 文档。

（15）FreeMind：一款免费、开源、跨平台的思维导图软件，可用来辅助项目管理，对子任务、时间节点、任务状态、项目进度、资源链接等信息进行记录和跟踪。

这些工具旨在帮助软件工程师和软件分析师更好地理解和记录需求，管理需求变更，以及确保需求在整个开发过程中得到满足。不同的工具在功能、性能、交互方式、艺术风格等方面各具特色，选择哪种工具取决于项目的具体需求、团队的工作方式和预算等因素。

1.5.2　设计工具

1. 数据库设计

数据库设计工具是用来辅助设计、创建和维护数据库结构的软件。它能够提供图形化的界面来创建数据库模型、构建实体关系、监控数据库系统的运行状态。

常用的数据库设计工具有 MySQL Workbench、Power Designer、ER/Studio 等。

（1）MySQL Workbench 是数据库架构师、开发人员和管理人员的统一可视化工具。其内部集成了数据建模、SQL 开发、服务器配置、用户管理，以及数据库备份等综合管理功能，可在 Windows、Linux 和 Mac OS X 系统平台上使用。图 1-21 所示为 MySQL Workbench 数据库设计界面，图 1-22 所示为 MySQL Workbench 数据库性能监控界面，更详细的介绍参见官方网站。

（2）Power Designer 是行业领先的建模和元数据管理工具，它采用模型驱动的方法来增强和协调业务与信息技术，能够与 60 多种关系数据库管理系统协同工作。使用 Power Designer 可以方便地对信息系统进行分析和设计，它几乎包括了数据库模型设计的全过程。此外，Power Designer 的 Link&Sync 技术允许在不同类型的模型之间建立链接和同步关系，使企业能够可视化、分析和操作元数据，从而简化沟通和协作。Power Designer 将多种数据建模技术（如传统的概念建模、逻辑建模和物理建模以及独特的商业智能和数据迁移建模）结合起来，从而将业务分析与常规的数据库设计解决方案整合在一起。Power Designer

提供了影响分析功能,通过独特的 Link&Sync 技术,实现了模型的全面集成。不同类型模型集成后能在整个企业或者项目范围内进行影响分析。影响分析可以帮助建模工程师了解模型中的更改如何影响其他相关模型或数据库对象。实践中,在主菜单中选择"Impact Analysis",然后选择相应的分析选项即可。影响分析能够简化沟通和协作过程,减少信息架构变更所带来的时间、风险和成本开销,进而显著提高整个组织对变更的响应能力。

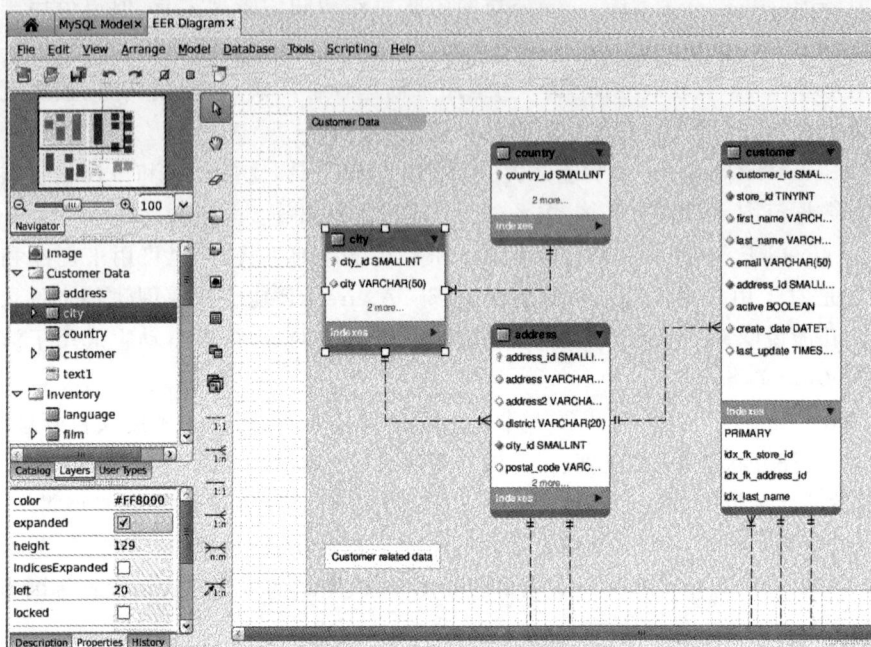

图 1-21　MySQL Workbench 数据库设计界面

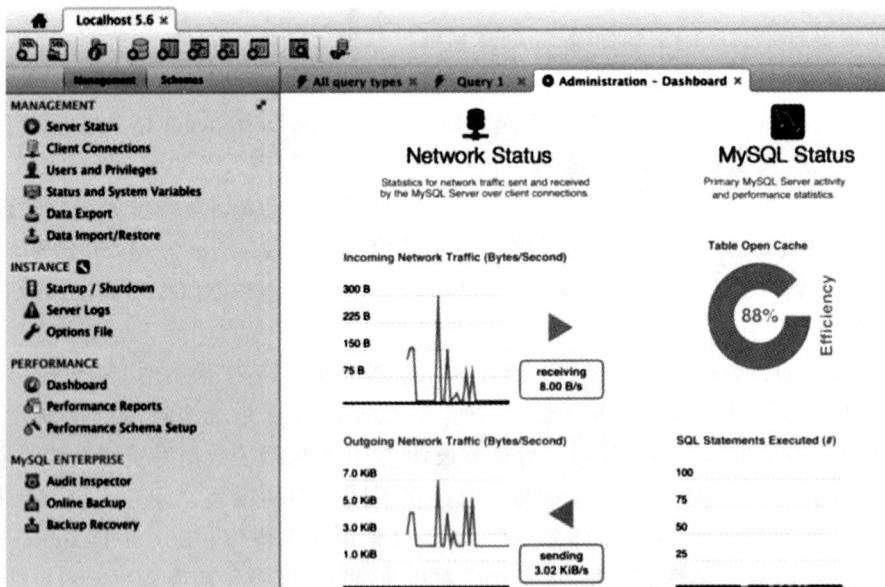

图 1-22　MySQL Workbench 数据库性能监控界面

（3）ER/Studio 是一款由 IDERA 公司开发的企业级数据建模工具，主要用于设计、创建和管理复杂的数据库架构。它支持多种类型的数据建模，包括概念模型、逻辑模型和物理模型，帮助用户从不同层面理解和设计数据结构。它提供了直观的图形界面和丰富的图表选项，使得用户能够轻松地创建和编辑数据模型，并通过颜色、形状和标签等方式增强模型的可读性和表达力（见图 1 - 23）。

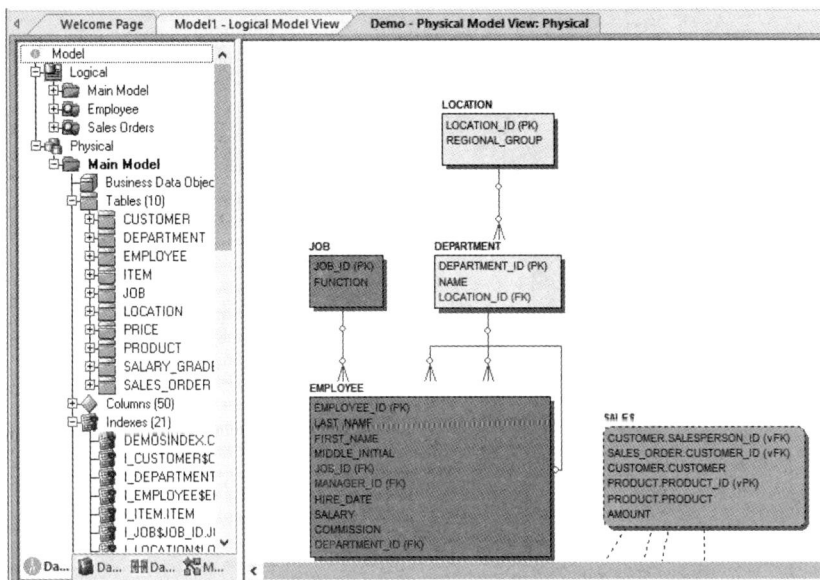

图 1 - 23　ER/Studio 软件界面

ER/Studio 可以从现有的数据库系统中逆向工程生成数据模型，也可以将设计好的模型正向工程生成数据库脚本或 DDL 语句。ER/Studio 支持模型之间的链接和同步，允许用户在不同类型的模型之间进行影响分析和变更管理，确保模型的一致性和完整性。ER/Studio 能够与多种数据库管理系统兼容，包括 Oracle、SQL Server、MySQL、DB2、PostgreSQL 等，以及一些 NoSQL 和大数据平台，从而能够高效地辅助数据建模工程师和架构师将数据需求转化为可实施的数据库设计。

2. 原型设计

Axure RP 是一款专业的快速原型设计工具，RP 即 Rapid Prototyping（快速原型）的缩写。Axure RP 作为美国 Axure Software Solution 公司旗舰产品，能够快速、高效地创建应用软件或 Web 网站的线框图、流程图、原型和规格说明文档，同时支持多人协作设计和版本控制管理，极大地便利了需求定义、规格定义、功能设计、界面设计等工作流程。Axure RP 能够提供传统 GUI 编程框架（如 MFC、QT 等）所涉及的界面控件及交互方式。Axure RP 的使用者主要包括商业分析师、产品经理、IT 咨询师、用户体验设计师、交互设计师、用户界面设计师、业务分析师、系统架构师以及程序员等。

如图 1 - 24 所示，Axure RP 的工作界面主要包括页面管理（Pages）、组件库（Libraries）、页面画布（The Canvas）、属性编辑（Style）、交互链接（Interactions）等子窗口。

其中，Pages 表示应用程序（App）界面或者 Web 显示页面，在创建之后可以根据目标设备（如 iPhone、Huawei Mate60 等）编辑页面画布的尺寸、分辨率等属性，可以创建多个页面，呈现不同的内容。组件库包含按钮、单选框、图像、文本框等常见 GUI 组件。属性编辑窗口包含类型（Style）、交互（Interactions）以及批注（Notes）等可编辑内容。

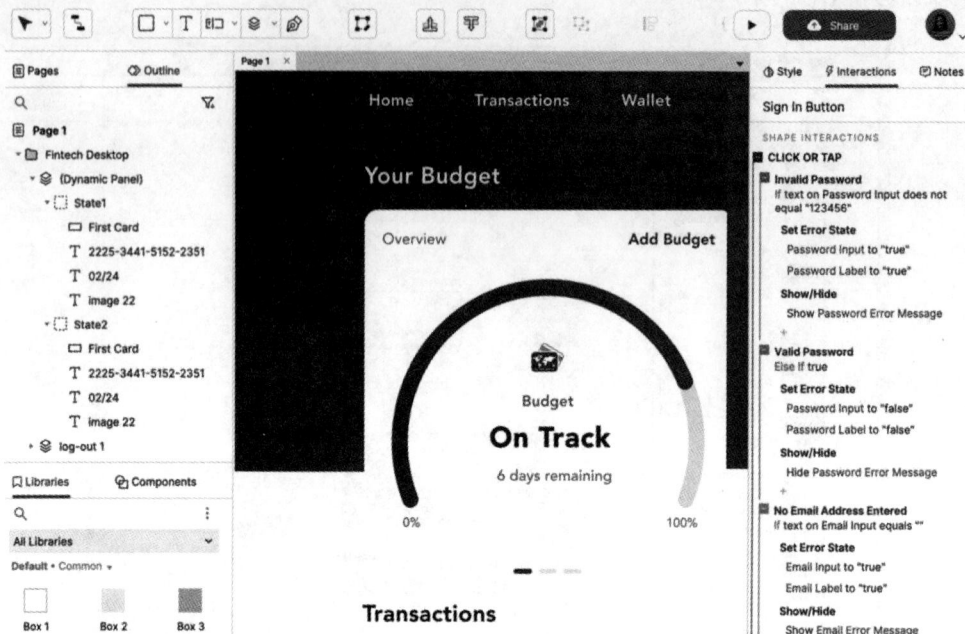

图 1-24　Axure RP 工作界面

原型设计的流程大致如下：

（1）拖拽组件库中的组件（Widgets）可以在页面特定位置上摆放组件；

（2）选中组件，在右面的属性编辑窗口中可以编辑组件的文字、颜色、大小等属性信息；

（3）在交互链接子窗口中，可以建立组件与页面之间的链接从而添加各种交互响应动作，方便用户观察原型设计的动态效果。

图 1-25 展示了点击按钮跳转到新页面的交互添加方式。类似地，也可以通过交互编辑窗口中的"AddStyle Effect"选项来添加控件的动态显示效果，如鼠标放至按钮时按钮改变填充颜色等。在创建好原型后，点击预览按钮即可观察并实际操作所构建的原型界面。

Axure RP 的可视化工作环境能够让设计者轻松快捷地以鼠标操作的方式创建带有注释的线框图，无需编程，即可在线框图上定义简单连接和高级交互；而且在线框图的基础上，可以自动生成超文本标记语言（HTML）原型和 Word 格式的规格。可见，相较于传统的 GUI 编程（如 MFC、QT 等），Axure RP 屏蔽了具体的编程细节，仅仅将窗口设计、交互设计这些同原型设计密切相关的工作保留给了使用者。因此其能够快速地建立原型，方便相关人员交流设计思想。

以上简单介绍了 Axure RP 原型设计的基本步骤，更详尽的使用方法可以参见官方文档 https://docs.axure.com/axure-rp/reference/getting-started-video/。

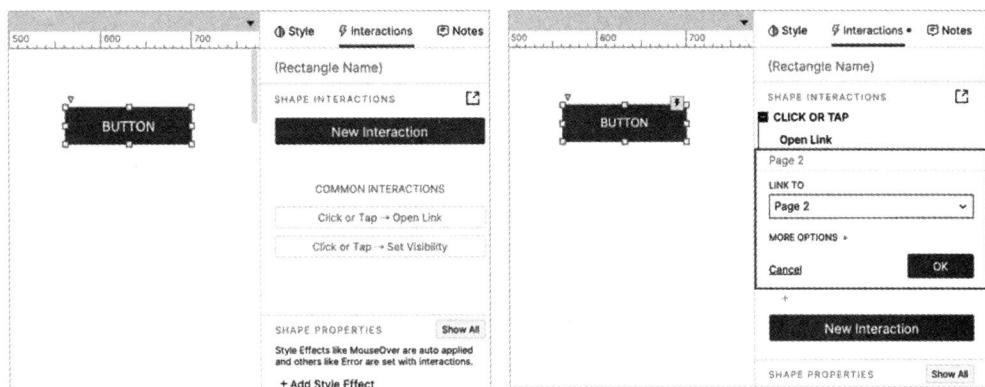

图 1-25 交互添加方式

　　除此之外,知名的原型设计软件还有 Adobe XD、Figma、Sketch、ProtoPie、Proto. io、InVision、Justinmind、Framer X、Marvel App、Balsamiq,以及一些国产化的软件如 MasterGo、Pixso、墨刀、摹客等。图 1-26 展示了使用 Figma 软件进行原型设计的开发场景。

　　以上软件在功能、性能、应用场景、交互体验以及是否收费等方面各有特色,在开发实践中可以根据具体需求选择适合的工具。

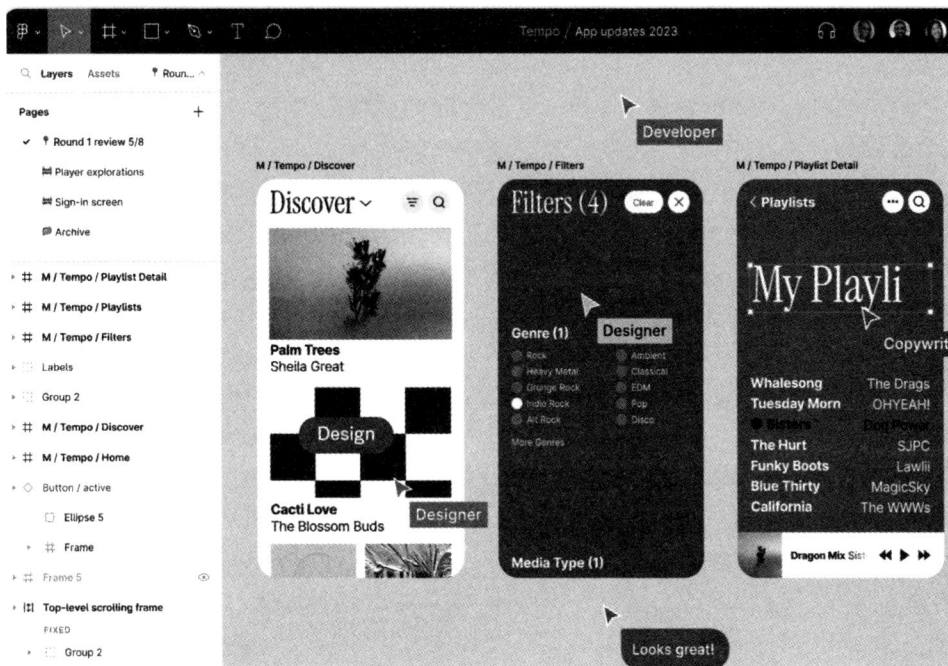

图 1-26 基于 Figma 的原型设计图

1.5.3 编码工具与调试工具

当前,常见的编程语言有 C＋＋、C♯、Objective C、Java、JavaScript、Python、Julia、

Swift、MATLAB、Go、R、PHP、Ruby、Kotlin 等。不同的编程语言在执行速度、存储占用、开发周期、发展历史等方面具有各自的特点,其应用场景也不尽相同。因此,不同的编程语言需要使用不同的编码和调试工具。目前,为了实现高效开发,编码和调试功能常集成到一个集成开发环境(IDE)中,如 Vue、Eclipse、VisualStudio、VS Code、Sublime、Atom、PyCharm、IntelliJ IDEA、AndroidStudio、Xcode、MATLAB、RStudio、WebStorm 等。常见的集成开发环境介绍见本书 5.1 节。

1.5.4 测试工具

1. 软件测试

如图 1-27 所示,依据不同的标准,软件测试可以被划分为不同的类别。按照使用的测试技术可以将软件测试分为黑盒测试、白盒测试与灰盒测试。

(1)黑盒测试:也称为功能测试、数据驱动测试或基于规格的测试。黑盒测试就是把软件当作一个有输入与输出的黑匣子,软件作为一个由输入域到输出域的映射,只要输入的数据经软件处理后能输出预期的结果即可,主要关注软件系统的外部行为和功能,无需了解其内部结构或代码实现。

(2)白盒测试:也称为结构测试、透明盒测试、逻辑驱动测试或基于代码的测试。测试人员需要了解被测试软件的源代码和内部工作原理,清楚地知道从输入到输出的每一步过程,主要关注程序的内部结构和逻辑;在测试时,确保测试覆盖尽可能多的源代码行、条件分支、循环和函数调用等。

(3)灰盒测试:介于白盒测试与黑盒测试之间的一种测试,也成为混合测试。灰盒测试多用于集成测试阶段,不仅关注输出、输入的正确性,同时也关注程序内部的情况。灰盒测试不像白盒那样详细、完整,但又比黑盒测试更关注程序的内部逻辑,常常是通过一些表征性的现象、事件、标志来判断内部的运行状态。灰盒测试提供了一种折中的测试策略,它试图在深入了解程序内部工作原理和专注于外部行为之间找到平衡。这种方法可以更有效地发现和修复那些仅通过单一测试方法难以检测到的问题,提高测试效率和软件质量。

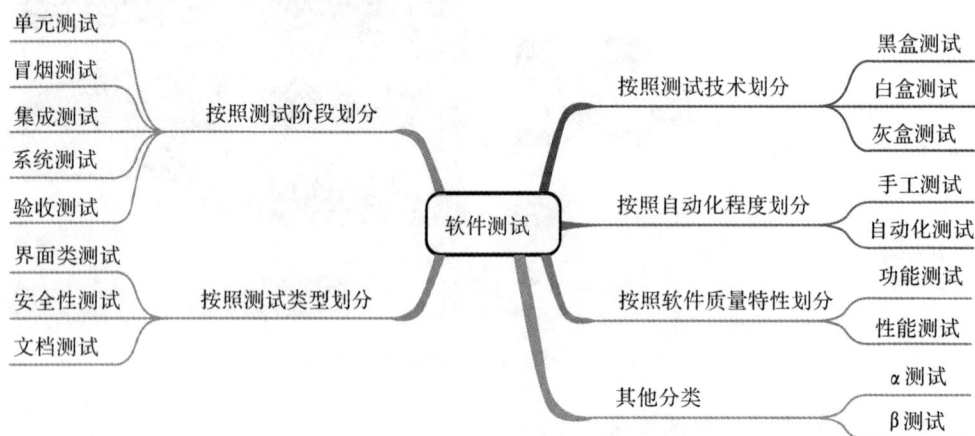

图 1-27 软件测试的分类图

2.软件测试工具

常用的软件测试工具如图 1 - 28 所示。根据具体的用途可以将其分为自动化测试工具、接口测试工具、性能测试工具、安全测试工具以及测试管理工具等几个类别。

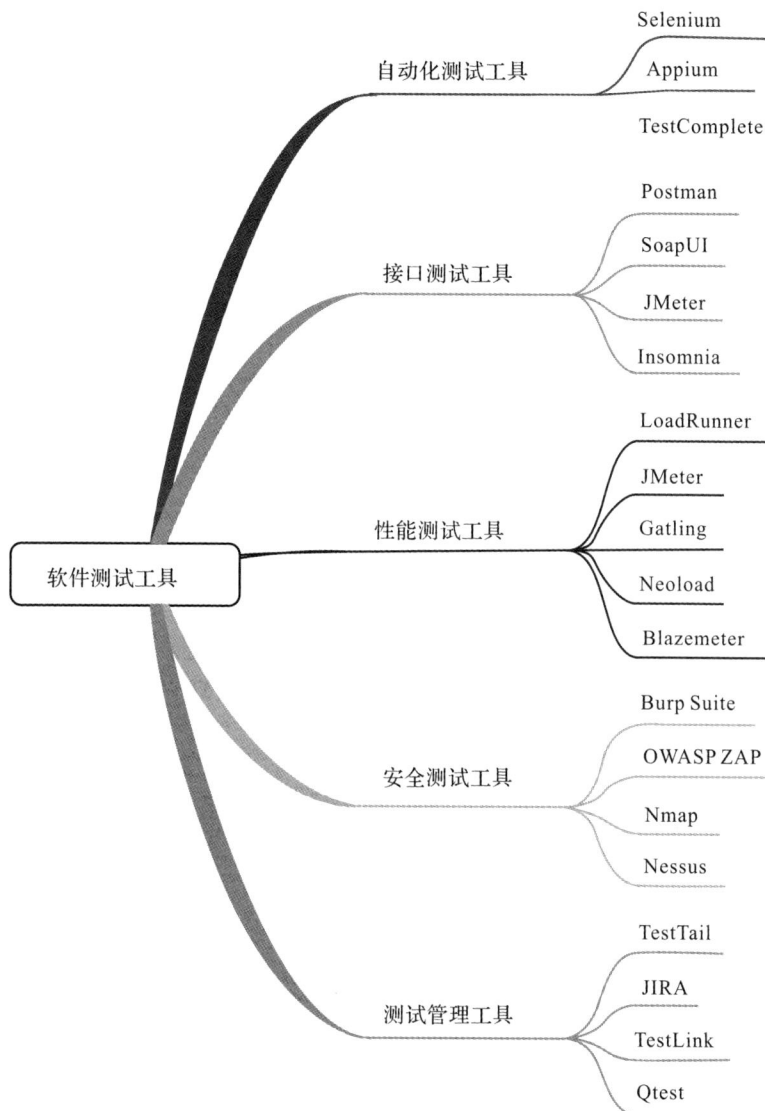

图 1 - 28　常用的软件测试工具

（1）自动化测试工具是一种通过编写脚本或使用可视化界面来模拟用户行为并进行测试的工具。自动化测试可以有效地提高测试效率和覆盖率，并减少人力成本。常用的工具软件有 Selenium、Appium 及 TestComplete 等，开发人员可针对 Web、桌面及移动应用选择合适的工具进行自动化测试。

（2）接口测试工具是指对软件系统的各个接口进行测试，检验接口的正确性、稳定性和安全性的工具。接口测试可以有效地发现系统间的兼容性问题和性能问题。常用的工具软件有 Postman、SoapUI、JMeter、Insomnia 等，开发人员可根据特定的任务进行选择。

（3）性能测试工具是指对软件系统的各项性能指标（如响应时间、吞吐量、并发用户数等）进行测试的工具。性能测试可以帮助开发人员发现系统的性能瓶颈和优化方案。常用的工具软件有 LoadRunner、JMeter、Gatling、NeoLoad、Gatling、Blazemeter、Locust 等，开发人员可根据具体的需求如编程语言、测试性能指标、是否需要可视化界面等选择使用。

（4）安全测试工具是指对软件系统的各项安全风险（如漏洞、攻击、数据泄露等），进行测试的工具。安全测试可以帮助开发人员发现系统的安全漏洞和加强安全防护。常用的安全测试工具软件如 BurpSuite、OWASPZAP、Nmap、Nessus 等。

（5）测试管理工具是指用于管理测试过程和测试文档的工具，包括需求管理、缺陷跟踪、测试计划和测试报告等。测试管理工具可以帮助提高测试效率和质量，同时也可以方便地查看测试进度和结果。常用的测试管理工具软件如 TestRail、JIRA、TestLink、QTest 等。

测试工具的应用可以帮助开发人员提高测试效率和质量，从而保障软件系统的稳定性和安全性。现有的软件测试工具已经涵盖了单元测试、集成测试、功能测试、性能测试、压力测试以及安全性测试等多个细分测试领域。不同类型的测试工具有不同的特点和适用场景，开发人员可以根据项目的具体需求、所使用的编程语言、技术栈以及运行环境等因素进行选择。

1.6　软件能力成熟度模型简介

1.6.1　软件能力成熟度模型及相关概念

软件能力成熟度模型（Capability Maturity Model for Software，CMM）是一个评估和改进软件组织或团队软件开发能力的过程模型。从软件工程概念提出开始，研究新的软件开发方法和技术，提高计算机软件的生产率，提高软件产品质量和可靠性，就一直是软件工程研究发展的重点。CMM 最初由美国卡内基梅隆大学的软件工程研究所（Software Engineering Institute，SEI）在 20 世纪 80 年代末期开发。该模型为软件开发过程提供了一套标准和指导，帮助软件组织识别其当前的开发能力和改进方向。

CMM 的核心理念是通过定义一系列逐步进阶的过程级别，帮助组织识别其当前的流程状态，并提供一个清晰的改进路径，以达到更高的效率、质量和可靠性。CMM 的主要特点如下。

（1）阶段划分：CMM 将组织的能力分为 5 个不同的成熟度级别，从初始级（Level 1）到优化级（Level 5），每个级别代表了组织在过程管理上的一个递增的进步。

（2）关键过程域：每个成熟度级别都包含一组关键过程域，这些是组织需要重点关注和改进的特定过程或实践领域。

（3）目标和实践：对于每个关键过程域，CMM 定义了具体的目标，以及为了实现这些目标所须遵循的一系列实践。

（4）持续改进：CMM 强调组织应持续监控和改进其过程，通过评估和调整关键绩效指标（KPAs）来提高效率和效果。

其中,软件过程是用于软件开发及维护的一系列活动、方法及实践的集合,涵盖了从软件需求分析、设计、编码、测试、部署到维护和支持的整个生命周期。软件过程定义了如何组织和执行各项任务,以及如何在软件开发团队成员之间进行沟通和协作。软件过程能力则描述了通过执行软件过程实现预期结果的能力。此能力包括质量、效率、工期、成本等方面满足预期的程度。CMM 是对软件组织在项目定义、组织构建、管理实施、项目度量、过程控制和改善的实践中各个开发阶段和管理过程的描述。CMM 通过确定当前过程的成熟度、识别实施软件过程的不足之处,提出对软件质量和过程的改进问题,最终形成对软件过程的改进策略。

1.6.2　软件能力成熟度模型等级

CMM 模型将软件开发过程分为 5 个成熟度等级,从低到高分别是初始级、可重复级、已定义级、已管理级和优化级(见图 1-29)。每个等级都对应一组特定的过程域和目标,组织需要满足这些目标以提升其软件开发能力。CMM 的 5 个成熟度级别具体如下:

(1)初始级(Level 1):过程通常是混乱和无序的,项目的成功很大程度上取决于个人的努力和技能。

(2)可重复级(Level 2):软件组织开始建立基本的项目管理和工程过程,并能够重复使用这些过程来完成类似的项目。

(3)已定义级(Level 3):软件组织已经制定了标准化和文档化的过程,这些过程在整个组织中得到了一致的应用。

(4)已管理级(Level 4):软件组织对其过程进行了量化管理,能够使用数据和统计方法来控制和改进过程性能。

(5)优化级(Level 5):软件组织专注于持续改进其过程,通过创新和适应变化来优化其过程性能。

图 1-29 简要描述了软件过程级别及演化。每个级别代表了组织在软件开发和维护方面的能力水平,CMM 模型的应用可以帮助组织识别其当前的软件开发能力水平,并为其提供改进的方向和建议。通过改进和优化开发过程,软件组织可以逐步提升自身的成熟度级别。

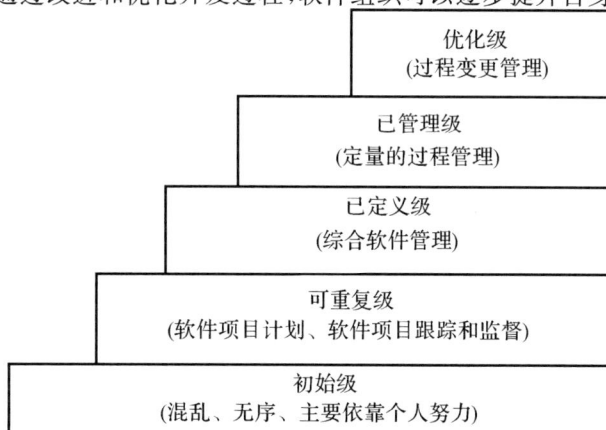

图 1-29　软件过程级别及演化图

例如,某软件公司想要评估其软件开发能力并寻求改进方向。通过采用 CMM 模型进行自我评估,公司发现其当前处于"已定义级"的成熟度水平。这意味着公司已经建立了一套完整的软件开发过程,但执行过程中可能存在不稳定性。为了改进这一状况,公司可以制订详细的改进计划,例如:通过加强内部审核机制来确保开发过程的一致性和可靠性;量化管理过程,收集和分析过程性能数据;使用统计方法和技术来预测和控制过程性能;建立持续改进机制,通过数据分析和反馈来优化过程;鼓励创新和改进,不断寻求优化过程的新方法和工具;建立适应性和预见性的过程,快速响应市场和技术变化等。此后,再通过不断改进和优化,公司最终可能达到"优化级"的成熟度级别,实现卓越的软件开发能力。

1.7 可选实践项目题目

下面列出的项目题目适合于大二下学期或大三上学期的学生作为软件工程导论实践课程的项目开发。

(1)基于 Web 的在线答疑系统。

(2)家庭理财管理系统。

(3)飞机票网上预订系统。

(4)网上电子银行交易系统。

(5)网上书店管理及交易系统。

(6)共享汽车租赁系统。

(7)京东长三角物流仓储管理系统。

(8)学生信息管理系统。

(9)智能小区物业管理系统。

(10)新能源车合同管理系统。

(11)酒店综合管理系统 。

(12)网络舆情监控系统。

(13)电子商务管理系统。

(14)网络在线购物系统。

(15)绩效评估系统。

(16)即时聊天系统。

(17)证券网站用户管理系统。

(18)陕西省疫情防控管理系统。

(19)文档资料管理系统。

(20)教师科研信息管理系统。

(21)网上人才招聘系统。

(22)基于浏览器/服务器(B/S)模式的办公自动化管理系统。

(23)图书数字资料文献检索系统。

(24)考试管理系统。

(25)学生学籍管理系统。

(26)毕业设计管理系统。

(27)网上团购系统。

(28)学生选课系统。

(29)校园网络管理系统。

(30)校园一卡通管理系统。

(31)Android 备忘录日历 App。

(32)智慧养老管理系统。

第 2 章　软件项目的需求分析

2.1　可行性分析

2.1.1　可行性分析的内容

1. 可行性分析简介

可行性研究的目的就是用最小的代价在尽可能短的时间内确定问题是否能够解决,是否值得去解决,而非具体地去解决问题。可行性研究不能靠主观的猜想,而要依靠客观的分析。分析几种主要的可能解决方案的利弊,再结合战略可行性、操作可行性、计划可行性、技术可行性、社会可行性、市场可行性、经济可行性和风险可行性等去思考解决方案的效益,从而判断原定的系统目标和规模是否现实,系统完成后能带来的效益是否大到值得投资开发这个系统的程序。

可行性研究需要从多个方面进行评估,具体内容如下:

(1)战略可行性:主要从整体的角度考虑项目是否可行。关注项目与整体战略目标和长远发展规划的契合程度。探讨项目是否代表未来技术发展趋势,是否利于技术积累与创新能力的提升,进而保障企业的持续成长。考虑项目实施后是否能够提升品牌形象,是否有助于吸引更多的用户群体,或者强化与用户间的黏性。评估项目完成后的产品或服务能否在市场上占据有利地位,是否能够提供独特的功能或用户体验,从而形成相对于竞争对手的竞争优势。

(2)操作可行性:主要评估软件系统在操作层面的可接受性、易用性和稳定性。评估软件系统的用户界面是否直观、易用,并符合用户的操作习惯。分析软件系统的操作流程是否合理、高效,并能够满足用户的需求。评估软件系统在操作过程中的稳定性和可靠性。分析软件系统在操作过程中是否需要额外的技术支持和培训,是否有足够的人力资源来运行系统。

(3)计划可行性:主要估计项目完成所需的时间,评估项目的时间是否足够。评估所提出的实施计划时间表是否合理,分析各个阶段的时间分配、任务依赖性以及可能的时间延误因素,确保时间表既不过于紧凑也不过于宽松;评估计划中设定的里程碑和目标是否明确、可衡量,并与项目的整体目标保持一致;评估计划对变更的灵活性和适应性,确保变更能够得到有效管理和控制。

（4）技术可行性：评估在给定的技术条件下，是否能够实现软件项目或系统的技术要求，并确保技术的稳定性和可靠性。关键内容包括技术需求分析、技术资源评估、技术解决方案选择和技术风险评估。针对项目的技术需求，研究和选择适合的技术解决方案，包括编程语言、开发框架、数据库技术等。评估现有的技术资源是否足够支持软件的开发和实施，能否解决系统瓶颈问题，并分析可能遇到的技术风险，如技术难题、技术更新等，并制定相应的风险应对策略。考虑项目使用技术的成熟程度，与竞争者的技术相比，该项目所采用技术的优势及缺陷、技术转换成本、技术发展趋势、技术发展前景、技术选择的制约条件等。技术资源包括软硬件资源、开发人员技术水平、前期工作基础以及当前技术积累等。

（5）社会可行性：从社会、法律、伦理等角度全面评估软件项目的可行性。评估软件系统是否符合相关法律法规的要求，如数据保护、知识产权、隐私政策等；是否符合伦理标准和道德要求，特别是涉及用户隐私和信息安全时；是否具备必要的社会接受程度和适应性，需要考虑用户群体、文化背景、社会习俗等因素。

（6）市场可行性：分析目标市场的需求和趋势，了解潜在客户对软件系统的需求程度，预测软件系统的用户接受度；评估目标市场的规模和增长潜力，确定软件系统的市场容量和未来的发展空间，明确销售潜力和市场份额；分析目标市场对新技术或新产品的接受程度，以及市场对新功能的反应；对市场上的竞争对手进行分析，了解他们的产品特点、市场份额、营销策略，确定软件系统的竞争优势和差异化策略；根据市场需求、竞争环境和成本结构，制定合理的定价策略。市场可行性分析有助于确保软件项目的盈利能力和市场竞争力。

（7）经济可行性：判断一个软件项目或系统在财务上是否可行，即项目的成本是否可以在预期的收益中得到合理的回报，主要包括成本估算、收益预测、投资回报率、支付能力分析、敏感性分析。成本主要考虑软硬件购置、系统开发、系统运行及维护、人员培训等费用。经济效益则需考虑系统所增加的销售额、提高的生产效率、降低的运营成本。比较成本和收益，可以计算出投资回报率，帮助决策者了解项目的盈利能力和风险水平。

（8）风险可行性：在项目实施前对潜在风险进行充分的认知和评估，以便在风险发生时能够及时、有效地应对，从而保证项目的成功实施。分析项目在实施过程中可能遇到的各种风险因素，以及每种风险因素可能出现的概率、出现后造成影响的程度以及能否补救。如果项目风险过大且无法有效应对，那么需重新审视整个项目的可行性。

2. 可行性研究案例分析

下面以掌纹身份识别系统为例，介绍可行性分析的具体内容。

（1）技术可行性。随着社会经济的不断发展，人们对身份核验的便捷性及安全性提出了更高的要求。近年来，生物特征识别如人脸识别、指纹识别技术等得到了飞速的发展。相关问题也日渐凸显：指纹识别的效果容易受手指干湿程度的影响，并且其接触式的采集方式也不利于在人流量大的公共场景下使用；人脸识别技术所带来的隐私焦虑日益严重。与之相比，掌纹区域包含丰富的主线、褶皱、脊线、细节点及皮肤纹理信息，比指纹和人脸具有更高的鉴别能力。非接触式掌纹识别技术通过分析用户手掌掌纹图像对身份进行识别，具有特征丰富、精度高、隐私敏感性低以及清洁卫生的优点。因此，本项目"掌纹身份识别系统"具备明确的技术可行性。

此外,人脸识别闸机系统已经具有多年部署运行经验,技术可行性得到了充分的验证。其设备部署、软件安装、数据注册以及系统管理等经验均可以直接应用于掌纹身份识别系统,系统软、硬件可复用。安防管理人员以及终端用户无需特殊培训即可很快熟悉并使用掌纹身份识别系统。综上,掌纹身份识别系统在技术上是可行的。

(2)经济可行性。从经济收益看,掌纹识别系统可以集成应用到现有的电子哨兵系统上,能够极大地便利园区出入管理,交通出行自助检票,超市/贩卖机无卡支付,以及机要场所的身份核验等过程。它能够替代人工服务,减轻安保人员负担,日常维护成本低,并且具有客观公平、安全稳定的优点。从系统本身的经济成本上看,掌纹识别系统可以复用当前人脸识别闸机的硬件和管理软件,部署开销小。因此,从经济的角度考虑,掌纹身份识别系统的开发是可行的。

(3)法律可行性。掌纹身份识别系统是自行开发、自行使用的,其研发阶段使用的数据均为公开数据集,使用阶段通过加密算法对用户的数据进行加密保护,不保存任何图片,所有处理仅局限于设备端,人工无法接触用户数据。该系统整个开发过程中没有涉及合同、责任与法律相悖的方面。

依照上述 3 方面的可行性分析研究后,开发人员认为该项目是可行的。

3. 可行性研究的步骤

可行性研究的步骤如图 2-1 所示,下面分别对各步骤的具体含义进行阐述。

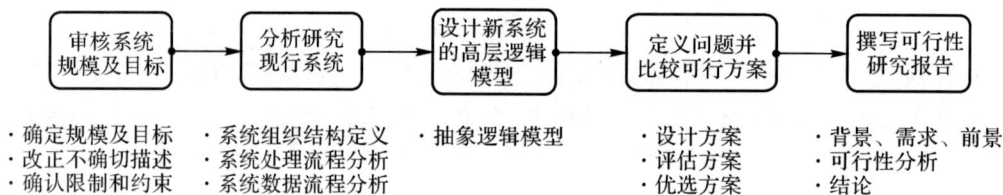

图 2-1　可行性研究的步骤

(1)审核系统规模及目标:明确项目的目标和范围,确定软件系统的基本功能需求和性能指标,了解预期的业务需求和用户需求,初步设定项目边界。分析人员通过与相关人员沟通及阅读现有相关资料,提取和确认本项目所要解决问题的实质,改正含糊不清或不确切的叙述,量化需求,确认新系统的一切限制和约束,进而明确系统设计目标和范围。

(2)分析现行系统:对当前正在使用的系统进行详细研究,了解其功能、性能、优缺点以及用户反馈等信息,找出改进点和需要解决的问题,为新系统的设计和开发提供参考。可以从 3 个方面对现有系统进行分析,即系统组织结构定义、系统处理流程分析和系统数据流分析。系统组织结构可以用组织结构图来描述。系统处理流程分析的对象是各部门的业务流程,可以用系统流程图来描述。系统数据流分析与业务流程紧密相连,可以用数据流程图和数据字典来表示。

(3)设计新系统的高层逻辑模型:从较高层次设想新系统的逻辑模型。初步设计新系统的高层次逻辑架构,包括系统的主要模块划分、数据流和控制流等,来直观展示新系统的基本构成,概括地描述开发人员对新系统的理解和设想。

（4）定义问题和解决方案：对新系统要解决的具体问题进行详细描述，包括系统的具体需求、约束条件、性能指标等。针对定义的问题基于逻辑模型提出若干种可能的解决方案，每种方案都需要包括技术路线、实现方法、预期效果等内容。评价和比较这些方案，选择最优的解决方案。评价方案时需要考虑技术可行性、经济可行性、社会可行性等多个方面。

（5）撰写可行性研究报告：总结上述研究成果将其变成明确而具体的系统性文档，整理成正式的可行性研究报告，形成最终的决策性文件，方便存档及交流。

2.1.2　系统流程图

1. 流程图绘制方法

在进行可行性分析时，开发人员经常需要绘制各种图形来直观地展示和分析不同实体之间的关系。其中，流程图是一种用图形的方式来表示算法或过程的方法。它使用易于理解的图形和符号来表示各个步骤，以及步骤之间的顺序和关系。系统流程图具有符号规范、画法简单、结构清晰、逻辑性强、便于描述、容易理解的优点，能够帮助人们更好地理解和执行复杂的任务过程，它在项目管理、软件开发等领域具有广泛的应用。

流程图使用图形元素将一个过程表示出来，图形元素主要包括各类符号、连接线以及说明文字。通用流程图符号如图 2-2 所示，不同的符号表示不同类型的步骤或决策点，例如，矩形表示处理步以骤，菱形表示决策或判断点，箭头表示流程的方向等。将这些符号组合在一起，可以创建出一个清晰、简洁的流程图，以便于团队成员之间的沟通和协作。

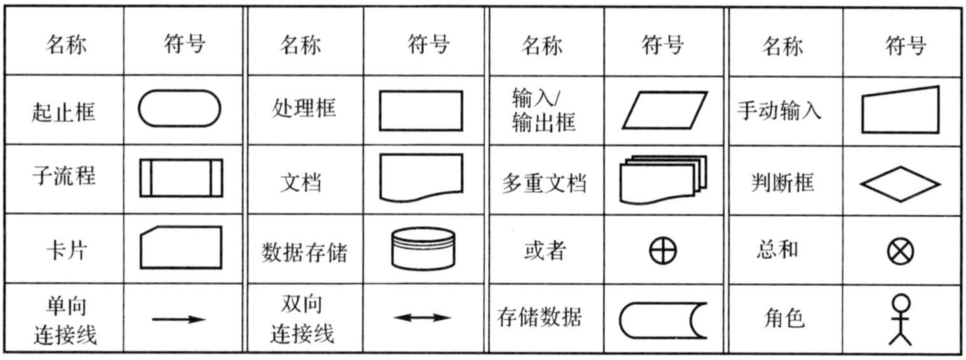

名称	符号	名称	符号	名称	符号	名称	符号
起止框		处理框		输入/输出框		手动输入	
子流程		文档		多重文档		判断框	
卡片		数据存储		或者	⊕	总和	⊗
单向连接线	→	双向连接线	↔	存储数据		角色	

图 2-2　通用流程图符号

目前，很多软件都可以用来绘制流程图，如 Microsoft Office 的 PowerPoint、Word、Excel、Visio，以及 WPS、Process On、SmartDraw 等。对于 PowerPoint 和 Word，点击菜单栏中的"插入"选项卡，选择"形状"菜单项，即可看到流程图相关的形状子集，拖拽即可在工作区中绘制相关图形元素，但此类工具仅具备基础的编辑功能。Visio 是微软公司推出的老牌流程图绘制软件，组件具有自动对齐和吸附功能，形状组件丰富，开发人员使用 Visio 能快速地绘制各类图形，便于可视化、分析及交流项目的各类复杂信息。类似地，对于 WPS，在新建文件时选择"流程图"即可，此外，通过"更多图形"按钮还可以加载更多的种类图形，如 E-R 图、UML 图、界面原型图等。

与传统软件相比,新兴的专业绘图软件提供了更加便捷的辅助功能,如优秀的模板示例、灵活的样式编辑、自动对齐、自动连线、自动排版、自动激活文字录入、动态显示辅助线、人工智能(AI)助手以及用户作品分享平台等,能够极大地提升绘图效率,支持在线使用,还可以将绘制的流程图导出为各种位图、矢量图形及 Visio 文件,并可设置清晰度及文件格式。例如,新兴的 Process On 绘图软件实现了较高的定制化及智能化,极大地提升了流程图制作的效率。SmartDraw 作为成熟的绘图商业软件,能够实现更多种类的绘图任务。图 2-3 所示为常用的绘图工具,实际工作中,开发人员可以根据具体的任务特点选择使用。

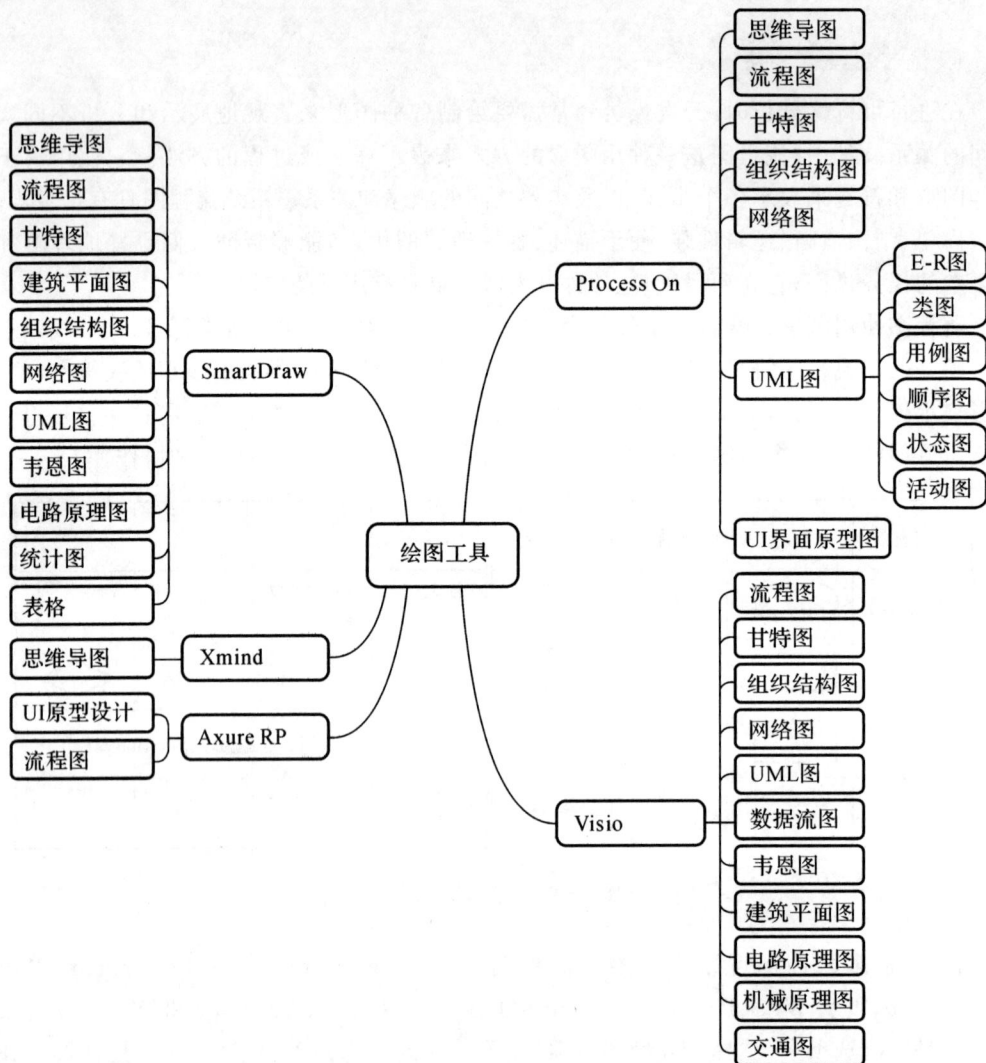

图 2-3　常用的绘图工具

2. 流程图绘制实例

下面以掌纹身份识别系统为例来展示如何通过 Process On 在线工具绘制系统的工作流程图。

　　流程图是一个图形化的逻辑展示工具,其背后的业务逻辑分析才是工作的难点。绘制本流程图的关键为明晰掌纹识别过程的业务逻辑。首先,用户将手掌放置于采集设备之前,当采集设备捕获到一幅合格的手掌图像之后,定位算法定位并提取掌纹区域,并针对此区域进行特征编码,将提取的特征与数据库中已注册的用户特征进行匹配。如果匹配成功,那么返回用户账号(ID)并开启闸机让用户通行,系统执行完毕成功退出;如果匹配失败,那么可能是用户未注册或已注册用户手掌放置方式有误。此时,系统根据当前已尝试的次数,决定是否再次捕获手掌图像执行上述掌纹识别流程。如果尝试次数过多,那么判为未注册用户,系统退出。

　　分析并完成系统执行流程逻辑之后便可以进行具体的流程图绘制工作。首先,创建一个流程图文件。打开 https://www.processon.com/diagrams 网站,注册账号后在工作界面点击"新建"按钮,如图 2－4(a)所示。点击"流程图"新建一个文件并命名为"流程图实例"。其次,根据业务逻辑绘制流程图符号,并设置符号的显示属性。如图 2－4(b)所示,拖拽左侧的图形符号到中间的画布即可激活符号右侧的属性窗口,从而可以对该符号的样式,如文字、色彩、控件大小、线型粗细等,进行修改。再次,点击符号控件的端点并拖动鼠标可以创建两个符号之间的连接线;也可以先选中符号控件,然后点击其四周的加号,同时创建连接线和下一个控件。最后,双击连接线的某个位置,可在该位置处插入文字说明,如图 2－4(b)中的"是""否"等。基于以上操作,便可以完成如图 2－5 所示的掌纹身份识别系统流程图。

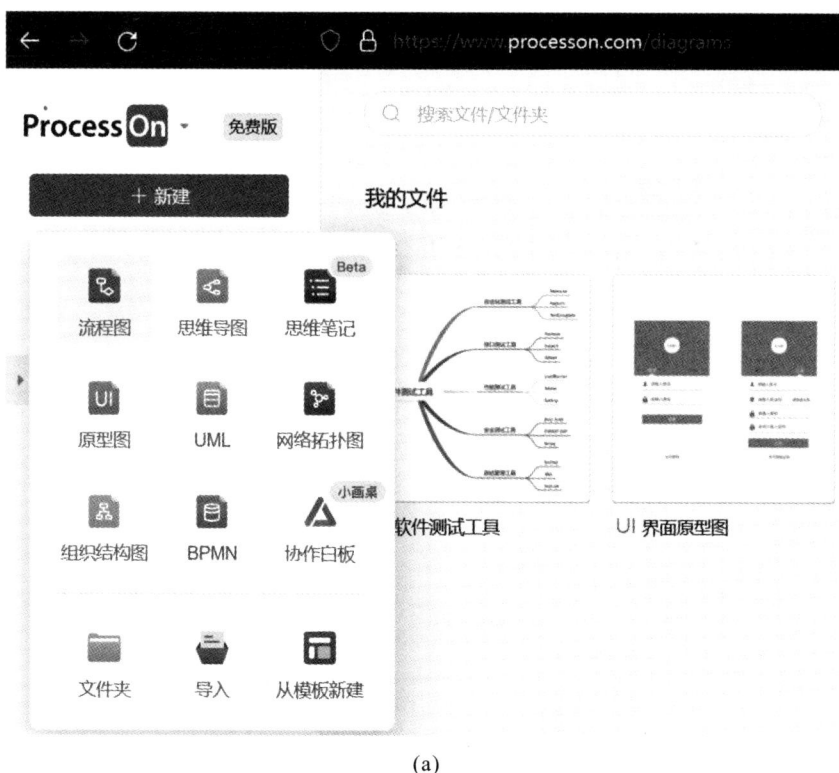

(a)

图 2－4　使用 Process On 绘制流程图

(a)创建文件

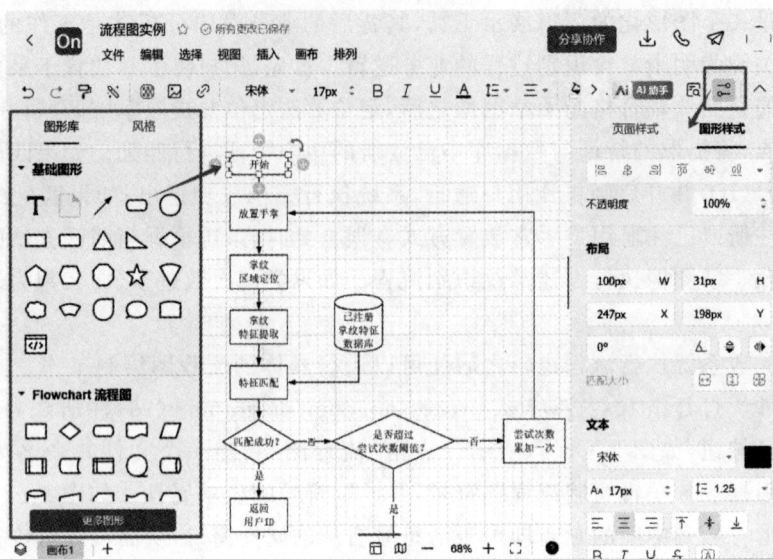

(b)

续图 2-4　使用 Process On 绘制流程图

(b)工作区的使用

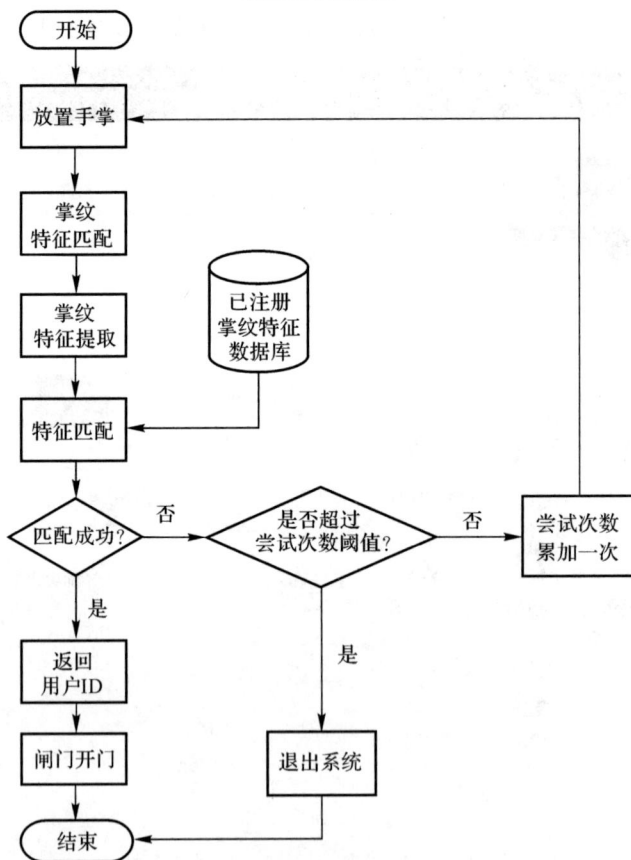

图 2-5　掌纹身份识别系统流程图

2.1.3　可行性分析报告

1. 可行性分析报告的主要内容

可行性分析报告的主要内容包括以下几个方面：

(1)引言：介绍本次可行性分析的目的、背景、范围以及所使用的方法和工具等。

(2)项目简介：对项目进行简要描述，包括项目的名称、目标、功能需求以及所涉及的技术领域等。

(3)可行性分析前提：明确可行性分析的前提条件，如项目的约束条件、假设和依赖等。

(4)对现有系统的分析：如果存在现有的系统，那么需要对其进行分析，包括系统的功能、性能、优缺点、使用情况以及存在的问题等。

(5)技术可行性分析：评估项目在技术上是否可行，包括所需技术的成熟度、可行性、稳定性以及技术风险等。需要提出技术解决方案，并对其进行评估。

(6)经济可行性分析：对项目的经济效益进行评估，包括成本估算、收益预测、投资回报率等。需要对项目的经济合理性进行分析，以确定项目是否值得投资。

(7)社会可行性分析：评估项目在社会上的可行性，包括是否符合法律法规、是否满足用户需求、是否有良好的社会效益等。需要考虑项目对社会的影响，以确定项目是否应该进行。

(8)结论和建议：根据可行性分析的结果，得出结论，明确项目是否可行，并提出建议。如果项目不可行，那么需要说明原因，并提出可行的替代方案。具体而言，可行性研究的结论一般有以下 3 种：

1)可行。经过可行性研究，项目在技术上可实现、经济上合理、社会上可接受，并且符合法律法规要求。项目可行，可以按计划进行开发，并有望取得成功。

2)基本可行但需要修改。项目在当前状态下可能存在某些问题或限制，如需要调整实施方案、改进技术方案、增加资源投入等。在解决这些问题或修改部分方案后，项目仍有可能成功实施。

3)不可行。项目在现有的条件和要求下无法实现，或者存在严重的技术障碍，或者预计的成本过高、风险过大，收益不足以抵消投资，或者与政策法规、市场需求、组织能力等因素相冲突，并且这些问题无法通过简单的调整来解决，因此建议终止该项目。

此外，可行性分析报告还需要包括参考资料、附录等内容，以确保报告的准确性和完整性。为了使读者更好地理解和评估报告的内容，下文提供了一份可行性研究报告模板，具体撰写时还需要根据项目的实际情况进行调整和完善。更多内容可参见国家标准 GB/T 8567—2006——计算机软件文档编制规范。

2. 可行性分析报告模板

可行性分析报告(模板)

1. 引言

1.1　编写目的

编写本可行性研究报告的目的。

1.2 背景

所建议开发的软件系统的名称；

本项目的任务提出者、开发者、用户及实现该软件的计算站或计算机网络；

该软件系统同其他系统或其他机构的基本的相互来往关系。

1.3 定义

列出本文件中用到的专门术语的定义和外文缩略词的原词组。

1.4 参考资料

列出参考资料。

2. 可行性研究的前提

说明对所建议开发的软件的项目进行可行性研究的前提。

2.1 要求

说明对所建议开发的软件的基本要求。

2.2 目标

说明所建议系统的主要开发目标。

2.3 条件、假定和限制

说明对这项开发中给出的条件、假定和所受到期的限制。

2.4 进行可行性研究的方法

说明这项可行性研究将是如何进行的，所建议的系统将是如何评价的，摘要说明所使用的基本方法和策略。

2.5 评价尺度

说明对系统进行评价时所使用的主要尺度。

3. 对现有系统的分析

这里的现有系统是指当前实际使用的系统。分析现有系统的目的是进一步阐明开发新系统或修改现有系统的必要性。

3.1 处理流程和数据流程

说明现有系统的基本的处理流程和数据流程。可用流程图的形式表示，并加以叙述。

3.2 工作负荷

列出现有系统所承担的工作及工作量。

3.3 费用开支

列出由于运行现有系统所引起的费用开支。

3.4 人员

列出为了现有系统的运行和维护所需要的人员的专业技术类别和数量。

3.5 设备

列出现有系统所使用的各种设备。

3.6 局限性

列出本系统的主要局限性。

4. 所建议的系统

4.1 对所建议系统的说明

概括地说明所建议系统,并说明在第 2 条中列出的那些要求将如何得到满足,说明所使用的基本方法及理论根据。

4.2　处理流程和数据流程

给出所建议系统的处理流程和数据流程。

4.3　改进之处

按 2.2 条中列出的目标,逐项说明所建议系统相对于现有系统具有的改进。

4.4　影响

4.4.1　对设备的影响

说明新提出的设备要求及对现有系统中尚可使用的设备须作出的修改。

4.4.2　对软件的影响

说明为了使现有的应用软件和支持软件能够同所建议系统相适应,而需要对这些软件所进行的修改和补充。

4.4.3　对用户单位机构的影响

说明为了建立和运行所建议系统,对用户单位机构、人员的数量和技术水平等方面的全部要求。

4.4.4　对系统运行过程的影响

说明所建议系统对运行过程的影响。

4.4.5　对开发的影响

说明对开发的影响。

4.4.6　对地点和设施的影响

说明对建筑物改造的要求及对环境设施的要求。

4.4.7　对经费开支的影响

扼要说明为了所建议系统的开发、设计和维持运行而需要的各项经费开支。

4.5　技术条件方面的可能性

应说明技术条件方面的可能性。

5.　可选择的其他方案

扼要说明曾考虑过的每一种可选择的系统方案,包括需开发的和可从国内外直接购买的,如果没有供选择的系统方案可考虑,则说明这一点。

5.1　可选择的系统方案 1

说明可选择的系统方案 1,并说明它未被选中的理由。

5.2　可选择的系统方案 2

按类似 5.1 条的方式说明方案 2 至方案 N 可选择的系统方案。

6.　投资及效益分析

6.1　支出

对于所选择的方案,说明所需的费用,如果已有一个现有系统,那么包括该系统继续运行期间所需的费用。

6.1.1　基本建设投资

包括采购、开发和安装所需的费用。

6.1.2 其他一次性支出

6.1.3 非一次性支出

列出在该系统生命期内按月或按季或按年支出的用于运行和维护的费用。

6.2 收益

对于所选择的方案,说明能够带来的收益,这里所说的收益,表现为开支费用的减少或避免、差错的减少、灵活性的增加、动作速度的提高和管理计划方面的改进等。

6.2.1 一次性收益

说明能够用人民币数目表示的一次性收益,可按数据处理、用户、管理和支持等项分类叙述。

6.2.2 非一次性收益

说明在整个系统生命期内,由于运行所建议系统而导致的按月、年的能用人民币数目表示的收益,包括开支的减少和避免。

6.2.3 不可定量的收益

逐项列出无法直接用人民币数目表示的收益。

6.3 收益/投资比

求出整个系统生命期的收益/投资比值。

6.4 投资回收周期

求出收益的累计数开始超过支出的累计数的时间。

6.5 敏感性分析

一些关键性因素与这些不同类型之间的合理搭配、处理速度要求、设备和软件的配置等变化时,对开支和收益的影响最灵敏的范围的估计。

7. 社会因素方面的可行性

7.1 法律方面的可行性

7.2 使用方面的可行性

8. 结论

进行可行性研究报告的编制时,必须有一个研究的结论。

2.1.4 可行性研究实例

为了更好地理解可行性研究的具体内容,下面以掌纹识别系统为例撰写一份可行性分析报告。

掌纹识别系统开发可行性分析报告

1. 引言

1.1 编写目的

随着人工智能技术的快速发展,掌纹识别已被广泛地应用于各个领域,如智能门禁、移动支付、自助检票等。本研究旨在深入探讨非接触式掌纹识别系统开发的可行性,以确定是否值得在最短的时间内以最低的投资成本进行开发。本报告将从技术可行性、经济可行性、社会可行性三个方面进行分析,并提出明确的观点,全面地了解是否应该投资并开发这一系统。

1.2　软件系统名称

高精度非接触式掌纹识别系统。

1.3　定义

掌纹:手掌表面皮肤所具有的纹理,包括乳突线、掌纹主线和掌纹褶皱。掌纹主要分布在由指间区、大鱼际和小鱼际组成的掌面上。

掌纹识别:利用掌纹进行生物特征识别的过程,通常包含掌纹辨认和掌纹确认。

掌纹主线:手掌上最粗最深的纹线,随手掌各部分的伸收肌群的位置分布,又称为手掌屈肌纹。

掌纹褶皱:手掌上介于掌纹主线和乳突线之间的一种不规则沟纹。

2.　对现行系统的分析

现有的基于人脸识别的身份识别系统存在严重的隐私泄漏风险,用户具有较大的抵触心理。现有的指纹识别系统需要接触式采集信息,在人流量大的公共场合使用容易引发细菌传播。因此,现有系统在隐私、卫生、安全及易采集等方面存在不足,其系统部署面临较大的社会风险,进一步发展遇到了瓶颈。

3.　建议的新系统

3.1　系统角色

掌纹识别系统是一个复杂的身份认证系统,涉及多个系统、角色和组件。以下是一些主要的系统角色分析。

3.1.1　用户

(1)用户是掌纹识别系统的直接使用者,使用本系统来识别掌纹所对应的用户身份,进而进行相关授权,如支付款项,打开门禁,登录网站,等等。

(2)用户可以创建个人账户,进行掌纹特征注册,也可以选择删除账户信息和特征模板。

3.1.2　系统管理员

系统管理员是负责系统运行和维护的专业人员。他们管理系统的软件和硬件配置,确保系统的高可用性和高性能。他们负责用户的添加、删除以及权限管理,在授权的情况下,可以对用户的访问记录、考勤记录进行查看及下载。

3.1.3　数据库管理系统

数据库管理系统存储所有用户的信息,包括身份 ID、特征模板以及历史访问信息。管理员负责维护和备份数据库,确保数据的完整性和可用性。

3.1.4　报告和分析系统

用于生成报告和分析用户访问数据,帮助公司实时了解员工考勤数据,或门禁访问数据。

3.2　运行环境

掌纹识别系统的硬件环境包括了用于采集手掌的各种物理设备和联网通讯基础设施。以下是主要的硬件组成部分。

3.2.1　掌纹采集终端

(1)掌纹采集终端作为边缘设备安装在需要身份认证的场所,如重要门禁、超时自助付款、自助贩卖机、高铁自助检票闸机等地点。

(2)掌纹采集终端负责进行掌纹数据的采集、预处理、区域定位、图像增强、特征提取、特征加密等操作,还需同云端服务通信,进行身份识别,获得权限后与本地设备进行通信,控制门禁开关,必要时也可以进行本地离线身份认证。

3.2.2 数据库服务器

(1)数据库服务器用于存储和管理系统中的大量用户数据,包括用户身份信息、掌纹特征信息和用户权限信息。

(2)服务器需要高性能硬件和大容量存储设备,以确保数据的快速访问和可靠性。

3.2.3 存储设备

(1)存储设备用于保存系统所需的软件数据文件,包括应用程序代码、图片、音视频文件和用户特征模板等。

(2)存储设备通常采用高速硬盘驱动器,如固态硬盘,来提供快速的数据读写。

3.2.4 网络设备

(1)网络设备包括交换机、路由器、防火墙等,用于建立和维护系统的网络连接。

(2)高性能网络设备确保数据在系统内部和外部之间的高速传输,同时提供网络安全功能。

3.2.5 负载均衡器

负载均衡器用于将用户的请求分发到多个服务器,以确保系统的高可用性和性能。它可以有效地平衡服务器上的负载,防止单个服务器过载。

3.2.6 电源和冷却设备

数据中心通常配备备用电源和冷却设备,以确保服务器和网络设备的持续运行。这些设备可以防止由于电力故障或过热而导致的系统中断。

3.2.7 备份设备

备份设备用于定期备份系统数据,以应对数据丢失或系统故障的情况。这些设备可能包括磁带库、网络存储设备或云存储服务。

综上,掌纹识别系统的硬件环境是多样化且复杂的,其涵盖了多类硬件组件,这些组件需要兼顾高性能和高可用性,以确保系统能够稳定运行并满足用户的需求。硬件环境的设计和维护是系统的关键方面之一,直接影响系统的性能和可靠性。

3.3 投资预估

掌纹识别软件工程需要投入一定的资金用于设备购置、软件开发、人员培训等方面。根据市场调查和经验数据,可以估算出项目的总投资成本。

3.3.1 硬件成本

掌纹识别系统的设备主要包括摄像头、显示屏、嵌入式主控板、机壳、外围控制及通信端口。此外,在研发初期,小批量开模、试制、加工一般还需要支付一笔启动金。

3.3.2 软件成本

软件系统由边缘设备端软件和服务器后端软件两个部分组成。

(1)边缘设备端软件与设备和业务紧密耦合,需要高度定制化,因此由本团队自主开发。

(2)服务器后端软件考虑到系统部署和维护的复杂性,以及对系统并发性和运行稳定性的需求,计划直接租用云服务商提供的可靠服务。

3.3.3 人力资源成本

软件开发需要系统架构师、高级算法工程师、高级软件开发工程师、嵌入式驱动开发工程师、产品经理、测试工程师、美工、技术支持工程师、安装部署运营工程师各1名。相应的人力资源成本包括培训费用和开发费用。

3.3.4　运营成本

掌纹识别系统的运行需要考虑终端设备的电费、网络费、日常保养维修费，以及租赁云服务器的费用。

3.3.5　其他成本

在系统开发的过程中，需要参加各类展会对其进行宣传和演示，涉及参展席位费、宣传资料印刷费、员工差旅住宿费、样品费等其他额外支出。

4. 可行性研究

4.1　研究要点

掌纹识别系统的系统模型如图 1 所示。掌纹识别系统包含中央服务器以及散布在身份认证场所的边缘掌纹采集设备。用户需要进行身份认证时，只需朝向设备放置手掌，设备在检测到手掌接近时，触发对手掌图像的采集。特征提取及加密后发送至服务器端进行特征比对和身份识别，获取身份信息之后查询对应的用户权限，执行相应的操作，如完成支付等；或者返回认证结果给边缘终端，控制开门放行。

用户在使用之前需要首先创建用户账号并注册掌纹信息。管理员有权对用户信息及用户权限进行编辑。相关信息存储在系统数据库中，包括用户的账号信息，掌纹特征信息，权限信息以及用户的访问请求记录。

4.2　研究目标

(1)减少人员及计算机设备等费用的支出消费，降低系统成本。

(2)提高生产效率，使软件能够在计划周期内开发出来，完成软件需求。提升用户身份认证效率，提升权限管理安全性，方便查询用户访问记录。

(3)提高系统处理信息的效率，科学、高效、安全地存储生物特征数据。

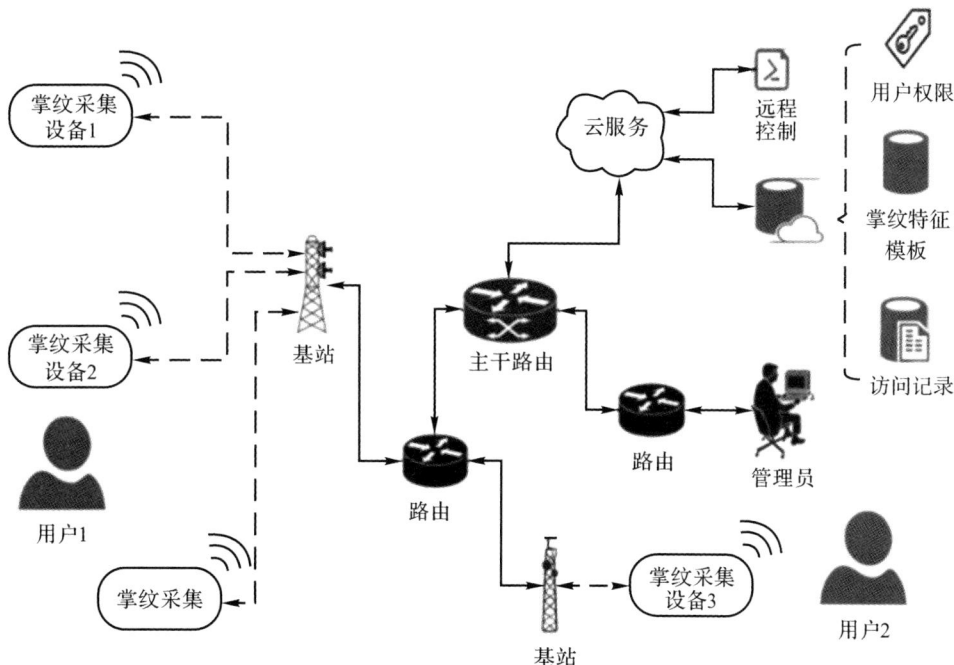

图 1　掌纹识别系统的系统模型

5. 可行性分析

5.1 项目研究可行性分析

掌纹识别系统是一种基于手掌特征信息的身份认证技术,通过摄像头捕捉到手掌表面的纹理信息,与数据库中的信息进行比对,实现身份验证。该系统具有非接触性、非侵入性、自动化程度高、隐私敏感性低等优点。

(1)技术支持:目前基于ARM主控的双目摄像头边缘终端产品种类繁多,为双模态手掌图像采集、处理及网络传输奠定了良好的硬件平台。此外,各类基于云平台的生物特征识别框架也已较为成熟,这些都为本项目的开发提供了技术支持,保证了项目的技术可行性。

(2)经济效益:使用掌纹识别进行用户身份验证和自助付款能够极大地提升工作效率,减少用人成本,提升身份认证的安全性。本项目能够给相关企业带来较高的经济收益。

(3)政策支持:在市场需求和政府支持的多重推动下,掌纹识别迎来了快速发展期。良好的市场环境和发展契机促使2023年成为掌纹元年,"刷掌"取代"刷脸"成为新一轮网络热点。掌纹识别系统能够应用在智慧交通、智慧经济、智慧政务、智慧安防等诸多领域,能够极大地提升社会管理效率,因此本项目能够得到政府的大力支持。

(4)项目特点:放置手掌进行身份认证和权限管理,符合人类交互习惯,用户接受度高,因此本项目具有广阔的市场需求和应用前景。

综上,本项目具有使用便捷、用户认可度高的特点,能够为新一代的身份认证服务提供安全、可靠的技术方案,为智慧城市的建设提供助力,是未来我国数字基建的重要组成部分,具有明确的开发和应用价值。

5.2 社会可行性分析

5.2.1 社会环境适应性

掌纹识别技术的应用需要遵守相关法律法规和政策规定。在开发过程中,遵守数据安全和隐私保护等方面的要求,确保项目符合社会环境的要求。

5.2.2 社会影响评估

掌纹识别技术的应用可以提高社会安全性和便利性,但也可能引发一些社会问题,如隐私泄露、技术滥用等。因此,在项目设计和开发阶段着重增强用户数据保护功能,确保项目符合社会利益,并在项目实际部署前充分调研社会影响,拟定符合用户关切的实施方案。

5.2.3 社会风险及应对

掌纹识别软件工程可能面临的社会风险包括公众舆论压力、政策变化等。针对这些风险,可以采取相应的应对策略,如加强公众沟通和宣传、密切关注政策动态等。

5.3 经济可行性分析

5.3.1 投资分析

掌纹识别软件工程需要投入一定的资金用于设备购置、软件开发、人员培训等方面。根据市场调查和经验数据,可以估算出项目的总投资成本。

(1)硬件成本。

掌纹设备主要包括摄像头模块、显示屏、嵌入式主控板、机壳、外围控制及通信端口。根据市场调研,相关元器件成本如表1所示。因此,低端配置的掌纹识别终端设备成本约为1 668元/个,另需开模、试制、加工等费用10万元。对于部署n个终端的应用场景,终端设备费共计$10+0.166\,8n$(万元)。

表 1　掌纹识别设备硬件成本分析

类型	型号	单价(元)
主控板	树莓派 4B	500
SD 卡	三星 128GB	356
显示屏	4.3 英寸电容触控屏(800×480)	230
图像传感器	200 万像素双模态双目摄像头	300
光源	5 V 双模态 LED 光源模组	30
线材	USB 3.0 连接线	12
电源	5 V 3 A 大功率 Type-C 接口	30
散热片	纯铝背胶散热片	10
机壳	激光 3D 打印加工、喷漆	200

(2)软件成本。

软件系统由边缘设备端软件和云端服务软件两个部分组成。边缘设备端软件主要包括图像采集、图像预处理、掌纹中心块提取、特征提取、离线识别、门禁控制、数据库信息维护、加密传输、上层服务通信等功能模块。云端服务软件主要包括人员管理、设备管理、考勤管理、门禁设置、刷掌记录、数据报表、数据加密/解密、云端识别、云端预警等功能。其中,边缘设备端软件与硬件系统紧密耦合,将由本团队自主研发完成,其成本主要为开发团队的人力资源成本。云端服务软件可以直接购买现有的云服务,一方面能够节省硬件设备采购及安装、部署、维护的高昂费用,另一方面云服务本身具有配置灵活、运行稳健和数据冗余备份的突出优点。根据不同的应用场景可以选择不同的云服务配置,典型云服务商相关业务的市场价格如表 2 所示。预计每月云服务租赁价格约为 2 308 元,每年为 2.769 6 万元。

表 2　掌纹识别云服务租用收费标准表

功能	服务类型	售价(元/月)
手掌检测	GPU 算力	280
手掌关键点定位	GPU 算力	280
掌纹比对	GPU 算力	280
手掌验证	GPU 算力	280
手掌搜索	GPU 算力	280
数据库管理	存储及数据库管理软件	280
数据冗余备份	存储 128 GB	128
基础服务	4 核 CPU、16G 内存、128G 系统盘	500

（3）人力资源成本。

边缘设备端软件开发需要系统架构师 1 名、高级算法工程师 1 名、高级软件开发工程师 1 名、嵌入式驱动开发工程师 1 名、产品经理 1 名、测试工程师 1 名、美工 1 名、技术支持工程师 1 名，安装部署运营工程师 1 名。他们的月薪分别为 2 万、1.8 万、1.6 万、1.5 万、1.2 万、1.0 万、0.8 万、0.6 万、0.6 万。软件开发周期预计 6 个月，整体研发成本约 66.6 万。另需人员实习培训，按照 2 个月的培训周期，90% 的实习工资，9 人的团队大概需要 19.98 万。综上，人力资源成本约 86.58 万元。

（4）运营成本。

终端功率 30 W，n 台终端 30 天每天 24 h 不间断运行，每月电费 21.6n 元。另有千兆以太网接入费每月 200 元、保养费维修费每月 300 元，总计每月运营成本约（500＋21.6n）元，每年为（0.6＋0.025 92n）万元。

（5）其他成本。

参展席位费 5 万、宣传资料印刷费 1 万、差旅住宿费 5 万，共计 11 万。

综上，项目前期软硬件研发投资约 87.58 万元。根据实际订单量，加工终端设备费为 0.166 8n 万元；运营费每年（2.769 6＋0.6＋0.025 92n）万元＝（3.369 6＋0.025 92n）万元。项目总成本为 [87.58＋0.166 8n＋（3.369 6＋0.025 92n）y] 万元。其中，n 为终端设备数量，y 为系统运行年数。

5.3.2 收益分析

根据掌纹识别系统的应用场景和市场需求，可以预测项目的收益模式和收益周期。同时，考虑到市场竞争和成本控制等因素，可以对项目的经济可行性进行评估。

基于掌纹识别的身份认证系统具有诸多应用场景。掌纹识别系统在金融领域的应用主要体现在电子支付、移动支付等方面。通过掌纹识别技术，用户可以快速完成身份验证，提高支付效率，降低交易成本。同时，该系统还可以应用于信用卡申请、贷款审批等业务流程，降低欺诈风险，提高金融机构的收益。掌纹识别系统在安防领域的应用主要体现在公共安全、门禁系统等方面。掌纹识别技术可以实现对进出人员的管理和监控，提高安防水平。掌纹识别系统在医疗领域的应用主要体现在患者身份确认、药品管理等方面。掌纹识别技术可以实现对患者身份的快速确认，提高医疗服务效率。

以大型连锁超市为例，引入掌纹识别系统后，消费者只需在入口处刷掌即可完成支付，无需携带任何支付工具。这不仅提高了消费者的购物体验，还降低了超市的运营成本。此外，该系统还可以实现对超市内人员的监控和管理，提高运行效率和安防水平。因此，引入掌纹识别系统后，该超市的经济收益得到了显著提升。

具体地，掌纹识别终端可以部署至以下场所，包括超市自助结账收银台（20 部）、各分仓库出入口电子哨兵（50 部）、员工考勤打卡终端（10 部）、财务室/办公室/会议室/员工宿舍门禁（20 部），共计 100 部掌纹识别边缘终端设备。

（1）一次性收益：包括开支缩减、存储和恢复技术的改进以及数据压缩技术、应用系统的提升引起的收益，在本项目中为 0 元。

（2）经常性收益：包括建立系统后，按月的、按年的能用人民币数目表示的收益、开支的减少，此处，按银行利率 1%，计算 5 年收益如下。

1）减少员工 10 人（2 000 元/人/月）：

$$[0.2 \times 10 \times 12 \times (1.01 + 1.01^2 + 1.01^3 + 1.01^4 + 1.01^5)] 万元 = 124 万元$$

2)工作效率提高收益(效率提高5%,原工作效率收益60万元):

$$[60 \times 0.05 \times (1.01 + 1.01^2 + 1.01^3 + 1.01^4 + 1.01^5)] 万元 = 15.5 万元$$

经常性收益共计:124万元+15.5万元=139.5万元。

(3)不可定量的收益:包括服务的改进、风险的减少等不可捉摸的收益。因服务质量提高增加顾客量10%,原始营业额500万元/年,利润率30%,营收增加:$[500 \times 0.1 \times 0.3 \times (1.01 + 1.01^2 + 1.01^3 + 1.01^4 + 1.01^5)] 万元 = 77.28 万元$。

综上,本项目经济可行性如下:

1)五年收益共计:139.5万元+77.28万元=216.78万元。

2)五年投资共计:$[87.58 + 0.166\ 8 \times 100 + (3.369\ 6 + 0.025\ 92 \times 100)y] 万元 \approx 105.45$万元。

3)投资回报:收益/投资比=216.78万元/105.45万元=205.58%。

4)投资回收周期约为1年。

5.4 技术可行性分析

5.4.1 掌纹识别算法

目前,掌纹识别算法已经相当成熟,可以满足不同场景下的应用需求。掌纹包含主线、褶皱、细节点、皮肤纹理及皮下静脉特征,因此能够实现比指纹和人脸更高的识别精度及防伪能力。经过多年的发展,基于方向编码及多模态对齐的掌纹识别算法在精度和速度上均达到了较高的成熟度,能够快速部署在嵌入式边缘设备上。因此,掌纹识别系统可以直接借鉴已有的算法,针对具体应用场景进行用户交互体验的改进和算法鲁棒性的完善以满足项目需求,算法可行性能够得到保证。

5.4.2 数据采集和处理

掌纹识别算法需要大量的数据作为训练样本,以提升识别准确率。在数据采集方面,可以通过多种渠道获取数据,如公开数据集、合作单位提供的数据等。在数据处理方面,可以采用图像预处理、图像质量评估及增强等技术手段,提高数据的可用性和识别效果。目前已有多个形式各异的公开掌纹数据集供初期算法测试,如多模态掌纹数据集、三维掌纹数据集、手机跨设备掌纹数据集等。

5.4.3 系统架构设计

掌纹识别软件工程需要设计合理的软硬件系统架构,包括实时图像采集、数据预处理、模型训练和预测等功能。在架构设计方面,可以采用模块化设计思想,将各个模块独立出来,便于开发和维护,具体而言包括掌纹区域定位、掌纹特征编码、掌纹快速匹配、身份识别及外围模块控制接口几个主要功能模块。现有人脸识别系统在架构上与本方案类似,因此本项目具有架构设计方面的可行性。

综上,本项目具备技术可行性。

6. 系统工程性能分析

(1)系统性能分析:系统应具有良好的安全性、可靠性和稳定性,具备较快的响应速度及一定的并发性,系统界面友好、可操作性强,并具备较强的容错性。

(2)系统适应性:系统需要具备一定的适应能力,要能适应多种运行环境,来应对未来变化的环境和需求。系统应易于扩展,可以采用分布式设计、系统结构模块化设计,系统架构可以根据网络环境和用户的访问量而适时调整。

(3)条件假定和限制：系统运行的网络通畅，应用服务器及数据库服务器运行良好。

7. 风险分析

掌纹识别软件工程可能面临的风险包括技术风险、市场风险、财务风险等。针对这些风险，可以制定相应的风险控制措施，如加强技术研发、拓展市场份额、合理规划资金等。

(1)技术风险方面，虽然掌纹识别技术已经较为成熟，但实际部署运行过程中仍存在一些技术挑战，如光照变化、遮挡、用户手掌姿态变化等问题。针对这些问题，参考现有研究，可以采用多模态融合、深度学习、对抗样本生成等技术手段进行优化和改进。

(2)管理风险方面，在实际运行的过程中，可能由于管理员设置疏忽，或者系统断电、断网等不可抗力因素影响，导致系统瘫痪，给人员通行管控和权限确认功能带来不便和安全风险。因此，在实际运行过程中，应提前设定相应预案，加强管理人员培训。

(3)市场风险方面，需考虑来自人脸识别、虹膜识别等类似系统方案的市场侵蚀，以及来自竞品公司的产品竞争。针对此类风险，应提前做好市场分析，在研发阶段即针对竞品性能进行提升，开发性能更高、用户体验更好、隐私保护功能更强、识别精度更高、产品成本更低的优秀解决方案，增强产品的不可替代性，并做好市场宣传工作。

8. 可选的其他系统方案

除上述自行研发方案外，也可以考虑直接购买生物特征识别厂家的现成身份识别系统解决方案，如端-管-云成品部署方案，或者基于 API 接口的二次开发方案，通过购买算法授权码按调用次数付费使用。此类方案可以大大缩减人力资源开销，但是后期盈利也将受到较大的限制。

9. 结论

综上所述，从技术可行性、经济可行性和社会可行性等方面来看，高精度非接触式掌纹识别系统项目具备较高的可行性。此外，为了确保项目的成功实施和落地应用，建议采取以下措施：加强技术研发和创新；制订合理的投资计划和成本控制策略；加强社会沟通和宣传；关注政策动态和法律法规要求；建立完善的风险控制机制等。

2.2　需求分析的内容

如上所述，在可行性分析阶段已经对用户需求有了初步的了解，但很多细节还没有考虑到。软件需求分析是软件开发过程的重要阶段，它涉及对软件系统的全面理解和分析，以确保所开发的软件能够满足用户的需求。相较而言，可行性分析主要解决能不能做的问题，而需求分析则要明确系统必须做什么的问题。在对以往失败的软件工程项目进行失败原因分析和统计后，发现约 1/3 的项目失败都与需求有关。

软件需求未定义好将导致以下问题：

(1)开发方向不明确：软件需求定义不清晰，开发团队将无法明确地知道应该朝哪个方向进行开发。这可能导致开发过程中的混乱和延误，团队成员可能会在不同的方向上工作，从而无法有效地协作。

(2)功能缺失或不符合用户期望：如果软件需求未定义好，那么开发团队可能会忽略某些重要的功能或特性，导致软件无法满足用户的期望。这可能导致用户不满和投诉，进而影响软件的口碑和销售。

(3)开发成本增加:如果软件需求未定义好,那么开发团队可能需要花费更多的时间和资源来重新设计和实现缺失的功能。这会导致开发成本的增加,进而影响项目的利润和投资回报。

(4)测试难度增加:如果软件需求未定义好,测试团队将无法准确地知道应该测试哪些功能和特性。这可能导致测试不完整或遗漏某些重要的测试用例,从而无法保证软件的质量和稳定性。

(5)维护困难:如果软件需求未定义好,那么未来的维护和升级将变得非常困难。开发团队可能需要花费更多的时间和资源来理解和修改软件的功能和结构,从而影响软件的维护成本和效率。

因此,在软件开发前要进行详细而深入的需求分析,尽量避免需求不完整、需求错误及需求后期变化等情况的发生。具体而言,软件需求分析阶段的工作可以分为以下 4 个主要步骤:

(1)需求获取:这是软件需求分析的起始阶段,主要通过各种方式从用户或客户那里获取对软件的具体需求。这些方式可能包括用户访谈、用户调研、问卷调查、实地操作等。在这个阶段,需要明确了解用户的需求,包括功能需求、性能需求、环境需求、可靠性需求、安全保密需求、用户界面需求、资源使用需求等。

(2)需求分析:在获取了用户的需求后,需要从完整性、正确性、合理性、可行性、充分性等几个方面进行详细的分析。这个阶段的目标是理解问题的本质,对问题进行抽象和建模,以便更好地解决问题。在这个阶段,需要明确需求的优先级,确定哪些需求是关键的,哪些是次要的。

(3)需求定义:在需求分析的基础上,需要对软件的需求进行明确的定义,包括确定软件的功能、性能、接口等各方面的具体要求。在这个阶段,需要编写清晰、全面、系统、准确且详细的软件需求规格说明书,以便后续的开发和测试工作。

(4)需求验证:这是软件需求分析的最后一个阶段,主要是对已经定义好的软件需求进行验证。这个阶段的目标是确保需求的正确性、完整性、现实性和有效性。如果发现有任何问题或缺陷,那么需要及时进行修改和调整;同时,在开发过程中,也需要对需求进行不断的跟踪和验证,确保开发出的软件能够满足用户的需求。需求评审过程最好有客户/用户参加,充分听取其意见。

一般情况下,用户并不熟悉计算机的相关知识,而软件开发人员又对相关的业务领域也不甚了解,用户与开发人员之间对同一问题理解的差异和习惯用语的不同往往会为需求分析带来很大的困难。因此,开发人员和用户之间充分和有效的沟通在需求分析的过程中至关重要。有效的需求分析通常都具有一定的难度,这一方面是由于沟通障碍所引起的,另一方面是因为用户通常对需求的陈述不完备、不准确和不全面,并且还可能在不断地变化。因此,开发人员不仅需要在用户的帮助下抽象现有的需求,还需要挖掘隐藏的需求。此外,把各项需求抽象为目标系统的高层逻辑模型对日后的开发工作也至关重要,合理的高层逻辑模型是系统设计的前提。具体而言,软件需求分析涉及的人员主要包括以下几类:

(1)软件操作者:他们是安装、操作、维护系统的人员,对软件的使用有最直接的经验和需求。

(2)客户:他们是软件开发的出资人或软件产品目标市场的代表,负责软件的接收,他们关注的是软件是否符合他们的商业需求和期望。

（3）市场分析师：对于一些通用软件，可能不止一个用户，此时市场人员代表提出需求，他们通过市场研究来理解用户需求和市场趋势。

（4）行业主管：在一些应用领域（如银行、航天、医疗、安防、公共系统等），软件系统必须符合行业规范的要求，行业主管会参与需求分析，确保软件符合相关标准和规定。

（5）软件工程师：他们是软件系统的开发人员，需要理解并实现需求。

（6）需求分析师：他们负责制定软件需求规范，将用户需求转化为技术需求，并确保开发团队理解并实现这些需求。

（7）质量保证人员：他们负责确保软件符合预定的质量标准，包括需求的正确性和完整性。

除了以上人员，项目经理、产品经理、用户界面（UI）设计师等相关人员也需要参与到软件需求分析的过程中，合力攻克量化用户需求的挑战。

2.2.1　功能需求

功能需求是软件系统需要实现的具体功能，是软件系统的最基本的需求表述，包括对系统应该提供的服务，如何对输入做出反应，以及系统在特定条件下的行为描述。在某些情况下，功能需求还必须明确系统不应该做什么，这取决于所开发的软件类型、系统类型以及未来的用户群体。功能需求需要详细描述软件的输入、处理、输出以及异常处理等方法。这些功能通常与用户的需求和业务目标相关。

示例，一个在线购物系统的功能需求可能包括：

（1）商品浏览：用户可以浏览不同类别的商品，查看商品详情、价格和用户评论。

（2）购物车编辑：用户可以将感兴趣的商品添加到购物车中，并管理购物车中的商品。

（3）结账：用户可以填写收货地址、支付方式等信息，提交订单完成购买。

2.2.2　性能需求

性能需求描述了软件系统在特定条件下的性能指标，如响应时间、吞吐量、存储容量、稳定性等，这些需求通常与系统的可用性和效率相关。

示例，一个在线银行的性能需求可能包括：

（1）响应时间：系统应在 1 s 内响应用户的请求，包括登录、查询余额等操作。

（2）吞吐量：系统应能够处理高并发用户请求，确保系统在高负载情况下仍能正常运行。

（3）稳定性：系统应具备容错机制，避免因单点故障导致的系统停机或服务中断。

2.2.3　领域需求

领域需求描述了软件系统在特定领域或行业中的特殊要求，这些需求通常与行业标准、法规或业务规则相关。

示例，一个医疗管理系统的领域需求可能包括：

（1）符合医疗法规：系统应符合国家或地区的医疗法规，确保数据的合法性和安全性。

（2）医疗术语规范：系统应使用标准的医疗术语和编码，确保数据的准确性和一致性。

2.2.4　运行环境需求

系统运行环境要求是指为了确保软件正常运行,系统需要满足的硬件、软件和网络等方面的要求。

1. 硬件需求

(1)处理器:根据软件的功能和性能需求,选择合适的处理器,如嵌入式处理器、多核处理器或高性能处理器。

(2)内存:根据软件的大小和运行时数据量,确定系统所需的内存容量,通常较大的内存可以提供更好的性能和稳定性。

(3)存储空间:根据软件所需的数据存储和文件大小,确定系统所需的硬盘空间。

(4)输入输出设备:根据软件的使用需求,确定系统所需的输入、输出设备,如显示器、键盘、鼠标等。

2. 软件需求

(1)操作系统:根据软件的需求和兼容性,选择合适的操作系统,如 Windows、Linux、Mac OS 或嵌入式操作系统等。

(2)数据库:如果软件需要使用数据库来存储数据,则需要选择合适的数据库管理系统,如 MySQL、Oracle 或 SQL Server 等。

(3)其他软件:根据软件的需求,可能需要安装其他软件或库文件,如第三方库或开发工具。

3. 网络需求

(1)网络连接:如果软件需要连接到互联网或其他网络,那么需要确保网络连接的稳定性和可靠性。

(2)网络带宽:根据软件的数据传输量和速度要求,确定系统所需的网络带宽。

(3)网络安全性:如果软件涉及敏感数据或需要安全传输,那么需要考虑网络的安全性要求,如加密通信、防火墙等。

示例,假设要开发一个企业级的客户关系管理系统(Customer Relationship Management,CRM),该系统需要存储和管理大量的客户信息和销售数据。根据需求分析,该系统的运行环境要求如下:

(1)硬件要求。

1)处理器:四核或更高性能的处理器。

2)内存:至少 16 GB 的高速随机存取存储器(RAM)。

3)存储空间:至少 1 TB 的硬盘空间,并具备地理冗余备份功能。

(2)软件要求。

1)操作系统:Windows Server 或 Linux 操作系统。

2)数据库:使用 MySQL 作为数据库管理系统。

(3)网络要求。

1)网络连接:稳定的互联网连接,确保数据传输的可靠性和速度。

2)网络带宽：至少 10 Mb/s 的网络带宽。

3)网络安全性：采用安全套接层(Secure Socket Layer,SSL)加密通信,配置防火墙以保护系统的安全性。

这些要求是为了确保 CRM 系统的正常运行,同时满足企业的业务需求和数据安全要求。

2.2.5 其他需求

其他需求包括非功能性的需求,如安全性、可靠性、可用性、可维护性,以及系统对开发过程、时间、资源等方面的约束和标准等。这些需求对于软件系统的成功至关重要,但通常不容易量化。

其他需求可能包括但不限于以下几点：

(1)法规合规需求：软件在开发和运行过程中需要遵守的相关法律法规和行业标准,例如,数据保护法规、隐私政策等。如果软件需要处理用户的个人数据,那么就必须符合相关的数据保护法规,如欧盟的通用数据保护条例(General Data Protection Regulation, GDPR)。在该条例下,软件需要具备数据加密、用户隐私设置、数据访问权限控制等功能。例如,一个医疗健康应用需要符合 HIPAA (Health Insurance Portability and Accountability Act)法案,保护患者的个人健康信息不被未经授权的访问、使用或披露,这时需要软件具备数据加密、访问控制、审计追踪等功能。

(2)用户界面和用户体验需求：包括用户界面的设计要求、易用性、可访问性、响应速度、视觉效果等,以提升用户的使用体验。例如,一个在线购物应用可能需要具有清晰的导航结构、易于使用的搜索功能、吸引人的产品展示和简洁的购物流程等,以提供良好的用户体验。此外,对于残障用户,软件还需要考虑可访问性需求,如支持屏幕阅读器或提供大字体模式。

(3)兼容性和互操作性需求：软件需要与其他系统、硬件、软件或数据格式等进行有效的交互和兼容。例如,一个企业级的应用软件可能需要与公司的其他系统进行数据交换或集成。这就要求软件必须支持相应的数据接口和通信协议,同时也要考虑到不同系统之间的数据格式差异。

(4)安全性和稳定性需求：包括数据安全、系统安全、网络安全、故障恢复、负载均衡、压力测试等方面的需求,以确保软件安全稳定运行。例如,一个在线银行应用需要确保用户的交易信息和个人数据的安全,防止被黑客攻击或泄露。这可能包括使用加密技术、实施多因素认证、定期执行安全审计和漏洞扫描等措施。

(5)可用性和可靠性需求：例如,一个云服务提供商需要保证其服务的高可用性和可靠性,以减少服务中断和数据丢失的风险。这可能需要设计和实施冗余架构、负载均衡、故障切换和备份恢复等机制。

(6)维护和升级需求：包括软件的可维护性、可扩展性、可升级性、灵活性等方面的需求,以便于未来进行软件的更新和维护。例如,一个电子商务平台需要随着业务的增长和变化而灵活地扩展其功能和服务。这可能需要采用微服务架构、容器化部署、自动化运维、持续集成等技术,以及设计可插拔及可配置的模块和接口。

(7)文档和培训需求：包括用户手册、技术文档、培训材料等方面的需求,以帮助用户和维护人员更好地理解和使用软件。例如,一个企业级软件需要提供详细的用户手册、技术文档和培训材料,以帮助用户和管理员快速上手和熟练使用。这可能需要编写清晰、准确和全面的文档,以及提供在线教程、视频演示和现场培训等。

(8)国际化和本地化需求:例如,一个全球化的社交媒体应用需要支持多种语言和文化习惯,以便于不同地区的用户进行交流和互动。这可能需要进行文本翻译、日期格式转换、货币单位处理等工作,以及考虑字体、图像和布局等方面的适应性问题。

其他需求在软件开发过程中往往容易被忽视,但它们对于软件的成功实施和长期运行至关重要。因此,在制定软件需求时,应该充分考虑并明确这些需求,以确保软件能够满足用户和业务的实际需要。

示例,一个移动应用的可用性需求可能包括:

(1)简洁易用:应用界面应简洁明了,操作流程应简单易懂,方便用户快速上手。

(2)适配性:应用应适配不同型号的手机和平板设备,确保在不同设备上都能正常运行。

(3)数据安全:应用应采取必要的安全措施,保护用户的个人信息和交易数据不被泄露或滥用。

2.3　结构化需求分析

结构化需求分析旨在通过系统化的步骤和规范的技术手段,将复杂的需求信息转化为清晰、完整、准确的结构化形式,以便有效地理解和满足用户需求,为后续设计和开发提供坚实的基础。

2.3.1　功能建模——数据流图

功能建模是通过建立功能模型来描述软件系统的功能需求。功能模型通常包括功能分解、功能流程图和功能描述等。功能分解是将软件系统划分为一系列独立的功能模块,每个模块都有自己的输入、输出和处理过程。功能流程图用于描述功能模块之间的逻辑关系和流程顺序,它可以帮助开发团队更好地理解功能模块之间的交互及依赖关系。功能描述是对每个功能模块的具体要求和实现细节进行详细描述。

数据流图(Data Flow Diagram,DFD)是一种用于描述软件系统中数据流动和处理的图形化工具。数据流图通常包括输入流、输出流、处理流和数据存储等元素。输入流表示从外部输入的数据,输出流表示处理后的数据输出到外部,处理流表示对数据的处理过程,数据存储表示数据的存储位置。

1. 数据流图的特征

数据流图具有两个主要特征:抽象性和概括性。

(1)抽象性:数据流图去掉了具体的组织机构、工作场所和物质流,只关注信息和数据的存储、流动、使用以及加工情况。这使得数据流图可以专注于描述系统中数据的流动和处理过程,而不必过多关注物理实现细节。

(2)概括性:数据流图将系统对各种业务的处理过程联系起来,形成一个总体。这意味着它不仅仅关注单一的处理过程或数据流,而是从全局的角度展示整个系统的数据流动和处理情况。

这两个特征使得数据流图成为一种全面描述系统数据流程的有效工具,能够帮助分析人员更好地理解系统的功能和性能。

2. 数据流图的基本符号

具体而言,数据流图的基本符号包括以下 4 种:

(1)外部实体:用矩形或方框表示,代表目标系统以外的与系统有联系的人或事物,它说明了数据的外部来源和去处。

(2)处理过程:用椭圆形或圆角矩形表示,代表对数据进行逻辑处理和加工,用来改变数据值。

(3)数据流:用箭头表示,代表处理功能的输入或输出,即特定数据的流动方向。数据流是数据在系统内传播的路径。

(4)数据存储:用开口矩形或两条平行横线表示,代表数据存储。

数据流图基本符号的表示方法有 Yourdon 和 Gane 两种(见图 2-6)。绘图过程中需要根据其实际意义使用名词或名词性短语为上述符号命名。

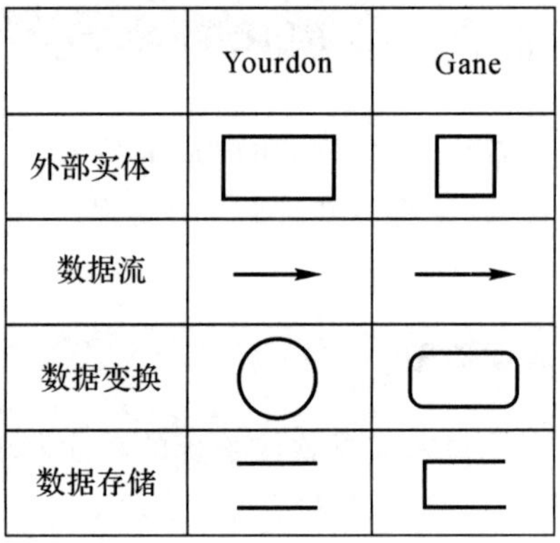

图 2-6 数据流图的基本符号

3. 数据流图的绘制

数据流图的绘制是一个"自顶向下,由外到内,逐层分解"的过程。数据流图的分层结构图如图 2-7 所示,先绘制顶层数据流图,然后向下分层绘制,逐级求精。顶层数据流图只包含一个加工,该加工即表示被开发的本系统。

如图 2-7 所示,对于顶层图其加工节点只有一个,即待开发的目标系统,因此该加工可以不用编号;0 层图只有一张,其中加工节点的编号采用 1,2,…的序数形式;从 1 层图开始,加工节点的编号即对应的上层父加工的编号经小数位扩展后顺序增加生成。

下面以考务处理系统为例介绍数据流图的绘制步骤。考务处理系统的功能需求如下:

(1)对考生送来的报名单进行检查。

(2)对合格的报名单编好准考证号后将准考证送给考生,并将汇总后的考生名单送给阅卷站。

(3)对阅卷站送来的成绩清单进行检查,并根据考试中心指定的合格标准审定合格者。

(4)制作考生成绩通知单(内含成绩合格/不合格标志)送给考生。

(5)按地区、年龄、文化程度、职业和考试级别等进行成绩分类统计和试题难度分析,产生统计分析表。

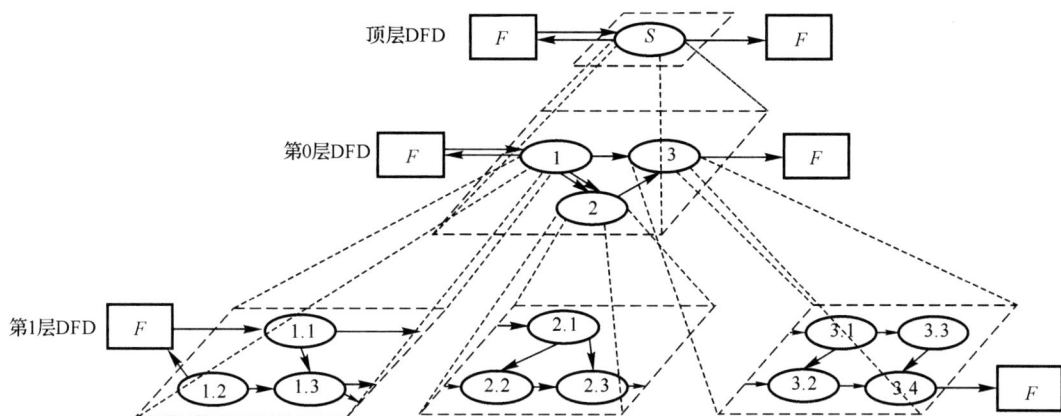

图 2-7　数据流图的分层结构图

首先画出数据流图的顶层图,分析上述功能需求可以确定本系统的外部实体包括学生、考试中心和阅卷站。多个实体间的数据流涉及报名单、错误报名单、准考证、考生通知单、考生名单、成绩清单、错误成绩清单、统计分析表、合格标准等。考务处理系统(即本系统)对上述数据进行处理。考务系统的顶层图如图 2-8 所示,其描述了宏观层面上目标系统与外部实体之间的关系,主要考虑目标系统的输入和输出数据。

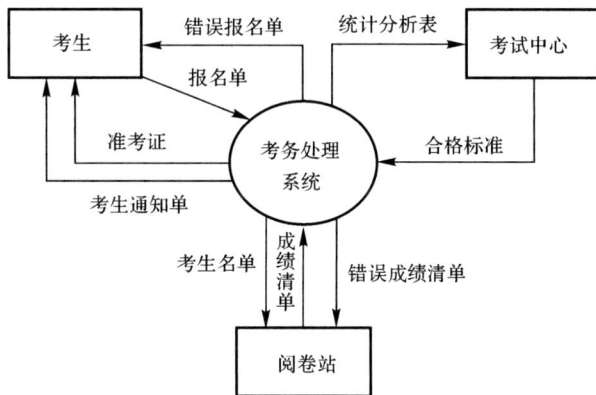

图 2-8　考务系统的顶层图

顶层数据流图绘制完成之后,继续深入系统内部进行下层数据流图的绘制。

层号从 0 开始编号,依据自顶向下的原则逐层递增。绘制 0 层数据流图时首先分解顶层数据流图的系统为若干子系统,然后针对每个子系统分别进行绘制。对于需要存储数据以便后续使用的操作,分配数据存储节点;对于数据组成或数据值发生变化的操作,分配数据加工节点。考务处理系统的功能包括登记报名表以及统计成绩两部分,在考试报名后形成考生名册,在考试完成后依据考生名册生成成绩单。

考务系统的 0 层数据流图如图 2-9 所示,考务处理系统的 0 层数据流图包含登记报名表及统计成绩两个数据加工单元。数据流方面,登记报名表节点对输入的报名单进行处理:错误的报名单返回;正确的报名单生成准考证及考生名单;考生名单存储为考生名册以便后续使用。统计成绩加工单元则依据输入的成绩清单及合格标准对考生成绩进行统计得出统计分析表并输出考生通知单以及错误成绩清单。至此,0 层数据流图中的两个数据加工节点依然可以继续细分。其中,"登记报名表"又可以继续划分为检查报名表、编排准考证号、登记考生等数据加工工作,加工节点 1 的 1 层数据流图如图 2-10 所示。

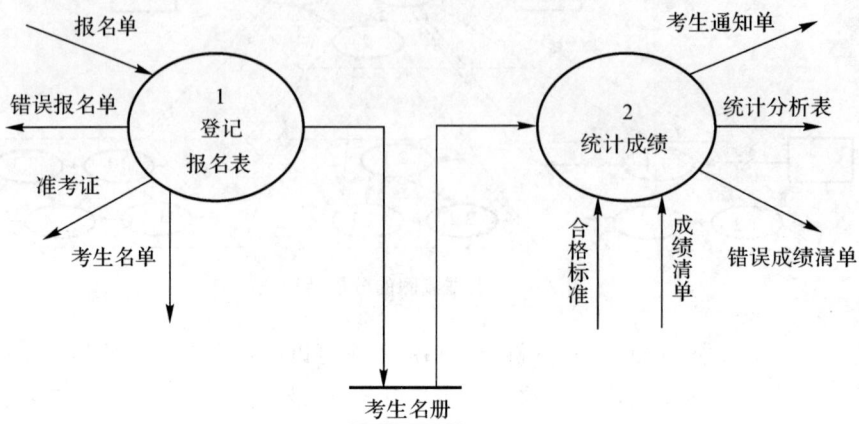

图 2-9 考务系统的 0 层数据流图

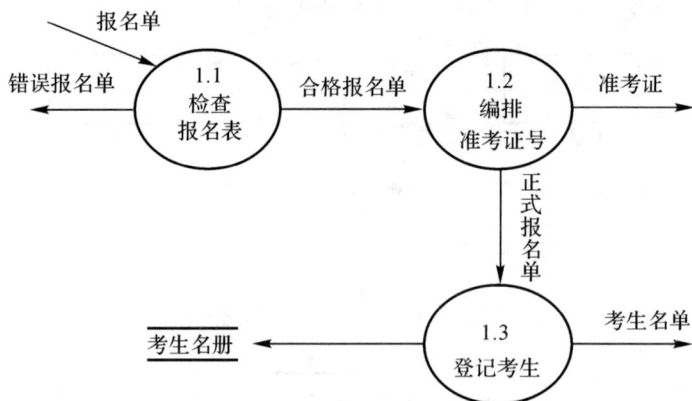

图 2-10 加工节点 1 的 1 层数据流图

相应地,"统计成绩"又可以继续划分为检查成绩单、审定合格者、制作通知单、分类统计及难度统计等子加工处理流程。据此,可以生成"统计成绩"加工节点 2 的 1 层数据流图(见图 2-11)。至此,考务处理系统的逻辑功能以及数据流在系统中的逻辑流向和变换过程已被清晰明确地刻画了出来。

数据流图是一种表示数据的流动和处理过程需要的图形化工具,在绘制和使用时需要注意以下事项:

(1)命名规范:对于数据流、加工、数据存储和外部实体等元素的命名,应使用具有实际含义的名字,避免空洞或含糊不清的命名。

（2）数据流而非控制流：数据流图主要关注数据的流动，而不是控制，反映的是系统"做什么"而非"如何做"，箭头上的数据流名称只能是名词或名词短语。

（3）加工的完整性：每个加工至少有一个输入数据流和一个输出数据流，反映出此加工数据的来源与加工的结果。

（4）数据守恒：一个加工的所有输出数据流中的数据必须能从该加工的输入数据流中直接获得，或者是通过该加工能产生的数据。

（5）父图与子图的平衡：子图的输入/输出数据流同父图相应加工的输入/输出数据流必须一致。

（6）局部数据存储：自顶向下的分解过程中，如果一个数据存储首次出现时只与一个加工有关，那么这个数据存储应作为该加工的内部文件进行局部存储。

（7）数据存储的读写：在整套数据流图中，每个数据存储必须既有读的数据流，又有写的数据流，但在某一张子图中可能只有读没有写，或者只有写没有读。

（8）提高数据流图的易懂性：注意合理分解，要把一个加工分解成几个功能相对独立的子加工，这样可减少加工之间输入/输出数据流的数目，增加数据流图的可理解性。

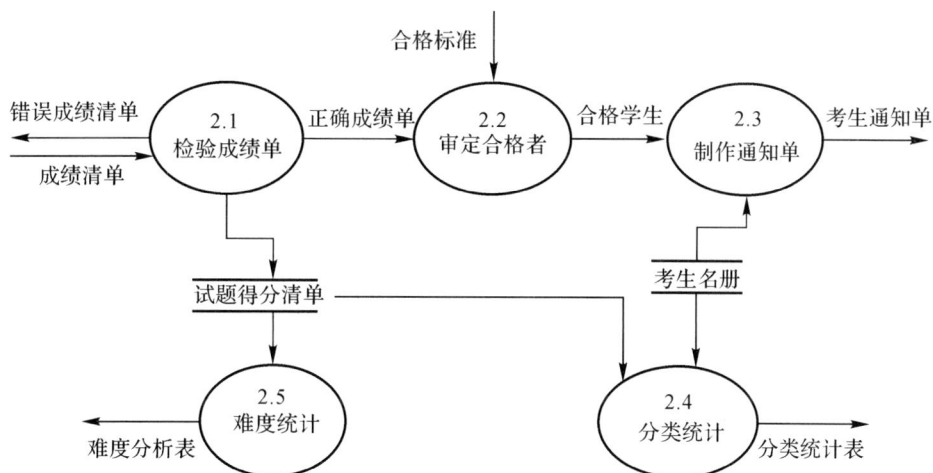

图 2-11　加工节点 2 的 1 层数据流图

为了更好地理解数据流图的绘制过程，读者可以练习以下数据流图任务：

（1）电商系统数据流图。

主要元素：

1）外部实体：顾客、供应商。

2）数据流：订单信息、支付信息、商品信息、库存信息。

3）处理过程：接收订单、验证支付、更新库存、发货。

4）数据存储：订单数据库、商品数据库、顾客数据库。

功能描述：

1）顾客通过系统下订单。

2）系统接收订单并验证支付信息。

3)一旦支付验证成功,系统更新库存并发货。

4)系统存储订单、商品和顾客信息。

(2)图书馆管理系统数据流图。

主要元素:

1)外部实体:读者、图书馆员。

2)数据流:借书请求、还书信息、图书信息、读者信息。

3)处理过程:处理借书请求、处理还书、更新图书状态、记录读者信息。

4)数据存储:图书目录、借阅记录、读者数据库。

功能描述:

1)读者提出借书请求(借书请求信息流入系统)。

2)图书馆员处理借书请求并更新图书状态。

3)当读者还书时,系统处理还书信息并更新图书状态。

4)系统存储图书目录、借阅记录和读者信息。

(3)银行 ATM 系统数据流图。

主要元素:

1)外部实体:银行客户、ATM 机。

2)数据流:取款请求、存款信息、账户余额、交易记录。

3)处理过程:验证账户、处理取款、处理存款、更新账户余额。

4)数据存储:账户数据库、交易记录数据库。

功能描述:

1)客户通过 ATM 机提出取款或存款请求。

2)系统验证客户账户信息。

3)根据请求类型(取款或存款),系统处理交易并更新账户余额。

4)系统存储账户信息和交易记录。

2.3.2 数据建模——E－R 图

数据建模是指通过抽象和简化现实世界中的事物,构建数据模型的过程。在需求分析阶段,数据建模的主要目的是为了更好地理解和描述业务需求,为后续的数据库设计和开发提供基础。实体-关系(E－R)图作为一种图形化表示方法提供了表示实体类型、属性和联系的方法,用于描述现实世界的概念模型。E－R 图可以清晰地表示出软件系统中的数据结构及数据关系,为数据建模和系统设计提供基础,其在数据库设计、系统分析和数据建模等领域有着广泛的应用。

E－R 图包含实体、关系、属性 3 种基本成分,其符号表示方法如下:

(1)实体:用矩形框表示,框内列出实体名称。

(2)属性:用椭圆形表示,并用无向线段与实体连接,椭圆形内列出属性的名称。

(3)联系:用菱形表示,并用无向线段与实体连接,菱形内列出联系的名称,无向线段上标明联系的类型。其中,实体间的联系可以是以下几类:

1)一对一联系(1∶1):一个实体与另一个实体之间只有一个联系。例如,一个班级只有一个班主任。

　　2)一对多联系(1:n)：一个实体与另一个实体之间有多个联系。例如，一个学生选修多门课程。

　　3)多对多联系(n:m)：一个实体与另一个实体之间有多个联系,反之亦然。例如,一个学生选修多门课程,同时一门课程被多个学生选修。

　　为了更好地理解 E-R 图的绘制过程,以下使用 WPS 软件绘制一个商品销售系统的 E-R 图,如图 2-12 所示。系统实体包含会员、购物车、订单、商品以及管理员。会员实体包含用户名、密码、编号、电话、邮箱等必要的属性信息。购物车实体包含商品名称、商品编号、商品个数、商品价格等属性信息。订单实体包含订单编号、订单总金额、收货人、收货地址、收货电话、订单状态属性信息。商品实体包含编号、类型、名称、图片、描述、价格、库存等属性信息。管理员实体包含用户名、编号、密码等属性信息。其中,一个用户对应一个购物车,两者为一对一关系;一个用户可以生成多个订单,两者为一对多关系;一个用户可以收藏/评价多个商品,一个商品也可以被多个用户收藏/评价,两者为多对多关系。同理,商品与购物车也是多对多的关系;一个管理员可以管理多个用户/订单/商品,一个用户/订单/商品也可以被多个管理员管理,两者是多对多关系。

　　通过图 2-12 不难发现,E-R 图作为实体与实体关系的数据模型工具,具有形象简洁、易于理解、关系清晰、方便扩展的优点,非常有利于数据模型的建立和分析。

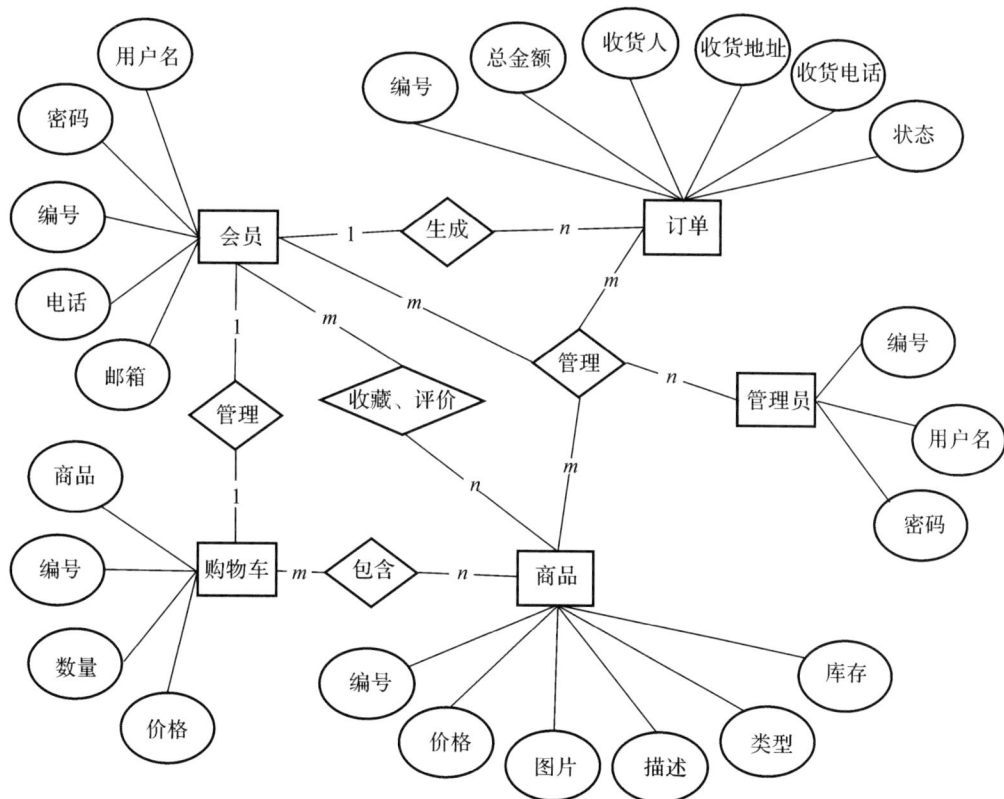

图 2-12　商品销售系统 E-R 图

2.3.3 行为建模——状态转换图

行为建模是对软件系统功能和业务流程的描述,它可以帮助开发团队更好地理解系统的行为和交互过程。在行为建模的过程中,通常使用状态转换图(State Transition Diagram,STD)来描述系统的行为。

状态转换图(简称状态图)是一种用于描述软件系统状态变化和转换的图形化工具。状态图通过描述系统的状态和引起系统状态转换的事件,来表示系统的行为。这种图用于揭示系统如何对外部事件做出响应,以及系统在状态间如何转换。状态转换图的符号包括以下几种:

(1)初态:用实心圆表示。

(2)中间状态:用圆角矩形表示。状态可以细分为3个部分,上部分为状态的名称,是必填项;中部为状态变量的名字和值,是可选项;下部为活动表,也是可选项。

(3)终态:用一对同心圆(内圆为实心圆,也称牛眼图形)表示。

(4)状态之间的转换:用带箭头的连线表示,箭头指明了转换方向。

一个状态转换图只能有一个初态,而终态可以有多个,也可以没有。以下通过两个简单的实例来更好地理解状态图的绘制。

图2-13所示为复印机的工作状态图。复印机待机时处于"闲置"状态。接收到外部用户的复印命令后转换到"复印"状态,开始复制用户的文件。此时,如果复印机的送纸机构检测到纸仓中没有纸张,那么触发复印机进入"缺纸"状态并向外界发出缺纸警告。用户进行装纸,完成装纸后触发复印机进入"闲置"状态,等待复印命令的到来。如果复印的过程中送纸机构发生卡纸事件,那么触发复印机进入"卡纸"状态,并向外界发出故障警告,等待维修人员处理,维修完成后重新进入"闲置"的待机状态。在正常情况下,复印机能够正常完成复印工作,成功结束本次复印任务,并重新进入待机"闲置"状态,等待下一个打印命令。类似地,图2-14所示为有线电话的工作状态图。

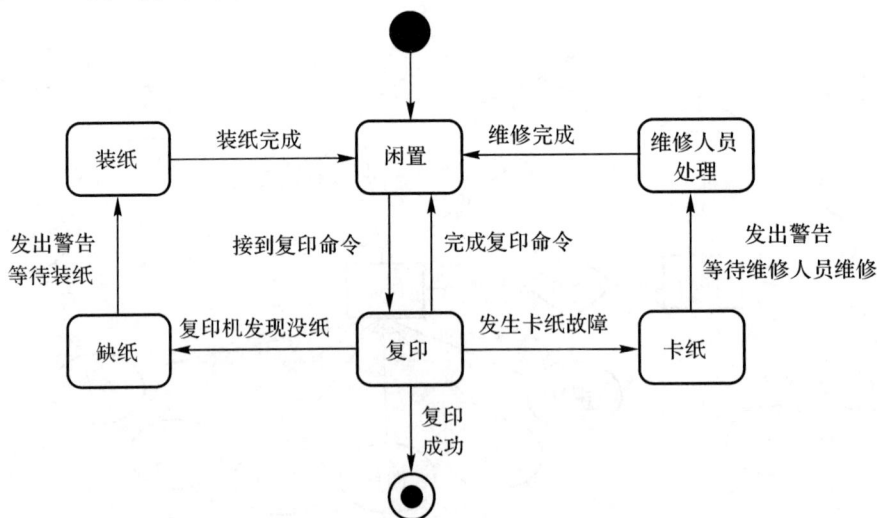

图2-13 复印机的工作状态图

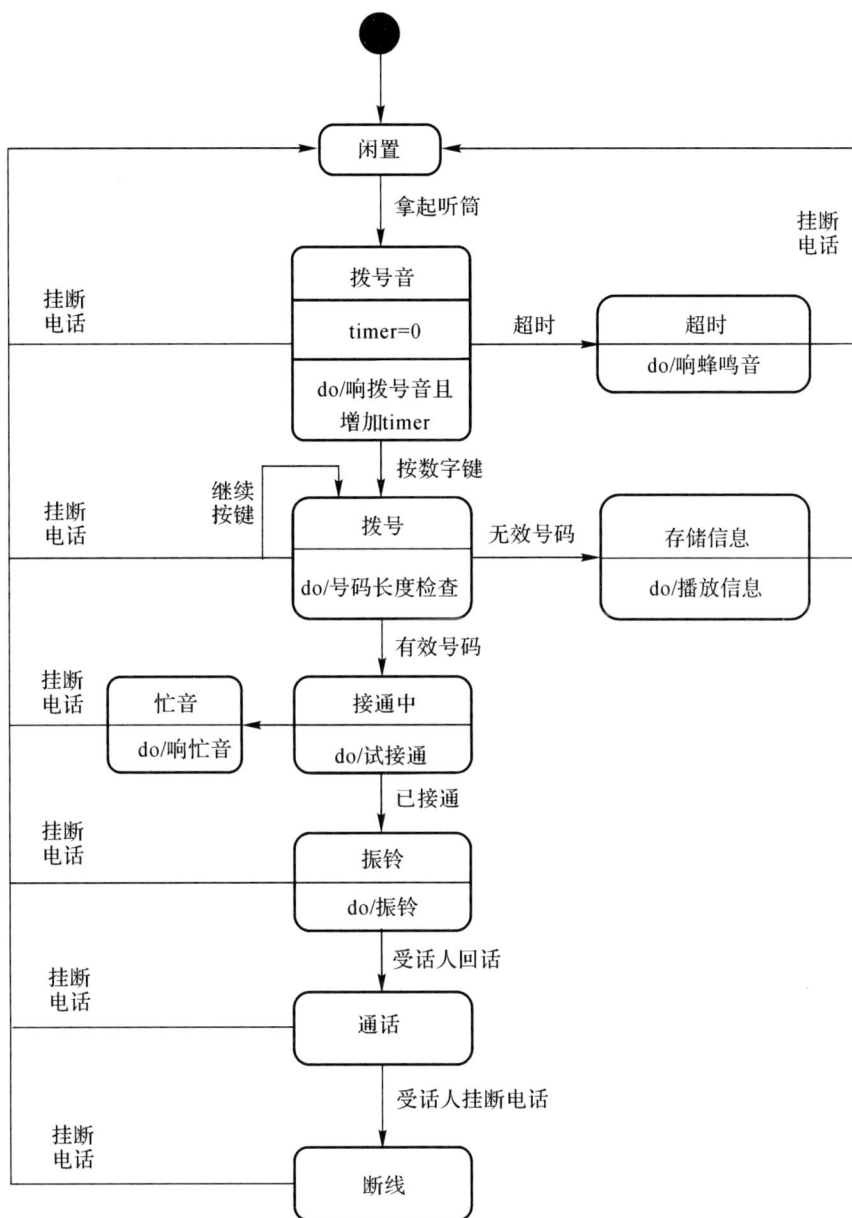

图 2-14　有线电话的工作状态图

　　此外,图书借阅系统也是人们日常学习和工作中频繁使用的,图 2-15 和图 2-16 分别展示了借书状态图和还书状态图。

　　状态图可以很方便地对系统的复杂行为进行建模。状态图主要用于揭示系统如何对外部事件做出响应,以及系统在状态间如何转换。通过状态图,开发团队可以更好地预测系统行为,发现潜在的问题和错误,为后续的软件开发提供重要的指导和支持,提高软件系统的质量和可靠性。

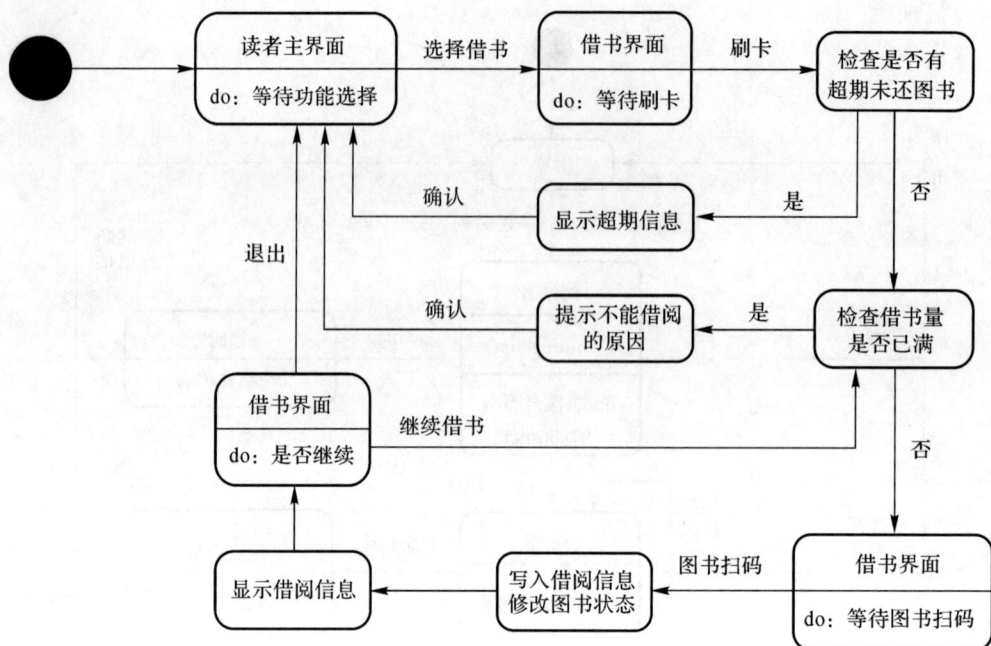

图 2-15　借书状态图

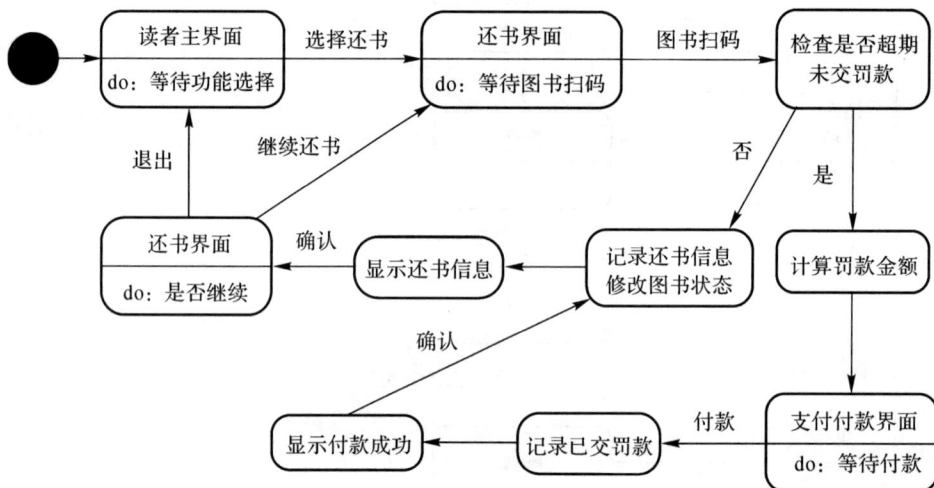

图 2-16　还书状态图

2.4　结构化分析案例

2.4.1　航空公司机票预定系统问题定义

项目名称:航空公司机票预定系统。

项目目标:提高航空公司的机票预定服务效率,节省开支,提高售票服务质量。

项目规模:计划将项目开发成本控制在 30 万元以内。

可行性研究:为了全面评估该系统开发的可行性,建议进行大约为期 3 周的可行性研究,其预算不超过 3 万元。

伴随着社会的不断进步和民航事业的蓬勃发展,人们的生活水平不断提高。飞机是一种快速便捷的交通工具,选择飞机作为出行交通工具的人数逐年增加。因此,航空机票预定系统的作用日益凸显。对于机票预定尚未实现智能化处理的地区,其机票预订工作效率相对较低。在当今飞速发展的计算机技术时代,引入高效的计算机系统来辅助机票预定工作已势在必行。因此,亟需开发一套功能齐全、价格合理,具备实时存储、查询、核对和打印机票功能的航空机票预定系统,以满足各机票预定网点的多样化需求。

该航空机票预定系统不仅能解决存储乘客信息不足和查询效率低下等问题,还能关注飞机的安全性,因为这将直接涉及航班和乘客的安全。该系统将服务于各大机票预定网点,需要具备功能全面且价格合理等特点。

该航空机票预定系统不仅具有开放的系统结构和人性化的用户界面,还具有易扩展、易维护的优势。它将实现航空机票销售的自动化,为乘客提供高效的购票服务,同时方便了机场工作人员对旅客及机票的管理,极大地提高机场工作人员的工作效率。

2.4.2　航空公司机票预定系统可行性研究

航空公司机票预定系统的可行性分析是项目开始前的一项非常重要的工作,它用于评估项目是否值得继续投入资源进行开发。以下是对航空公司机票预定系统可行性分析的简要描述:

(1)技术可行性:评估开发和实施航空公司机票预定系统所需的技术是否成熟,包括评估计算机硬件、软件、网络基础设施等的可用性和适用性。

(2)经济可行性:分析着重考虑项目的成本和回报,包括估算项目开发和实施的费用,并与预期的经济回报进行比较,以确定项目是否具有经济效益。

(3)时间可行性:评估项目的时间表和进度是否符合预期,包括确定项目开发所需的时间和资源,以确保项目能够按计划完成。

(4)法律和法规可行性:分析项目是否符合相关法律、法规和行业标准,包括数据隐私、安全和知识产权等法律方面的要求。

(5)操作可行性:考虑项目实施后,系统将如何影响现有业务流程和员工操作,包括培训员工、适应新流程等方面的考虑。

综合上述可行性分析,航空公司机票预定系统在技术、经济、时间、法律和操作等各个方面都具备可行性,并且有望实现项目目标,这充分说明了项目是可行的。可行性分析有助于确保项目的成功实施和资源的有效利用。

2.4.3　航空公司机票预定系统结构化需求分析

在需求分析过程中,首先,要进行需求获取。这包括与项目相关各方的深入交流和调查,以明确他们的需求和期望。其次,需要建立一个结构化分析的框架,在框架的基础上,进行功能建模,用以定义系统的各种功能和操作;同时,还要进行数据建模,包括数据流程图和数据字典,以详细描述数据的流动和存储方式。再次,需要编写需求规格说明文档,将之前获得的需求信息整理成清晰、详细的文档。这个文档将指导开发团队的开发工作,确保他们按照需求进行系统开发。最后,要进行需求评审,即验证需求。这一步骤涉及与利益相关者一起审查需求文档,以确保其准确性、完整性和可行性。需求评审可以发现并纠正可能存在的问题,以确保项目顺利进行。需求分析是软件开发过程中的关键步骤,它的质量直接影响最终系统的成功交付。因此,需求获取、分析、文档编写和评审都必须慎重进行,以确保系统满足用户的真正需求。

2.4.3.1 需求获取

系统分析师在开发过程中首先需要深入了解用户的工作领域,并根据需求获取的任务和原则来规划一套完善的需求获取操作步骤,以确保准确捕捉用户的需求。

在航空公司机票预订系统的需求获取过程中,业务流程如下:

(1)航空公司操作员对航班和机票信息进行维护。操作员可以录入航班和机票信息,并对现有信息进行维护,他们还可以查询和统计旅客信息、订单信息以及航班信息。

(2)用户注册和操作。旅客首次进入系统时需要先进行注册,一旦注册完成,他们可以使用系统进行订票、取票和退票等操作。系统会对这些操作信息进行审核,并向旅客发送相应的通知,包括订票成功、取票和退票成功等通知。此外,系统还会在旅客行程前一天及当天发送行程通知,提醒旅客航班起飞时间,以免旅客忘记行程。

(3)查询和修改。旅客还可以使用系统来查询航班信息、修改个人基本信息以及查看个人订单。

另外,对于已下订单的旅客,根据民航的相关规定,在特定期限内,旅客可以在系统中完成退票流程。

以上业务流程构成了航空公司机票预订系统的核心功能,它能够确保航空公司和旅客高效、快捷地进行机票预订和管理。系统分析师需要全面了解这些流程,以确保系统能够满足各方的需求。

2.4.3.2 功能建模

根据上文需求描述,可以创建航空公司机票预订系统的分层数据流图,来清晰地表示信息流和系统组件之间的关系。这个数据流图简化了图表,着重关注系统的核心流程。

1. 识别外部实体及输入输出数据流

航空公司机票预订系统的外部实体包括航空公司操作员和旅客。他们与系统之间进行数据交互。

(1)输入数据流:航空公司操作员输入航班信息并对机票信息进行维护;旅客输入个人信息、订票、取票、退票信息以及各种查询事务;操作员和旅客都可以输入用户名密码等与登录系统进行交互;航空公司操作员输入退票规则配置信息。

(2)输出数据流:旅客接收机票,操作员和旅客获得查询结果,系统提前一天发送提醒旅客按时乘机的通知。

通过这些输入和输出数据流,系统与外部实体之间实现了信息的有效传递,满足了用户的需求。此数据流图将有助于更好地理解航空公司机票预订系统。

2. 画出顶层数据流图

航空公司机票预定系统的顶层数据流图如图 2-17 所示。

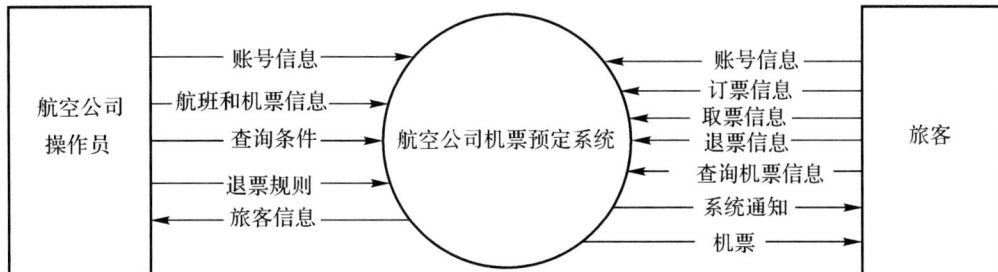

图 2-17　航空公司机票预定系统的顶层数据流图

3. 1 层数据流图

航空公司机票预订系统可拆分为 4 个主要组成部分，即登录管理、航班与机票管理、旅客信息维护管理、机票票务管理，它们共同构成了系统的 1 层数据流图，如图 2-18 所示。

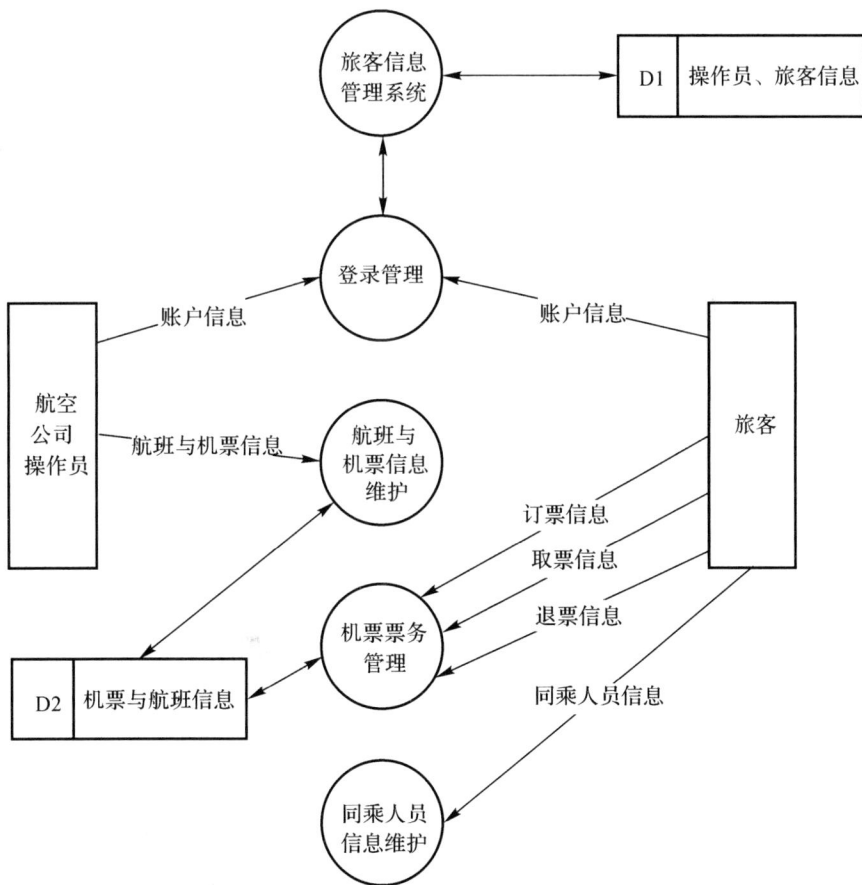

图 2-18　航空公司机票预定系统的 1 层数据流图

在该系统中,航空公司操作员可以根据其航司的退票原则设置退票规则,这个退票规则会被用于之后的退票操作中。

旅客信息管理包括旅客的注册和个人基本信息的修改,其数据会被存储在"旅客信息"表中。

航班与机票信息管理包括航空公司操作员录入和维护航班及机票信息,这些信息被存储在相应的"航班信息"及"航班机票信息"表中。

当旅客需要订票时,订票信息会流入订票服务流程,系统会对这些信息进行处理,然后将数据写入"订单信息"表中并生成相关的"机票信息"。

旅客也有可能需要输入取票信息,如身份证号码等,这些信息会流入取票流程,系统会相应地修改"订单信息"和"机票信息"表中的数据记录,标记其为已取票状态,这将有助于系统跟踪机票的状态和旅客的行程。

旅客在使用机票预订系统时,有多种需求和操作可供选择,这些操作涵盖了整个旅行过程的各个阶段。以下是对这些操作的更详细描述。

(1)取票操作:旅客可以在系统中输入必要的信息,如身份证号码(在自助机上刷身份证)等,以便取票。这一信息会触发取票流程,系统会检测订单及机票状态,当检测到订单及机票状态为"未取票"时,系统会自动为旅客生成和打印机票,并将相应的机票状态标记为"已取票"。这样,系统可以为旅客提供方便快捷的出行凭证。

(2)退票操作:在某些情况下,旅客可能需要退订已购买的机票。他们可以通过系统发起退票申请,这一请求会进入退票流程。首先,系统会对退票信息进行审核,包括检查是否在合理期限内以及符合其他相关的退票条件,一旦审核通过,系统会根据所设定的航空公司的退票规则计算出应退还的金额,并完成退款流程。其次,退款金额会被写入到订单信息和机票信息的数据表中,系统会向旅客发送退票成功通知。

(3)系统提醒功能:系统会在有效的预订订单执行时间的前一天自动将提醒信息发送给旅客以避免旅客延误航班。

(4)操作员信息查询:操作员在系统中可以发起信息查询请求,以获取关于旅客和机票的详细信息。这些查询请求会启动操作员信息查询流程,系统会根据查询条件从旅客基本信息和机票信息的数据表中读取满足条件的数据,并将查询结果返回给操作员,以帮助他们更好地管理和服务旅客。

(5)旅客信息查询:旅客也可以在系统中根据查询条件查询出与他们的旅行有关的信息,如个人信息、机票信息、航班信息等。这一查询请求会触发旅客信息查询流程,系统会从旅客基本信息和航班信息的数据库中提取出满足条件的相关数据,并将查询结果反馈给旅客,以满足他们的信息需求,帮助他们更好地规划和管理旅行。

总之,航空公司机票预订系统通过这些不同的操作流程,为旅客和操作员提供了全面的服务和支持,确保了顺畅的机票预订和旅行体验。这些操作的流程化和自动化有助于提高系统的效率和用户满意度。

4.2 层数据流图

对于"客户信息维护"的加工可以分为4个步骤。首先,发出处理"客户信息维护"事务的指令。其次,根据情况,可以分成3个不同的方向。如果需要注册客户信息,那么数据将流向注册流程;如果需要修改客户信息,那么数据将流向修改流程。再次,在修改流程中,数据首先根据用户的查询条件从客户信息数据表中获取,然后进行修改,将修改后的信息保存至数据库中。最后,如果需要注销客户信息,那么会发起客户信息注销事务,数据将流向客户具体信息,经过注销处理后,完成注销流程,并将结果保存至数据库。航空公司客户信息维护数据流图如图 2 - 19 所示。

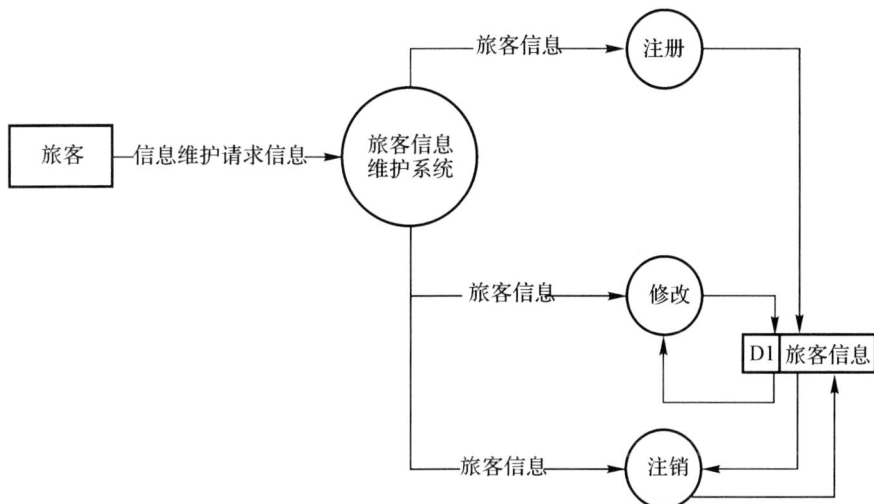

图 2 - 19　航空公司客户信息维护数据流图

类似的情况也适用于处理航班与机票信息维护事务的数据流。首先,处理航班与机票信息维护事务的指令被发起。其次,这个事务可以分为 3 个不同的分支,即添加、修改和删除。其中,添加分支表示数据将直接净流入系统,而其他两个分支则需要从数据库中取出数据,经过一定的处理后再次流入系统。

在添加分支,数据流直接向系统净流入,用于新增航班与机票信息。

而在修改和删除分支,首先需要从数据库中提取修改或删除的航班与机票信息。在修改分支,这些信息将经过相应的修改处理后再次流回数据库中,以更新航班与机票信息。在删除分支,这些信息可能需要进行一些清理和标记处理,然后再保存至数据库中,以将航班及机票信息从系统中删除。航空公司航班与机票信息维护数据流图如图 2 - 20 所示。

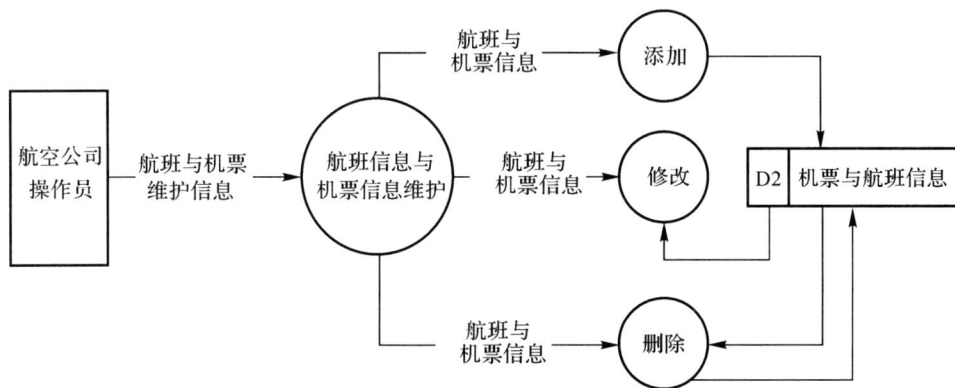

图 2 - 20　航空公司航班与机票信息维护数据流图

同乘人员信息维护数据流图如图 2-21 所示。首先,处理同乘人信息维护事务的指令被发起。其次,这个事务可以分为 4 个不同的分支,即添加、修改、查询和删除。其中,添加分支表示数据将直接净流入系统,而查询分支需要从数据库中取出数据,修改和删除分支需要先将数据从数据库中取出,然后经过一定的处理后再次流入系统。

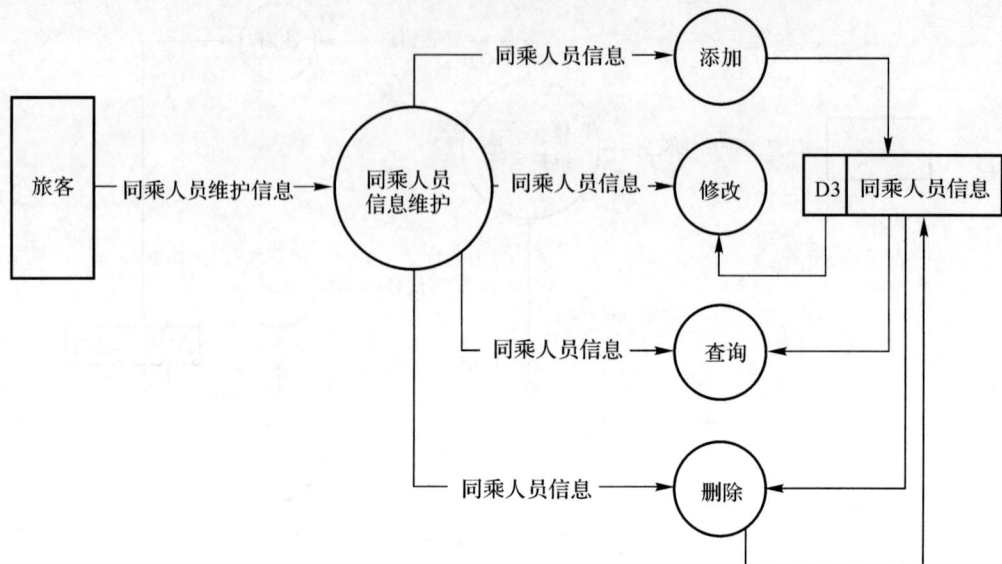

图 2-21 同乘人员信息维护数据流图

在添加分支,数据流直接向系统净流入,用于新增同乘人信息。

在查询分支,旅客输入查询条件,即可查询出同乘人信息。

而对于修改和删除分支,首先需要从数据库中提取修改或删除的同乘人信息。在修改分支,这些信息将经过相应的修改处理后再次流回数据库中,以更新同乘人信息。在删除分支,对这些信息可能需要进行一些清理和标记处理,然后再保存至数据库中,以将同乘人信息从系统中删除。

订票是航空公司机票预订系统中的一个重要环节,航空公司客户数据流图如图 2-22 所示,它可分为以下 5 个关键的加工步骤。

(1)下订单:旅客通过系统根据查询条件,如出发地及目的地、出行日期、航空公司、机票价格等,选择所需的航班机票,若是第一次下订单,则需要输入个人信息和联系方式。这些信息经过下订单加工流程,被整合成一份订单请求,包括旅客的出发地、目的地、航班选择、出发时间等,这一订单请求将被传递到系统的下一个步骤。

(2)付款:一旦订单确认有效,旅客需要付款。付款信息包括支付方式、信用卡信息等。系统将支付信息传送到付款处理流程,以完成付款操作。一旦付款成功,订单状态将相应地更新,表示付款已经完成。

(3)生成订单并修改航班余票:在付款成功后,系统会生成一个订单,并会相应地减少该航班的余票数量,以反映实际情况。这个步骤确保了订单的准确性和可用性。

(4)生成机票:订单的付款完成后,系统会记录付款信息,并生成相应的机票。机票包含旅客的个人信息、航班信息和票价等详细信息。这些信息被保存到机票数据表中,以备将来的检索和核对。同时,系统还会将机票发送到旅客的电子邮箱或手机应用程序,以供后续使用。

(5)发订单成功并通知完成订票:订票成功后,系统会向旅客发送订单成功通知,以确认他们的机票已经成功预订。这一通知包括订单号码、航班信息及其他相关信息,帮助旅客核对订单的准确性。

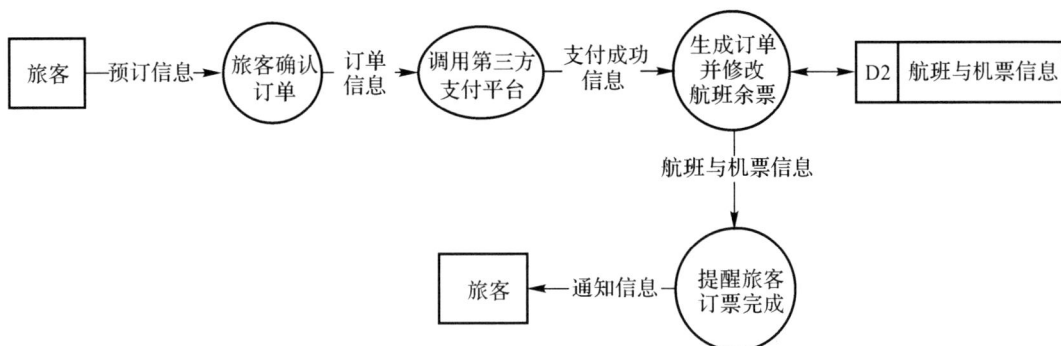

图 2-22　航空公司机票预定系统客户订票的数据流图

　　总之,订票过程是航空公司机票预订系统中复杂而关键的一环,通过这 5 个精心设计的加工步骤,系统能够确保订票过程的高效性和精准性,同时为旅客提供了全方位的服务和支持,有助于提高用户满意度。

　　取票是航空公司机票预订系统中的重要步骤之一,其数据流图如图 2-23 所示,它涉及多个关键加工步骤,以确保旅客能够顺利获得机票。以下是对取票过程更详细的描述,它可以分为以下 4 个关键的加工步骤。

　　(1)客户输入取票信息:取票的第一步是客户输入取票所需的信息,如身份证号码或订单号。这些信息是系统确认取票请求的关键。客户的输入被传送到系统的取票流程,以便进一步处理。

　　(2)审核:在这个步骤中,系统会对客户输入的取票信息进行审核。审核包括检查客户提供的信息(如身份证号码等)是否正确,以及是否在取票期限内还未取票。如果审核成功,那么系统将继续下一步骤。如果审核失败,那么系统将显示失败原因,可能包括无效的信息、超过期限、已取票等。

　　(3)修改订单和机票状态并打印机票:如果审核成功,那么系统会执行一系列操作。首先,它会修改相应订单的状态,将订单标记为"已取票"。其次,系统会更新机票状态,将机票状态更改为"已取票"。最后,系统会自动打印机票,以便客户在机场或登机口领取。这个步骤确保了机票的安全性和及时性。

　　(4)显示失败原因:如果审核失败,那么系统会向客户显示失败的具体原因。这有助于客户了解他们无法取票的原因,并可能提供解决方案,例如,提供有效的身份证信息或与客服联系。这个步骤的透明性有助于确保客户了解取票问题,并寻找解决方案。

　　总之,取票过程是航空公司机票预订系统中不可或缺的一部分,通过这 4 个关键的加工步骤,系统能够确保取票的准确性和安全性,同时为客户提供了方便的取票方式。这有助于提高系统的效率和用户满意度,确保愉悦的旅行体验。

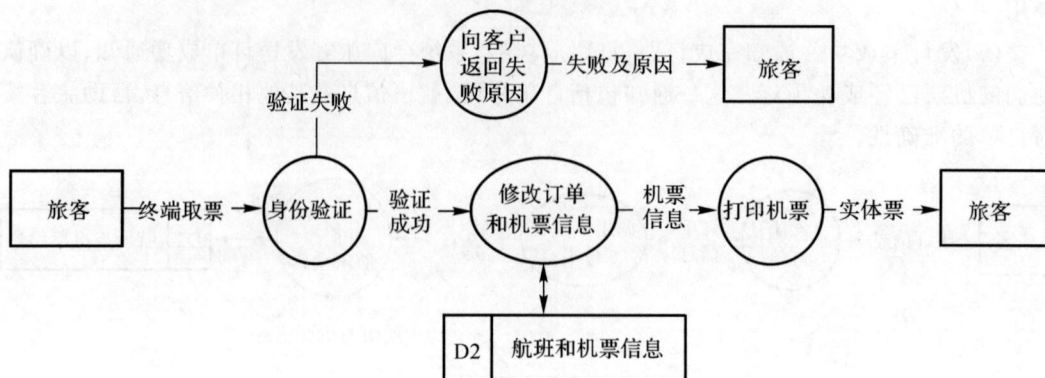

图 2-23 航空公司机票预定系统客户取票的数据流图

退票是航空公司机票预订系统中的一个复杂而重要的过程,其数据流图如图 2-24 所示,它需要经历 7 个关键的加工步骤,以确保旅客在需要退订机票时能够顺利完成操作。以下是对退票过程的详细描述。

(1)退票输入:退票的第一步是客户输入退票请求,通常包括订单号码和退票原因。这些信息是系统确认退票请求的关键,之后触发退票流程,以便进一步处理。

(2)审核:在这个步骤中,系统会对客户输入的退票信息进行审核。审核包括检查订单号码的有效性和确认退票请求是否在规定的退票期限内。如果审核成功,那么系统将继续下一步骤。如果审核失败,那么系统将返回退票失败原因,可能包括无效的订单号码或超出退票期限。

(3)计算退款金额:一旦审核通过,系统会根据订单信息和航司设定的退票政策计算应退款金额。这个金额通常包括已支付机票价格扣除退票费用后的余额。计算过程确保了退款的准确性。

(4)退款:在这个步骤中,系统会执行退款操作,将退款金额返还给客户的支付方式,如信用卡或银行账户。退款通常需要一定的处理时间,但系统会尽快处理,以确保客户能够尽早收到退款。

(5)记录已退款并计算余票:一旦退款成功,系统会记录已退款的订单,并相应地更新订单状态和机票状态,将它们标记为"已退票"。同时,系统还会重新计算相关航班的余票情况,确保准确反映机票的可用性。

(6)发通知完成:退票成功后,系统会向客户发送通知,确认他们的退款已经处理完成。通知通常包括退款金额和退款的方式,以便客户核对。

(7)失败则返回失败原因:如果审核失败或其他任何步骤出现问题,那么系统将向客户返回失败的具体原因。这有助于客户了解为何他们的退票请求未能成功,并可能提供解决方案,例如,联系客服或更改退票信息。

退票过程的复杂性和透明性有助于确保客户能够在需要时顺利退票,并及时获得退款。

这 7 个关键步骤的流程化和自动化有助于提高系统的效率,确保客户满意度,并确保退票操作顺利完成。

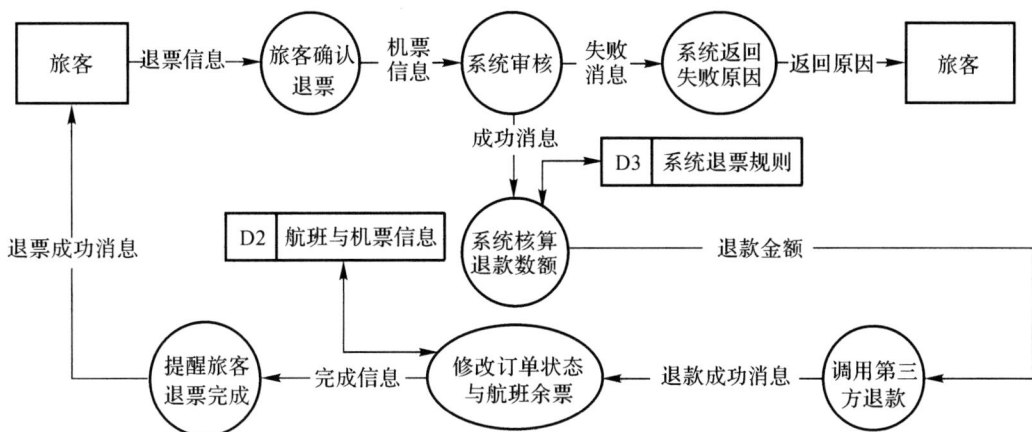

图 2-24　航空公司机票预定系统客户退票的数据流图

管理员的信息查询事务是机票预订系统中至关重要的一环,其数据流图如图 2-25 所示,以确保管理员能够轻松地获取所需的信息并进行管理和决策。这一事务可以分为以下 7 个关键的加工步骤,以满足管理员的不同信息需求。

(1)查询:管理员首先发起查询请求,输入查询的关键信息或条件,如日期、航班号、旅客姓名等。这个查询请求会触发信息查询事务。

(2)航班信息查询:一旦管理员的查询请求被接收,系统进入航班信息查询流程。在这个步骤中,系统会检索和提供关于航班的详细信息,包括航班号、起始地、起降时间、航线情况等。这有助于管理员了解航班的状况和可用性。

(3)旅客信息查询:如果管理员需要获取关于特定旅客的信息,那么系统会进入旅客信息查询流程。在这一步骤中,系统会检索和显示旅客的个人信息、联系信息以及相关的航班和订单信息。这使管理员能够更好地了解旅客的需求和行程情况。

(4)订单信息查询:订单信息是管理员需要密切关注的一项重要信息。系统会进入订单信息查询流程,以提供有关订单的详细信息,包括订单号、订票时间、付款情况等。这有助于管理员跟踪订单状态和处理客户的预订。

(5)机票信息查询:机票信息查询是另一个关键的查询步骤,系统会检索和显示机票的详细信息,包括机票号码、座位号、票价等。这些信息对于管理员来说非常重要,以确保机票的管理和核对。

(6)余票信息查询:这个步骤涉及计算相关航班的余票情况。系统会检查已售出的机票数量,以及可用座位的剩余情况。这有助于管理员了解航班的座位情况,以及是否需要采取进一步的措施来增加可用座位。

(7)返回管理员查询结果:系统将管理员的查询结果以清晰的方式呈现出来。这可能是一个详细的信息报告或者一个查询结果列表,取决于管理员的查询类型。管理员可以根据这些信息做出决策和管理操作。

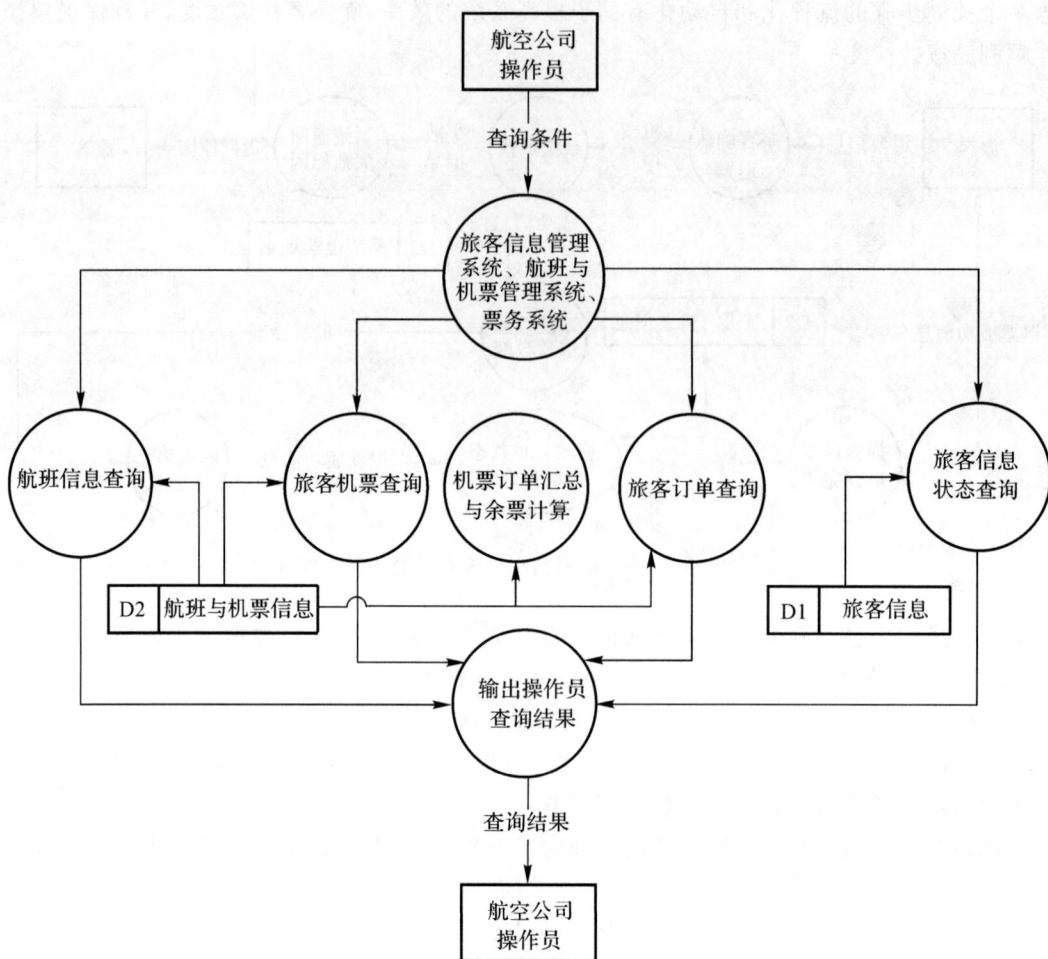

图 2-25　航空公司机票预定系统管理员查询的数据流图

　　总之,管理员的信息查询事务涉及多个关键加工步骤,以确保管理员能够方便地获取所需的信息,从而更好地管理和运营航空公司机票预订系统。这有助于提高系统的效率,使管理员能够更快速、准确地获得所需的信息。

　　客户的信息查询是航空公司机票预订系统中的一项重要功能,其数据流图如图 2-26所示,通过这一功能,客户可以轻松地获取关于他们的旅行和订单的详细信息。这个查询事务通常分为以下 7 个关键的加工步骤,以满足客户的不同信息需求。

　　(1)接收查询事务:客户首先发起信息查询请求,客户输入他们的查询条件,如订单编号、航班信息或个人身份信息。这个请求被传送到系统,触发信息查询事务。

　　(1)航班查询:一旦客户的查询请求被接收,系统进入航班查询流程。在这一步骤中,系统会检索和显示关于航班的详细信息,包括出发时间、到达时间、航班号和座位信息。这有助于客户了解他们的旅行计划。

　　(3)个人信息查询:如果客户需要查看或修改个人信息,那么系统会进入个人信息查询流程。在这里,客户可以查看其个人资料,包括姓名、联系信息和身份证号等。他们还可以选择更新或更改这些信息,以确保准确性。

(4)订单查询:订单查询是关键的查询步骤之一,客户可以检索订单的详细信息,包括订单号、订票时间、付款状态等。这有助于客户跟踪订单状态和付款情况。

(5)机票查询:类似于订单查询,机票查询允许客户检索机票的详细信息,包括机票号码、座位号、票价等。这些信息对于客户核对机票的准确性非常重要。

(6)查询机票状态:这个步骤涉及查询机票的状态,以确定机票是否已取票或已退票。客户可以了解机票的当前状态,以便根据需要采取进一步的操作。

(7)结果输出:系统将客户的查询结果以清晰和易于理解的方式呈现出来。这可以是一个详细的信息报告或一个查询结果列表,根据客户的查询类型而定。客户可以根据这些信息做出决策或采取行动。

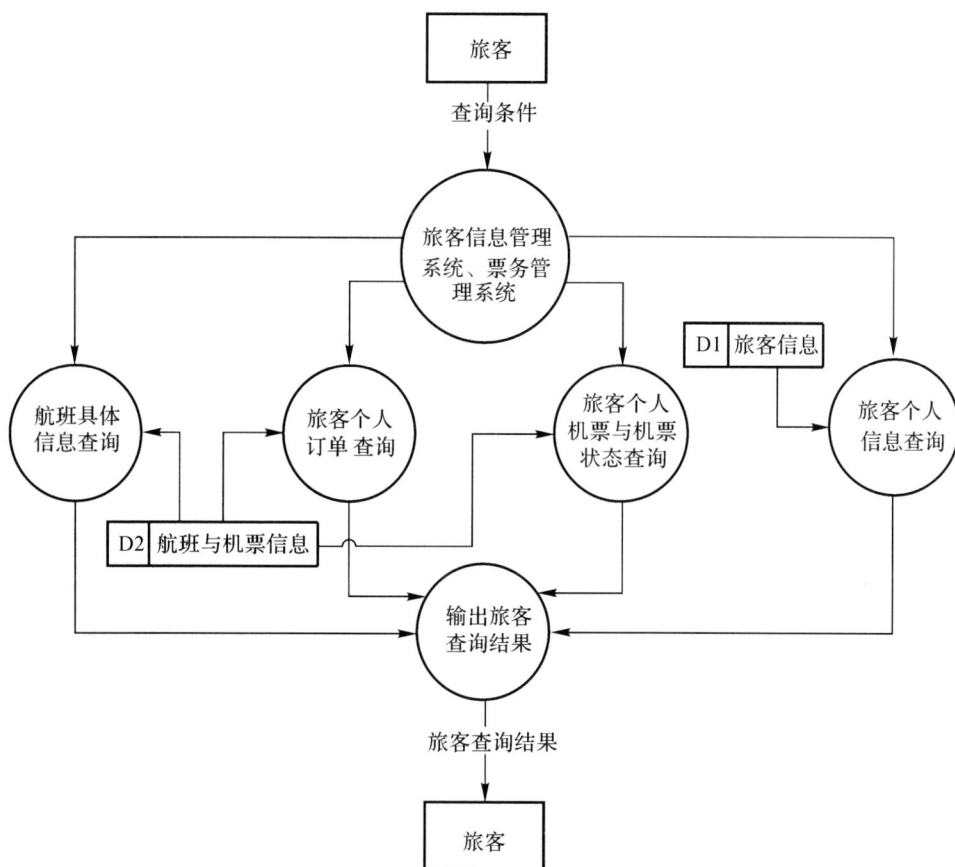

图 2-26　航空公司机票预定系统客户进行信息查询的数据流图

2.4.3.3　数据建模

对航空公司机票预定系统的业务流程和功能建模,可以推导出系统的数据和信息,包括乘客信息、航班详情、订单记录以及机票相关信息。功能建模的二级数据流图涵盖了订票、取票和退票等核心功能,这进一步强调了航班信息的不同层次性质,包括航班的基本信息和票务相关信息。与此同时,订单信息是由旅客在预订机票时生成的。因此,航空公司机票预定系统的实体-关系(E-R)图总共包含了 5 个关键实体,即旅客、同乘人员、航班、订单、航班机票。图 2-27 所示为航空公司机票预定系统系统的 E-R 图。

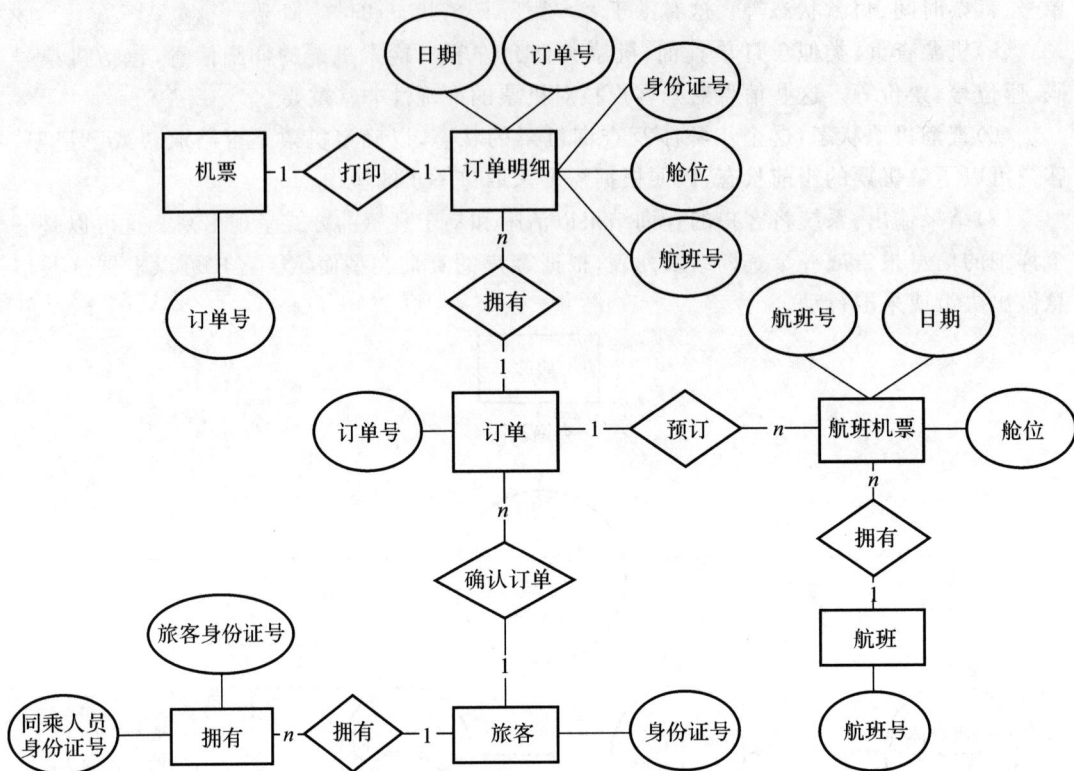

图 2-27 航空公司机票预定系统的 E-R 图

2.4.3.4 行为建模

根据前面航空公司机票预订系统的业务流程和功能建模,可以画出该系统的两个状态转换图,分别是订单的状态图(见图 2-28)和机票的状态图(见图 2-29)。

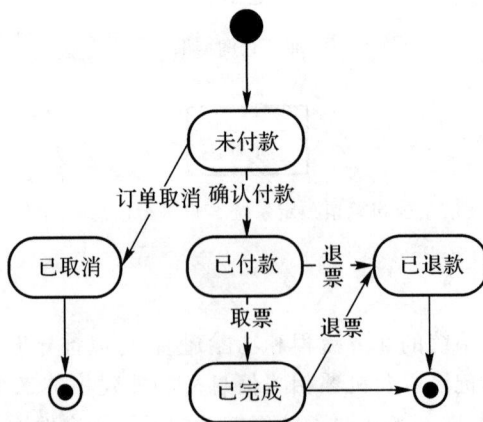

图 2-28 订单的状态图

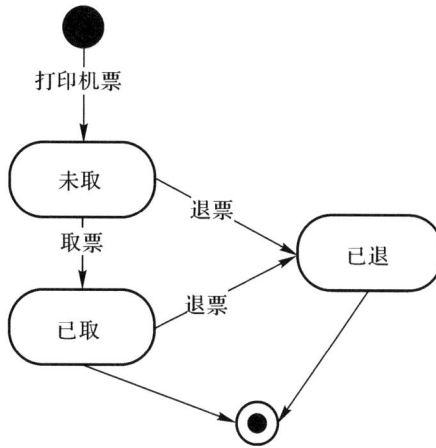

图 2-29 机票的状态图

2.4.3.5 数据字典

表 2-1 航班表

英文名	中文名	数据类型	数据长度	默认值	备注
FlightNumber	航班号	String	20	无	主键
DepartureStation	起飞站	String	10	无	
DepartureTime	起飞时间	DateTime	8	无	
ArrivalStation	到达站	String	5	无	
ArrivalTime	到达时间	DateTime	8	无	
BoardingTime	登机时间	DateTime	8	无	
BoardingGate	登机口	String	5	无	

表 2-2 旅客表

英文名	中文名	数据类型	数据长度	默认值	有效验证
IDNumber	身份证号	String	18	无	主键
Account	账号	String	20	无	
Password	密码	String	20	无	
Name	姓名	String	10	无	
BirthDate	出生日期	Date	8	无	
Gender	性别	String	2	无	
Cell	电话	String	11	无	

表2-3 订单表

英文名	中文名	数据类型	数据长度	默认值	备注
OrderNumber	订单号	String	20	无	主键
IDNumber	旅客身份证号	String	18	无	外键
Total	订单总金额	Float	10	0	
OrderTime	订单时间	DateTime	8	无	
OrderStatus	订单状态	String	15	已付款	

表2-4 订单明细表

英文名	中文名	数据类型	数据长度	默认值	有效验证
OrderNumber	订单号	String	20	无	主键
IDNumber	乘客身份证号	String	18	无	主键
FlightNumber	航班号	String	8	无	主键
Date	日期	Date	8	当前日期	主键
CabinClass	舱位	String	3	经济舱	主键
Discount	折扣	Float	10	0	(0~100%)
Price	价格	Float	8	无	

表2-5 航班机票表

英文名	中文名	数据类型	数据长度	默认值	有效验证
FlightNumber	航班号	String	8	无	主键
Date	日期	Date	8	当前日期	主键
CabinClass	舱位	String	3	经济舱	主键
Price	票价	Float	8	无	
Remaining	余票	Int	4	无	

表2-6 同乘人员表

英文名	中文名	数据类型	数据长度	默认值	有效验证
IDNumber	旅客身份证号	String	18	无	主键
IDNumber1	同乘人身份证号	String	18	无	主键
Name	姓名	String	10	无	

续表

英文名	中文名	数据类型	数据长度	默认值	有效验证
Gender	性别	String	2	无	
Phone	电话	String	11	无	

表 2-7　机票表

英文名	中文名	数据类型	数据长度	默认值	有效验证
TicketNumber	订单号	String	20	无	主键
SeatNumber	座位号	String	5	无	
TicketStatus	机票状态	String	15	未取票	

2.5　面向对象分析

面向对象分析就是指利用面向对象的方法抽取和整理用户需求并建立问题域精确模型的过程,力求精确、简洁,以弥补自然语言的不足。面向对象分析方法如图 2-30 所示,面向对象的分析模型一般有 3 种,即静态模型、功能模型及动态模型。3 种模型能够表示出系统的数据、功能和行为方面的基本特征。对应地,在进行面向对象分析时需要建立对象模型来表示软件要处理的数据,建立用例模型来表示系统功能,建立动态模型来表示交互作用和时序。以下分别对这 3 种模型进行介绍。

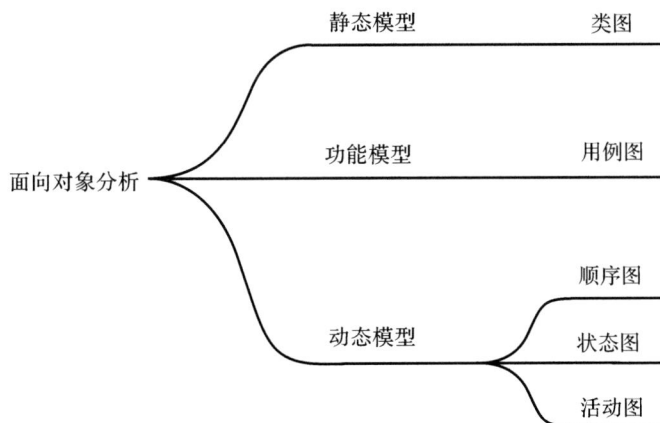

图 2-30　面向对象分析方法

2.5.1　建立静态模型(对象模型)

建立静态模型是确定系统结构的重要步骤,静态模型主要描述软件系统的静态结构,即系统中的类和对象以及它们之间的关系,但不涉及行为或动态交互,主要包括确定类与对象、确定关联、确定属性和操作、识别继承关系以及类图绘制等内容。静态模型为开发团队提供了一个关于系统构建的蓝图。

2.5.1.1 对象模型

对象模型是面向对象分析时建立的关键模型之一。它确定了系统静态的、结构化的数据性质,主要用于理解和描述系统的数据结构,以及这些数据结构之间的关系,是对客观世界实体的映射。具体而言,建立对象模型的步骤如下。

1. 确定主题划分

对于小型系统,可以跳过此步骤,但对于烦琐复杂的大型系统,往往需要将系统拆分为若干个子系统进行逐个建模,以降低建模规模及复杂度,从而避免建模混乱、差错及缺陷等问题。

2. 确定类与对象

类是对象的抽象,它描述了对象的属性和行为。对象是类的实例,具有类所描述的属性和行为。在面向对象分析中,首先需要确定系统中的类和对象。

类和对象是对系统中有意义的实物的抽象,诸如可感知的物理实体、人或组织的角色、应该记忆的事件、多个对象的相互作用、需要说明的概念等。在确定类和对象的过程中,可以首先尽可能地从系统需求中挖掘候选的类和对象,然后依据下方的准则从候选集中去掉重复的、不必要的或者不正确的类和对象。

在确定类和对象的过程中,需要注意以下几点:

(1)删除重复冗余的类和对象。

(2)删除与本问题无关的类和对象。

(3)删除需求陈述中过于笼统和泛指的类和对象。

(4)明确对象、属性和操作的界定。如果一个类只有一个属性,那么应考虑删除此类将其直接作为属性。需求陈述中有些词既可以作为名词也可以作为动词,应根据其具体意义决定是否应将其作为另一个类的方法。

(5)在需求分析的建模阶段应去掉与具体实现有关的类和对象,需求分析阶段不需要考虑目标系统如何实现。

3. 确定类与类之间的关系

类与类之间的静态关系包括关联、继承、聚合、组合、依赖及实现等,具体如下:

(1)关联关系:关联关系表示类与类之间存在某种联系或依赖关系,即一个类的多个实例与另一个类的多个实例相关,包括一对一、一对多、多对多,并且这种关系可以是双向的,也可以是单向的。在建模过程中仅保留与系统功能密切相关的关联,并标注好方向性和多重性。此外,对于每个关联,还需考虑是否需要对该关联分配属性和操作,设置关联类。

(2)聚合关系:是一种特殊的关联关系,表示整体拥有部分,但部分可以独立存在。聚合关系是一种弱的"拥有"关系,体现的是 A 对象可以包含 B 对象,但 B 对象不是 A 对象的一部分。例如,公交车司机与工衣、工帽间的关系,工衣、工帽可以穿在别的司机身上,公交司机也可以穿别的工衣、工帽。

（3）组合关系：表示整体拥有部分，并且部分的生命周期依赖于整体，如果整体不存在了，那么部分也不存在了。例如，鸟和翅膀的关系，一个鸟类对象包含两个翅膀对象。

（4）实现关系：实现关系表示一个类实现了另一个抽象类或接口所定义的方法和属性。这种关系通常用于实现具体的功能或行为，有助于将具体的功能或行为与接口或抽象类进行分离，提高了代码的灵活性和可扩展性，可以根据需求添加新的实现类，而不会影响其他部分的代码。例如，汽车和轮船都是交通工具，交通工具表明一个可移动工具的抽象概念，而汽车和轮船实现了具体的移动功能。

（5）继承关系：又称泛化关系，表示特殊与一般的关系。例如，出租车、公交车、货车都是属于车。子类继承了父类的属性和方法，便于实现代码的重用和扩展，同时子类自身又定义了新的特性，子类可以添加或覆盖父类的行为，实现灵活的扩展。使用继承关系也存在一定的缺点，如过度依赖、破坏封装、易导致深层次复杂的继承体系等。

（6）依赖关系：表达了一种使用的关系，即一个类的实现需要另一个类的协助。类 A 依赖类 B 就是类 B 以方法参数的方式传递给类 A，供类 A 在其方法内部使用。

4．确定类的属性和操作

属性描述了对象的性质、特征或状态，操作则描述了对象的行为，它们与问题域以及所要实现的功能相关。

属性的确定：首先需要分析和选择要定义的属性。在需求陈述中，通常会使用名词词组来表示属性，例如"汽车的颜色""光标的位置"或"学生的学号"。此外，形容词也常被用来表示可枚举的具体属性，例如"红色的"或"打开的"。然而，需求陈述中可能并不包含所有的属性，因此分析员需要借助领域知识和常识来识别出需要的属性。此外，在分析和选择属性时，应删除不一致的属性、不确定的属性、过于细化的属性以及能够通过其他属性计算出来的属性。

操作的确定：首先需要确定软件的需求，理解系统的功能和业务逻辑，通过需求分析，开发人员确定哪些操作是必要的，哪些操作是可选的。

（1）简单的操作。简单操作是每个对象都应默认具备的操作，例如，创建及初始化一个新对象，建立或切断对象之间的关联，存取对象的属性值，释放或删除一个对象。这些操作是隐含的，在类图中不必标出，但实现类和对象时要有定义，即编程时需要实现这些操作。

（2）复杂的操作。复杂操作分为两种：计算操作，即利用对象的属性值计算，以实现某种功能；监控操作，它处理的是外部系统的输入/输出、对外部设备的控制和数据存取等。

对象模型在软件工程中起着至关重要的作用，它为后续的软件开发提供了基础，帮助开发人员理解和设计系统，确保系统的正确性和可靠性。同时，对象模型也是后续其他模型（如功能模型和动态模型）的基础，它们共同构成了完整的软件系统模型。

对象模型是模型的静态结构，通常使用 UML 的类图来建立。

2.5.1.2　类图

类图主要用于可视化和记录系统中的类、接口以及它们之间的关系，是描述系统结构的一种图形化表示方法（见图 2-31）。类图显示了系统中各个类的静态结构，对应系统的静态模型。

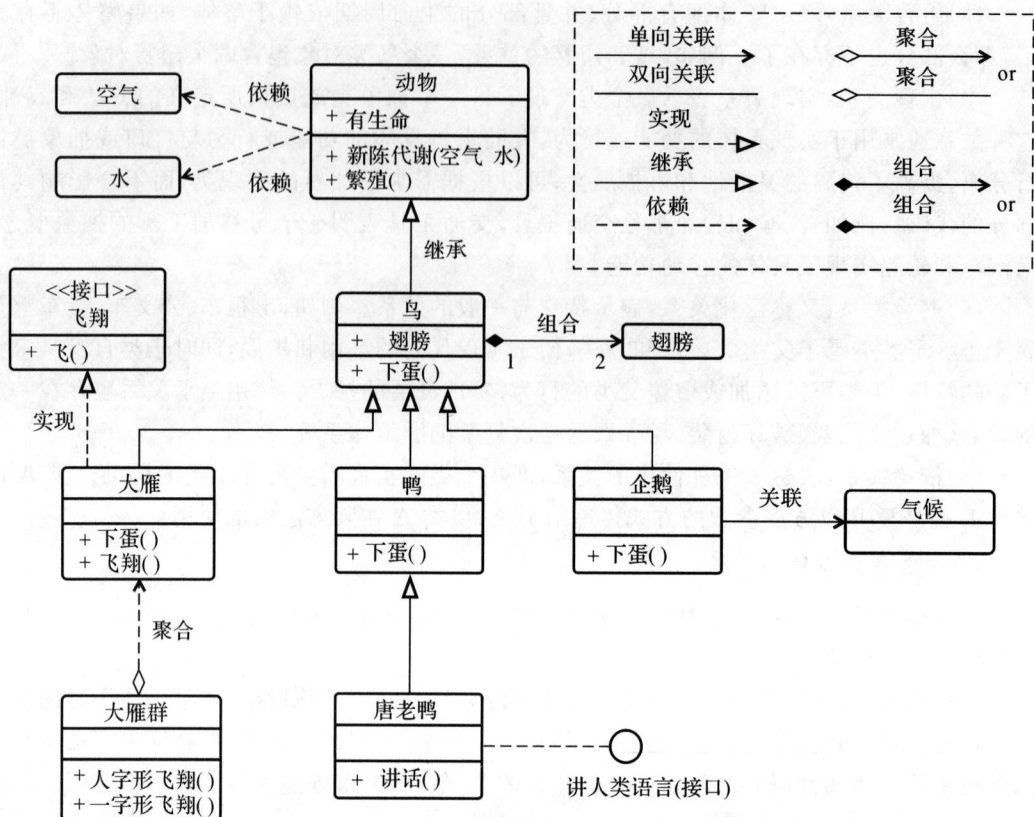

图 2 - 31 类图符号示例图

1. 类图的符号

(1)类:使用矩形表示。使用分割线将矩形划分为 3 部分,从上到下依次为类名、属性和方法。

1)第一层:类名。抽象类使用斜体,静态类加下划线。

2)第二层:属性。其格式为可见性修饰符＋名称:类型[＝默认值]。对于可见性,分别使用符号"＋""－""♯""～"来表示 public、private、protected 及 default。

3)第三层:方法。方法用来描述类可以执行的操作或行为,包括可见性修饰符、方法名、输入参数列表及返回类型,如"＋calculateArea(int a):double"。

(2)接口:使用矩形表示。使用分割线将矩形划分为两部分,从上到下依次为接口名和方法。

1)第一层:接口名。接口名上方通常加上"<< interface >>"进行标识。

2)第二层:方法。接口中的方法默认都是 public 的,并且没有方法体。

除此之外,如图 2 - 31 中的"讲人话"接口所示,接口还有一种圆圈省略表示法,结合实现关系构成棒糖图。

(3)关系:常见的 6 种关系的表示方法如下。

1)关联:单向关联用一个带箭头的实线表示,箭头从使用类指向被关联的类,双向关联用带箭头或者没有箭头的实线来表示。关联关系表示一类对象与另一类对象之间有联系，又可分为双向关联、单向关联、自关联、多重性关联。关联具有导航性即单向关系或者双向关系，以及多重性，如"1"表示有且仅有一个，"0..1"表示 0 个或者 1 个，"$n..m$"表示 n 到 m 个都可以，"$m..*$"表示至少 m 个。

2）聚合：使用空心菱形加虚线（箭头）表示，空心菱形指向整体类。它是一种特殊的关联关系，表示整体拥有部分，但部分可以独立存在。

3）组合：使用实心菱形加实线（箭头）表示，实心菱形指向整体类。表示整体拥有部分，并且部分的生命周期依赖于整体。例如鸟和翅膀的关系。

4）实现：使用带空心三角形箭头的虚线表示，空心三角形指向接口。

5）继承（泛化）：使用带空心三角形箭头的实线表示，空心三角形指向父类。

6）依赖：单向依赖使用单向虚线箭头表示，箭头指向被依赖类，表达了一种使用的关系。

2. 类图实例

以下，以高校图书借阅系统为例介绍类图的绘制过程，结果如图 2-32 所示。

（1）确定主题划分。

本系统规模适中，可跳过此步骤。

（2）确定类和接口。

根据高校图书借阅系统的需求可以分析得到其所涉及的类别，包括系统管理员、读者、读者证、读者类别、图书、馆藏书籍、书架等。其中，读者通过读者证借阅馆藏书籍并生成借阅记录，书架用于存放馆藏图书，系统管理员能够对读者信息和图书信息进行管理和维护。此外，对于已经超期的书籍，读者需要支付罚金，因此，还需实现支付接口。

（3）确定类与类的关系。

1）读者类与馆藏图书类之间为双向关联关系，通过一条实线链接两个类别的矩形框。由于一个读者可以不借、借一本或者多本馆藏图书，一本馆藏图书也可以被一个读者借阅或者无人借阅在馆收藏，因此可以在关联实线上标注两个类别的多重性关系。此外，与类一样，关联也可以有自己的属性和操作，这样的关联称为关联类。图 2-32 所示为高校图书借阅系统类图，读者和图书类之间的借阅关联既是此情况。

2）依据读者所属的读者类别不同，其所能够借阅的图书数量与天数均不同，两者为双向关联关系，使用实线相连。一个读者只能所属一个读者类别，而一个读者类别可以分配给任意名读者，据此可以标注两者之间的多重性关联关系。

3）读者超期后需要支付罚金，两者属于单向关联关系，使用实线箭头相连，箭头指向罚金类。一名读者可能有零到多笔罚金，而一笔罚金仅对应一名读者，据此可以标注上两者的多重性关系。

4）一部图书可能对应一到多本馆藏书籍，两者是组成的关系，使用实心菱形及实线相连，实心菱形与图书类相连。

5）一个书架可以存放零至多本书籍，并且书架和书籍都是可以独立存在的，因此两者是聚合关系，使用空心菱形及实线相连，空心菱形与书架类相连。

6）学生和教师均泛化自读者类。两者同读者类是继承关系，均使用空三角箭头指向读者类。

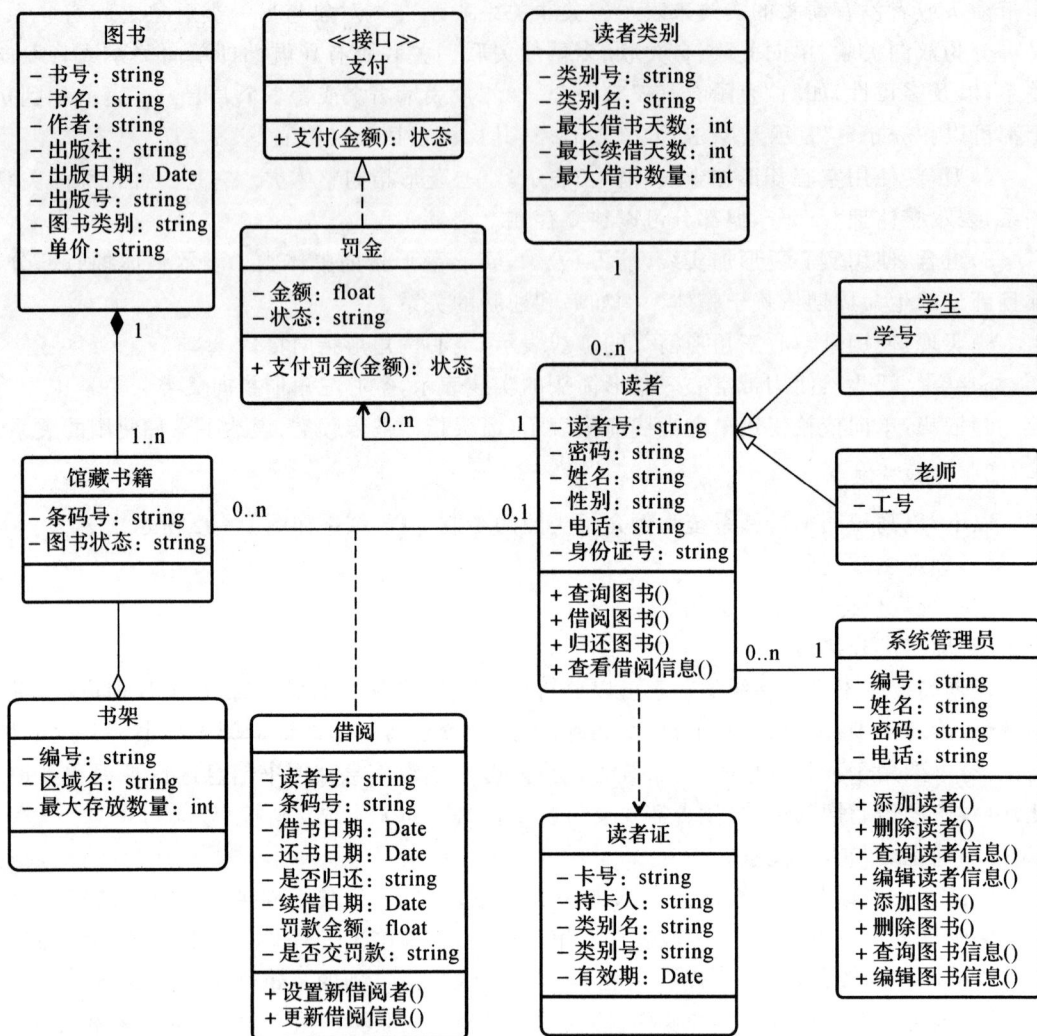

图 2-32　高校图书借阅系统类图

(4)确定类的属性和操作。

1)读者的属性包括读者号、密码、姓名、性别、电话和身份证号,所包含的操作有查询图书、借阅图书、归还图书、查看借阅信息等。

2)读者类别规定了能够借阅的图书总量、借阅天数、续借天数以及读者类别号和类别名。

3)读者证的属性包括卡号、持卡人、类别名、类别号以及有效期。

4)图书类的属性信息包含书名、书号、作者、出版社、出版日期、出版号、图书类别、单价等。

5)馆藏书籍的属性包括条码号以及图书状态(在馆/已借出)。

6)书架类的属性包括编号、区域名以及最大存放数量。

7)系统管理员的属性包括编号、姓名、密码和电话,具有的操作包括查询/添加/删除/编辑读者、查询/添加/删除/编辑图书等。

8)借阅类的属性包括读者号、书籍条码号、借书日期、还书日期、是否归还、续借日期、罚款金额、是否已交罚款等,而对应的操作包括设置新借阅者和更新借阅信息。

9)罚金类的属性包括金额以及支付状态,其操作包括支付罚金。

(5)根据实际情况添加接口和依赖关系。

1)罚金类需要实现支付接口以提供支付罚金功能。

2)读者在借阅时需要用到读者证信息,因此读者和读者证之间是依赖关系,虚线箭头指向读者证。

基于以上几个步骤的分析便可以绘制出一个完整的高校图书借阅系统类图,如图2-32所示。通过使用类图建立静态模型,开发团队可以更好地理解和描述软件系统的结构和组成,为后续的软件开发提供基础。同时,类图也可以帮助开发团队避免需求遗漏和歧义的情况,提高软件系统的质量和可靠性。

2.5.2 建立功能模型(用例模型)

用例模型通过描述用户与系统的交互行为,以及系统提供的各种功能来理解和管理系统的需求。在用例模型中,主要的概念有参与者、用例以及它们之间的关系。参与者是与系统交互的用户或其他系统,用例是系统提供的功能,它们之间的关系表示参与者与用例之间的交互。

1. 用例图

用例图是用例建模的图形化表示工具,它通过参与者、用例以及它们之间的关系来描述系统的功能和行为。用例图可以清晰地展示系统与用户或其他系统之间的交互过程,直观地反映出谁在使用软件以及软件所实现的功能,帮助开发团队更好地理解系统的需求和功能。

用例图符号示例图如图 2-33 所示,用例图的基本符号表示如下。

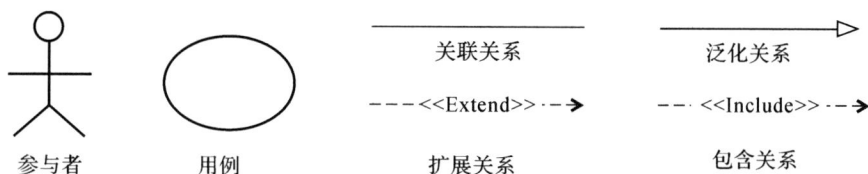

图 2-33 用例图符号示例图

(1)用例:用例通常表示为一个椭圆,其中包含用例的名称。在椭圆内,还可以添加简短的描述或注释,以提供关于用例的更多上下文信息。

(2)参与者:参与者表示与系统交互的人或其他系统。参与者通常表示为一个人形符号,可以是实心或空心。在人形符号旁边,应该添加参与者的名称,以明确其角色和身份。

(3)关系:关系表示用例与参与者之间的交互或关联。常见的关系有以下 4 种:

1)关联:表示用例与参与者之间的双向关联,通常用一条直线表示。

2)包含:表示一个用例包含另一个用例,即一个用例所执行的功能中总是包括被包含用例的功能,箭头指向被包含的用例,并用<<include>>标签说明。

3)扩展:表示一个用例在某些条件下扩展另一个用例的行为,即一个用例的执行可能需要有其他用例的功能来扩展,箭头指向被扩展的用例(基础用例),并用<<extend>>标签说明。一般情况下,基础用例的执行不会涉及扩展用例,只有特定的条件发生,扩展用例才被执行。

4)泛化:表示一个用例是另一个用例的特化或一般化版本(也称为继承关系),使用带空心箭头的直线表示,箭头指向被继承方(父用例)。父用例通常是抽象的,而子用例则更加具体。

图 2-34 所示为租书系统用例图。绘制用例图时,通常首先确定参与者和系统的主要功能和操作,然后使用上述符号将这些元素和关系绘制在图中。这样可以帮助开发团队更好地理解系统的功能和交互,从而进行有效的设计和开发工作。

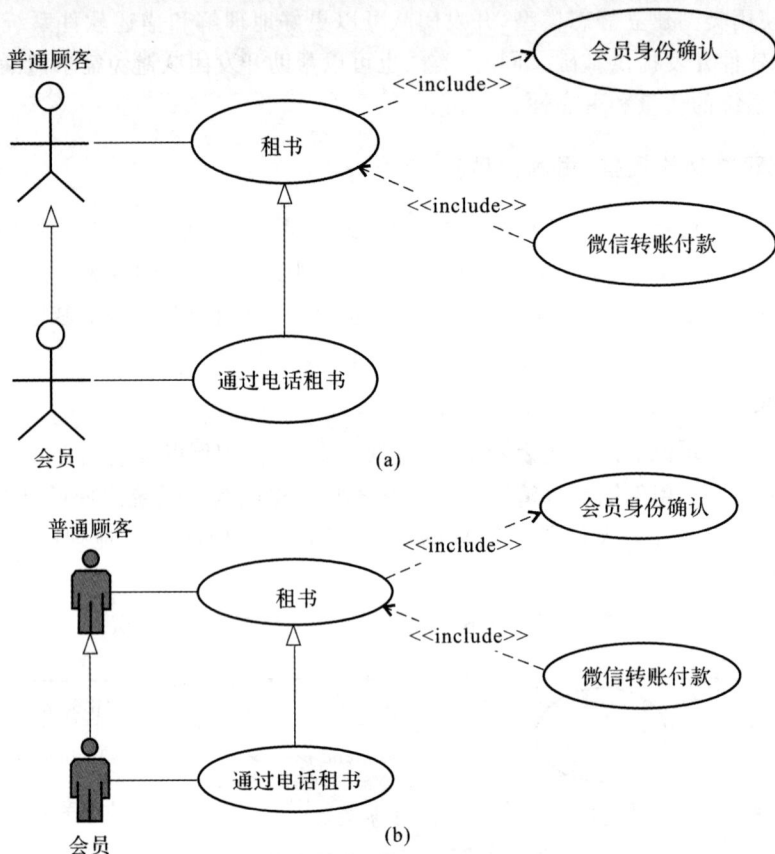

图 2-34　租书系统用例图
(a)使用 WPS 绘制；(b)使用 Visio 绘制

2. 用例建模

用例建模是使用用例图和其他工具对软件系统进行详细描述的过程。在这个过程中,开发团队需要确定系统的功能需求和行为,并使用用例图和其他工具对其建模。用例建模通常涉及以下几个步骤:

(1)确定参与者:列出与系统交互的用户及其他系统。参与者可以是人、组织机构、外部系统或硬件设备等。

（2）确定需求用例：分析参与者和系统的交互，确定系统需要提供的功能。用例是描述系统功能的一种方法，包括输入、处理和输出。

（3）建立关系：分析参与者和用例之间的交互，确定它们之间的关系，包括关联关系、包含关系、扩展关系等。

3．用例建模实例

下面以一个简单的在线购物系统为例讲解用例建模的具体过程。

（1）明确在线购物系统的参与者。

本系统涉及购物者、管理平台以及支付服务商。

（2）进一步明确在线购物系统的具体用例，包括：

1）用户注册、登录；

2）浏览商品；

3）添加商品到购物车；

4）生成订单；

5）支付结算。

（3）绘制顶层用例图。

对于复杂的系统也可以采用划分子系统的方式分层建模。首先绘制在线购物系统的顶层用例图，如图2-35所示。在购买过程中，用户可以浏览相关信息，生成订单，并完成支付。期间，系统平台需要对用户的身份进行验证，金融机构则需要对用户与商家之间的支付及退款行为提供相应的服务，如信用卡支付服务、支付宝/微信金融服务等。

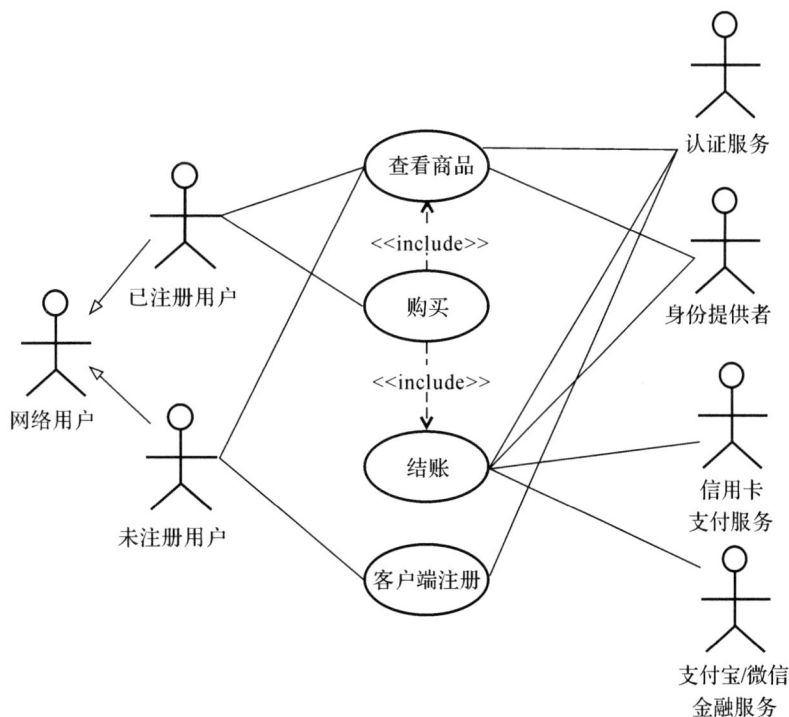

图2-35　在线购物系统顶层用例图

图 2-35 中,"身份提供者"主要是针对的是单点登录(Single sign-on,SSO)场景。单点登录对多个相互关联但又各自独立的软件系统,提供访问控制的属性,使得用户登录时可以获取所有系统的访问权限,而不用对每个单一的系统都逐一登录。

1)进一步绘制查看商品的用例图。用户可以搜索商品,浏览商品,查看为其推荐的商品,将商品加到购物车或心愿列表。所有这些用例都是查看商品用例的扩展用例。其中,查看推荐的商品和添加到心愿列表用例在执行时需要对客户的身份进行验证。添加到购物车在未进行用户身份验证的情况下也可进行,用户身份验证用例仅在某些条件下被用到。据此,可以绘制出如图 2-36 所示的查看商品用例图。

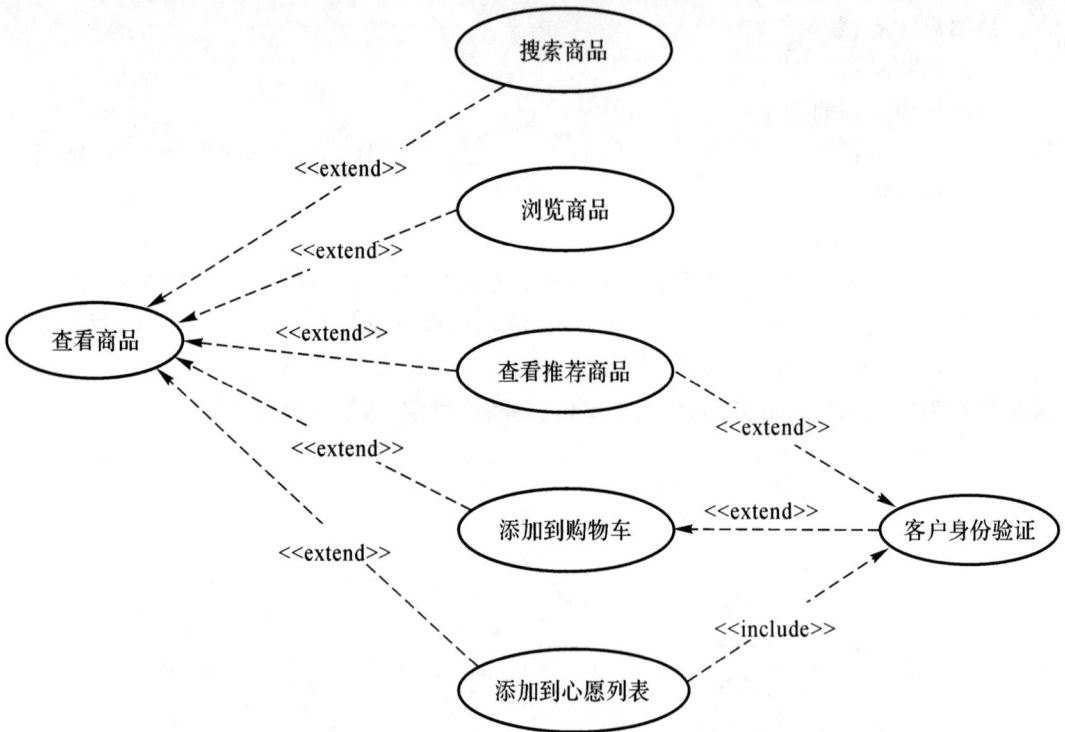

图 2-36　查看商品用例图

2)进一步绘制结账用例的用例图。结账用例包括几个必需的用例。其中,Web 客户端需要通过用户登录或已保存的登录信息或单点登录进行身份验证。所有这些用例中都使用了网站用户身份验证用例,而单点登录还需要外部身份提供商的参与。除身份验证用例之外,结账用例还包括付款用例,使得用户可以通过信用卡或微信/支付宝的第三方金融服务进行支付。最终的结账用例图如图 2-37 所示。

至此,一个在线购物系统的用例图便完成了。在面向对象分析中,建立功能模型是一个重要的步骤,它可以帮助开发团队更好地理解和描述软件系统的功能需求,为后续的软件开发提供基础。

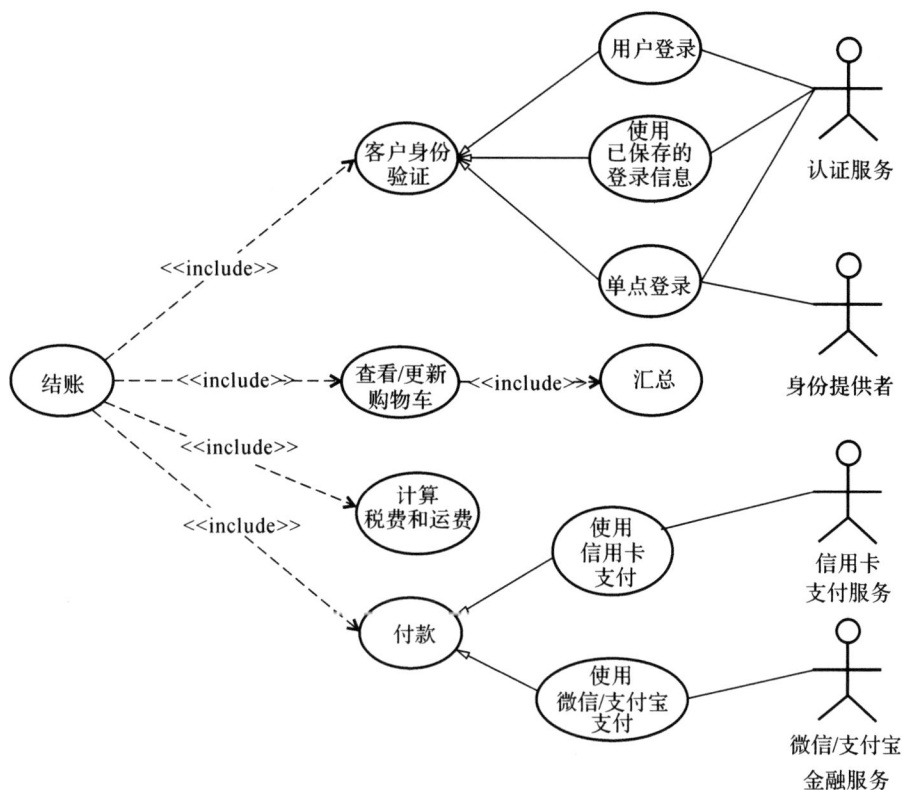

图 2 - 37　结账用例图

2.5.3　建立动态模型

建立动态模型的主要目的是理解和描述系统在运行时的行为,以便进行有效的设计和开发。动态模型关注系统在运行时的行为,包括对象的状态变化、事件触发和系统交互等。通过动态模型,开发团队可以更好地理解系统的功能和交互,预测可能的问题和错误,并优化系统的性能和响应性。

在交互式系统的开发中,动态模型是从需求分析向设计过渡的重要环节。建立动态模型时,顺序图、状态图和活动图是 3 种重要的图形表示方法,它们分别用于描述系统的不同方面,以下分别对其进行介绍。

1. 顺序图

顺序图是描述对象之间交互顺序的图形化方法。它由一组对象和它们之间的消息交互组成。对象之间通过消息进行通信,消息可以是同步或异步的。相比之下,用例图主要是文本性质的场景描述,而顺序图中即包含了交互的时间顺序,又包含了参与交互的类的对象以及完成功能时对象之间的交互信息,更加侧重场景的图形化描述。顺序图的绘制方法如下。

(1)符号:顺序图中的主要元素包括对象、生命线、消息和激活。对象用矩形表示,消息用带有箭头的有向线表示,生命线用竖直虚线表示,对象的激活用矩形框表示,如图 2 - 38所示。其中,消息 1 为普通消息,使用实线箭头表示,接收对象接收到消息后即执行其请求的操作。消息 2 为同步调用消息,使用实心箭头表示。一个对象向另一个对象发出同步消息后,其将处于阻塞状态,一直等到另一个对象的回应才开始后续操作。消息 3 为返回消息,使用虚线箭头表示。消息 4 为异步调用消息,使用半个实线箭头表示。发送对象将消息发送给接收对象后,不等待接收对象的响应即可继续执行其他操作。

　　(2)画法:在顺序图中,通常先确定参与的对象,用矩形表示,然后为每个对象画出生命线,表示其在时间轴上的存在。激活框可以用来表示对象在某个时间点上的活动或行为。在对象之间,通过消息进行交互,消息用带有箭头的有向线表示。具体地,普通消息、调用消息均使用带箭头的实线表示,箭头指向接收对象,可以传递参数,能够触发接收对象的方法或操作。返回消息则发生在动作执行后,将信息返回给对象,使用带箭头的虚线表示。异步消息发出后不必等待接收对象返回即可向下执行,使用带半个箭头的实线表示。

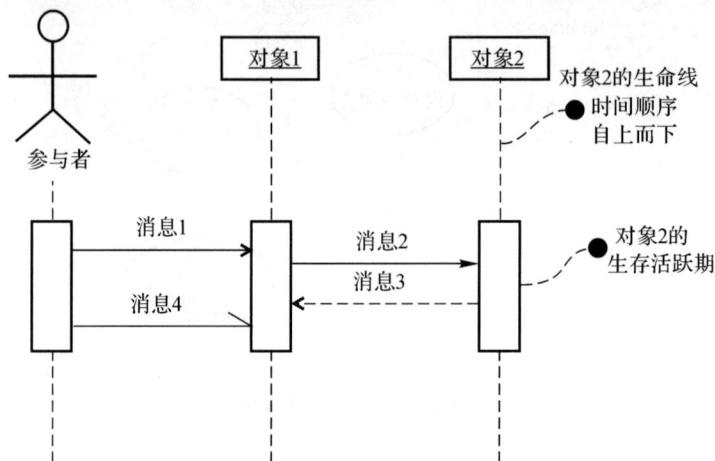

图 2 - 38　顺序图的基本符号

　　图 2 - 39 所示为访问 Facebook 用例的顺序图。顺序图中,纵轴从上到下为交互的时间顺序,横轴从左到右为参与交互的参与者对象、处理用例功能的服务类对象、对象模型中某些类的对象及一些操作界面的表单对象和系统服务器对象,关系密切的对象应安排在相邻位置。每个对象下面有一条竖直的虚线,为该对象的生命线;生命线中有一到多个细长的矩形,表示该对象的生存活跃期,虚线部分为休眠期。对象之间通过一个有向实线进行消息发送,通过有向虚线进行消息返回,线上标明消息名称。

　　类似地,图 2 - 40 所示为商品出库用例的顺序图。用户发起订单后,订货单对象向仓库管理员返回用户订单消息。仓库管理员收到订单后对订单进行审核,确认无误后向商品对象发送查询商品库存量的消息。商品对象收到消息后进而向商品数据库发送查询请求。商品数据库对象将查询结果返回给商品对象,商品对象进而将查询结果返回给仓库管理员。

　　在有货的情况下,仓库管理员向商品出库对象发送商品出库请求。出库完成后,商品出库对象向仓库管理员返回出库信息。对于售出后缺货的情况,仓库管理员则向缺货清单对象发送添加缺货清单请求,由缺货清单对象进一步向缺货单数据库对象发送录入数据库请求,处理完成后返回录入结果给仓库管理员。顺序图对交互的描述更加直观,既利于用户的理解和交流，也利于开发人员完成由系统需求向代码设计的过渡。

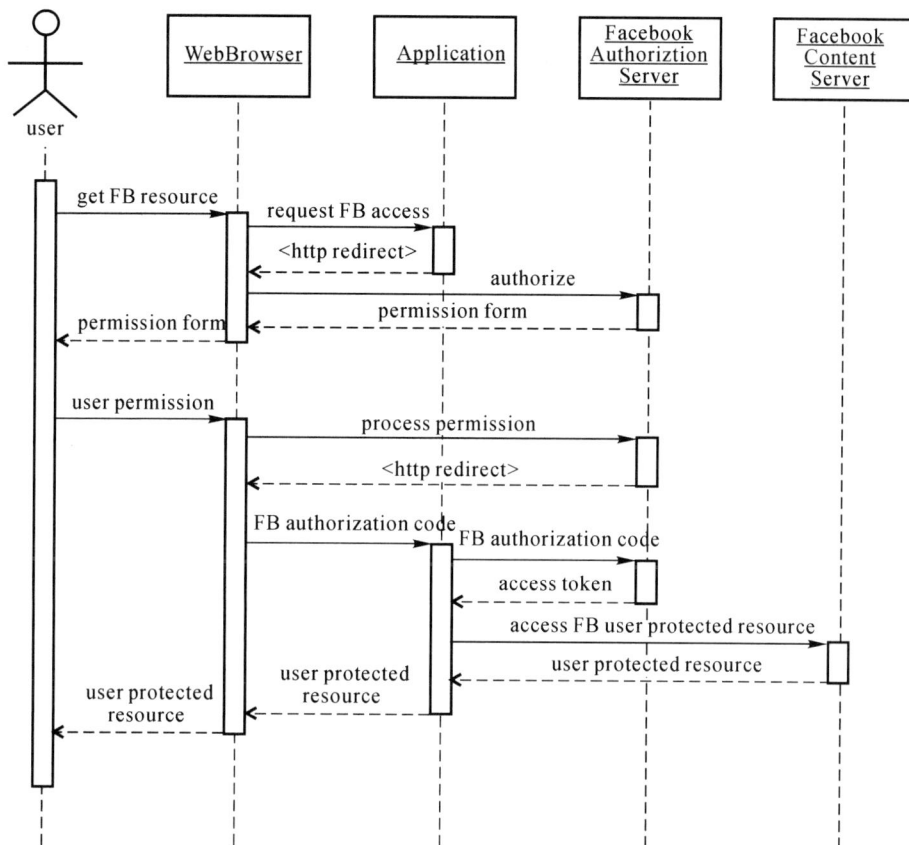

图 2-39　访问 Facebook 用例的顺序图

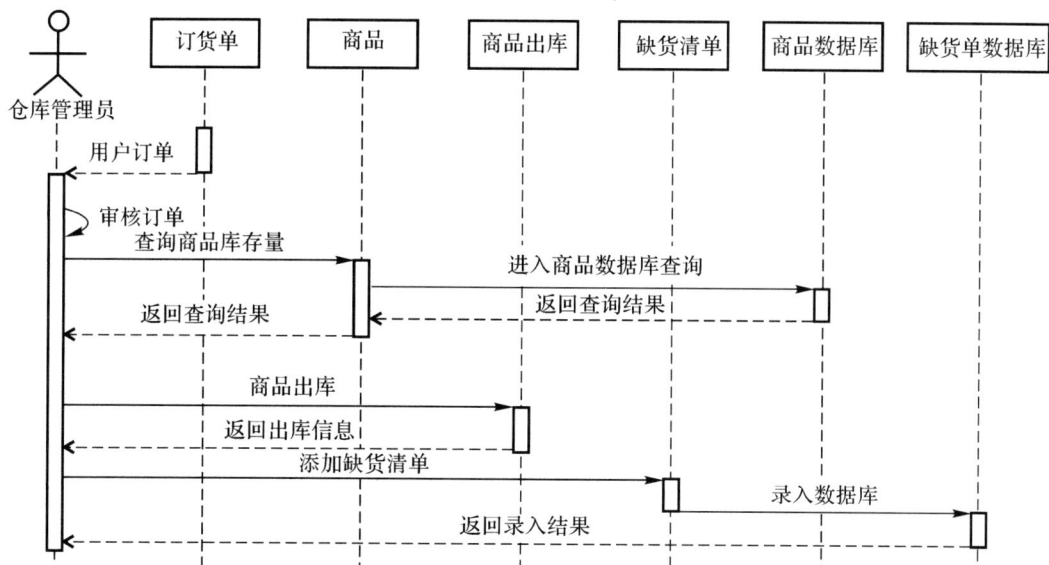

图 2-40　商品出库用例的顺序图

2. 状态图

状态图是描述对象状态转换的图形化表示方法。它由一组状态和它们之间的转换组成。在状态图中,对象在不同状态下具有不同的行为和属性。

状态图的绘制方法如下:

(1)符号:状态图中的主要元素包括状态、转换和事件。状态用圆角矩形表示,转换用箭头表示,事件可以用标签标注在箭头上。

(2)画法:首先确定系统中的状态,每个状态都用一个圆角矩形表示,然后根据系统的行为,画出状态之间的转换,用箭头表示从一个状态到另一个状态的转换。在箭头上标注事件,这些事件可以是外部输入、系统内部状态变化或其他触发条件。

图 2-41 为图书借阅归还用例的状态图。系统根据当前的借阅状态和触发事件,来判断下一步是否需要续借和支付罚金,最终完成图书归还的任务。此外,本书 2.3.3 节中行为建模也介绍了状态图的绘制方法,可供读者参考。

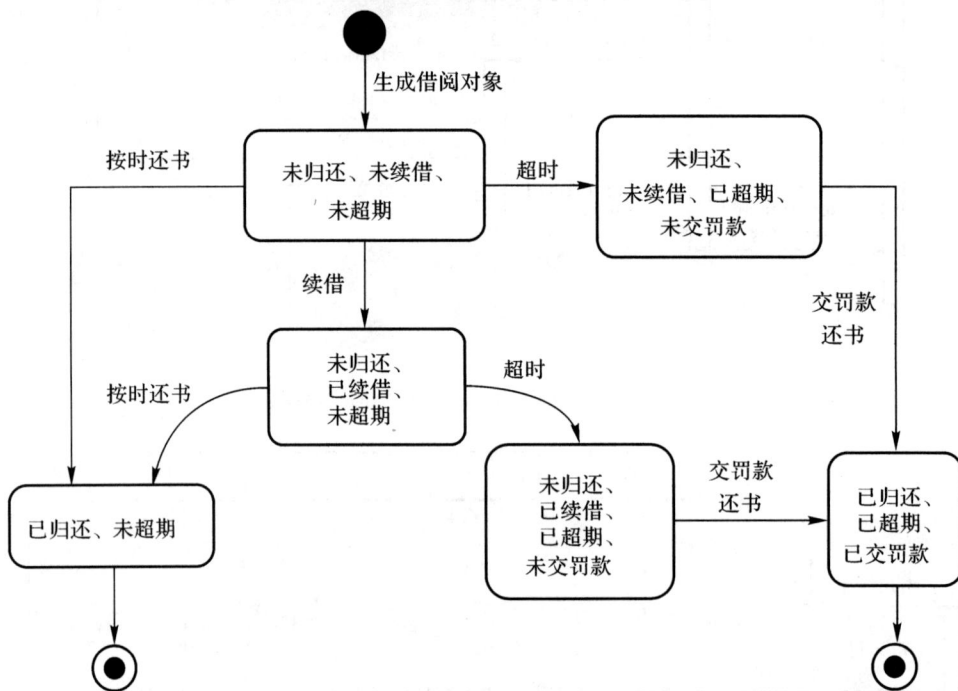

图 2-41 图书借阅归还用例的状态图

3. 活动图

活动图是描述系统或对象的活动流程的图形化表示方法。活动图是状态图的一种特殊形式,它由一组活动和它们之间的转换组成,描述了从活动到活动的转换流。它可以描述采取何种动作,动作的结果是什么,在何时、何处发生。在活动图中,活动可以是顺序执行的,也可以是并发执行的。活动图通常用于表示系统中的控制流,包括任务、决策点、并行行为等。

活动图的绘制方法如下：

(1)符号：活动图的基本符号如图 2-42 所示，其主要元素包括起点、终点、动作、转移、决策、同步棒和泳道等。动作用圆角矩形表示，转移用箭头表示，决策判断用菱形表示，同步棒用实心矩形条表示，泳道通过分隔线矩形表示。

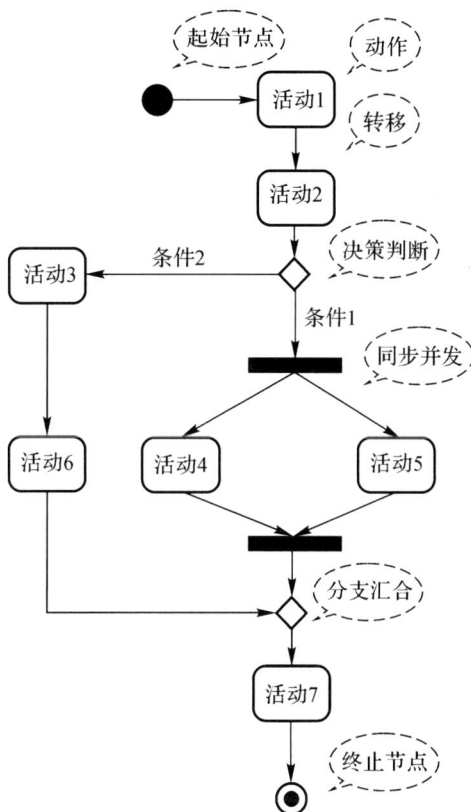

图 2-42　活动图的基本符号

(2)画法：首先，确定系统中的主要活动或操作，每个活动都用一个圆角矩形表示。其次，根据活动的流程，画出转移箭头，从一个活动到另一个活动。对于无触发转换，一旦前一个活动结束马上转到下一个活动，在需要判断的情况下，使用菱形表示判断点。最后，如果有多个活动需要同时进行或并行执行，那么使用同步棒表示分叉点与汇合点。其中，分叉可以用来描述并发线程，每个分叉可以有一个输入转换和两个或多个输出转换，每个转换都可以是独立的控制流。汇合代表两个或多个并发控制流同步发生，当所有的控制流都到达汇合点后，控制才能继续往下进行。

活动图的菱形节点和同步条代表了不同的概念。菱形节点是一个决策点或者合并点。作为决策点时，菱形有一个入口和多个出口，每个出口都带有一个条件。根据实际业务规则或流程状态，只能选择一个出口路径继续执行。作为合并点时，菱形有多个入口，但只有一个出口，当所有入口的控制流都到达此点时，不同流程路径在此处汇合并继续共同进行后续操作。而同步棒主要用来描述并发活动之间的同步关系，不涉及决策或条件判断，主要用于建模并发行为中的同步约束,确保并发启动的任务在某个点上达到一致性或同时完成。

图 2-43 描述了外卖点单系统用例的活动图。其中,送货单生成和支付流程可以并行执行,但只有支付完成后才能进入配送阶段。支付之前,用户也可以选择取消订单,提前终止。在所有商品都配送完成后,本次外卖点单完成。

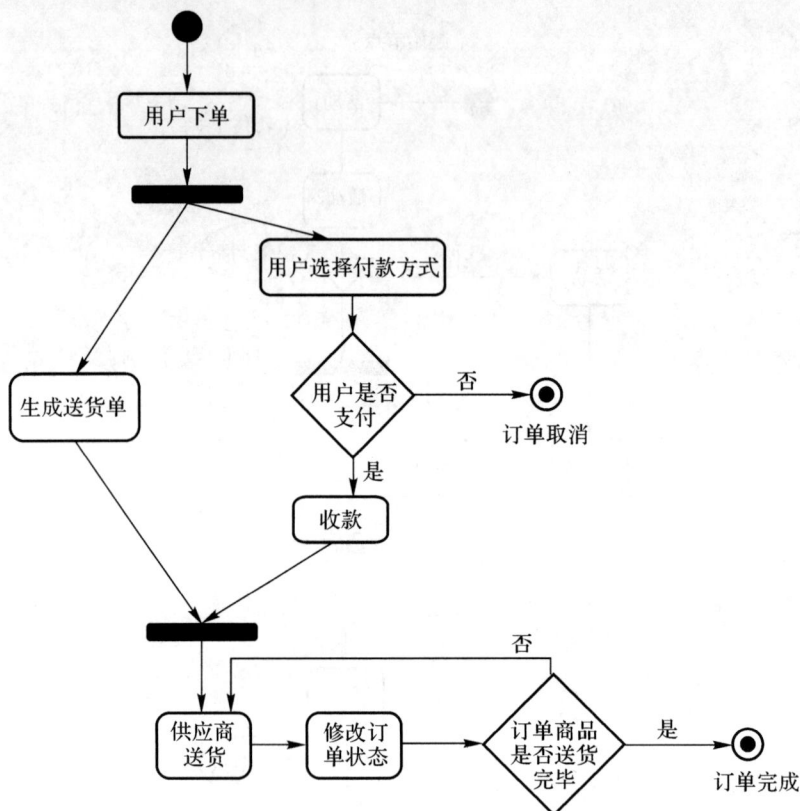

图 2-43 外卖订单系统用例的活动图

此外,还可以使用垂直实线将活动图划分为多条泳道。泳道的使用能够起到如下效果:

(1)分隔活动:泳道可以将活动图中的活动分隔开,使得不同实体或角色的活动清晰可辨,有助于观察哪些活动是由哪些实体执行的,以及这些活动是如何相互关联的。

(2)明确责任:通过泳道,可以明确每个实体或角色在业务流程中的职责和角色,有助于在软件开发过程中进行任务分配和职责划分。

(3)支持并行处理:泳道可以表示并行处理的行为,即多个实体或角色可以同时执行不同的活动。这对于描述涉及多个并发任务或并行处理的业务流程非常有用。

(4)提高可读性:使用泳道可以使活动图更加清晰和易于理解。将活动分组并标识出每个实体或角色的责任,能方便快速地理解业务流程的全貌。

如图 2-44 所示,泳道将借书用例的活动图划分为 3 个部分,分别对应用户交互接口、借书业务逻辑接口和数据库维护接口。这样划分对后续业务理解、责任划分及并行开发都起到了促进作用。

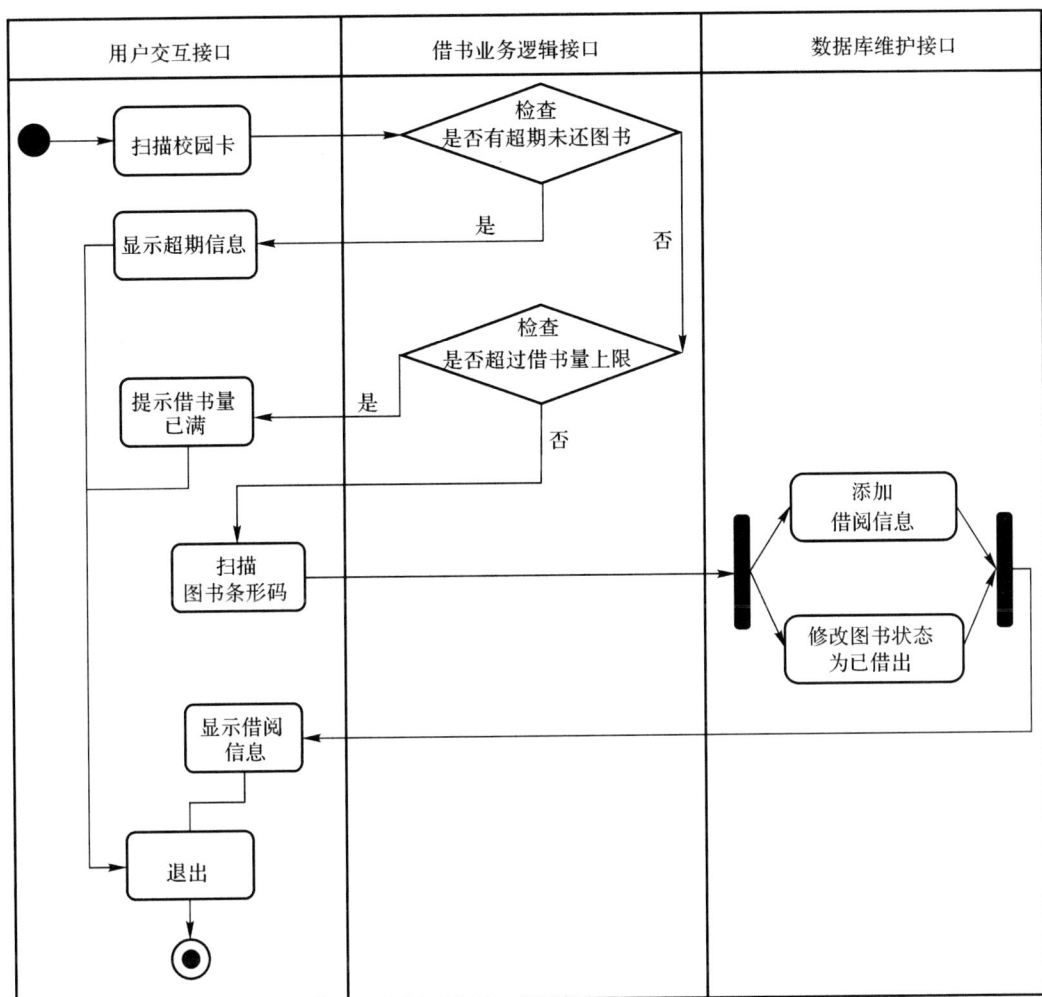

图 2-44 泳道将借书用例的活动图划分为 3 个部分

以上动态建模方法可以帮助软件开发团队更直观地理解和描述系统的动态行为和交互过程。在实际应用中,可根据具体需求选择合适的图形工具来辅助设计和开发工作。

2.6 面向对象分析案例

本节以航空公司机票预订系统为例建立用例模型。

2.6.1 确定业务参与者

参与者包括航空公司管理员和旅客两类用户,航空公司机票预订系统的功能结构图如图 2-45 所示。根据图 2-45 的分析,从参与者的角度可以得出以下用例。

航空公司管理员的用例包括航班及机票信息的维护、设置退票规则和航司查询等。

旅客的用例包括旅客信息维护、同乘人员的管理、订票、退票、取票以及旅客的查询等。

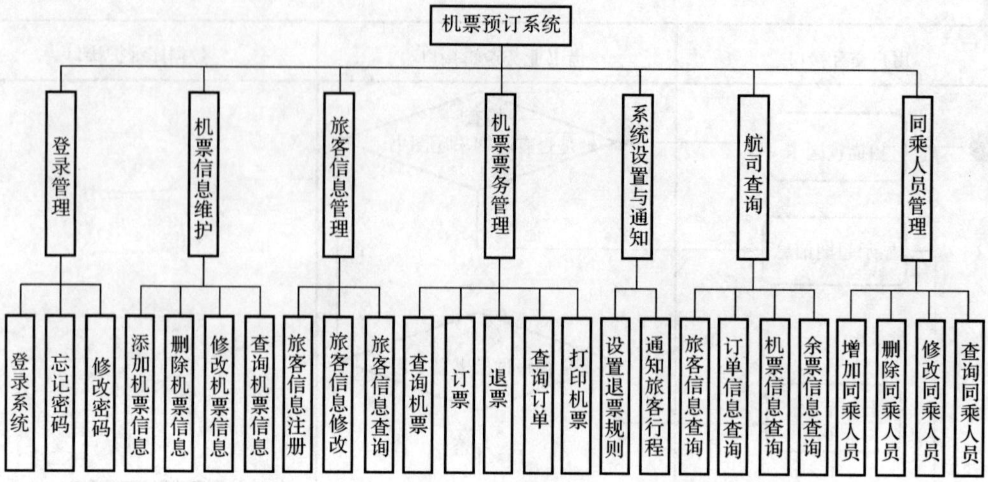

图 2-45　航空公司机票预订系统的功能结构图

这些用例图可分成 3 个部分,分别是航空公司管理员的用例图(见图 2-46)、旅客的个人信息维护、旅客的订票、取票和退票用例图和查询用例图(见图 2-47)。

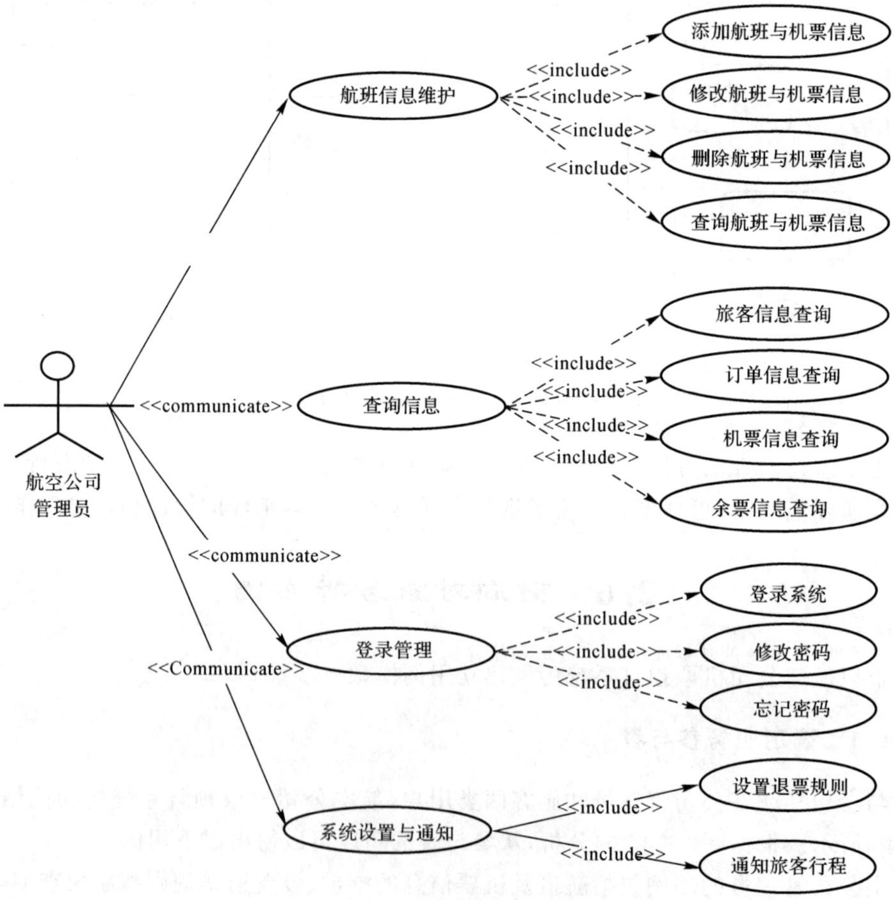

图 2-46　航空公司管理员的用例图

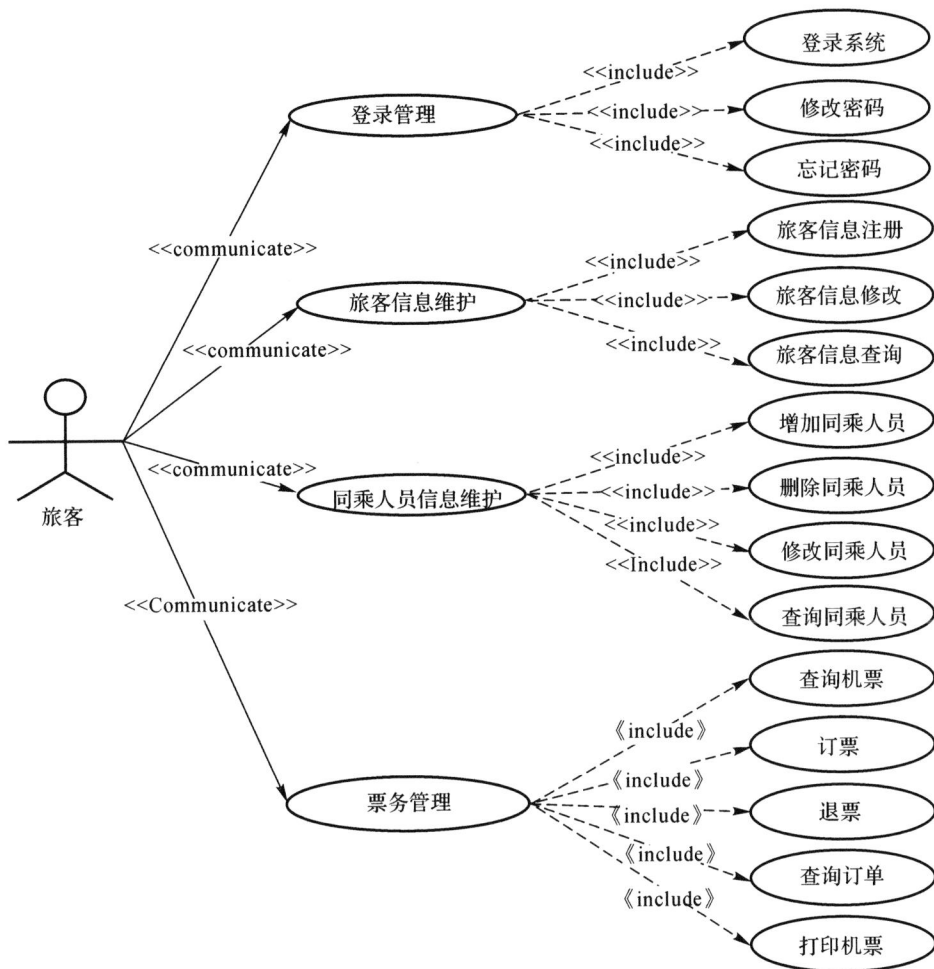

图 2-47　航空公司旅客的用例图

　　对于每个用例,提供完整的描述,包括用例的规格,在文本中只提供了"订票""取票""查询""退票"用例的规格说明,具体内容可参考表 2-8～表 2-11。这些规格说明是从旅客的角度进行描述的。

表 2-8　旅客订票的用例规格说明表

名称:旅客订票	参与者:旅客

1. 前置条件:在系统的数据库中存在航班和旅客的相关信息。

2. 后置条件:在此用例成功执行的情况下,系统将进行一系列关键操作。系统首先在订单列表中创建并添加一个新订单,该订单代表了旅客的订票请求。在该订单支付完成后,系统会在机票列表中生成与订单相对应的新的机票,将其关联到相应的订单,并为旅客提供电子机票的信息。同时,系统会对订单中的相应的航班的余票数量按照实际所订机票数量进行减少,以反映旅客已成功预订了机票。然而,如果此用例执行失败,那么系统将会保持当前状态,不会进行任何上述操作。这意味着订单、机票和余票数量将保持不变,系统不会产生任何新的记录或变化。成功执行与失败执行之间的区别在于,旅客是否成功完成了整个订票和支付流程

续表

名称:旅客订票	参与者:旅客

3. 主要事件流程:

(1)当旅客点击某日期和舱位的航班机票后,选择"订票"按钮,用例开始。

(2)系统生成一个订单,此时订单状态为未支付。系统同时减少该航班机票的余票数量,并要求旅客进行支付。

(3)旅客点击"付款"按钮,开始支付过程。

(4)支付完成后,系统将订单状态修改为已支付,并生成机票。

(5)系统向旅客发送订票成功通知,确认订票成功。

4. 备选事件流程:

(1)如果系统生成订单后,旅客未立即支付,那么订单状态将保持为未支付,超出支付期限而仍未支付,增加航班的余票数量,用例临时结束。

(2)如果系统生成订单后,旅客未立即支付,而后在系统中选择"取消订单"按钮,那么系统将订单状态改为已取消,并增加航班的余票数量,用例结束。

(3)如果旅客在支付过程中遇到支付失败的情况,那么系统会提示"系统操作失败,请稍后再试!"用例结束。

(4)如果系统无法成功更新数据库,那么系统会提示"系统操作失败,请稍后再试!"用例结束

表 2 - 9　旅客取票的用例规格说明表

名称:旅客取票	参与者:旅客

1. 前置条件:在系统的数据库中存在有效的订单信息和机票信息。

2. 后置条件:在此用例成功执行的情况下,系统将生成一张有效的电子机票并将其传递给打印机,准备打印。然后,系统会通知旅客机票已准备好,并等待打印机完成打印。如果此用例执行失败,那么系统将维持当前状态,不进行任何打印操作,并通知旅客打印失败。

3. 主要事件流程:

(1)旅客登录系统并选择需要打印的订单,点击"打印机票"按钮,用例开始。

(2)系统验证订单的有效性,确认订单状态为已支付且尚未打印机票。

(3)系统生成电子机票,将其传递给连接的打印机,准备打印。

(4)打印机接收到机票数据并开始打印。

(5)打印完成后,系统通知旅客机票已准备好。

(6)旅客前往打印机并收取打印好的机票。

4. 备选事件流程:

(1)如果系统验证订单无效(例如,未支付、已取消或不存在)或机票状态为已打印,那么系统将通知旅客订单不符合打印条件,用例结束。

(2)如果打印机遇到故障或无法正常打印,那么系统将通知旅客打印失败,用例结束。

(3)如果打印机票的过程中出现意外错误,那么系统将通知旅客打印失败,并可能提供重新打印选项,用例结束

表 2 - 10　旅客查询订单的用例规格说明表

名称:旅客查询订单	参与者:旅客

1. 前置条件:旅客必须已登录到系统,并且知道订单号或提供相关的查询信息。

续 表

名称:旅客查询订单	参与者:旅客

2. 后置条件:在此用例成功执行的情况下,系统将返回与查询信息匹配的订单详情。如果查询失败或找不到匹配的订单,那么系统将提供相应的通知。

3. 主要事件流程(Web 端):

(1)旅客打开 Web 端应用并登录。

(2)旅客导航到"订单查询"页面。

(3)旅客输入订单号或相关的查询信息(例如,旅行日期、出发地、目的地等)。

(4)系统验证查询信息的有效性,并在数据库中查找匹配的订单。

(5)如果找到匹配的订单,那么系统将显示订单的详细信息(包括航班信息、乘客信息、状态等)。

(6)旅客可以选择打印机票、查看支付状态或执行其他相关操作。

(7)用例结束。

4. 主要事件流程(移动端):

(1)旅客打开移动端应用并登录。

(2)旅客在应用菜单中选择"订单查询"选项。

(3)旅客输入订单号或相关的查询信息。

(4)系统验证查询信息的有效性,并在数据库中查找匹配的订单。

(5)如果找到匹配的订单,系统将在移动端应用上显示订单的详细信息。

(6)旅客可以查看订单的支付状态、联系客服或执行其他相关操作。

(7)用例结束。

5. 备选事件流程:

(1)如果系统验证查询信息无效或不完整,那么系统将提示旅客提供有效的查询信息。

(2)如果系统在数据库中找不到匹配的订单,那么系统将通知旅客未找到匹配的订单。

这个用例描述了旅客如何在 Web 端和移动端应用上查询订单。用户可以输入订单号或其他相关信息来查找订单,并查看订单的详细信息。备选事件流程考虑了输入无效信息或未找到匹配订单的情况,并提供相应的反馈

表 2-11　旅客退票的用例规格说明表

名称:旅客退票	参与者:旅客或航空公司管理员

1. 前置条件:系统数据库中已存在旅客的订单和机票信息。

2. 后置条件:如果此用例成功执行,那么订单状态将更新为已退款,机票状态将更新为已退票,航班的余票数量将增加 1。如果执行失败,那么系统将维持原有状态。

3. 主要事件流程:

(1)当旅客选择申请退票时,启动此用例。

(2)系统进行退票审核,如果距离航班起飞不足一天或购票享有 5 折及更低的折扣,那么不能继续退票流程。

(3)系统根据距离航班起飞的天数和购票时的折扣计算退款金额。

(4)系统显示计算出的退款金额,并询问旅客是否确定继续退票流程。

(5)旅客确认后,系统与第三方支付机构联系进行退款,并告知预计到账时间。

(6)系统更新订单状态为已退款,机票状态为已退票,并将退票航班机票的余票数量加 1

续表

名称：旅客退票	参与者：旅客或航空公司管理员

(7)系统提示退票成功，并向旅客发送退票成功通知。

4. 备用事件流程：

(1)如果系统的退票审核失败，那么无法继续退票流程，用例结束。

(2)如果系统显示退款金额后，旅客取消退票操作，那么用例结束。

(3)如果系统联系第三方支付机构进行退款失败，那么系统将提示"系统操作失败，请稍后再试！"用例结束。

(4)如果系统无法成功更新数据库，那么系统将提示"系统操作失败，请稍后再试！"用例结束

2.6.2 建立订票系统的对象模型

航空公司机票预订系统需要建立一个对象模型，即类图，以便更好地理解系统的组成和交互。鉴于问题的规模，不需要对系统进行主题分割。根据问题领域和前面的用例模型，可以分析出航空公司机票预订系统的各个类和对象，主要包括旅客、航班、航班票务、订单和机票。这些类之间的关系将有助于系统的设计和实现。

每个航班都提供多种不同座位类型的机票，这意味着存在多个航班票务对象。每个旅客根据个人需求在不同的座位类型中进行选择和订购机票。每个订单的生成都会相应地产生一张机票，并与系统中的其他相关对象建立关联。如表2-12所示，旅客需要使用身份证号进行注册，航班票务中的不同座位类型可能会对应不同的票价。订单的状态包括未付款、已付款、已取消、已退款和已完成5种，而机票则包括未取票、已取票、已退票、未完成和已完成等多种状态。

表2-12　航空公司机票预定系统类与对象的属性表

类与对象	属性
旅客	身份证号、账号、密码、姓名、出生日期、性别
航班	航班号、起飞站、起飞时间、到达站、到达时间、登机时间、登机口
机票	订单号、座位号、机票状态
订单	订单号、旅客身份证号、订单总金额、订单时间、订单状态
订单明细	订单号、乘客身份证号、航班号、日期、舱位、折扣、价格
航班机票	航班号、日期、舱位、票价、余票
同乘人员	旅客身份证号、同乘人身份证号、姓名、性别、电话

相似地，过程中涉及的各种对象的操作也可以根据问题域和前面的用例模型进行明确确定，如表2-13所示。

表2-13　航空公司机票预定系统类与对象的操作表

类与对象	操作
旅客	个人信息的注册、修改和查询

续表

类与对象	操作
航班	航班信息的添加、删除、修改和查询,包括航班号、起飞站、起飞时间、到达站等
机票	机票信息的添加、修改、查询和打印,包括订单号、座位号、机票状态等
订单	订单的添加、取消、退订和查询,包括订单号、旅客身份证号、订单总金额、订单时间等
订单明细	订单明细的添加、取消、退订和查询,包括订单号、乘客身份证号、航班号、日期等
航班机票	航班机票的添加、修改、删除和查询,包括航班号、日期、舱位、票价、余票
同乘人员	旅客对同乘人员信息的添加、删除、修改和查询

绘制航空公司机票预订系统的对象模型,即类图,如图 2－48 所示。

在图 2－48 中,初步确定了属性的数据类型。这个对象模型将帮助人们更好地理解系统的组成和数据结构。

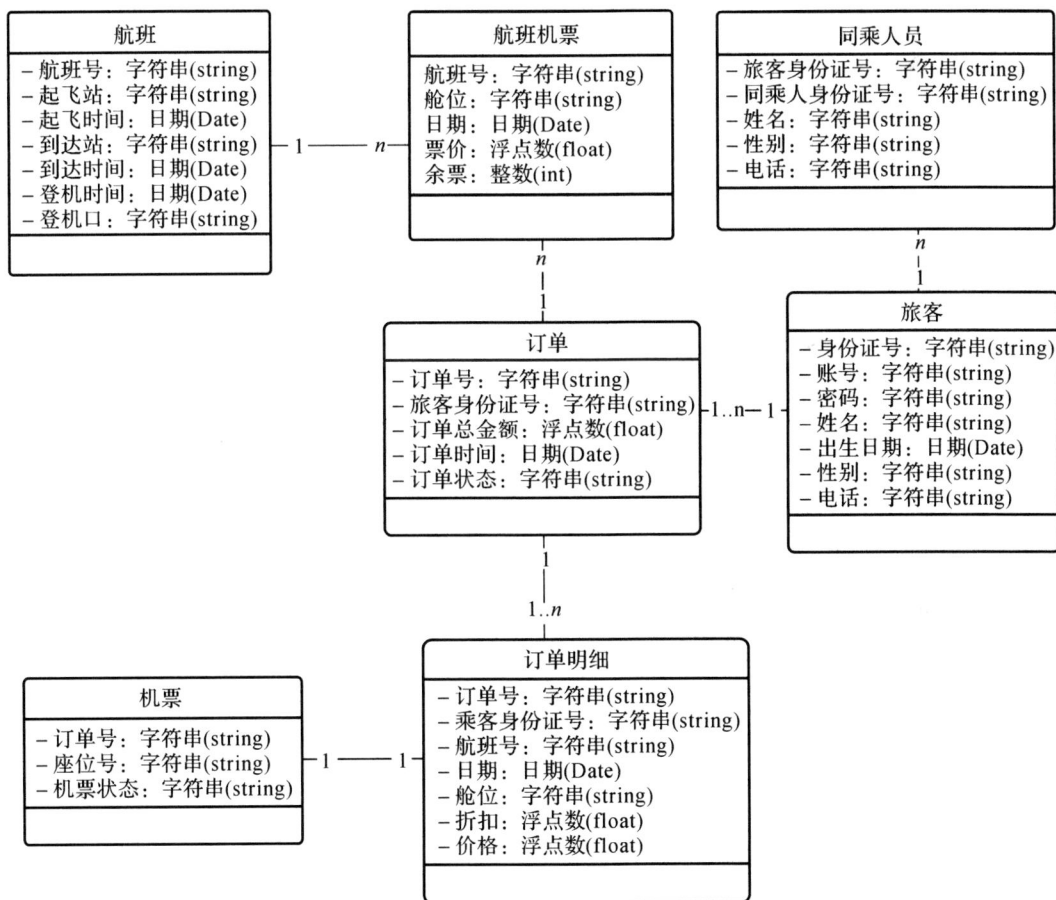

图 2－48　航空公司机票预定系统的 UML 类图

2.6.3 建立航空公司机票预定系统的交互模型

1. 顺序图

在航空公司机票预订系统中,订票和退票功能相对比较复杂,而其他各种功能则相对简单。因此,将重点关注这 3 个用例的顺序图。订票用例的顺序图如图 2-49 所示,它展示了订票过程中各个步骤的顺序和交互。

图 2-49 中所有对象的名称和信息都采用了中文,旨在使读者更容易理解。然而,在后续的分析过程中,应将对象名称和消息改为英文,以保持与对象模型中类和对象的一致性,并与类中定义的方法名称相匹配。

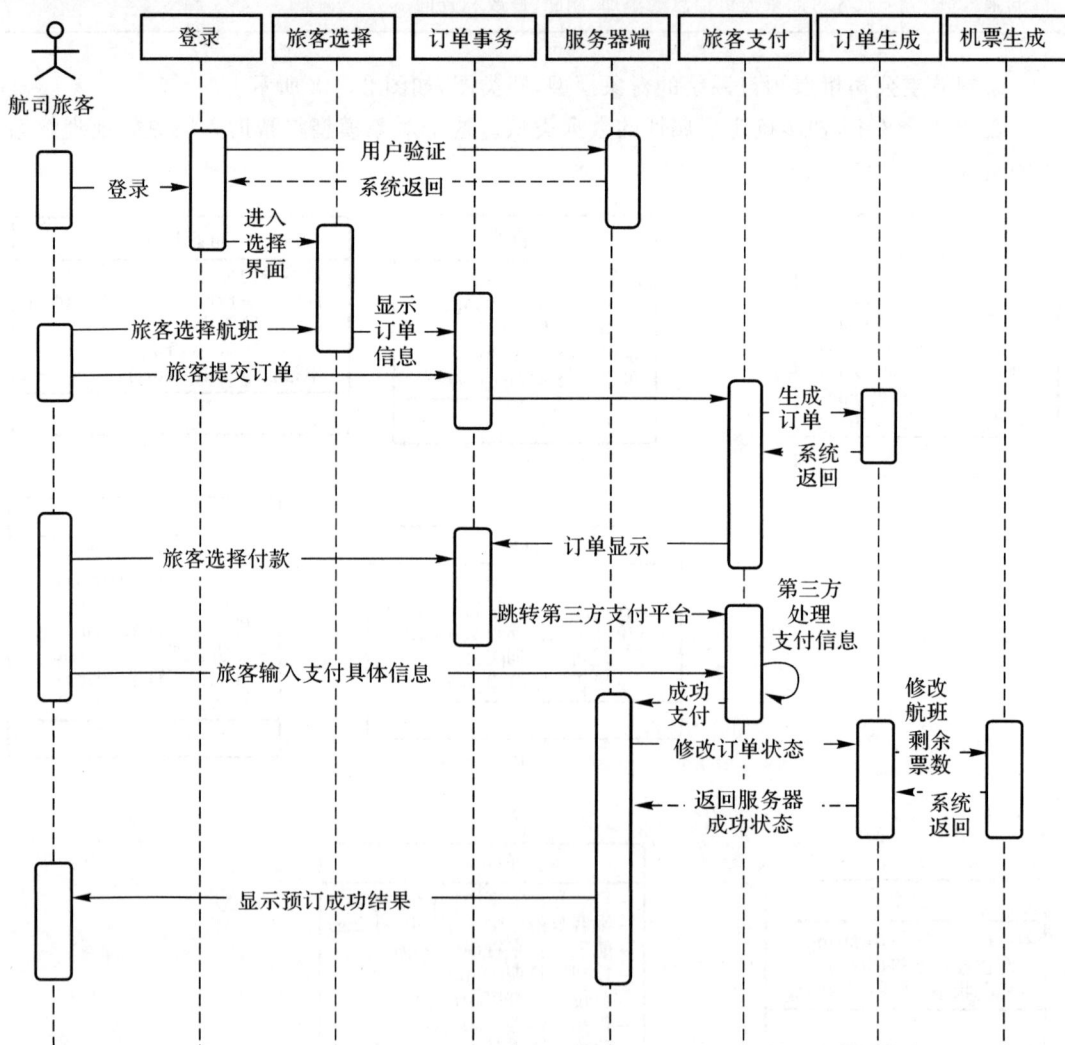

图 2-49 订票用例的顺序图

取票用例的顺序图如图 2-50 所示。

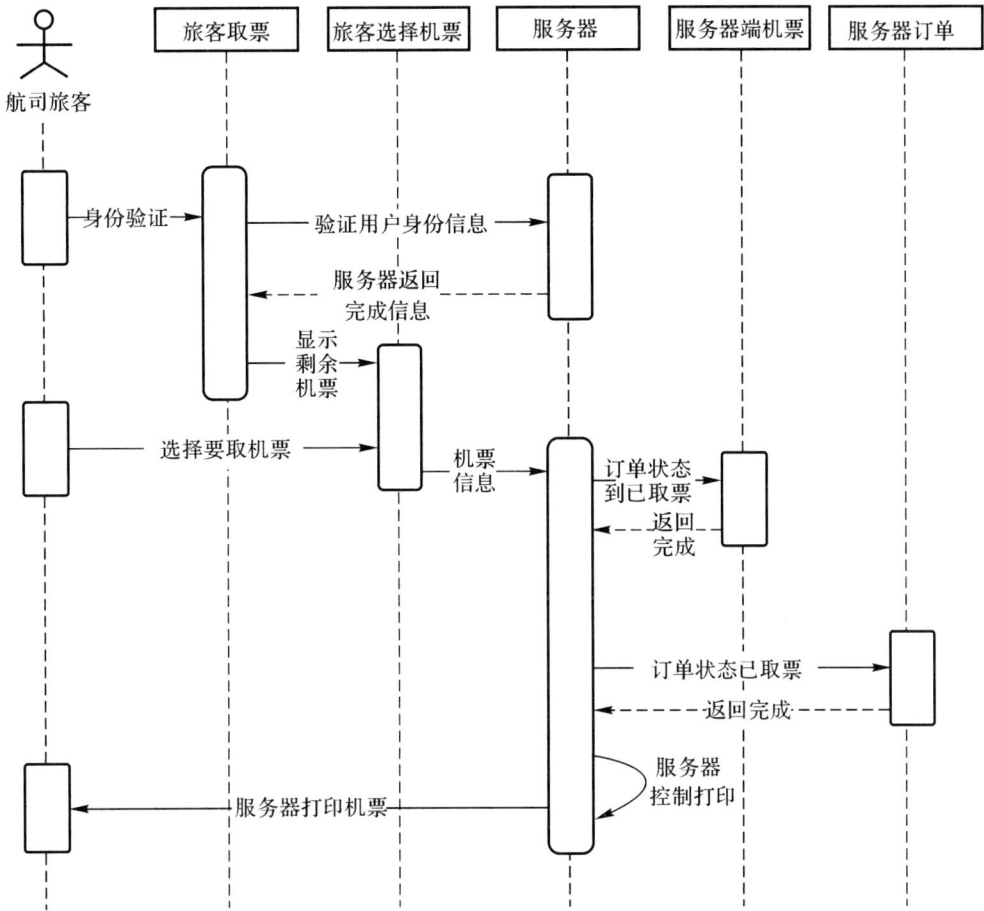

图 2 - 50　取票用例的顺序图

在退票用例的顺序图中,只绘制了旅客作为参与者,没有包括航空公司管理员,如图 2 - 51 所示。

2. 状态图

在航空公司机票预订系统中,订单类的对象具有明显的状态特征,共包括 5 种状态,即未付款、已付款、已取消、已退款和已完成。订单类对象的状态图如图 2 - 52 所示。

另外,机票对象具有 3 种状态,即未取票、已取票和已退票。航空公司机票的状态图如图 2 - 53 所示。这些状态图可以帮助人们更好地理解订单和机票对象在系统中的状态变化和生命周期。

3. 活动图

在航空公司机票预定系统中,订票、取票和退票用例具有一定的复杂性,因此绘制活动图有助于更清晰地展示软件设计中的流程和交互。这些活动图可以帮助开发人员更好地理解系统的操作和用户交互,从而更有效地进行软件设计。

航空公司旅客订票用例的活动图如图 2 - 54 所示。

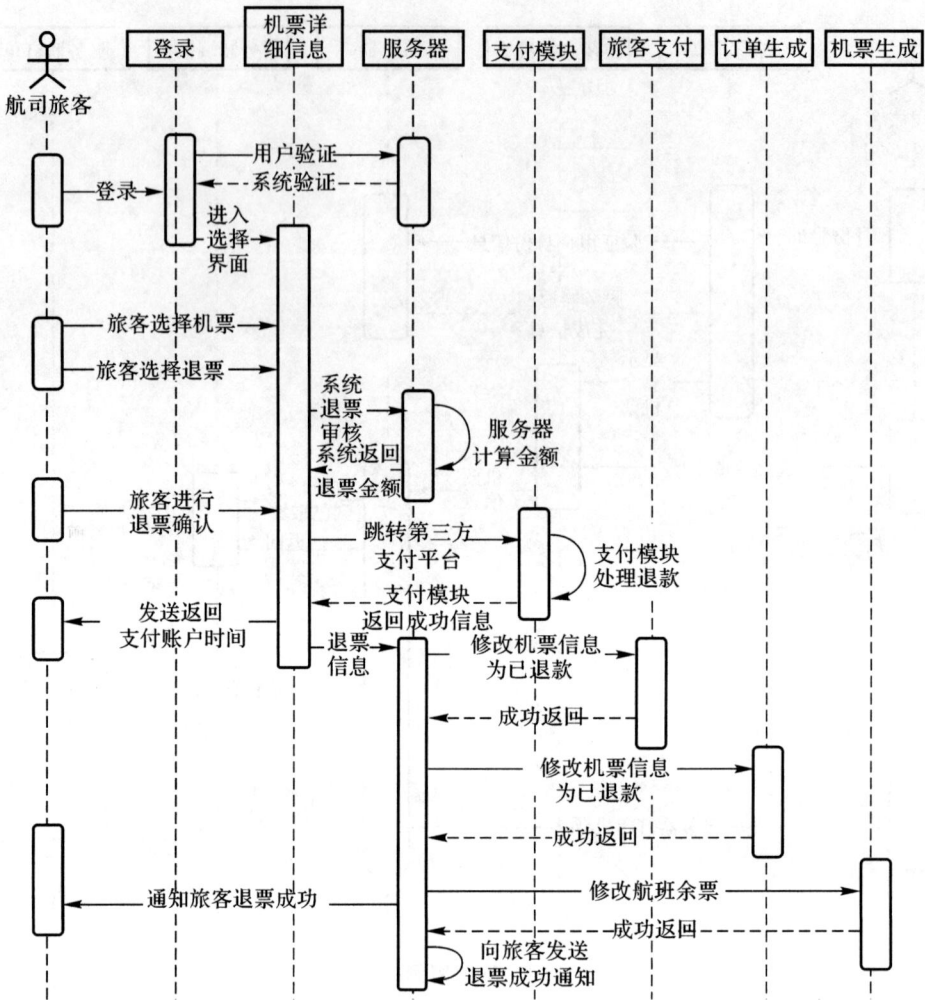

图 2-51 退票用例的顺序图

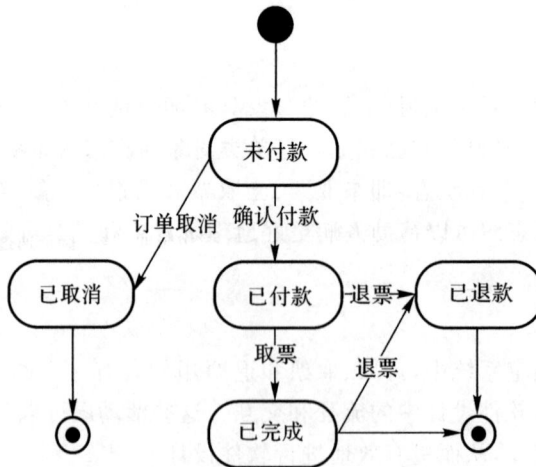

图 2-52 订单的状态图

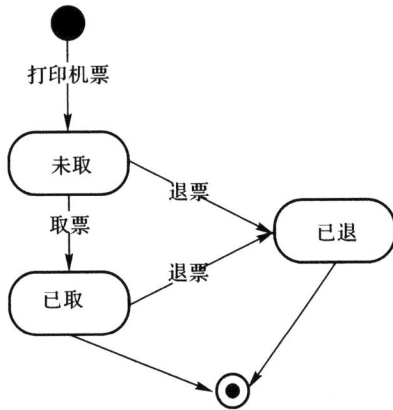

图 2-53　航空公司机票的状态图

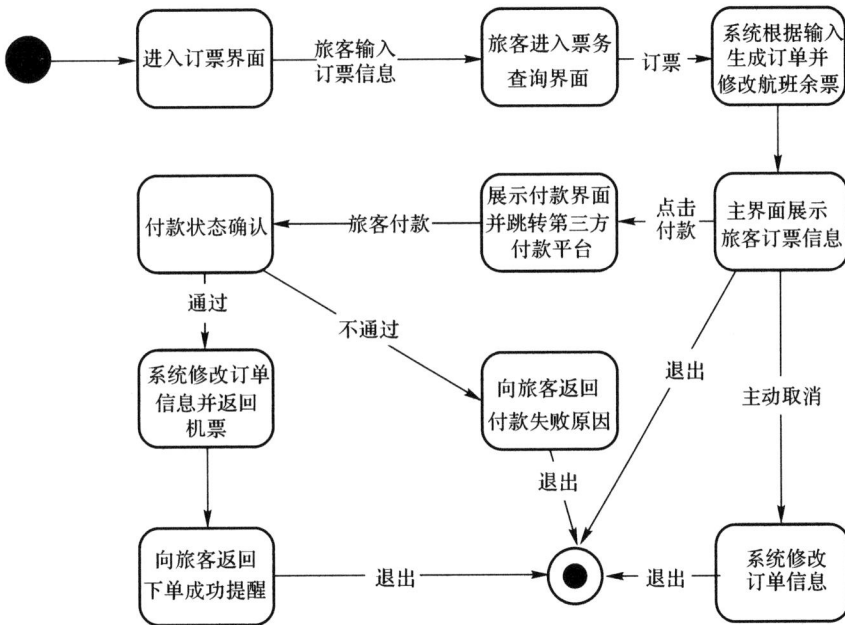

图 2-54　航空公司旅客订票用例的活动图

航空公司的旅客取票用例活动图如图 2-55 所示。

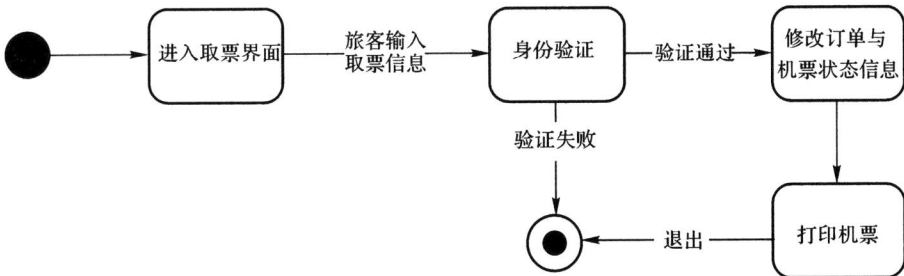

图 2-55　航空公司的旅客取票用例活动图

航空公司旅客退票用例的活动图如图 2-56 所示。

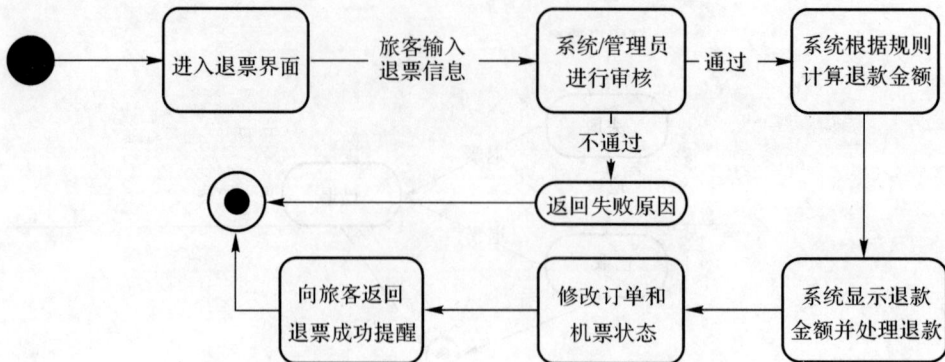

图 2-56　航空公司旅客退票用例的活动图

本节深入研究了面向对象的需求分析方法,全面展示了其在项目案例"航空公司机票预定系统"中的应用。该方法包括功能建模,使用用例图来明确系统的功能需求;对象建模,通过类图来定义系统中的对象和它们之间的关系;动态模型,包括顺序图、状态图和活动图,用于展示系统的行为和交互方式。

与传统的结构化需求分析方法相比,面向对象的需求分析方法更贴近人的思维方式,它能够以直观的方式呈现用例图、类图、顺序图、状态图和活动图,特别适用于需要强调人机交互的系统。这种方法的优势在于它能够更好地满足用户需求和期望。此外,面向对象的需求分析不仅可以在需求分析阶段使用,还可以与软件设计建模相结合,使软件开发过程更加连贯和迭代。这种集成方法有助于及早发现开发过程中可能出现的错误、冗余或遗漏。

最后,在面向对象的需求分析阶段,编写需求规格说明文档非常重要。这个文档不仅可供后续各个阶段参考,还为开发人员之间以及开发人员与用户之间的交流和讨论提供了重要依据。清晰的需求规格说明,可以确保项目的顺利推进和最终成功交付。

2.7　软件需求规格说明

软件需求规格(Software Requirement Specification,SRS)详细描述了软件系统的功能、性能、接口、数据管理等方面的需求。软件需求规格的主要目的是为软件开发团队提供一个明确、具体的开发指导,确保开发出的软件系统能够满足用户的需求。

软件需求规格通常包括以下内容:

(1)引言:简要介绍软件系统的背景、目的和范围。

(2)总体描述:概述软件系统的整体结构和功能。

(3)功能需求:详细描述软件系统需要实现的功能,包括输入、输出、处理过程等。

(4)非功能需求:描述软件系统的性能、可用性、安全性等方面的要求。

(5)数据需求:描述软件系统需要处理的数据类型、数据来源、数据存储和管理等方面的要求。

(6)接口需求:描述软件系统与其他系统或组件之间的接口要求,包括用户接口、硬件接口、软件接口和通信接口等。

(7)约束和限制条件:描述技术、商业、法律等方面的约束和限制条件。

(8)假设和依赖性:描述软件开发过程中可能存在的假设和依赖性。

(9)接口需求变更管理计划:描述接口需求变更的管理流程和审批机制。

(10)测试计划和质量保证措施:描述测试计划和方法,以及质量保证措施和标准。

(11)数据管理和报告要求:描述数据管理的要求和策略,以及报告的格式和内容。

软件需求规格是软件开发过程中的重要文档之一,它为软件开发团队提供了明确的开发指导,确保开发出的软件系统能够满足用户的需求。同时,它也是项目评估、风险评估和测试的重要依据。

一般来说,软件需求规格说明书的格式可以根据项目的具体情况有所变化,没有统一的标准。更详细的内容可参见国家标准计算机软件需求规格说明规范(GB/T 9385—2008)。下面提供了一个软件需求规格说明书模板,可供参考。

1. 概述

本文档是进行项目策划、概要设计和详细设计的基础,也是软件企业测试部门进行内部验收测试的依据。

1.1　用户简介

列出本软件的最终用户的特点,充分说明操作人员、维护人员的教育水平和技术专长,以及本软件的预期使用频度。这些是软件设计工作的重要约束。

1.2　项目的目的与目标

项目的目的是对开发本系统的意图的总概括。

项目的目标是将目的细化后的具体描述。项目目标应是明确的、可度量的、可以达到的,项目的范围应能确保项目的目标可以达到。

对于项目的目标可以逐步细化,以便与系统的需求建立对应关系,检查系统的功能是否覆盖了系统的目标。

1.3　术语定义

列出本文件中用到的专门术语的定义和外文首字母缩写词的原词组。

1.4　参考资料

列出相关的参考资料,例如:

(1)本项目的经核准的计划任务书或合同及上级机关的批文;

(2)本项目的其他已公布的文件;

(3)本文件中各处引用的文件和资料,包括所要用到的软件开发标准。

列出这些文件资料的标题、文件编号、发表日期和出版单位,说明得到这些文件资料的来源。

1.5　相关文档

(1)项目开发计划。

(2)概要设计说明书。

(3)详细设计说明书。

1.6　版本更新

信息版本更新记录格式如表1所示。

表 1 版本更新记录表

版本号	创建者	创建日期	维护者	维护日期	维护记录
V1.0	张三	2016/09/03	—	—	—
V1.0.1	—	—	李四	2016/09/16	业务模型维护

2. 目标系统描述

2.1 组织结构与职责

将目标系统的组织结构逐层详细描述,建议采用树状组织结构图进行表达,对每个部门的职责也应进行简单的描述。组织结构是用户企业业务流程与信息的载体,对分析人员理解企业的业务、确定系统范围很有帮助。取得用户的组织结构,是需求获取步骤中的工作任务之一

2.2 角色定义

用户环境中的企业角色和组织机构一样,也是分析人员理解企业业务的基础,是需求获取的工作任务,同时也是分析人员提取对象的基础。对每个角色的授权可以进行详细的描述,建议采用表格的形式,如表2所示。对用户角色的识别也包括使用了计算机系统后的系统管理人员。

表 2 角色定义表

编号	角色	所在部门	职责	相关的业务
1005	采购员	业务部	商品采购、合同签订、供应商选择	进货、合同管理

2.3 作业流程或业务模型

目标系统的作业流程是对现有系统作业流程的重组、优化与改进。企业的作业流程首先要有一个总的业务流程图,将企业中各种业务之间的关系描述出来,然后对每种业务进行详细的描述,使业务流程与部门职责结合起来。

详细业务流程图可以采用业务流程图、用例图或其他示意图的形式。

图形可以将流程描述得很清楚,但是还要附加一些文字说明,如关于业务发生的频率、意外事故的处理、高峰期的业务频率等,对不能在流程图中描述的内容需要用文字进行详细描述。

2.4 单据、账本和报表

在目标系统中,对用户将使用的正式单据、账本、报表等进行穷举、分类、归纳。单据、账本和报表是用户系统中信息的载体,是进行系统需求分析的基础,无论采用哪种分析方法,这都是必不可少的信息源。

2.4.1 单据

因为单据上的数据是原始数据,所以一种单据一般对应一个实体,一个实体一般对应一张基本表。单据的格式表如表3所示。

单据数据项的详细说明表如表4所示。

2.4.2 账本

因为账本上的数据是统计数据,所以一个账本一般对应一张中间表,账本的格式表格,如表5所示。

账本数据项的详细说明表如表 6 所示。

表 3　单据的格式表

单据名称	
用途	
使用单位	
制作单位	
频率	
高峰时数据流量	

表 4　单据数据项的详细说明表

数据项中文名	数据项英文名	数据项类型、长度、精度	数据项的取值范围	主键/外键

表 5　账本的格式表

账本名称	
用途	
使用单位	
制作单位	
频率	
高峰时数据流量	

表 6　账本数据项的详细说明表

序号	数据项中文名	数据项英文名	数据项类型、长度、精度	数据项算法
1				
2				
3				

2.4.3　报表

因为报表上的数据是统计数据,所以一个报表一般对应一张中间表,报表的格式表,如表 7 所示。

报表数据项的详细说明表如表 8 所示。

表 7　报表的描述格式表

报表名称	
用途	
使用单位	

续表

报表名称	
制作单位	
频率	
高峰时数据流量	

表 8　报表数据项的详细说明表

序号	数据项中文名	数据项英文名	数据项类型、长度、精度	数据项算法
1				
2				
3				

2.5　可能的变化

对于目标系统,将来可能会有哪些变化,需要在此描述。企业中的变化是永恒的,系统分析员需要描述哪些变化可能引起系统范围变更。

3.目标系统功能需求

功能需求描述:采用功能需求点列表或者用例模型的方式对目标系统的功能需求进行详细描述。功能需求描述可以供后续设计、编程、测试中使用,也可以在用户测试验收中使用。功能需求点列表的格式如表 9 所示。

表 9　功能需求点列表

编号	功能名称	使用部门	使用岗位	功能描述	输入	系统响应	输出
1							
2							
3							

4.目标系统性能需求

性能需求:描述详细列出用户性能需求点列表,供后续分析、设计、编程、测试中使用,更是为了用户测试验收中使用。性能需求点列表的格式如表 10 所示。

表 10　性能需求点列表

编号	性能名称	使用部门	使用岗位	性能描述	输入	系统响应	输出
1							
2							
3							

5.目标系统界面与接口需求

5.1　界面需求

界面需求的原则是方便、简洁、美观、一致等。需要对整个系统的界面风格进行定义,需要明确某些功能模块的特殊需求。界面需求的具体内容如下。

(1)输入设备:键盘、鼠标、条码扫描器、扫描仪等。

(2)输出设备:显示器、打印机、光盘刻录机、磁带机、音箱等。

(3)显示风格:图形界面、字符界面、界面等。

(4)显示方式:分辨率为 1 920×1 080 等。

(5)输出格式:显示布局、打印格式等。

5.2　接口需求点列表

(1)与其他系统的接口,如监控系统、控制系统、银行结算系统、税控系统、财务系统、政府网络系统及其他系统等。

(2)与系统特殊外设的接口,如 CT 机、磁共振、柜员机(ATM)、IC 卡、盘点机等。

(3)与中间件的接口,要列出接口规范、入口参数、出口参数、传输频率等。

应在此列举出所有的外部接口名称、接口标准、规范。外部接口需求点列表,如表 11 所示。

表 11　外部接口需求点列表

编号	接口名称者	接口规范	接口标准	入口参数	出口参数	传输频率
1						
2						
3						

6.目标系统其他需求

6.1　安全性

列出安全性需求。

6.2　可靠性

列出可靠性需求。

6.3　灵活性

列出灵活性需求。

6.4　特殊需求

列出其他特殊需求,例如以下需求。

(1)进度需求:系统的阶段进度要求。

(2)资金需求:投资额度。

(3)运行环境需求:平台、体系结构、设备要求。

(4)培训需求:用户对培训的需求,是否提供在线培训。

(5)推广需求:推广的要求,如在上百个远程的部门推广该系统,是否要有推广的多持软件。

7.目标系统假设与约束条件

假设与约束条件是对预计的系统风险的描述,例如:

(1)法律、法规和政策方面的限制。

(2)硬件、软件、运行环境和开发环境方面的条件和限制。

(3)可利用的信息和资源。

(4)系统投入使用的最晚时间。

2.8　软件需求规格文档

此处给出 GB 需求规格说明书模板。

1. 范围

1.1　标识

阐明本文档适用的系统和软件的完整标识。

1.2　系统概述

简述本文档适用的系统和软件的用途。

1.3　文档概述

概述本文档的用途和内容,并描述与其使用有关的保密性或私密性要求。

1.4　基线

说明编写本系统设计说明书所依据的设计基线。

2. 引用文件

应列出本文档引用的所有文档的编号、标题、修订版本和发行日期,也应标识不能通过正常的供货渠道获得的所有文档的来源。

3. 需求

3.1　所需的状态和方式

如果需要计算机软件配置项(CSCI)在多种状态和方式下运行,且不同状态和方式具有不同的需求的话,那么需要标识和定义每一状态和方式,如空闲、准备就绪、活动、事后分析、培训、降级、紧急情况和后备等。

3.2　需求概述

阐述目标、运行环境、用户的特点、关键点、约束条件

3.3　需求规格

描述软件系统、子系统的功能和对象结构

3.4　CSCI 能力需求

标识每一个 CSCI 能力,分条详细描述与 CSCI 每一能力相关联的需求。若该能力可以更清晰地分解成若干子能力,则应分条对子能力进行说明。对于每一类功能或者对于每一个功能,需要具体描写其输入、处理和输出的需求。

3.5　CSCI 外部接口需求

分条描述 CSCI 外部接口的需求,可引用一个或多个接口需求规格说明或包含这些需求的其他文档。

3.6　CSCI 内部接口需求

本条应指明 CSCI 内部接口的需求(如有的话)。如果所有内部接口都留待设计时决定,那么需在此说明这一事实。

3.7　CSCI 内部数据需求

本条应指明对 CSCI 内部数据的需求,(若有)包括对 CSCI 中数据库和数据文件的需求。

3.8　适应性需求

本条应指明要求 CSCI 提供的、依赖于安装的数据有关的需求和要求 CSCI 使用的、根据运

行需要进行变化的运行参数。

3.9　保密性需求

本条应描述有关防止对人员、财产、环境产生潜在的危险或把此类危险减少到最低的 CSCI 需求。

3.10　保密性和私密性需求

本条应指明保密性和私密性的 CSCI 需求。

3.11　CSCI 环境需求

本条应指明有关 CSCI 必须运行的环境的需求。

3.12　计算机资源需求

本条应分条描述计算机硬件需求、计算机硬件资源利用需求、计算机软件需求、计算机通信需求。

3.13　软件质量因素

本条应描述合同中标识的或从更高层次规格说明派生出来的对 CSCI 的软件质量方面的需求,包括有关 CSCI 的功能性、可靠性、可维护性、可用性、灵活性、可移植性、可重用性、可测试性、易用性以及其他属性的定量需求。

3.14　设计和实现的约束

本条应描述约束 CSCI 设计和实现的那些需求。这些需求可引用适当的标准和规范。

3.15　数据

说明本系统的输入、输出数据及数据管理能力方面的要求(处理量、数据量)。

3.16　操作

说明本系统在常规操作、特殊操作以及初始化操作、恢复操作等方面的要求。

3.17　故障处理

说明本系统在发生可能的软硬件故障时,对故障处理的要求。

3.18　算法说明

用于实施系统计算功能的公式和算法的描述。

3.19　有关人员需求

本条应描述与使用或支持 CSCI 的人员有关的需求,包括人员数量、技能等级、责任期、培训需求及其他的信息。

3.20　有关培训需求

本条应描述有关培训方面的 CSCI 需求,包括在 CSCI 中包含的培训软件。

3.21　有关后勤需求

本条应描述有关后勤方面的 CSCI 需求,包括系统维护、软件支持、系统运输方式、供应系统的需求,对现有设施的影响,对现有设备的影响。

3.22　其他需求

本条应描述在以上各条中没有涉及的其他 CSCI 需求。

3.23　包装需求

本条应描述需交付的 CSCI 在包装、加标签和处理方面的需求。

3.24　需求的优先次序和关键程度

本条应给出本规格说明中需求的,表明其相对重要程度的优先顺序、关键程度或赋予的权值。如果所有需求具有相同的权值,那么本条应如实陈述。

4. 合规性规定

本章定义一组合格性方法,对于第3章中每个需求,指定所使用的方法,以确保需求得到满足可以用表格形式表示该信息,也可以在第3章的每个需求中注明要使用的方法。合格性方法包括演示、测试、分析、审查、特殊的合格性方法。

5. 需求可追踪性

本章应包括:

(1)从本规格说明中每个CSCI的需求到其所涉及的系统(或子系统)需求的可追踪性。(该可追踪性也可以通过对第3章中的每个需求进行注释的方法加以描述);

(2)从分配到被本规格说明中的CSCI的每个系统(或子系统)需求到涉及它的CSCI需求的可追踪性。分配到CSCI的所有系统(或子系统)需求应加以说明。追踪到IRS中所包含的CSCI需求可引用IRS。

6. 尚未解决的问题

如需要,可说明软件需求中的尚未解决的遗留问题。

7. 注解

本章应包含有助于理解本文档的一般信息(如背景信息、词汇表、原理)。

2.9 需求规格说明示例

2.9.1 引言

2.9.1.1 编写目的

本文档的目的是详细介绍《基于Web的网上外卖发布与订单管理系统》的需求,以便客户能够确认产品的确切需求以及开发人员能够根据需求进行开发设计,以下叙述将结合文字描述、数据流图、E-R图等来描述《基于Web的网上外卖发布与订单管理系统》的功能、性能、用户界面、运行环境、外部接口以及针对用户操作给出的各种响应。本文档的预期读者包括客户、项目经理、开发人员以及与该项目相关的其他人员。

2.9.1.2 背景

1. 软件系统名称

软件系统名称为《基于Web的网上外卖发布与订单管理系统》。

2. 项目相关人员

(1)委托者。

餐厅经营者:也称商家,提出开发一个外卖管理平台,以简化订单处理、管理菜单和提供客户服务,提高外卖订单管理效率,覆盖更广范围的客户。

(2)开发者。

软件开发团队:包括前端开发人员、后端开发人员、数据库管理人员、测试人员和用户界面/用户体验(UI/UX)设计师。

(3)用户。

餐厅工作人员:主要的系统用户,使用系统来接收、处理、管理订单,更新菜单和库存,以及处理客户服务问题。

系统管理人员：是管理平台的人员，主要利用平台来管理各个店铺商店。

（4）计算站点。

服务器：存储外卖管理平台的数据库（DBMS）以及业务逻辑。某些餐厅可能会选择在自己的物理位置托管部分系统，尤其是与本地订单处理和库存管理相关的部分。

2.9.1.3 定义

1. 术语定义

API（Application Programming Interface）：应用程序接口，用于不同软件组件间相互通信的一组规范。

UI（User Interface）：用户界面，指用户与软件或应用程序进行交互时所使用的界面。

UX（User Experience）：用户体验，指用户使用产品或服务时的整体感受和情感。

HTTPS（Hypertext Transfer Protocol Secure）：安全的超文本传输协议，用于加密网络传输的协议。

DNS（Domain Name System）：域名系统，将域名映射到与之对应的 IP 地址的系统。

HTTP（Hypertext Transfer Protocol）：超文本传输协议，用于传输超文本数据的协议。

Frontend：前端，指用户直接与之交互的网页或应用界面。

Backend：后端，指网站或应用程序的服务器端和数据库处理部分。

Responsive Design：响应式设计，能够在不同设备和屏幕尺寸上提供最佳显示效果的设计。

Cookie：在用户计算机上存储的小型文本文件，用于识别用户和记录用户信息。

2. 外文首字母原词组介绍

JSP：一种用于构建动态 Web 内容的 Java 技术。JSP 允许开发人员在超文本标记语言（HTML）页面中嵌入 Java 代码，使得页面能够动态生成内容，包括从数据库检索数据、执行业务逻辑和呈现动态信息。JSP 页面的最终输出是一个普通的 HTML 页面，但它包含嵌入的 Java 代码，这些代码在服务器端执行并生成 HTML，然后将其发送到客户端浏览器。

MVC：一种软件设计模式，用于构建应用程序，特别是 Web 应用程序。它将应用程序分为 3 个主要部分，即模型（Model）、视图（View）和控制器（Controller）。模型负责处理数据逻辑和状态，视图负责用户界面的呈现，而控制器负责处理用户输入并根据输入更新模型和视图。MVC 模式有助于代码的组织和分离，提高了应用程序的可维护性和扩展性。

DBMS：数据库管理系统的缩写，它是一种软件系统，用于管理和组织数据库。DBMS 允许用户创建、访问、管理和更新数据库，提供了各种功能，包括数据存储、数据检索、数据安全性和数据完整性等。常见的 DBMS 包括 MySQL、Oracle、SQL Server 和 PostgreSQL 等。

SQL（Structured Query Language）：一种用于管理关系型数据库的标准化语言。它允许用户对数据库进行操作，包括存储、检索、更新、删除数据以及管理数据库结构。

Java Bean：Java 平台上的可重用组件，它是一种可移植、可重用并且可扩展的 Java 类。

Servlet：Java 编写的服务器端程序，它扩展了 Web 服务器的功能，用于处理 HTTP 请求并生成动态 Web 内容。Servlet 运行在服务器端，接收来自客户端浏览器的请求，执行特定任务，然后生成响应并将其发送回客户端。Servlet 通常与 JSP 配合使用，共同构建动态的 Web 应用程序。

2.9.2 任务概述

2.9.2.1 目标

1. 软件开发意图

本软件旨在开发一个高效的外卖发布与管理平台,以简化外卖管理、商铺管理,提升用户体验和商家运营效率。其主要目的是建立一个便捷、可靠的外卖管理系统,使商家能够有效地处理订单,并进行订单管理。

2. 应用目标

为餐厅经营者提供便捷的订单与外卖管理操作,提升商家的订单处理效率,支持订单管理、订单接收与处理等功能。

3. 作用范围

本软件是一款独立的外卖管理系统,包括商家及管理员后台端,具有订单管理、外卖管理、第三方支付和配送跟踪等功能,以满足整个外卖管理和订单管理的需求。

4. 软件之间的关系

本软件是一款独立的外卖管理系统,具有自包含的功能和特性。虽然它是一个独立的产品,但是可能需要与支付系统、地图服务、第三方外卖平台等外部软件进行集成和数据交换。

系统组成框图如图 2-57 所示。

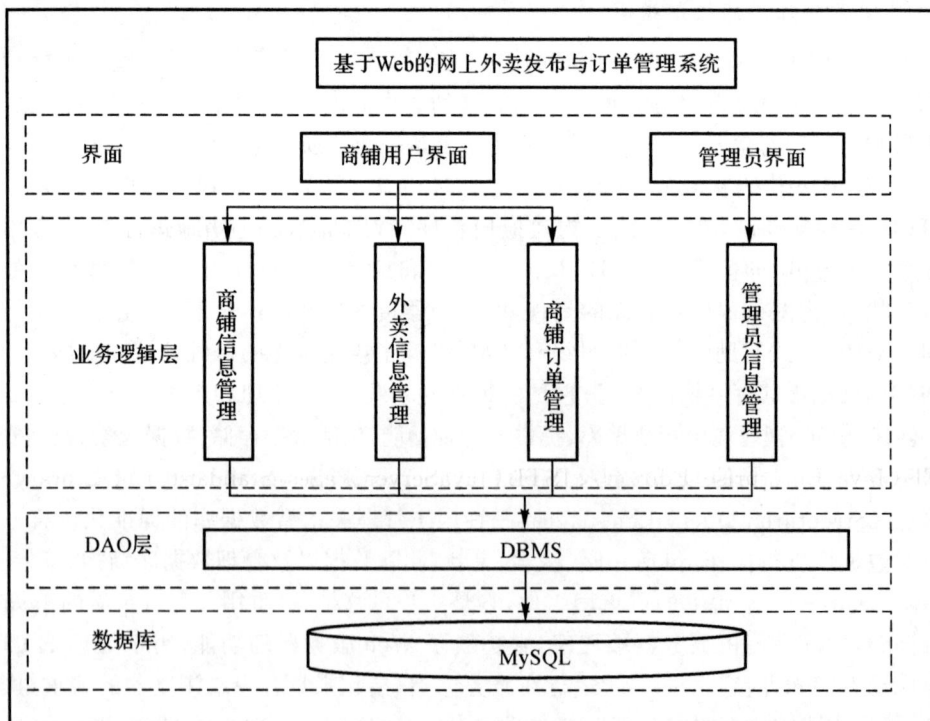

图 2-57 系统组成框图

2.9.2.2　用户的特点

1. 操作人员特点

商家:

(1)基本要求:具备基本的电脑和手机操作技能,可能需要操作一些相对复杂的界面,但不需要过多的技术专长。

(2)教育水平和技术专长:需要中等水平的教育背景,能够熟练使用智能手机和电脑,掌握基本的操作技能。

(3)软件使用频度:使用频度相对较高,可能每天使用,根据订单情况变化。

2. 维护人员特点

系统管理员或技术支持人员:

(1)基本要求:需要具备较高的技术水平和专业知识,能够理解系统的架构和功能,能够解决系统问题、进行配置调整等操作。

(2)教育水平和技术专长:需要相关专业教育背景,如计算机科学、信息技术等,具备较高水平的技术专长和解决问题的能力。

(3)软件使用频度:预计需要经常性地维护和监管,处理系统问题和更新,具体频率取决于系统的稳定性和需求变化。

3. 软件设计工作的约束条件:

(1)界面友好性:要求简单易用的界面设计,用户操作的直观性和易操作性是设计的重要约束条件。

(2)技术复杂度:虽然需要满足一定的技术需求,但应尽量降低对操作人员的技术要求。

(3)持续性支持和维护:系统易维护和升级,确保系统能长期稳定地运行。

2.9.2.3　假定和约束

(1)经费限制:本项目经费为 5 万元人民币。

(2)开发期限:开发期限为 3 个月(90 天)。

(3)技术限制:使用 JavaWeb 相关技术栈,主要包含 Servlet、JSP(JavaServer Pages)、Java EE(Java Enterprise Edition)、JSTL(JavaServer Pages Standard Tag Library)、EL(Expression Language)、Spring Framework、Spring MVC、ORM 框架。

(4)人力限制:人员安排为 6 人组成开发团队。

2.9.3　需求规定

2.9.3.1　对功能的规定

系统根据实际情况及具体分析,用户登录后根据系统授权,或为商铺用户或为系统管理员。商铺用户管理商铺注册信息,包括基础信息,外卖信息,订单信息等。系统管理员管理系统信息和商铺信用信息。

基于 Web 的网上外卖发布与订单管理系统功能结构图如图 2-58 所示。首先由用户提供自己店铺的基本信息进行注册,注册成功后成为商铺用户;其次提交资质审核信息激活商铺;最后完善信息之后可以按区域发布自己的外卖信息,而对于在线订餐系统所提交的订单将显示给商铺,商铺根据实际情况处理订单。订单状态可以持续更新,交易成功的订单将会有评价信息,此评价将会影响到商铺评分。以此过程为基准,设计与实现基于 Web 的网上外卖发布与订单管理系统作为完整的网上外卖系统的一部分。

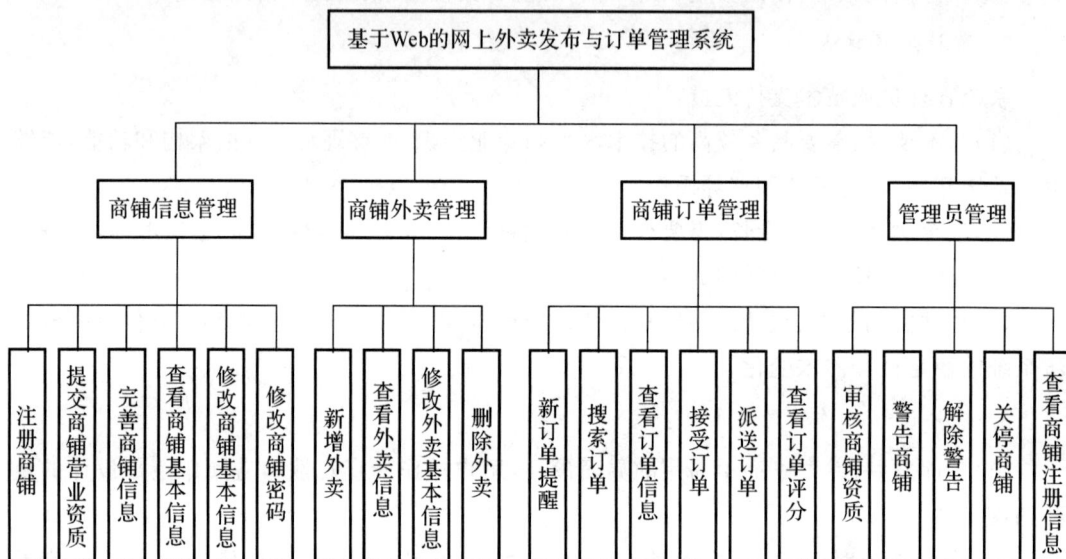

图 2-58　基于 Web 的网上外卖发布与订单管理系统功能结构图

1. 商铺信息管理

商铺信息管理为商铺用户管理商铺基本信息,包括注册商铺账号、提交商铺营业资质、完善商铺信息、查看商铺基本信息、修改商铺基本信息、修改商铺密码。

(1)注册商铺账号。

用户在注册页面,填写商铺账号、商铺密码、店主姓名、商铺电话、商铺名称、商铺地址、Email 等信息,系统验证无误后,响应注册成功。在提交系统验证过程中,验证内容包括:所有信息的长度是否合适;账号是否有重复;电话号码和 Email 格式是否符合规范;商铺地址是否存在。信息有误则注册失败,需要重新注册。系统同时将商铺注册信息,生成商铺编号以及当前商铺状态(包括待激活、待审核、审核通过、审核未通过、待完善信息、歇业、营业、停业、警告)保存到数据库中,完成商铺注册。此时用户可以使用注册的账号与密码组合进行登录。商铺账号注册数据流图设计如图 2-59 所示。商铺账号注册输入—处理—输出(Input Processing Output,IPO)表设计如表 2-14 所示。

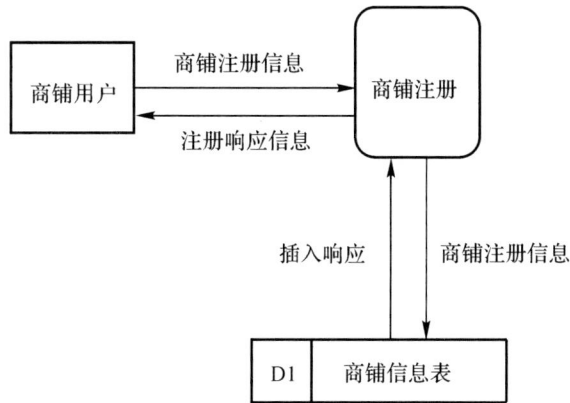

图 2-59　商铺账号注册数据流图

表 2-14　商铺账号注册 IPO 表

IPO 表
模块编号:1-1 模块名称:注册商铺 所属子系统:商铺信息管理
模块描述:用户在注册页面,填写商铺账号、商铺密码、店主姓名、商铺电话、商铺名称、商铺地址、Email等信息,系统验证无误后,响应注册成功。在提交系统验证过程中,验证内容包括:所有信息的长度是否合适;账号是否有重复;电话号码和 Email 格式是否符合规范;商铺地址是否存在。信息有误则注册失败,需要重新注册。系统同时将商铺注册信息,生成商铺号与当前商铺状态(包括待激活、待审核、审核通过、审核未通过、待完善信息、歇业、营业、停业、警告)保存到数据库中,完成商铺注册
输入:商铺账号、商铺密码、店主姓名、商铺电话、商铺名称、商铺地址、Email 输出:商铺注册响应 处理:用户依次填写商铺账号、商铺密码、店主姓名、商铺电话、商铺名称、商铺地址、Email,填写完相应信息后,若数据符合要求,则用户点击提交后系统提示注册成功 变量说明: 商铺账号:默认值为"NULL",有效值为可变长字符串类型 商铺密码:默认值为"NULL",有效值为不小于八位的包含数字、大小写字母的可变长字符串 店主姓名:默认值为"NULL",有效值为可变长字符串,要求与身份证姓名一致。 商铺电话:默认值为"NULL",有效值为可变长字符串 商铺名称:默认值为"NULL",有效值为可变长字符串 商铺地址:默认值为"NULL",有效值为可变长字符串 Email:默认值为"NULL",有效值为可变长字符串,系统会进行邮箱格式检测与验证,需要确保邮箱格式正确并且账号存在
设计人:张三 设计日期:2023/11/23

（2）提交商铺营业资质。

商铺注册成功后,此时商铺状态处于待激活状态,商家需要在系统中提交营业执照、卫生许可证等文件,管理员审核通过后,商铺状态进入信息完善阶段。商铺资质认证数据流图设计如图 2-60 所示。商铺资质提交 IPO 表设计如表 2-15 所示。

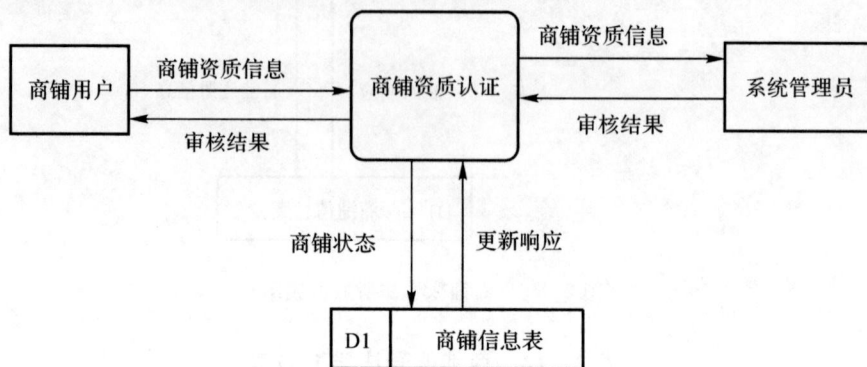

图 2-60　商铺资质认证数据流图

表 2-15　商铺资质提交 IPO 表

IPO 表

模块编号:1-2
模块名称:商铺资质提交
所属子系统:商铺信息管理
模块描述:商铺注册完成后,进入未激活状态,需要用户在系统中上传营业执照,卫生许可证等文件,待管理员审核通过后,商铺进入信息完善阶段

输入:卫生许可证,营业资格证文件
输出:资质审核结果
处理:用户在系统上传卫生许可证以及营业执照,系统将其提交给管理员,审核状态响应为待审核,审核完毕后,若通过,则提示审核成功,商铺可进一步完善信息
变量说明:
卫生许可证:默认值为"NULL",有效值为可变长字符串,需要提交.png 或者.jpg 或者.pdf 格式文件
营业资格证:默认值为"NULL",有效值为可变长字符串,需要提交.png 或者.jpg 或者.pdf 格式文件

设计人:张三
设计日期:2023/11/23

（3）完善商铺信息。

商铺注册完成并通过系统管理员审核后,商铺进入到完善商铺信息的步骤中,商铺需要填写完成认证后需补充的其它商铺信息才能正式营业。这些信息包括营业时间、起送价、商铺简介、经纬度。商铺信息完善数据流图设计如图 2-61 所示。商铺信息完善 IPO 表设计如表 2-16 所示。

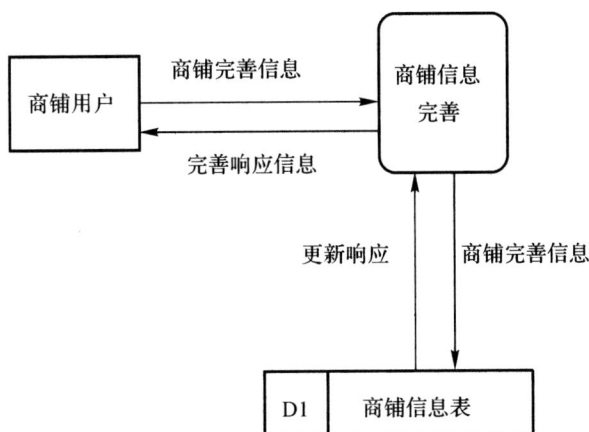

图 2-61 商铺信息完善数据流图

表 2-16 商铺信息完善 IPO 表

IPO 表

模块编号:1-3

模块名称:完善商铺信息

所属子系统:商铺信息管理

模块描述:商铺的注册信息通过系统管理员审核后,商铺进入到完善商铺信息的步骤中,商铺需要填写完成开业的其他商铺信息才能进行正式营业

这些信息包括营业时间、起送价、商铺简介

输入:商铺 ID、营业时间、起送价、商铺简介以及商铺经纬度

输出:添加商铺信息响应

处理:用户依次输入信息,若数据符合要求,则用户点击保存后系统提示保存成功

变量说明:

营业时间:默认值为 2020/01/01 12:00—20:00,有效值为日期类型,其中年份为四位数字字符串,月份为两位数字字符串,日限制于年份以及月份有效日期,时间为 24 小时计时制

起送价:默认值为 0,有效值为浮点型

商铺简介:默认值为"NULL",有效值为可变长字符串类型

经纬度:默认值为 0,经度范围(-180°,180°),纬度范围(-90°,90°)

设计人:张三

设计日期:2023/11/23

（4）查看商铺基本信息。

商铺用户可以查看商铺基本信息,包括商铺名称、店主姓名、注册时间、可选外卖发布区域、营业时间、起送价、商铺电话、商铺图标、商铺简介、商铺账号、商铺地址、查看商铺基本信息数据流图设计如图 2-62 所示。查看商铺基本信息 Email,查看商铺基本信息 IPO 表设计如表 2-17 所示。

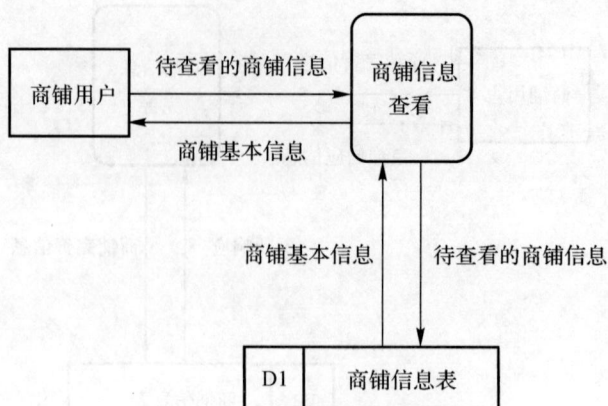

图 2-62　查看商铺基本信息数据流图

表 2-17　查看商铺信息 IPO 表

IPO 表

模块编号:1-4

模块名称:查看商铺基本信息

所属子系统:商铺信息管理

模块描述:可查看商铺的基本信息,包括商铺名称、店主姓名、注册时间、营业时间、起送价、商铺电话、商铺图标、商铺简介、商铺账号、商铺地址、Email、商铺经纬度

输入:商铺 ID

输出:查询商铺信息响应

处理:用户点击查看商铺信息,即可查看商铺的所有基本信息

变量说明:

商铺账号:默认值为"NULL",有效值为可变长字符串类型

店主姓名:默认值为"NULL",有效值为可变长字符串,要求与身份证姓名一致

注册时间:默认值为"NULL",有效值为 Date 类型

营业时间:默认值为"NULL",有效值为 Date 类型

起送价:默认值为 0,有效值为浮点类型

商铺图标:默认值为"NULL",有效值为可变长字符串

商铺简介:默认值为"NULL",有效值为可变长字符串

商铺电话:默认值为"NULL",有效值为可变长字符串

商铺名称:默认值为"NULL",有效值为可变长字符串

商铺地址:默认值为"NULL",有效值为可变长字符串

Email:默认值为"NULL",有效值为可变长字符串,系统进行邮箱格式检测与验证,需要确保邮箱格式正确并且账号存在

商铺经纬度:默认值为 0,经度范围(-180°,180°),纬度范围(-90°,90°)

设计人:张三

设计日期:2023/11/23

（5）修改商铺基本信息。

商铺用户可以修改部分商铺信息,包括商铺名称、店主姓名、营业时间、准备时间、起送价、商铺电话、商铺图标、商铺简介。不可修改的信息包括商铺账号、商铺地址、Email。修改商铺基本信息数据流图设计如图 2-63 所示。修改商铺基本信息 IPO 表设计如表 2-18 所示。

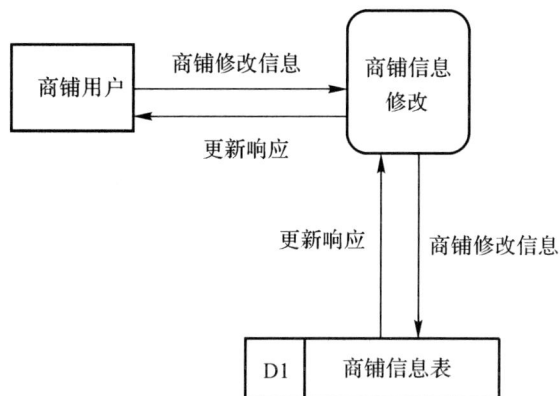

图 2-63　修改商铺基本信息数据流图

表 2-18　修改商铺基本信息 IPO 表

IPO 表

模块编号:1-5

模块名称:修改商铺基本信息

所属子系统:商铺信息管理

模块描述:此模块可修改商铺基本信息,包括商铺名称、营业时间、起送价、商铺电话、商铺图标、商铺简介。不可修改的信息包括商铺账号、商铺地址、Email、商铺经纬度

输入:商铺 ID、商铺名称、营业时间、起送价、商铺电话、商铺图标、商铺简介

输出:修改商铺信息响应

处理:用户依次填写商铺名称、营业时间、起送价、商铺电话、商铺图标、商铺简介,填写完相应信息后,若数据符合要求,则用户点击保存后系统提示修改信息保存成功

变量说明:

商铺名称:默认值为"NULL",有效值为可变长字符串

营业时间:默认值为 2020/01/01 12:00—20:00,有效值为日期类型,其中年份为四位数字字符串,月份为两位数字字符串,日限制于年份以及月份有效日期,时间为 24 小时计时制

起送价:默认值为 0,有效值为浮点型

商铺图标:默认值为"NULL",有效值为可变长字符串,指向图片 URL

商铺简介:默认值为"NULL",有效值为可变长字符串类型

设计人:张三

设计日期:2023/11/23

(6)修改商铺密码。

修改商铺密码时需要提供旧密码,填写旧密码通过验证与数据库中密码一致后,可以填写新密码,进行二次确认后,修改密码成功,用户使用新密码进行登录。修改商铺密码数据流图设计如图 2-64 所示。修改商铺密码 IPO 表设计如表 2-19 所示。

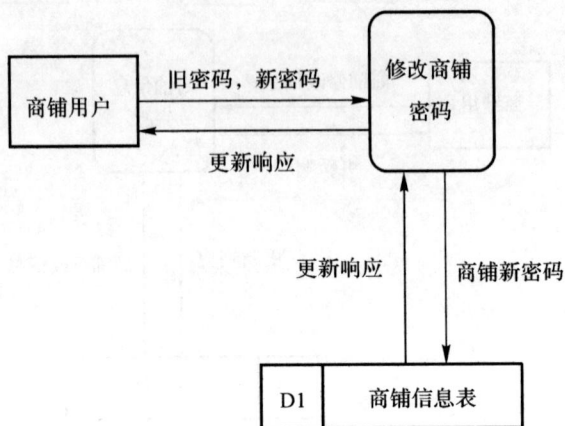

图 2-64　修改商铺密码数据流图

表 2-19　修改商铺密码 IPO 表

IPO 表
模块编号:1-6
模块名称:修改商铺密码
所属子系统:商铺信息管理
模块描述:修改商铺账号的登录密码
输入:商铺 ID、商铺原密码、商铺新密码
输出:修改商铺密码响应
处理:用户填写原密码验证成功,可修改原密码为新密码,系统响应修改密码成功
变量说明:
商铺原密码:默认值为商铺数据库密码,有效值为可变长字符串,包含数字以及大小写字母
商铺新密码:默认值为"NULL",有效值为可变长字符串,包含数字以及大小写字母
设计人:张三
设计日期:2023/11/23

商铺信息管理活动图如图 2-65 所示。

商铺信息管理用例图如图 2-66 所示。

商铺用户注册时序图如图 2-67 所示。

商铺用户查看信息时序图如图 2-68 所示。

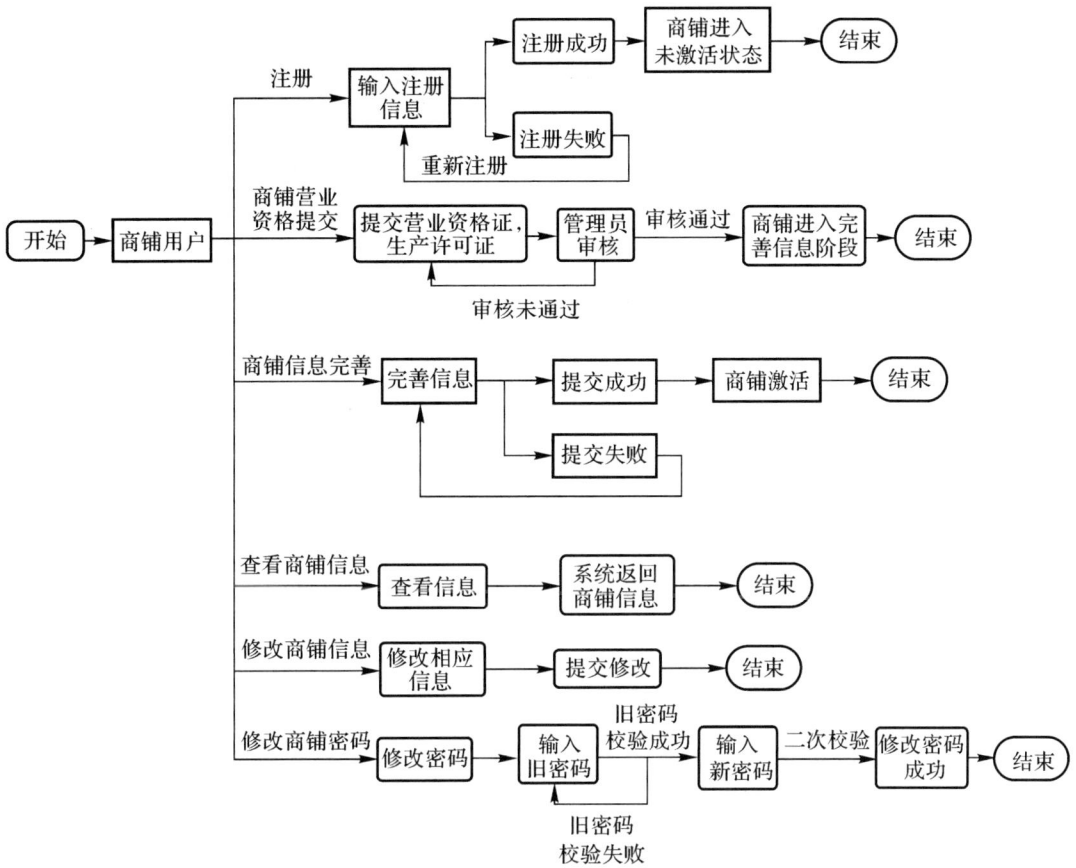

图 2-65　商铺信息管理活动图

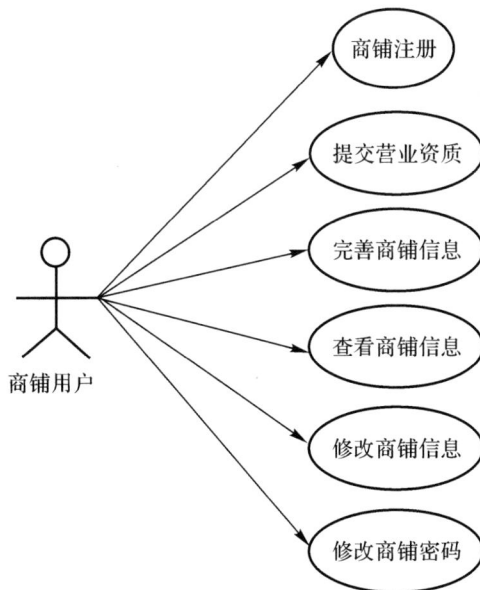

图 2-66　商铺信息管理用例图

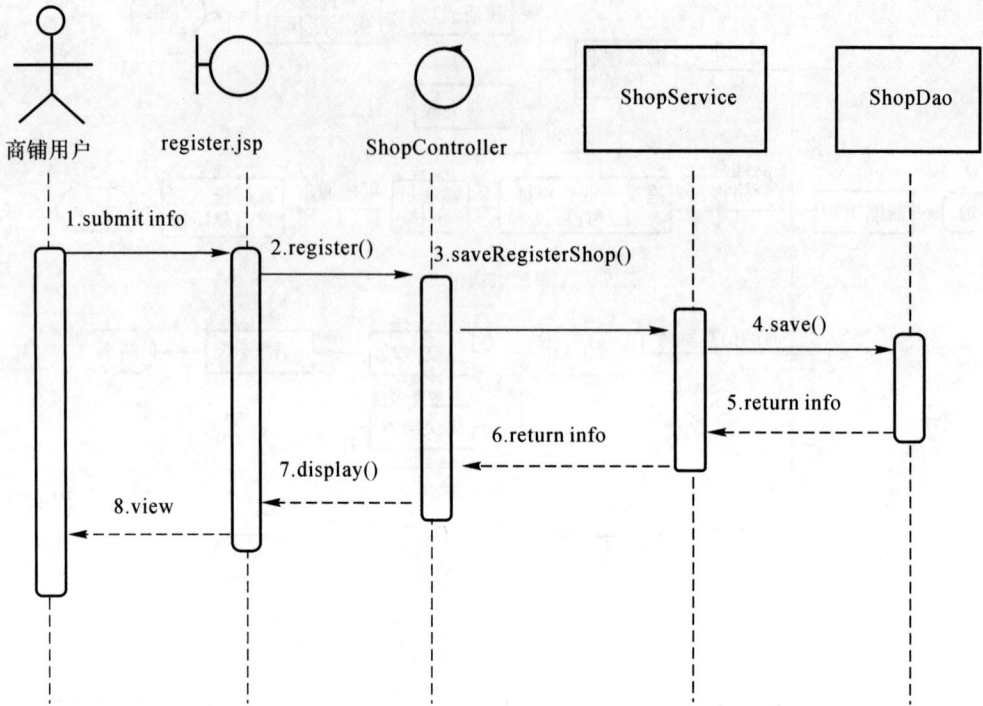

图 2-67 商铺用户注册时序图

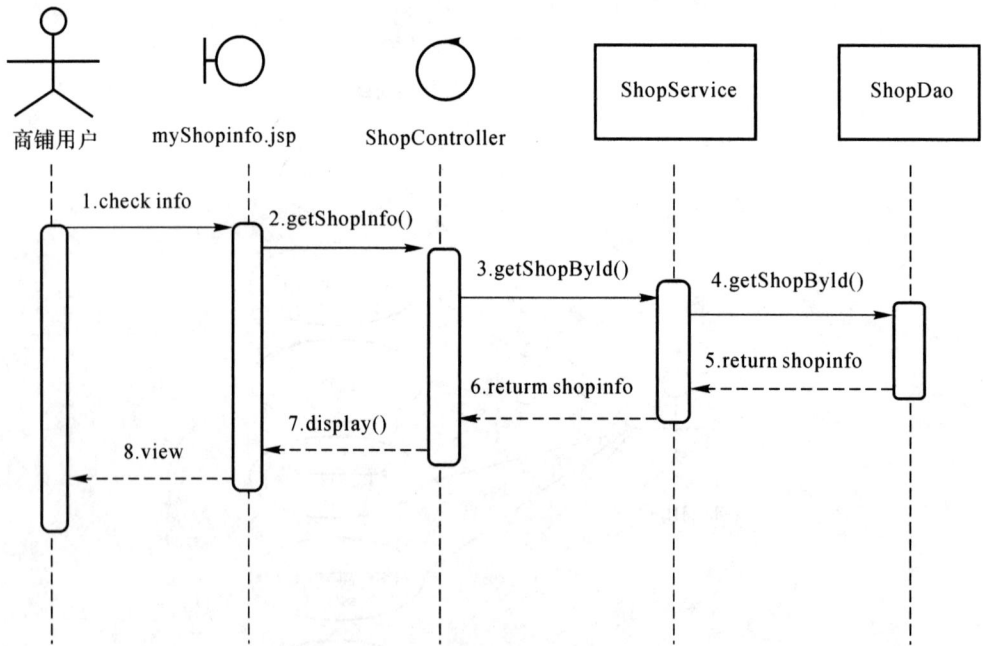

图 2-68 商铺用户查看信息时序图

商铺用户修改信息时序图如图 2-69 所示。

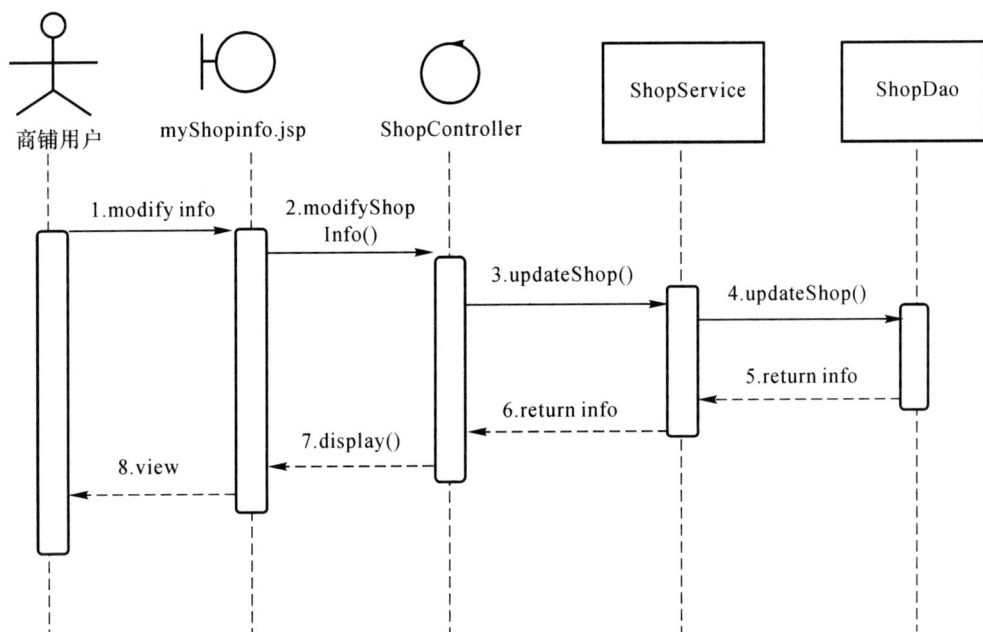

图 2-69　商铺用户修改信息时序图

2. 商铺外卖管理

商铺外卖管理为商铺用户管理商铺外卖信息,包括发布外卖、查看外卖信息、修改外卖信息、删除外卖信息。

(1)发布外卖。

商铺用户发布新外卖时使用此功能,商铺用户需要提供发布外卖的详细信息,包括外卖名称、外卖类别、出售区域、外卖价格。商铺用户填写完毕后提交系统进行处理,系统将对所填信息进行验证,包括商铺是否已经发布过相同名称的外卖,外卖类别是否正确,发布区域集合是否属于商铺可选外卖区域集合,外卖价格是否符合要求。验证无误后将成功发布外卖,否则将提醒发布失败,需重新填写外卖信息进行发布。发布外卖数据流图设计如图 2-70 所示。新增外卖 IPO 表设计如表 2-20 所示。

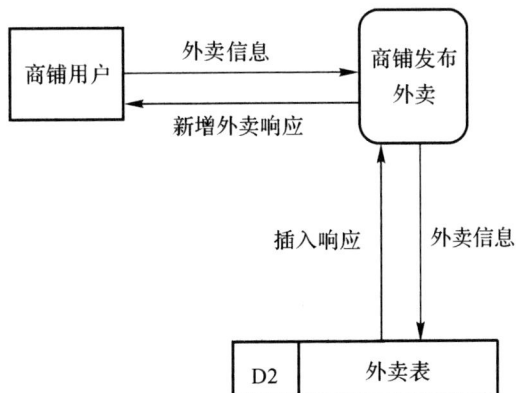

图 2-70　发布外卖数据流图

表 2 - 20 新增外卖 IPO 表

IPO 表

模块编号:2-1

模块名称:新增外卖

所属子系统:商铺外卖管理 模块描述:发布新的外卖产品,商铺用户发布新外卖时使用此功能,商铺用户需要提供发布外卖的详细信息,包括外卖名称、外卖类别、出售区域、外卖价格。商铺用户填写完毕后提交系统进行处理,系统将对所填信息进行验证,包括商铺是否已经发布相同名称的外卖,外卖类别是否正确,发布区域集合是否属于商铺可选外卖区域集合,外卖价格是否符合要求。验证无误后将成功发布外卖,否则将提醒发布失败,需重新填写外卖信息进行发布

输入:外卖 ID、外卖名称、外卖类别、出售区域、外卖价格

输出:新增外卖响应信息

处理:用户依次填写外卖名称、外卖类别、出售区域、外卖价格后,点击提交,验证信息有效后,系统响应提交外卖信息成功

变量说明:

外卖名称:默认值"NULL",有效值为可变长字符串

外卖类别:默认值"NULL",有效值为可变长字符串

出售区域:默认值"NULL",有效值为可变长字符串,并且满足范围要求

外卖价格:默认值为"0",有效值为浮点型,要求大于等于 0

设计人:张三

设计日期:2023/11/23

(2)查看外卖信息。

商铺用户可选择查看自己的外卖信息列表和某一具体的外卖信息。查看外卖信息数据流图设计如图 2-71 所示。查看外卖信息 IPO 表设计如表 2-21 所示。

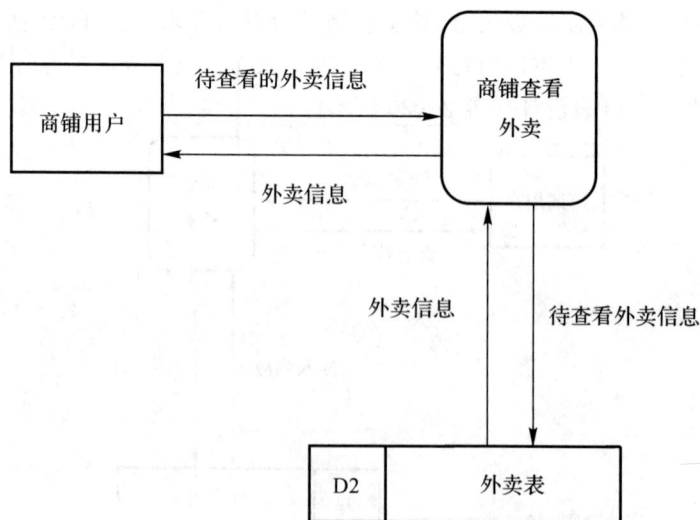

图 2-71 查看外卖信息数据流图

表 2 - 21　查看外卖信息 IPO 表

IPO 表

模块编号:2 - 2
模块名称:查看外卖信息
所属子系统:商铺外卖管理
模块描述:商铺用户可选择查看自己的外卖信息列表和某一具体的外卖信息

输入:外卖 ID、外卖名称
输出:外卖基本信息
处理:用户依次点击列表中的外卖后,系统响应外卖信息,包括外卖名称、外卖种类、所属商铺 ID、外卖价格、出售区域
变量说明:
外卖名称:默认值"NULL",有效值为可变长字符串
外卖类别:默认值"NULL",有效值为可变长字符串
出售区域:默认值"NULL",有效值为可变长字符串,并且满足范围要求
外卖价格:默认值为"0",有效值为浮点型,要求大于等于 0

设计人:张三
设计日期:2023/11/23

(3)修改外卖信息。

商铺用户可对某一外卖信息进行修改,修改内容包括外卖名称、外卖类别、出售区域、外卖价格。对于修改后的信息,系统将对其进行验证,使其符合发布要求后进行修改和发布。

修改外卖信息数据流图设计如图 2 - 72 所示。修改外卖信息 IPO 表设计如表 2 - 22 所示。

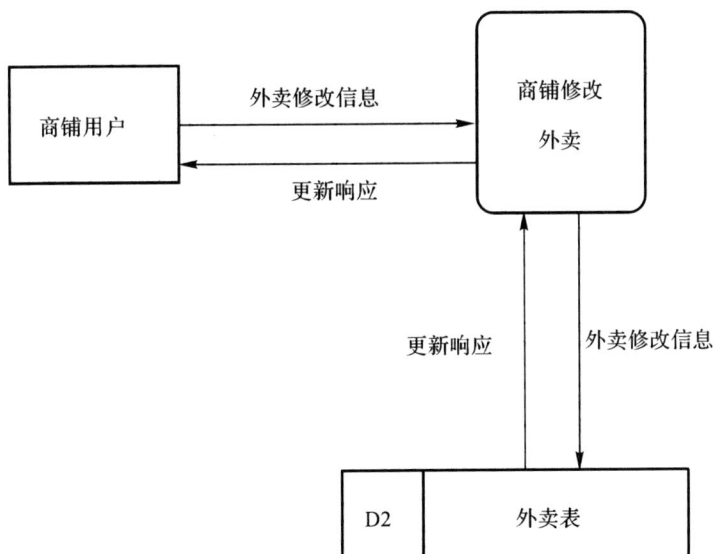

图 2 - 72　修改外卖信息数据流图

表 2－22　修改外卖信息 IPO 表

IPO 表

模块编号:2－3

模块名称:修改外卖信息

所属子系统:商铺外卖管理

模块描述:商铺用户可对某一外卖信息进行修改,修改内容包括外卖名称、外卖类别、出售区域、外卖价格。对于修改后的信息,系统将对其进行验证,使其符合发布要求后进行修改和发布

输入:外卖 ID、外卖名称、外卖类别、出售区域、外卖价格

输出:外卖修改信息响应

处理:商铺用户依次输入外卖名称、外卖类别、出售区域、外卖价格、信息有效,则系统响应修改外卖信息成功

变量说明:

外卖名称:默认值"NULL",有效值为可变长字符串

外卖类别:默认值"NULL",有效值为可变长字符串

出售区域:默认值"NULL",有效值为可变长字符串,并且满足范围要求

外卖价格:默认值为"0",有效值为浮点型,要求大于等于 0

设计人:张三

设计日期:2023/11/23

---

(4)删除外卖信息。

商铺用户可以删除某一外卖信息,删除外卖信息需要进行二次确认,此信息一旦删除则不可恢复。删除外卖信息数据流图设计如图 2－73 所示。删除外卖信息 IPO 表设计如表 2－23 所示。

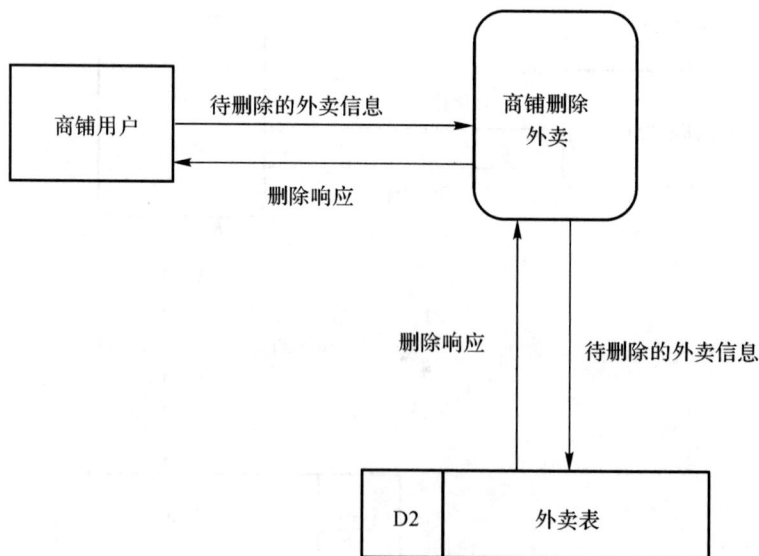

图 2－73　删除外卖信息数据流图

表 2 - 23　删除外卖信息 IPO 表

IPO 表

模块编号：2 - 4

模块名称：删除外卖信息

所属子系统：商铺外卖管理

模块描述：商铺用户可以删除某一外卖信息，删除外卖信息需要进行二次确认，此信息一旦删除则不可恢复

输入：外卖 ID、外卖名称

输出：外卖删除响应信息

处理：用户在外卖列表中点击已发布外卖选择删除，系统二次确认是否删除外卖后，用户确认删除，则删除该外卖信息，并且响应删除外卖成功

设计人：张三

设计日期：2023/11/23

商铺外卖管理用例图如图 2 - 74 所示。

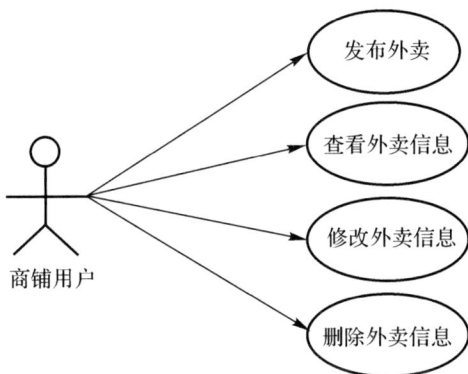

图 2 - 74　商铺外卖管理用例图

商铺外卖管理活动图如图 2 - 75 所示。

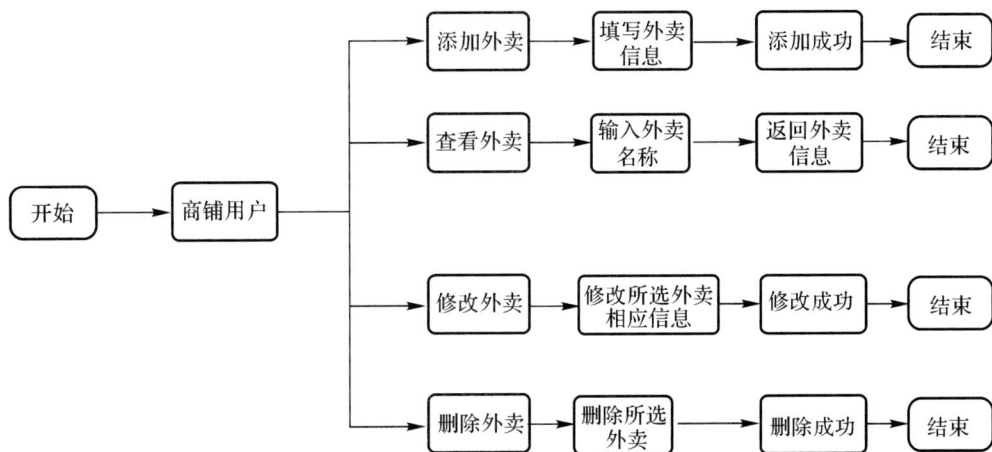

图 2 - 75　商铺外卖管理活动图

商铺用户发布外卖时序图如图 2-76 所示。

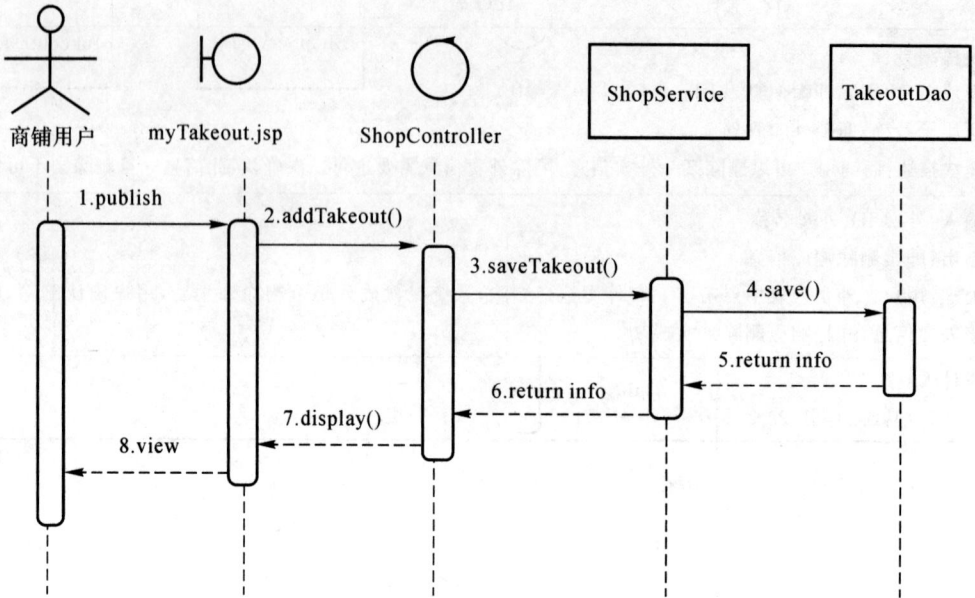

图 2-76　商铺用户发布外卖时序图

商铺用户修改外卖时序图如图 2-77 所示。

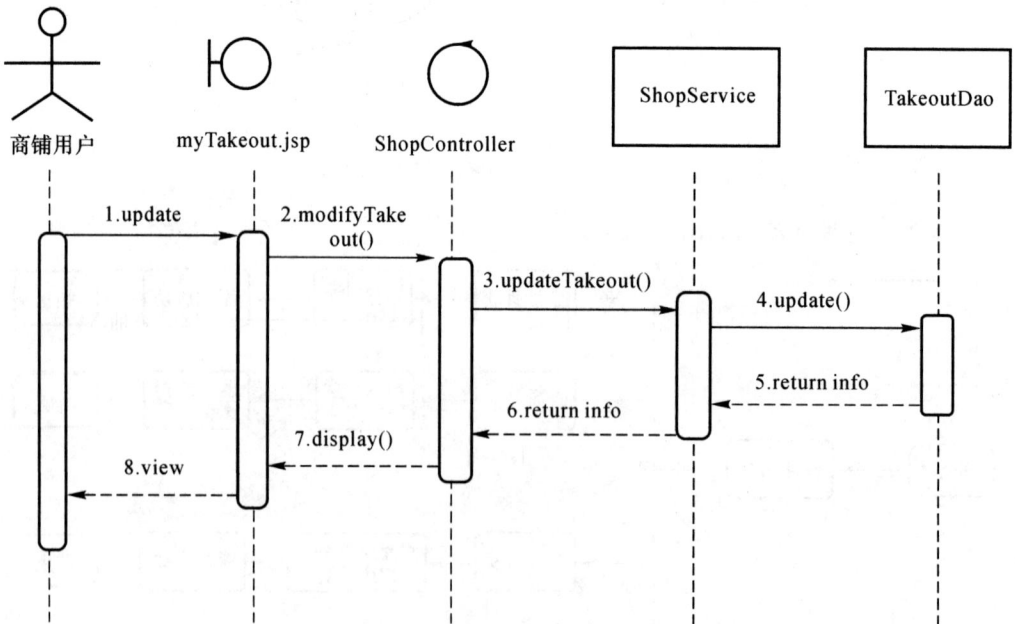

图 2-77　商铺用户修改外卖时序图

商铺用户删除外卖时序图如图 2-78 所示。

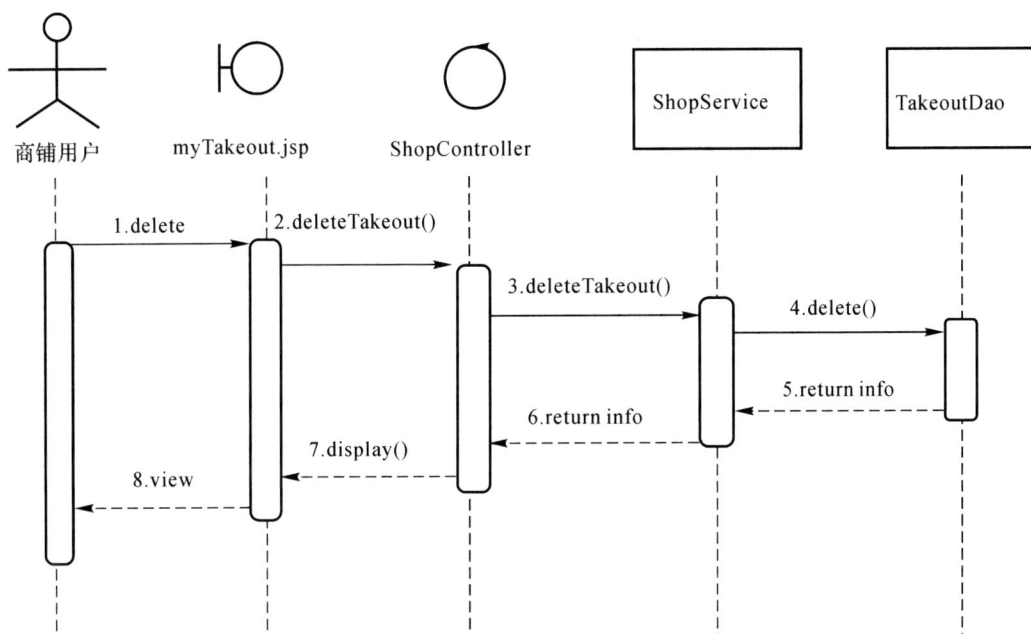

图 2-78　商铺用户删除外卖时序图

3. 商铺订单管理

商铺订单管理为商铺用户管理商铺订单信息,包括新订单提醒、搜索订单、查看订单信息、修改订单状态、接受订单、派送订单以及查看用户评价信息。

(1)新订单提醒。

一旦有新的用户订单,则在商铺用户的主界面上对商铺用户进行提示,显示提示信息,提示商铺用户对新订单进行处理。新订单提醒数据流图设计如图 2-79 所示。新订单提醒 IPO 表设计如表 2-24 所示。

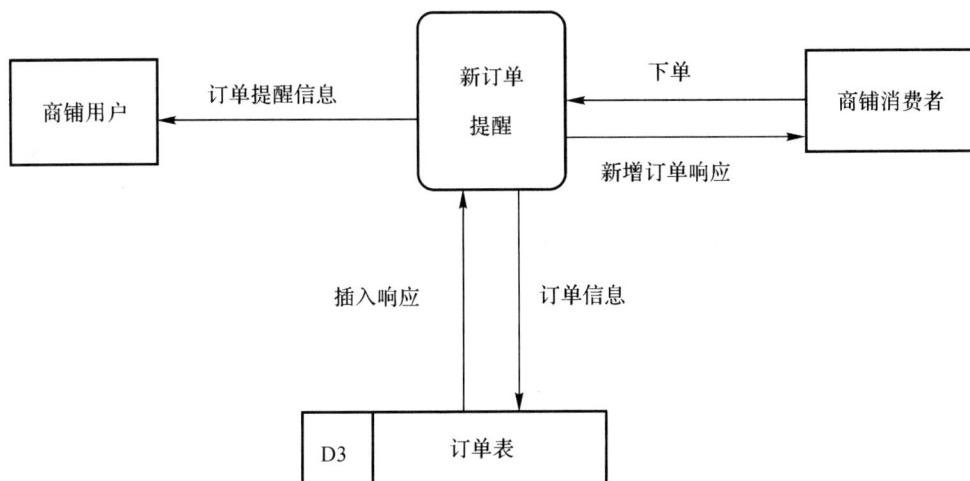

图 2-79　新订单提醒数据流图

表 2 – 24　新订单提醒 IPO 表

IPO 表
模块编号:3 – 1 模块名称:新订单提醒 所属子系统:商铺订单管理 模块描述:一旦有新的用户订单出现,则在商铺用户的主界面上对商铺用户进行提示,显示提示信息,提示商铺用户对新订单进行处理
输入:订单 ID 输出:新订单提示信息 处理:用户下单后,系统封装外卖信息为订单,提醒商铺处理订单,显示订单提示信息 变量说明: 无
设计人:张三 设计日期:2023/11/23

(2)搜索订单。

商铺用户能根据关键字查找某一类或一条符合信息的订单,并将结果显示出来供商铺用户进行处理。搜索订单数据流图设计如图 2 – 80 所示。搜索订单 IPO 表设计表 2 – 25。

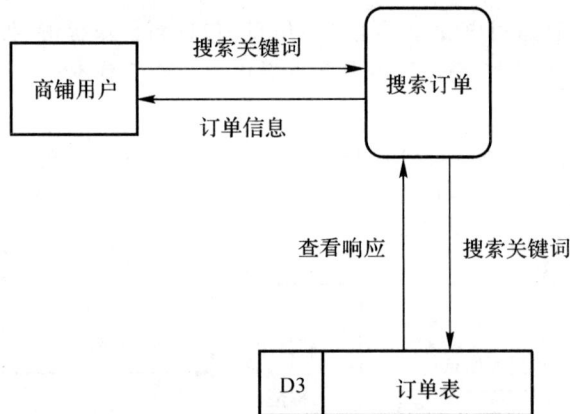

图 2 – 80　搜索订单数据流图

表 2 – 25　搜索订单 IPO 表

IPO 表
模块编号:3 – 2 模块名称:搜索订单 所属子系统:商铺订单管理 模块描述:商铺用户能根据关键字查找某一类或一条符合信息的订单,并将结果显示出来供商铺用户进行处理

续 表

IPO 表
输入:订单 ID、外卖名称 输出:订单 ID、订单内容、送达地址、联系电话、订单价格、备注、下单时间、完成时间、平均得分 处理:下单后,系统封装外卖信息为订单,提醒商铺处理订单,显示订单提示信息 变量说明: 订单内容:包含外卖名称,数量 订单价格:默认值为 0,有效值为所点外卖总价格,为浮点型
设计人:张三 设计日期:2023/11/23

(3)查看订单信息。

商铺用户能够根据查询条件查看订单具体信息,包括订单 ID、订单人姓名、订单内容、送达地址、联系电话、订单价格、备注、下单时间、完成时间、评论时间、订单得分、用户留言和商铺留言。这些信息会根据订单状态的不同而分别显示相对应的信息。例如,待确认订单、正在准备和正在送出的订单可显示订单 ID、订单内容、送达地址、联系电话、订单价格、备注、下单时间信息。交易成功的订单可以显示出完成时间。交易失败的订单可显示失败原因。已经评价的订单可显示评论时间、平均得分、用户留言和商铺留言。查看订单信息数据流图设计如图 2-81 所示。查看订单信息 IPO 表设计如表 2-26 所示。

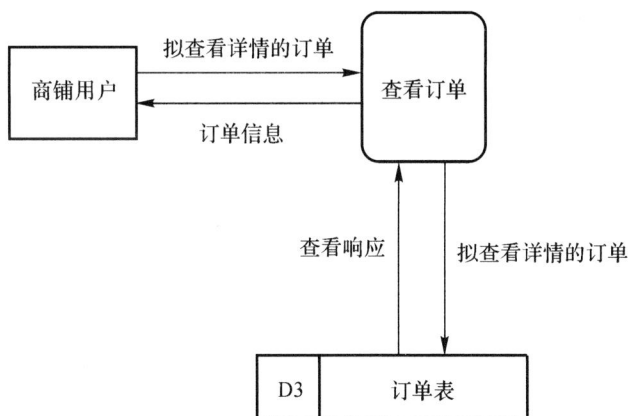

图 2-81　查看订单信息数据流图

表 2-26　查看订单信息 IPO 表

IPO 表
模块编号:3-3 模块名称:查看订单信息 所属子系统:商铺订单管理

续表

IPO 表

模块描述:商铺用户能够根据查询条件查看订单具体信息,包括订单 ID、订单内容、送达地址、联系电话、订单价格、备注、下单时间、完成时间、评论时间、平均得分、服务质量得分、及时送达得分、美味程度得分、用户留言和商铺留言。这些信息会根据订单状态的不同而分别显示相对应的信息。例如,待确认订单、正在制作和正在送出的订单可显示订单 ID,订单内容,送达地址,联系电话,订单价格,备注,下单时间信息。交易成功的订单可多显示出完成时间。交易失败的订单可再显示出失败原因。而已经评价的订单可显示评论时间,平均得分,服务质量得分,及时送达得分,美味程度得分,用户留言和商铺留言,而不包括失败原因

输入:订单 ID

输出:订单 ID,订单内容,送达地址,联系电话,订单价格,备注,下单时间,完成时间,评论时间,平均得分,服务质量得分,及时送达得分,美味程度得分,用户留言和商铺留言

处理:用户点击查看订单详情后,系统响应订单详细信息,包括订单 ID,订单内容,送达地址,联系电话,订单价格,备注,下单时间,完成时间,评论时间,平均得分,服务质量得分,及时送达得分,美味程度得分,用户留言和商铺留言

变量说明:

订单内容:外卖名称,数量

送达地址:默认值"NULL",有效值为可变长字符串

联系电话:默认值为"NULL",有效值为可变长字符串,要求为数字

订单价格:默认值为 0,有效值为所点外卖总价格,为浮点型

备注:默认值为"NULL",有效值为可变长字符串

下单时间:默认值为用户下单时间,由系统自动产生

评论时间:默认值"NULL",用户评价完成后系统自动生成

平均得分:默认值为 5,有效值为 0~5 之间的整数,系统自动计算

服务质量得分:默认值为 5,有效值为 0~5 之间的整数

及时送达得分:默认值为 5,有效值为 0~5 之间的整数

美味程度得分:默认值为 5,有效值为 0~5 之间的整数

用户留言和商铺留言:默认值为"NULL",有效值为可变长字符串

设计人:张三

设计日期:2023/11/23

(4)修改订单状态。

商铺用户可以对自己的订单进行状态的修改,对于不同的订单状态,商铺用户有不同的操作。修改订单状态 IPO 表设计如表 2-27 所示。

表 2-27　修改订单状态 IPO 表

IPO 表

模块编号:3-4

模块名称:订单状态修改

所属子系统:商铺订单管理

模块描述:商铺用户可以对自己的订单进行状态的修改,对于不同的订单状态,商铺用户有不同的操作

(1)接受订单:商铺用户对已经下单,等待确认的订单可选择接受订单,表示此订单已被确认,此时该订单状态变为已确认订单

续表

IPO 表
(2)派送订单:商铺用户对已经确认的订单可选择派送订单,表示该订单的外卖已经完成制作,正在派送中。此时该订单状态变为正派送的订单
输入:订单 ID、订单状态 输出:修改订单状态响应信息 处理:用户在订单所处状态可以做出订单状态修改,修改符合要求后,系统提示订单状态修改成功
设计人:张三 设计日期:2023/11/23

1)接受订单:商铺用户对已经下单,等待确认的订单可选择接受订单,表示此订单已被确认,此时该订单状态变为已确认订单。接受订单数据流图设计如图 2-82 所示。

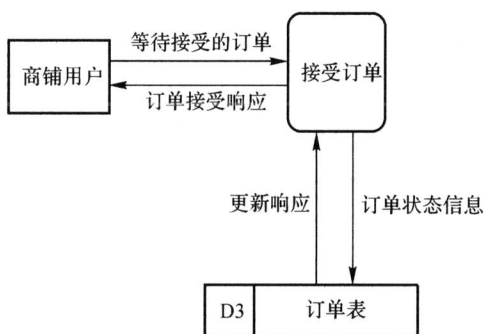

图 2-82　接受订单数据流图

2)派送订单:商铺用户对已经确认的订单可选择派送订单,表示该订单的外卖已经完成,正在派送中。此时该订单状态变为派送中。商铺接受订单,并完成出餐后,可以选择派送订单,派送平台将接收到此订单,并到店取餐派送。派送订单数据流图如图 2-83 所示。

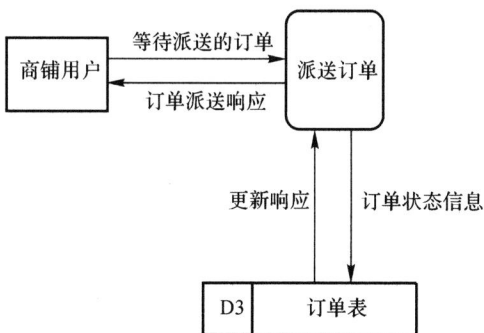

图 2-83　派送订单数据流图

(5)查看用户评价信息。

商铺用户可选择查看本商铺的用户评价。查看用户评价信息数据流图设计如图 2-84所示。查看用户评价信息 IPO 表设计如表 2-28 所示。

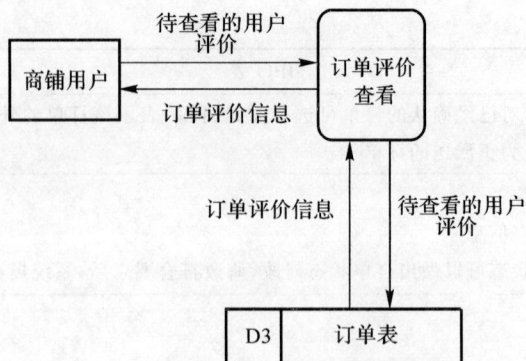

图 2-84 查看用户评价信息数据流图

表 2-28　查看用户订单评价 IPO 表

IPO 表

模块编号:3-5
模块名称:查看用户评价信息
所属子系统:商铺订单管理
模块描述:商铺对客户已经评价的订单可以查看用户评价并且进行回复,可以是对好评订单的感谢,也可对订餐用户留言,或是对低评分订单做出解释,以供订餐用户和系统管理员查看

输入:回复信息
输出:填写评价响应信息
处理:商铺点击用户订单评价,填写反馈信息进行反馈,反馈成功后,系统提示反馈成功
变量说明:
评价信息:默认值"NULL",有效值为可变长字符串

设计人:张三
设计日期:2023/11/23

商铺订单管理活动图如图 2-85 所示。

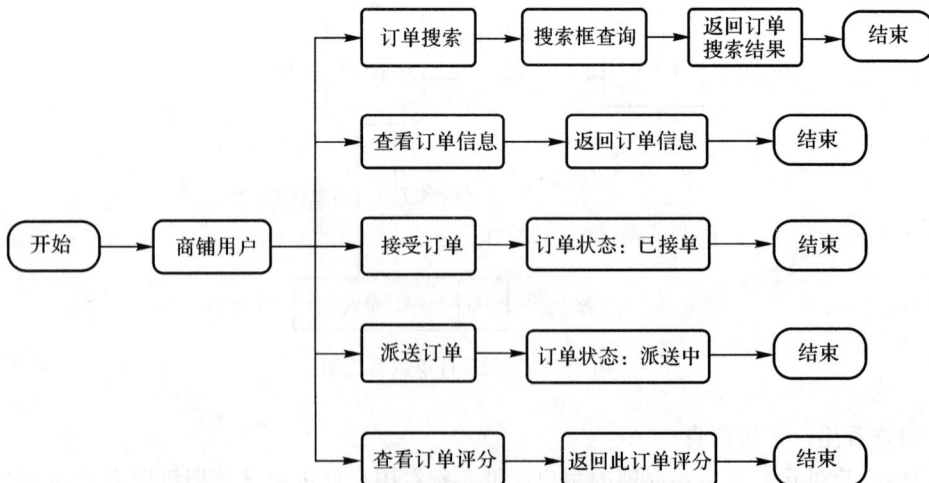

图 2-85　商铺订单管理活动图

商铺订单管理用例图如图 2-86 所示。

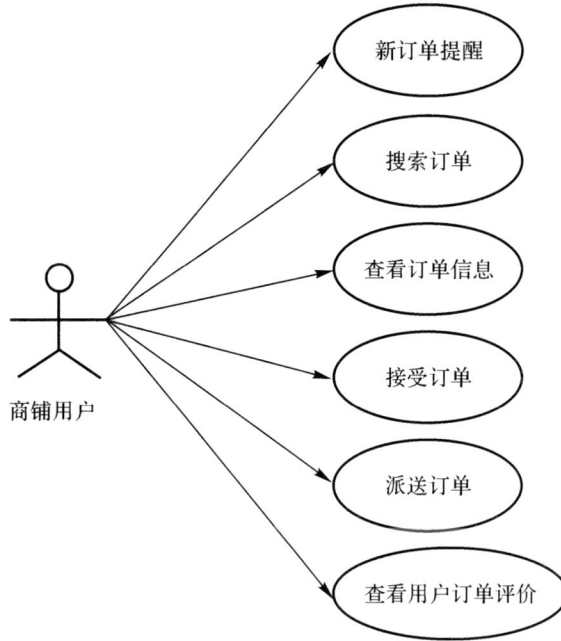

图 2-86　商铺订单管理用例图

商铺用户查看订单列表时序图如图 2-87 所示。

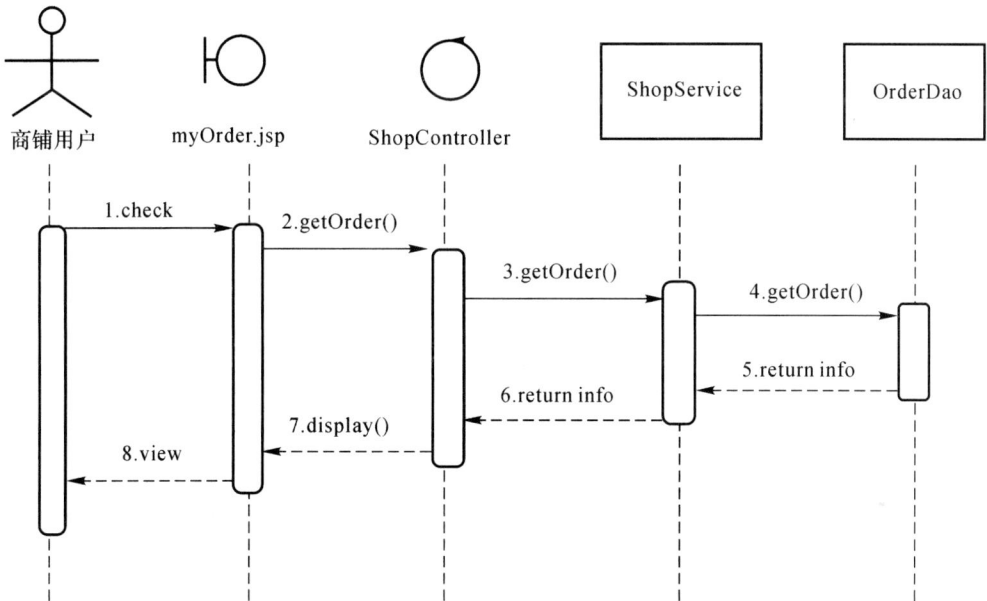

图 2-87　商铺用户查看订单列表时序图

商铺用户修改订单状态时序图如图 2-88 所示。

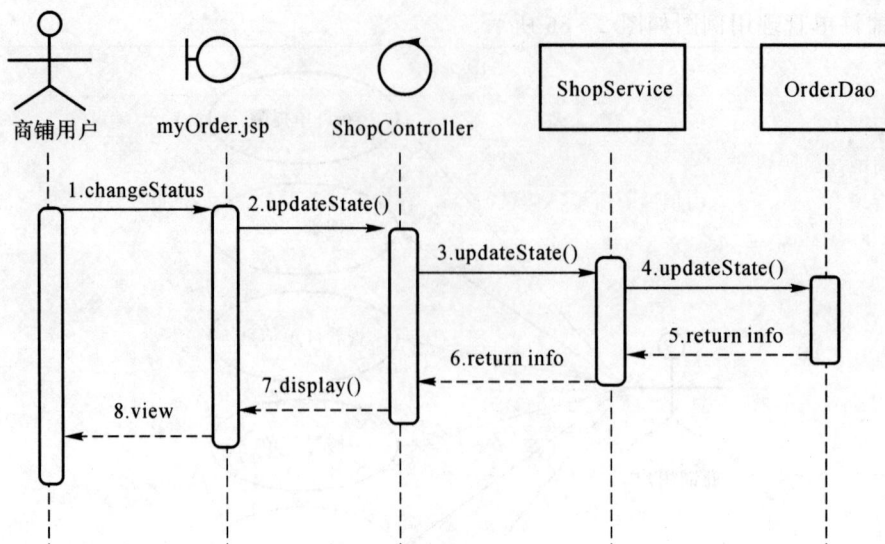

图 2-88　商铺用户修改订单状态时序图

4. 系统管理员管理

商铺用户管理主要为系统管理员管理商铺用户时使用的功能,包括商铺注册信息查看、商铺资质审核、警告商铺、解除警告、关停商铺。

(1)商铺注册信息查看。

系统管理员管理商铺的注册信息,对商铺提交的注册信息进行查看。商铺注册信息查看数据流图设计如图 2-89 所示。商铺注册信息查看 IPO 表设计如表 2-29 所示。

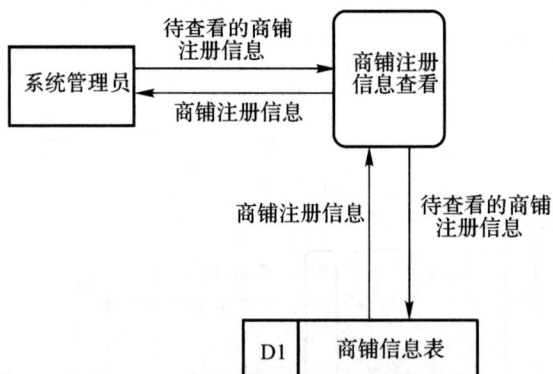

图 2-89　商铺注册信息查看数据流图

表 2-29　商铺注册信息查看 IPO 表

IPO 表
模块编号:4-1
模块名称:商铺注册信息查看
所属子系统:系统管理员管理
模块描述:系统管理员查看商铺的注册信息,对商铺提交的注册信息进行查看

续表

IPO 表

输入:商铺 ID

输出:商铺注册所填信息

处理:管理员可点击查看商铺注册所填写信息,若其中存在不可信信息,则可要求用户重新进行注册

变量说明:

商铺账号:默认值为"NULL",有效值为可变长字符串类型

商铺密码:默认值为"NULL",有效值为不小于八位的包含数字,大小写字母的可变长字符串

店主姓名:默认值为"NULL",有效值为可变长字符串,要求与身份证姓名一致

设计人:张三

设计日期:2023/11/23

（2）商铺资质审核。

系统管理员审核商铺提交的资质审核信息,包括卫生许可证以及营业执照。根据提交的资质证明（如有效期等）可选择审核通过或者不通过,不通过则给予理由。商铺资质审核数据流图设计如图 2-90 所示。商铺资质审核 IPO 表设计如表 2-30 所示。

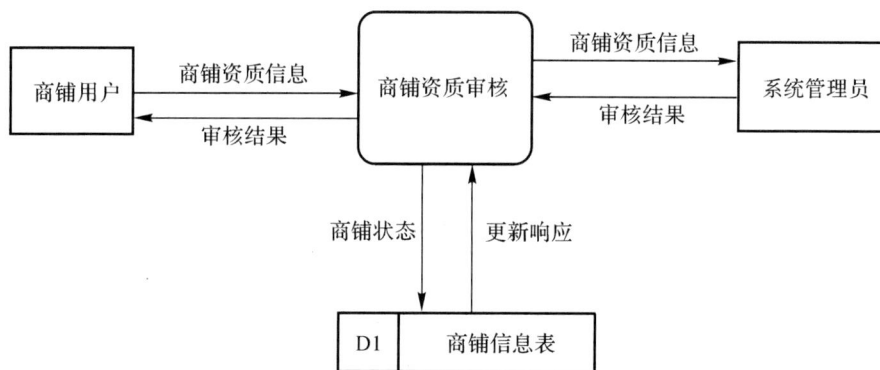

图 2-90　商铺资质审核数据流图

表 2-30　商铺资质审核 IPO 表

IPO 表

模块编号:4-2

模块名称:管理员审核商铺资质

所属子系统:系统管理员管理

模块描述:系统管理员审核商铺提交的资质审核信息,包括卫生许可证以及营业执照。根据提交的资质证明（如有效期等）可选择审核通过或者不通过,不通过则给与理由

输入:商铺 ID

输出:审核结果

处理:管理员审核生产许可证以及营业资格证是否有效

续表

IPO 表

变量说明：
卫生许可证：默认值为"NULL"，有效值为可变长字符串，需要提交.png 或者.jpg 或者.pdf 格式文件
营业资格证：默认值为"NULL"，有效值为可变长字符串，需要提交.png 或者.jpg 或者.pdf 格式文件

设计人：张三
设计日期：2023/11/23

（3）警告商铺。

系统管理员可对 30 天内平均评分低于 3 分的商铺提出警告，商铺需要对警告做出响应，说明理由，被警告的商铺将处于为期 30 天的警告期内。警告商铺数据流图设计如图 2-91 所示。警告商铺 IPO 表设计如表 2-31 所示。

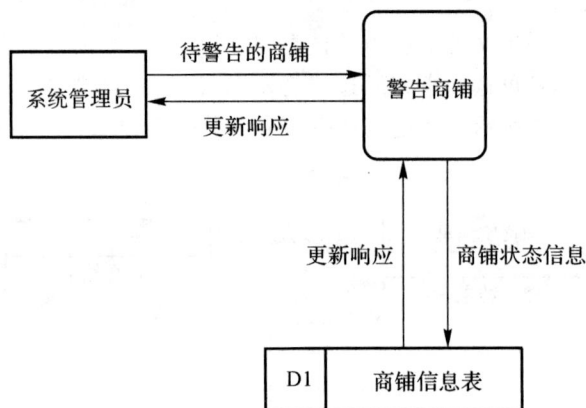

图 2-91　警告商铺数据流图

表 2-31　警告商铺 IPO 表

IPO 表

模块编号：4-3
模块名称：管理员警告商铺
所属子系统：系统管理员管理
模块描述：系统管理员可对 30 天内平均评分低于 3 分的商铺提出警告，商铺需要对警告做出响应，说明理由，被警告的商铺将处于为期 30 天的警告期内

输入：近 30 天平均评分小于 3 分的商铺列表
输出：警告理由
处理：管理员可在商铺列表中根据评分筛选商铺，并且将时间设置为最近一个月，可针对筛选列表中的低评分商铺给与警告，并说明理由
变量说明：
警告信息：默认值"NULL"，有效值为可变长字符串

续表

IPO 表
设计人:张三 设计日期:2023/11/23

（4）解除警告。

商铺需要在警告期内将评分提升至 3 分及以上,对于未达要求的商铺,管理员可以选择对其进行停业处理,在警告期内也可随时解除警告,以免有恶意评分订单的出现而导致商铺被关停。解除警告数据流图设计如图 2-92 所示。解除警告 IPO 表设计如表 2-32 所示。

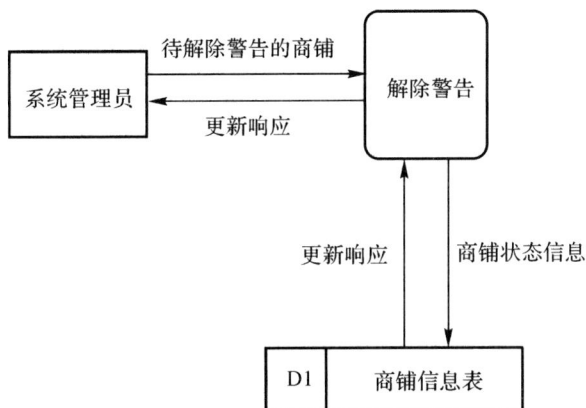

图 2-92　解除警告数据流图

表 2-32　解除警告 IPO 表

IPO 表
模块编号:4-4 模块名称:解除商铺警告 所属子系统:系统管理员管理 模块描述:商铺需要在警告期内将评分提升至 3 分及以上,对于达到要求的商铺可以自动解除警告。此外,申诉存在恶意评分的商铺,再给予理由后,可重新计算评分,新评分满足要求则解除警告
输入:警告商铺 ID 输出:解除警告信息 处理:管理员点击警告列表中的商铺,如存在申诉,查看申诉信息后,理由充分则管理员可解除警告 变量说明: 无
设计人:张三 设计日期:2023/11/23

（5）关停商铺。

商铺持续 60 天未解除警告,则关停商铺。关停商铺数据流图设计如图 2-93 所示。关停商铺 IPO 表设计如表 2 - 33 所示。

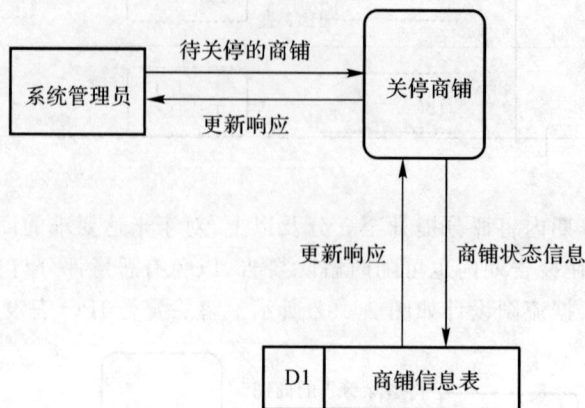

图 2 - 93　关停商铺数据流图

表 2 - 33　关停商铺 IPO 表

IPO 表
模块编号:4 - 5 模块名称:关停商铺 所属子系统:系统管理员管理 模块描述:商铺持续 60 天未消除警告,则关停商铺
输入:持续 60 天处于警告商铺列表 输出:商铺关停提示信息 处理:管理员点击持续 60 天处于警告列表中的商铺,进行关停商铺操作 变量说明: 无
设计人:张三 设计日期:2023/11/23

系统管理员管理活动图如图 2 - 94 所示。

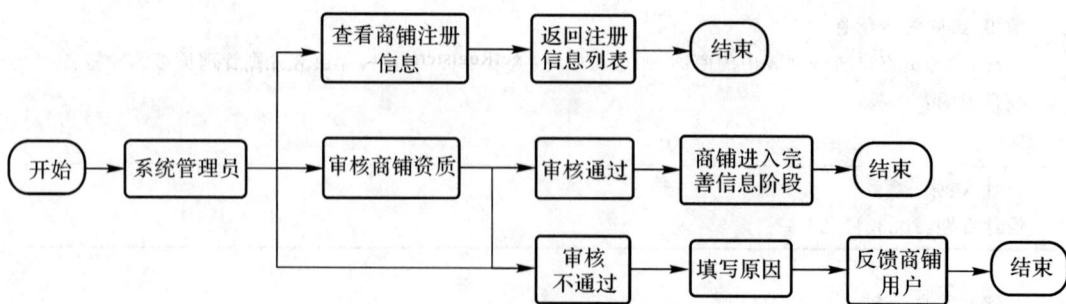

图 2 - 94　系统管理员管理活动图

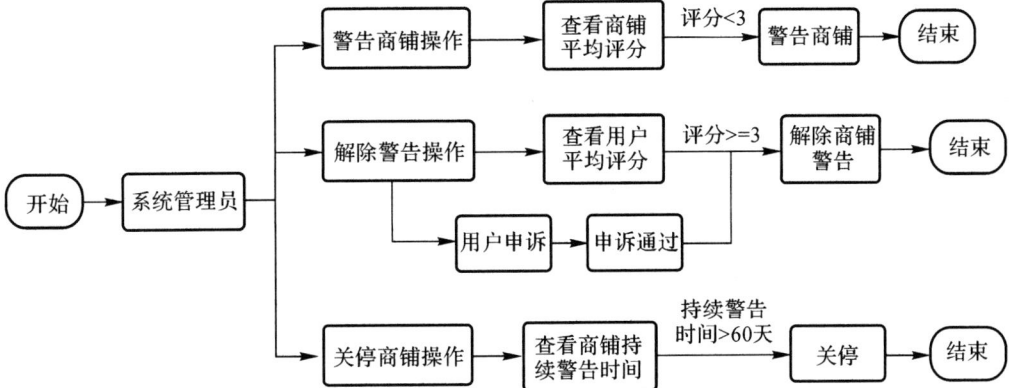

续图 2 - 94　系统管理员管理活动图

系统管理员管理模块用例图如图 2 - 95 所示。

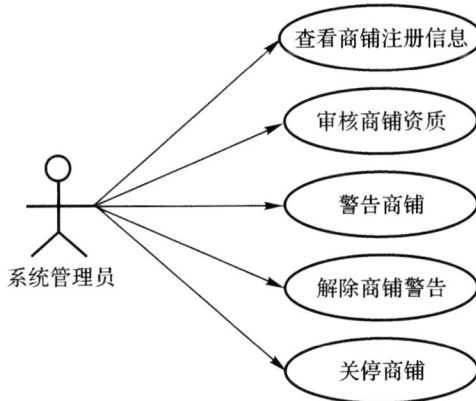

图 2 - 95　系统管理员管理模块用例图

系统管理员查看商铺注册信息时序图如图 2 - 96 所示。

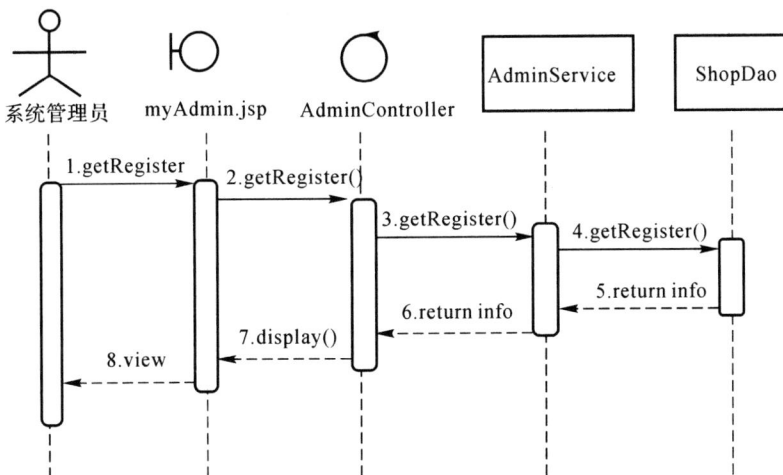

图 2 - 96　系统管理员查看商铺注册信息时序图

系统管理员修改商铺状态时序图如图 2 - 97 所示。

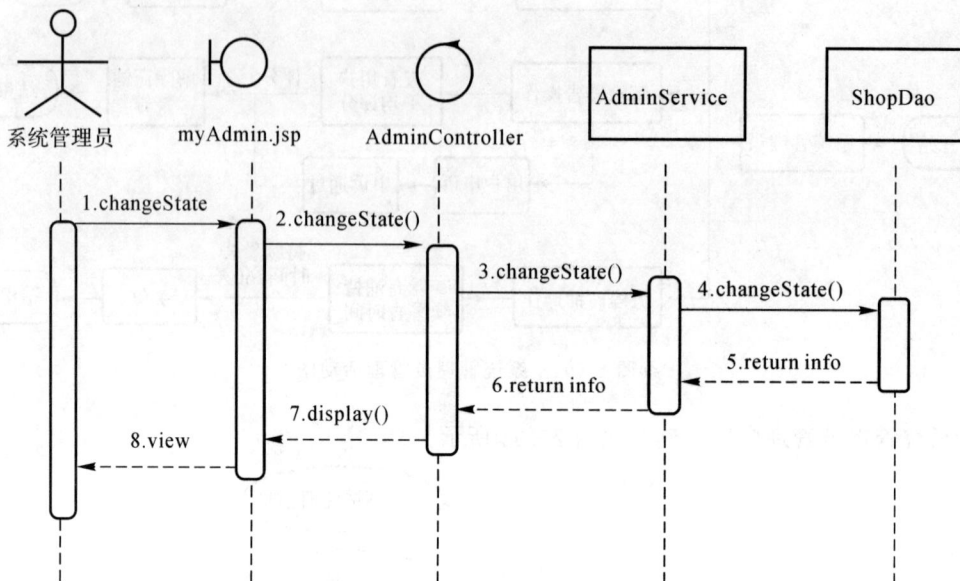

图 2 - 97　系统管理员修改商铺状态时序图

2.9.3.2　页面布局设计

页面布局图如图 2 - 98 所示。

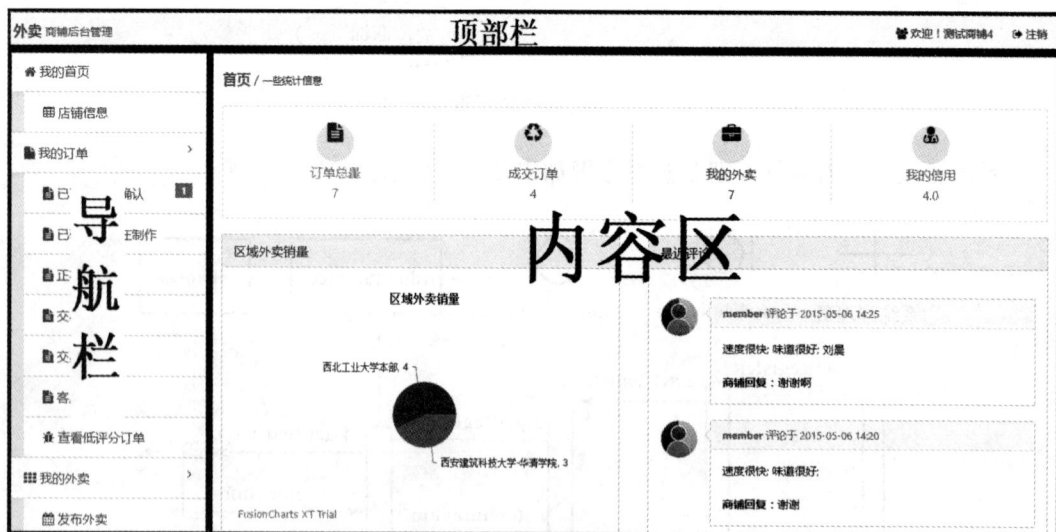

图 2 - 98　页面布局图

2.9.3.3　E - R 设计

基于 Web 的网上外卖发布与订单管理系统 E - R 设计如图 2 - 99 所示。

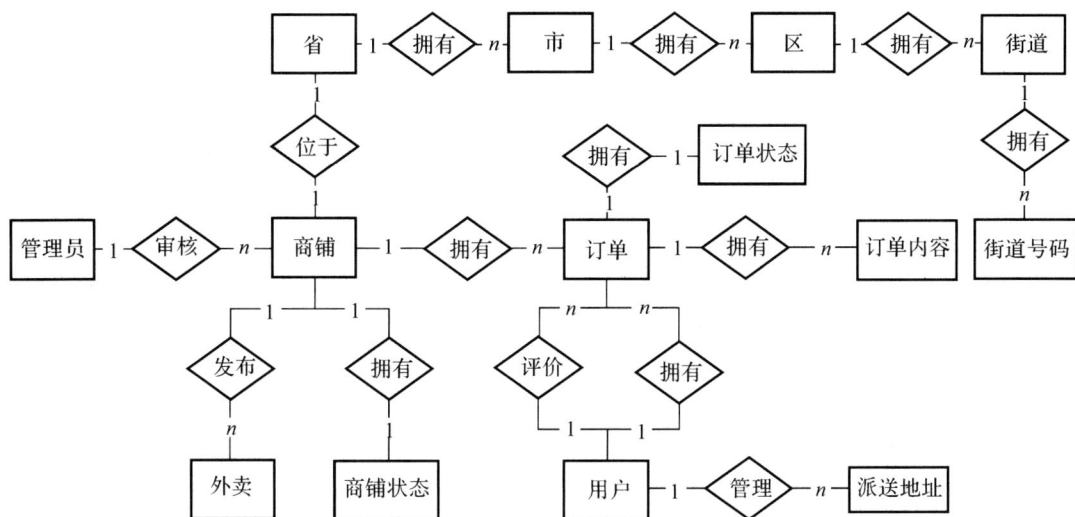

图 2 - 99　基于 Web 的外卖发布与订单管理系统 E - R 图

2.9.3.4　数据字典设计

表 2 - 34～表 2 - 49 为基于 Web 网上外卖发布与订单管理系统的数据字典。

表 2 - 34　管理员信息表

英文名称	中文名称	数据类型	默认值	有效验证	输入方式	是否为空	说明
Adminid	管理员 ID	Long			自动产生	否	主键
Adminname	管理员名	varchar			手动输入	否	
password	密码	varchar			手动输入	否	

表 2 - 35　省信息表

英文名称	中文名称	数据类型	默认值	有效验证	输入方式	是否为空	说明
Provinceid	省 ID	Long			自动产生	否	主键
Provincename	省名	varchar			手动输入	否	

表 2 - 36　城市信息表

英文名称	中文名称	数据类型	默认值	有效验证	输入方式	是否为空	说明
Cityid	城市 ID	Long			自动产生	否	主键
Cityname	城市名	varchar			手动输入	否	
Provinceid	省 ID	Long			自动产生	否	外键

表 2-37 区域信息表

英文名称	中文名称	数据类型	默认值	有效验证	输入方式	是否为空	说明
Areaid	区 ID	Long			自动产生	否	主键
Areaname	区名	varchar			手动输入	否	
Cityid	城市 ID	Long			自动产生	否	外键

表 2-38 街道信息表

英文名称	中文名称	数据类型	默认值	有效验证	输入方式	是否为空	说明
Streetid	街道 ID	Long			自动产生	否	主键
Streetname	街道名	varchar			手动输入	否	
Areaid	区 ID	Long			自动产生	否	外键

表 2-39 街道号码信息表

英文名称	中文名称	数据类型	默认值	有效验证	输入方式	是否为空	说明
StreetNumid	街道号码 ID	Long			自动产生	否	主键
StreetNumname	街道号码名	varchar			手动输入	否	
Streetid	街道 ID	Long			自动产生	否	外键

表 2-40 用户地址表

英文名称	中文名称	数据类型	默认值	有效验证	输入方式	是否为空	说明
MemberAddressid	用户地址 ID	Long			自动产生	否	主键
MemberAddressname	用户地址名	varchar			手动输入	否	
MemberAddressid	用户 ID	Long			自动产生	否	外键

表 2-41 商铺电话信息表

英文名称	中文名称	数据类型	默认值	有效验证	输入方式	是否为空	说明
Shopid	商铺 ID	Long			自动产生	否	主键
Tel	商铺电话	varchar			手动输入	否	主键

表 2-42 用户信息表

英文名称	中文名称	数据类型	默认值	有效验证	输入方式	是否为空	说明
Memberid	用户 ID	Long			自动产生	否	主键

续表

英文名称	中文名称	数据类型	默认值	有效验证	输入方式	是否为空	说明
Membername	用户名	varchar			手动输入	否	
Password	密码	varchar			手动输入	否	
Email	邮箱	varchar			手动输入	否	
Address	地址	varchar			手动输入	否	
phone	电话	varchar			手动输入	否	

表 2－43　订单详情信息表

英文名称	中文名称	数据类型	默认值	有效验证	输入方式	是否为空	说明
Orderid	订单 ID	Long			自动产生	否	主键
Orderdetailid	订单详情 ID	Long			自动产生	否	主键
Takeoutid	外卖 ID	Long			自动产生	否	外键
Amount	数量	Long	1		手动输入	否	

表 2－44　外卖类型信息表

英文名称	中文名称	数据类型	默认值	有效验证	输入方式	是否为空	说明
Typeid	外卖类型 ID	Long			自动产生	否	主键
Type	外卖类型	varchar			手动输入	否	

表 2－45　外卖信息表

英文名称	中文名称	数据类型	默认值	有效验证	输入方式	是否为空	说明
Takeoutid	外卖 ID	Long			自动产生	否	主键
Name	外卖名	varchar			手动输入	否	
Typeid	外卖种类 ID	Long			自动产生	否	外键
Shopid	商铺 ID	Long			自动产生	否	外键
Price	外卖单价	Double	0		手动输入	否	

表 2－46　订单信息表

英文名称	中文名称	数据类型	默认值	有效验证	输入方式	是否为空	说明
Orderid	订单 ID	Long			自动产生	否	主键
Statusid	订单状态 ID	Long			自动产生	否	外键

续表

英文名称	中文名称	数据类型	默认值	有效验证	输入方式	是否为空	说明
Address	收货地址	varchar			自动产生	否	
Phone	收货电话	varchar			自动产生	否	
Remark	备注	varchar	NULL		手动输入	是	
Shopid	商铺 ID	Long			自动产生	否	外键
Memberid	用户 ID	Long			自动产生	否	外键
Comment	评价	varchar	NULL		手动输入	是	
Createtime	产生时间	DateTime			自动产生	否	
Closetime	关单时间	Date	NULL		自动产生	是	
Totalprice	订单总价	Double	0		自动计算	是	
Avg	平均评分	Double	5		手动输入	是	
Commenttime	评论时间	DateTime	NULL		手动输入	是	

表 2-47 商铺状态信息表

英文名称	中文名称	数据类型	默认值	有效验证	输入方式	是否为空	说明
Stateid	商铺状态 ID	Long			自动产生	否	主键
State	商铺状态	varchar			手动输入	否	

表 2-48 商铺信息表

英文名称	中文名称	数据类型	默认值	有效验证	输入方式	是否为空	说明
ShopId	商铺编号	Long			自动产生	否	主键
Account	账号名	varchar			手动输入	否	
Password	密码	varchar			手动输入	否	
Owner	店主名	varchar			手动输入	否	
ShopName	商铺名	varchar			手动输入	否	
Address	地址	varchar			手动输入	否	
Description	商铺描述	varchar	NULL		手动输入	是	
StateId	商铺状态 ID	Long			自动产生	否	外键
Icon	商铺图标	varchar	NULL		手动输入	是	
StartTime	起始营业时间	varchar	NULL		手动输入	是	

续表

英文名称	中文名称	数据类型	默认值	有效验证	输入方式	是否为空	说明
CloseTime	停止营业时间	varchar	NULL		手动输入	是	
PrepareTime	预计送达需要时间	varchar	NULL		手动输入	是	
Email	邮箱地址	varchar			手动输入	否	
CreateTime	注册时间	DateTime			手动输入	否	
WarnTime	警告时间	DateTime	NULL		自动产生	是	
MinPrice	起送价	Double	0		手动输入	是	
CityId	城市 ID	Long			自动产生	否	外键
CheckedNum	上次计算订单数	Long	0		手动输入	是	
Grade	平均评分	Double	5		手动输入	是	
Lat	纬度值	Double			手动输入	否	
Lng	经度值	Double			手动输入	否	

表 2-49　订单状态信息

英文名称	中文名称	数据类型	默认值	有效验证	输入方式	是否为空	说明
StatusId	订单状态 ID	Long			自动产生	否	主键
Status	订单状态	varchar			手动输入	否	

2.9.3.5　数据管理能力要求

本系统是一个涉及订单信息、外卖信息等多种数据的系统。

1. 需要管理的文档和记录的个数

（1）外卖信息。

数量：数百至数千种菜品。

记录：每种菜品的描述、价格、分类等信息。

（2）订单记录。

数量：每日可能有数百至数千个订单。

记录：每个订单包括顾客信息、送货地址、点菜清单、支付信息等。

2. 数据表和文档的大小规模

（1）外卖信息文档大小规模。

每种菜品平均文档大小：几 KB 至几十 KB 不等。

总菜单信息存储需求：根据菜品数量和文档大小而定。

（2）订单记录文档大小规模。

每个订单平均文档大小：几十 KB 至几百 KB 不等。

每日订单记录存储需求:根据订单数量和文档大小而定。

3. 对数据及其存储需求的可预见增长估算

(1)菜单信息增长估算。

平均每月新增菜品数量:数十至数百个。

预计一年后新增菜品的存储需求:根据月均新增菜品数量和文档大小估算。

(2)订单记录增长估算。

平均每月订单增长率:10%增长。

预计一年后新增订单记录的存储需求增长:根据订单增长率和文档大小估算。

2.9.3.6　故障处理要求

软件和硬件故障可能对系统性能产生各种后果,以下是一些可能发生故障类型、对系统性能的影响以及处理故障的要求。

1. 软件故障

可能的故障类型:软件程序错误或漏洞,数据库损坏或丢失,操作系统崩溃。

故障产生的后果:系统崩溃或应用程序崩溃,数据丢失或不一致,服务中断或延迟。

故障处理要求:及时修复程序错误或漏洞,实施有效的数据备份和恢复策略,建立监控系统以便及时发现并解决操作系统或数据库问题。

2. 硬件故障

可能的故障类型:CPU故障、存储设备故障(硬盘、固态硬盘等)、内存故障、网络设备故障(路由器、交换机)。

故障产生的后果:性能下降或系统停机,数据丢失或不可用,网络连接中断或不稳定。

故障处理要求:硬件设备定期维护和检测,实施冗余和备份策略,实施监控系统以检测设备故障并及时更换或修复。

3. 网络故障

可能的故障类型:网络延迟或阻塞,网络连接丢失,分布式阻断服务(DDoS)攻击或网络安全漏洞。

故障产生的后果:服务不稳定或中断,数据传输延迟或中断,安全漏洞导致数据泄露或损害。

故障处理要求:实施网络监控和安全措施,及时检测和应对网络攻击,设立备用网络或连接,以应对网络连接丢失的情况,实施安全更新和漏洞修补以保护系统免受安全威胁。

2.9.4　运行环境规定

1. 设备

本系统所需的硬件设备如下:

(1)处理器型号及内存容量。

服务器处理器:多核心处理器,以支持多任务处理和高并发。

内存容量:16 GB以上的内存,以应对大规模订单处理和数据操作。

（2）外存容量、联机或脱机、媒体及其存储格式，设备的型号及数量。

数据库服务器存储：固态硬盘（SSD）或高速电脑硬盘（HDD），存储订单数据、菜单信息等，容量取决于业务规模，至少 500 GB 以上。

备份存储设备：备份服务器、云存储等，用于定期备份数据库和系统数据，确保数据安全。

（3）输入及输出设备的型号和数量，联机或脱机。

服务器：可远程管理的服务器，带有控制台访问，可以通过安全外壳协议（SSH）或远程桌面管理。

（4）数据通信设备的型号和数量。

网络设备：高速稳定的互联网连接，可能需要交换机、路由器、防火墙等设备，以确保数据通信稳定和安全。

2．支持软件

（1）操作系统。

服务器端操作系统：使用类 Unix 系统，如 Linux（或 Windows Server）。

数据库管理系统：使用 MySQL 作为数据库管理系统，用于存储和管理数据。

开发环境操作系统：开发人员可以使用不同的操作系统进行开发，例如 Windows、macOS、Linux。

（2）编程与开发支持软件。

编程语言和框架：如 Java、Node. js、Ruby 等用于开发后端逻辑，可能使用框架如 Spring、SpringMVC，SpringBoot 等。

前端开发：HTML/CSS/JavaScript、React、Vue. js、jsp 等用于前端用户界面开发。

集成开发环境（IDE）：如 Visual Studio Code、IDEA 等用于代码编写和调试。

（3）测试支持软件。

单元测试框架：如 JUnit 等用于单元测试。

集成测试：Selenium 等用于自动化集成测试。

性能测试工具：JMeter、LoadRunner 等用于测试系统的性能和负载能力。

（4）版本控制和团队协作。

版本控制系统：如 Git、SVN 等用于代码版本管理。

团队协作工具：如 Jira、Trello、Slack 等用于团队协作和项目管理。

3．接口

（1）支付接口。

支付服务提供商接口：与各种支付服务提供商的接口，如支付宝、微信支付、银行支付等，使用相应的支付 API 进行支付交互。

第三方支付网关：通过支付网关接口与信用卡支付、PayPal 等第三方支付服务进行数据交换。

（2）地图与定位接口。

地图服务 API：与地图服务提供商的接口，如 Google Maps API、百度地图 API 等，用于订单配送路径规划、位置追踪等。

定位服务接口：可能会与 GPS 定位服务或基站定位服务进行交互，获取用户位置信息。

（3）第三方集成接口。

外部订餐平台接口：与外部订餐平台如美团、饿了么等的接口，进行订单同步和数据交换。

（4）数据通信协议。

RESTful API：通常用于客户端与服务器之间的数据交换，采用 HTTP 协议，传输 JSON 或 XML 数据。

WebSocket：用于实时通信，支持双向通信，常用于实时订单状态更新、聊天功能等。

（5）数据格式。

JSON（JavaScript Object Notation）：轻量级数据交换格式，常用于 API 接口之间传输数据。

XML（eXtensible Markup Language）：用于不同系统之间的数据传输和交换。

4．控制

（1）管理员后台控制。

管理员界面：提供一个专门的管理员后台界面，管理员可以通过此界面进行各种管理操作，如审核商铺资质等。

（2）软件配置参数。

配置文件：软件通常会有一些配置文件，管理员可以修改其中的参数来控制软件的运行行为，如系统设置、业务规则等。

（3）控制信号来源。

商家端操作：商家接收订单、接受订单等操作会产生相应的控制信号，从而改变订单状态。

管理员操作：管理员在后台管理界面对系统进行设置、调整和监控，产生相应的控制信号。

（4）实时事件触发。

事件驱动系统：通过事件驱动的方式进行控制，例如订单状态更新、用户反馈等触发相应的控制信号。

（5）API 调用。

外部系统或服务调用：通过与其他系统、服务的 API 进行调用，触发相关操作，如支付确认、配送状态更新等。这些控制信号的来源可以是商家、管理员的操作行为，也可以是系统内部的事件触发、配置文件参数修改等。管理员具有最高权限，可以对系统的运行状态进行管理和控制。

第3章　软件项目的概要设计

3.1　面向对象设计中的启发规则

在面向对象方法学中,研究人员通过积累经验总结出了一些启发规则,可以依赖这些启发规则来引导开发人员提高软件设计的质量,包括帮助开发人员创建可维护和可重用的软件系统。以下是这些规则的要点。

1. 清晰易懂的设计

确保设计结果是清晰、易于阅读和理解的,这是提高软件可维护性和可重用性的核心要素。为了实现这一目标,应该考虑以下几点:

(1)命名一致性:给类、方法和变量命名时,应保持一致性,并使用常见的命名约定,相似功能的元素应该使用相似的命名。

(2)使用已有的协议:如果其他开发人员已经定义了类的协议,或者库中已经有相关协议可用,那么应该使用这些协议,以减少不必要的工作。

(3)减少消息模式:如果存在标准的消息协议,那么应该遵守这些协议;如果必须创建自定义消息协议,那么要保持简洁,以便其他人能够轻松理解。

(4)明晰定义:每个类的用途应该清晰,类名应该能够清楚地反映其功能,不应该过于复杂。

2. 适当的一般到特殊结构深度

在类层次结构中,要确保一般到特殊的层次深度是适当的。通常情况下,在中等规模的系统中(约包含 100 个类),类等级的深度应该在 7 ± 2 之间。不要仅仅出于编码方便而随意创建派生类,确保类层次结构与领域知识或常识一致。

3. 简化和单一职责的类设计原则

尽量设计小而简单的类,以便于开发和管理。经验表明,如果一个类的定义不超过一页纸(或两屏幕),那么更容易使用。为了实现这一目标,需要注意以下几点:

(1)避免过多属性:不要包含过多的属性,因为这通常表示类过于复杂,承担了过多的功能。并且每个类应该有一个单一的责任,也就是说,一个类应该只有一个引起它变化的原因。这有助于使类更加可维护,因为每个类都只关注一个明确定义的任务,而不会包含过多的功能。单一职责原则有助于降低代码的耦合性,使系统更加灵活和可扩展。

（2）清晰定义：为了保持类的清晰性，为每个类分配明确的任务，用简洁语句描述其功能。

（3）开放封闭原则：避免复杂的对象协作，以保持类的简洁和清晰。软件实体（类、模块、函数等）应该对扩展是开放的，但对修改是封闭的。这意味着当需要添加新功能时，应该通过扩展现有代码而不是修改现有代码来实现。使用抽象类、接口和设计模式，可以实现开放封闭原则，从而降低对现有代码的依赖性，提高可维护性。

（4）限制服务数量：每个类提供的公共服务应适量，通常不超过 7 个。

在设计人员开发大型软件系统时，遵循上述启发规则也会带来其他的问题。比如，当设计出大量较小的类时，会给系统的规则带来一定复杂性。解决这个问题的办法是可以把系统中的类按照逻辑进行分组，也就是划分"主题"。

4. 使用简单的协议

一般来说，消息中的参数不应超过 3 个。经验表明，复杂消息和对象之间的紧耦合会增加修改的难度。因此，应保持消息和协议的简洁性。

5. 使用简单的服务

通常情况下，面向对象设计中的类应该提供小型的服务，只包含 3～5 行源代码语句，并可以用简单句子描述其功能。如果服务过于复杂，包含过多嵌套或复杂的条件语句，那么应该进行分解或简化，通常要避免使用复杂的服务。如果需要使用条件语句，那么可以考虑使用一般到特殊的结构来提高代码的可维护性。

6. 最小化设计变更

通常情况下，高质量的设计在其生命周期内需要进行最少的变更，即使必须对设计进行修改，也应尽量限制变更的范围。理想情况下设计变更的趋势如图 3-1 所示。

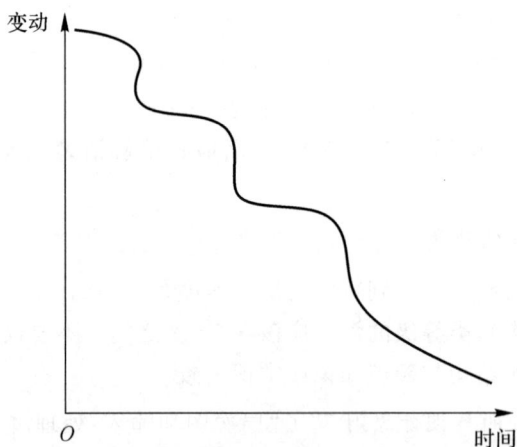

图 3-1　理想情况下设计变更的趋势

在设计的早期阶段，变更较为频繁，但随着时间的推移，随着设计方案的逐渐成熟，变更的幅度逐渐减小。图 3-1 中的峰值对应着设计错误或非计划的变更发生的时刻。峰值的高度与设计质量的好坏以及可重用性的程度有关。高峰值通常表明设计质量较差，可重用性较低。

3.2　描绘软件结构的图形工具

3.2.1　层次图和 HIPO 图

3.2.1.1　层次图

层次图,又称 H 图,是一种用于描述软件的层次结构的工具,主要用于自顶向下的软件设计。它包括两种主要元素:模块和调用关系。它与数据结构中的层次方框图相似,但其内容和用途完全不同。在层次图中,每个矩形框代表一个模块,而矩形框之间的连线表示模块之间的调用关系,而不像层次方框图那样表示组成关系。这使层次图特别适用于自顶向下设计软件的结构。举例来说,图 3 - 2 中的一个示例可能包括最顶层的方框,代表整个软件系统的主控模块。这个主控模块通过调用下层的模块来完成软件系统的全部功能。第二层的每个模块负责实现软件系统的一个主要功能,例如,一个叫作"订单处理系统"模块可以通过调用其下属模块来实现关于订单管理流程的不同功能。层次图的优势在于它可以清晰地展示软件模块之间的调用关系,有助于在自顶向下的设计过程中,从整体到细节的逐步分解,使得软件结构更易于理解和管理。这有助于团队合作,以便每个团队成员可以理解其工作在整个软件系统中的位置和作用。

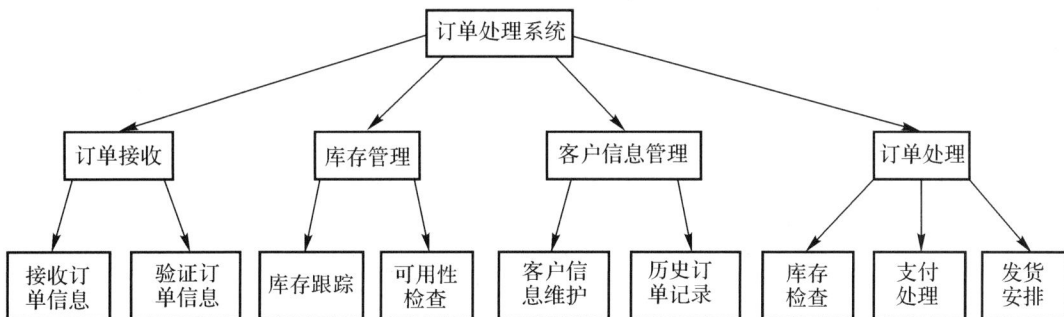

图 3 - 2　订单处理系统的层次图

3.2.1.2　HIPO 图

HIPO 图是"层次图加输入/处理/输出图"的缩写,是一种用于描述系统结构和模块内部处理功能的工具,结合了层次结构图(Structure Chart)和 IPO 图的元素。HIPO 图代表了一种结构化系统设计工具,其名称代表了"层次图加输入/处理/输出图"(Hierarchy plus Input Process Output)。它有两个主要部分:层次图和 IPO 图,用于描述系统的整体结构以及模块内部的处理功能和输入/输出关系。

1. 层次图(H 图)部分

(1)在图 3 - 3 中,层次图部分描述了整个系统的设计结构和不同模块之间的关系。

(2)它采用层次结构的方式,从最顶层开始,逐级展示模块的组织结构。

(3)每个模块在 H 图中通常以方框表示,以便清晰地表示模块的层次结构。

(4)为了跟踪和标识模块,每个方框都附带一个编号。

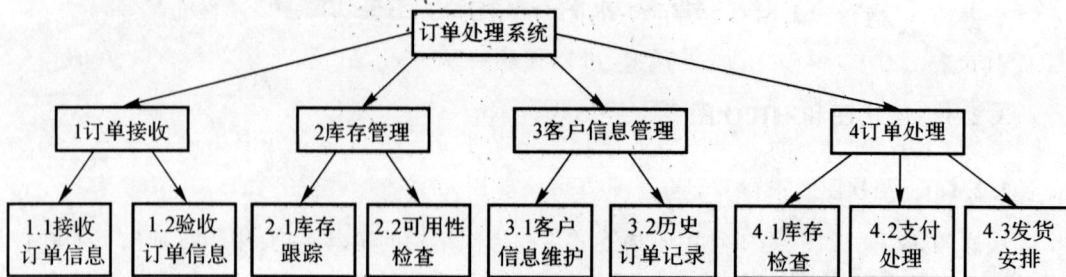

图 3-3 带编号的层次图(H 图)

2. IPO 图部分

(1)HIPO 图的另一部分是 IPO 图,它用于描述某个特定模块内部的处理过程和输入/输出关系。

(2)IPO 代表了三要素,即输入(Input)、处理(Processing)、输出(Output)。

(3)在图 3-4 中,每个模块的内部功能会被详细描述,包括它接收的输入、经过的处理过程,以及生成的输出。

3. 可追踪性

为了使 HIPO 图具有可追踪性,除了最顶层的方框之外,每个模块都会附带一个编号,以唯一标识和跟踪每个模块。

总的来说,HIPO 图是一种结构化系统设计工具,用于可视化系统的整体结构和模块内部的功能。它将层次图和 IPO 图的元素结合在一起,使系统设计更加清晰并可追踪。这种工具有助于设计人员和开发人员在系统设计和开发过程中更好地理解和协作。

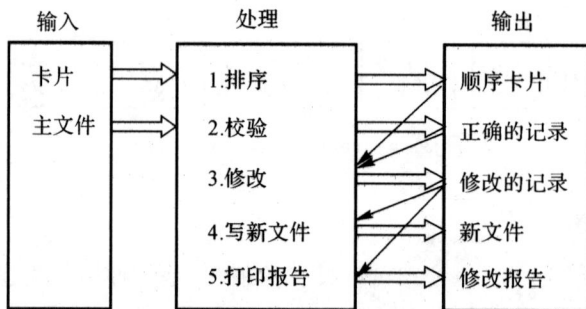

图 3-4 带编号的层次图(IPO 图)

3.2.2 结构图

结构图是由著名的计算机科学家和软件工程师 Edward Yourdon 提出的一种可以进行软件结构设计的有力工具,用于进行软件结构设计和描述软件系统的结构。结构图和其他结构化方法一起,可以帮助软件开发人员更好地理解和设计复杂的软件系统。它类似于层次图,用于图形化描述软件的结构。在结构图中,每个模块被表示为一个方框,通常在方框内注明模块的名称或主要功能。这些模块之间的调用关系通过方框之间的箭头或直线表示。根据约定,通常位于图中上方的方框代表调用位于下方的方框,这使得即使没有箭头也能清晰表示调用关系。为了简化表示,可以使用直线而不是箭头来表示模块之间的调用关系。

此外,在结构图中,通常使用带有注释的箭头来表示在模块之间调用过程中传递的信息。如果需要进一步指明传递的信息是数据还是控制信息,那么可以通过注释箭头尾部的形状来进行区分。当箭头尾部是空心圆时,表示传递的是数据,而当箭头尾部是实心圆时,表示传递的是控制信息。

结构图的示例可以帮助设计人员更好地理解软件结构和模块之间的相互关系,从而为软件设计提供了一个可视化的工具。图 3-5 所示为结构图示例。其中,调用连线上的 a、b、c 是模块传递的数据或控制信号。模块通常用方框表示,模块之间的连接线代表数据或控制信号的传递。这些模块可以进一步分类为传入模块、传出模块、变换模块和协调模块,设计人员可以更好地理解它们的功能。需要注意的是,这些图形工具并没有明确规定模块调用的次序。尽管大多数人倾向于从左到右按照调用次序画模块,但这并不是强制性的规则。有时候,出于其他考虑,例如,减少连接线的交叉,可以选择不按照这种次序绘制。此外,这些图形工具并没有具体说明模块调用的时间。通常,上层模块中包含除了调用下层模块的语句之外的其他语句,因此无法从图中明确看出是先执行调用下层模块的语句还是其他语句。

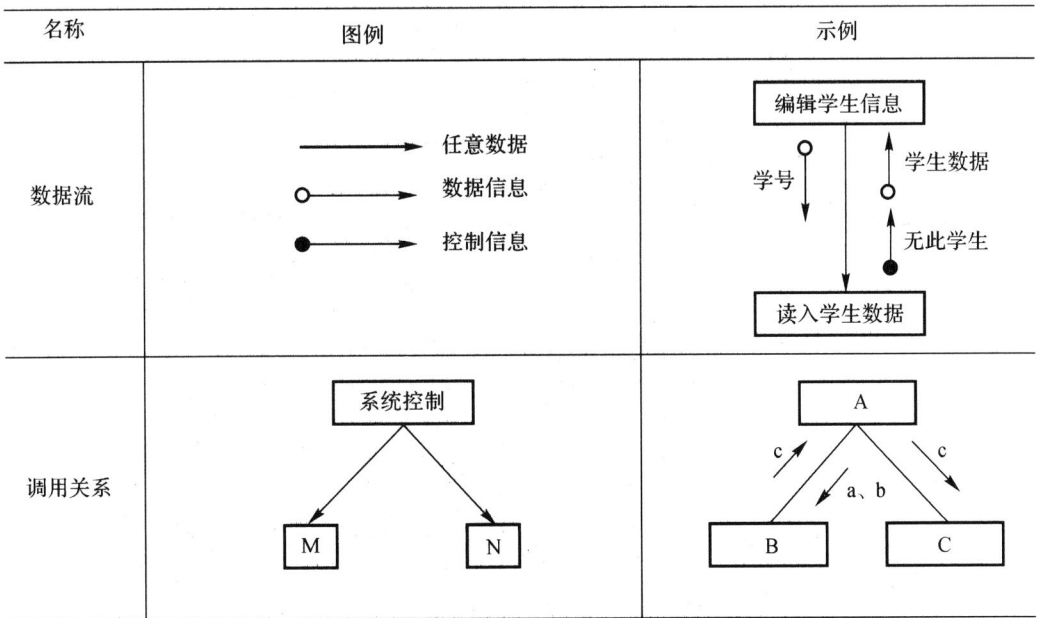

图 3-5　结构图示例

一般情况下,软件开发人员使用层次图来记录软件结构的文档。结构图不太适合作为文档,因为它们可能包含太多信息,导致不够清晰。然而,开发人员可以从 IPO 图或数据字典中获取关于模块调用时传递的信息,并根据这些信息绘制结构图,这有助于检查设计的正

确性和评价模块的独立性。通过这个过程,有一些关键考虑的内容需要关注:

(1)数据元素的必要性:应该审查传递的每个数据元素,确保它们是否都是为了完成模块功能所必需的。如果存在不必要的数据元素,那么它们可能会增加不必要的复杂性。

(2)数据元素的遗漏:需要检查是否确实传递了完成模块功能所必需的每个数据元素。遗漏关键数据可能导致程序运行失败或出现错误。

(3)数据元素的功能单一性:应该评估数据元素是否与单一功能相关。如果一个数据元素涉及多个功能,那么可能会导致混淆和错误。

(4)模块之间的联系:在结构图中,应该清晰明了地表达模块之间的联系。如果在图中出现难以解释或不清晰的模块关系,那么可能需要重新审查和优化设计。

这些方面的考虑将有助于确保软件的结构图能够清晰、高效地传达模块之间的关系和信息传递,从而提高软件的质量和可维护性。

3.3　数据库设计

3.3.1　E-R设计

实体-关系(E-R)图是一种用于描述信息系统中数据结构的工具。它以图形的方式呈现了系统中的实体(entities)以及它们之间的关系(relationships)。E-R图被广泛应用于数据库设计和软件工程领域,帮助设计人员清晰地理解数据之间的关系,从而有效地设计和实现数据库系统。E-R图的组成要素包含以下三种。

(1)实体(Entities):实体代表了系统中可以被识别的、具有独立存在意义的对象或概念。在E-R图中,实体通常用矩形框表示,框内写明实体的名称。每个实体都有一个或多个属性(attributes),它们描述了实体的特征。

(2)属性(Attributes):属性是实体的特征或描述性信息。每个属性都具有名称和数据类型。在E-R图中,属性通常以椭圆形式表示,直接连接到相应的实体上。

(3)关系(Relationships):关系表示不同实体之间的联系或关联。在E-R图中,关系通常用菱形表示,连接相关的实体。关系可以是一对一、一对多或多对多的。在关系上也会标明各实体之间的联系类型。

数据规范化是数据库设计中的关键概念之一,旨在提高数据库结构的有效性和一致性。合理地组织数据,可以减少冗余、降低数据更新异常的发生,并确保数据存储和访问的效率。数据规范化的基本原理是通过组织数据库表以减少数据冗余和提高数据完整性来优化数据库结构。它将数据分解为更小、更紧凑的单位,并确保每个数据项只在一个位置存储。这种方式可以避免数据的不一致性和更新异常,提高数据库的性能和可维护性。总结来说,数据规范化的目标包括:

(1)消除数据冗余:避免在数据库中存储重复的数据,减少存储空间的占用。

(2)降低更新异常:确保数据的一致性,避免在更新数据时产生异常情况,如插入异常、删除异常和修改异常。

(3)提高数据完整性:保证数据的完整性,防止不符合业务规则的数据被存储到数据库中。

　　为实现以上目标,通常用"范式(normalforms)"定义消除数据冗余的程度,作为用于评估和优化数据库设计的规则。常见的范式包括第一范式(1NF)、第二范式(2NF)和第三范式(3NF)等。这些范式帮助设计人员确保数据库结构的有效性和一致性。

　　(1)第一范式(1NF):要求数据库表中的每个列都包含原子值,即每个属性都是不可再分的。

　　(2)第二范式(2NF):要求数据库表中的非主属性完全依赖于候选键,而不是依赖于候选键的一部分。

　　(3)第三范式(3NF):要求数据库表中的每个非主属性都不传递依赖于主键,即非主属性之间不应该存在传递依赖关系。

　　以下是一个商店销售商品的 E-R 图实例。

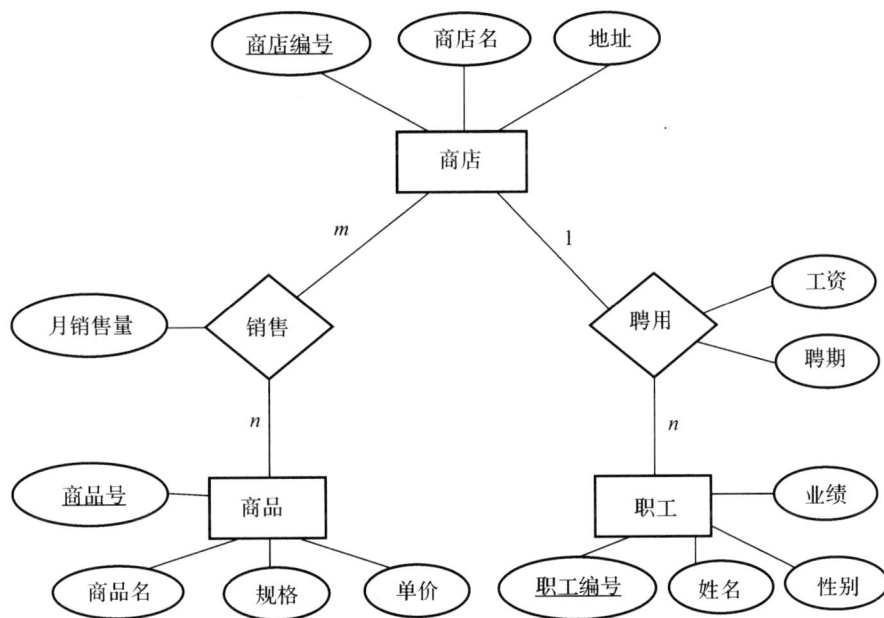

图 3-6　E-R 图实例

　　关系模式如下(其中带下横线的为实体的主键,背景为灰色的为实体的外键):

商店(商店编号、商店名、地址);

职工(职工编号、姓名、性别、业绩、商店编号、聘期、工资);

商品(商品号、商品名、规格、单价);

销售(商店编号、商品号、月销售量)。

　　通常,设计数据库时按照第三范式设计即可,当遇到多对多的关系时,需要建立一个中间表,将两个多对多的关系通过这个中间表分别变成一对多的关系。

3.3.2　数据字典格式及内容

　　数据字典(Data Dictionary)是数据库管理系统中的一个重要组成部分,它是一个存储数据库元数据的集合,包含了数据库中所有对象的定义和描述信息。数据字典可以帮助用

户了解数据库中的各种对象和数据结构,以及它们之间的关系和依赖关系。数据字典通常包括以下 5 个部分:

(1)数据项;

(2)数据结构;

(3)数据流;

(4)数据存储;

(5)处理过程。

其中数据项是数据的最小组成单位,若干个数据项可以组成一个数据结构。数据字典通过对数据项和数据结构的定义来描述数据流和数据存储的逻辑内容。

数据字典最重要的作用是作为分析阶段的工具,目的是为数据流图上每个成分加以定义和说明。换句话说,数据流图上所有的成分的定义和解释的文字集合就是数据字典,数据字典以词条方式定义在数据模型、功能模型和行为模型中出现的数据对象及控制信息的特性,给出它们的准确定义。建立这种一组严密一致的定义有助于改进分析人员和用户的通信。

数据流图中的图形元素包括基本加工、数据流、数据元素、数据存储文件、数据源点和数据汇点等,对每一个被命名的图形元素均作为一个词条加以描述,其内容包括图形元素的名字,图形元素的别名或编号,图形元素类别、描述、定义、位置等。

1. 基本加工

(1)=表示等价于(或定义为)。

(2)+表示与。例如,本市电话 = 0 + 八位非零开头数字。

(3)[…|…]表示或。例如,电话号码 = [校内电话 | 校外电话]

(4){…}表示重复。例如,Y={z}表示 Y 由 0 个或多个 z 组成。

(5)m{…}n 或{…}nm 表示重复。例如,X=1{a}4 或 X={a}41 表示 X 中最少出现 1 次 a,最多出现 4 次 a。4,1 为重复次数的上、下限。

(6)(…)表示可选。例如,y=(z)表示 y 可在 z 中出现,也可不出现。

(7)"…"表示基本数据元素。例如,y="z",表示 y 是取值为字符 z 的数据元素。

(8)..表示连接符。例如,z=2..10,表示 z 可取 2 到 10 中的任意一个值。

2. 数据流词条

数据流是数据结构在系统内传播的路径,数据流词条可包括以下几项描述内容:

(1)数据流名:要求与数据流图中该图形元素的名字一致。

(2)编号:顺序编号,反映其在数据流图中的作用及位置。

(3)简述:简要介绍数据流的产生原因和结果,以便理解数据在系统中的流动。

(4)组成:描述数据流的数据结构,指明数据流包含的数据类型和格式。

(5)来源:说明数据流来自哪个加工或哪个外部实体,以标识数据流的源头。

(6)去向:说明数据流流向哪个加工或哪个外部实体,以标识数据流的目的地。

(7)流通量:单位时间内数据的流通量,即数据流的传输速率。

(8)峰值:描述数据流流通量的极限值,即在某一时间段内数据流的最高流量。

3. 数据元素词条

数据流图中的每个数据结构都是由数据元素构成的,数据元素是数据处理中最小的、不可再分的单位,它直接反映事物的某一特征。数据元素词条应包括以下几项描述内容:

(1)类型:指明数据元素的类型,包括数字型和文字型。数字型可细分为离散值和连续值,文字型可使用编码类型和长度区分。

(2)取值范围:对于离散值,指明数据元素的具体取值;对于连续值,指明数据元素的取值范围;对于文字型,需给出文字的取值定义。

(3)相关的数据元素及数据结构:描述数据元素与其他数据元素或数据结构之间的关联关系,以便全面理解数据元素的含义和作用。

4. 数据存储文件词条

数据存储文件是数据保存的地方,一个数据存储文件词条可包括以下几项描述内容:

(1)文件名:要求与数据流图中该图形元素的名字一致,以便识别存储文件的身份。

(2)编号:顺序编号,反映其在数据流图中的作用及位置。

(3)简述:简要介绍存放在文件中的是什么数据,以便理解文件的作用和内容。

(4)组成:描述文件的数据结构,包括文件中包含的数据元素及其组织方式。

(5)输入:说明从哪些加工获取数据填充到文件中,以便追溯数据来源。

(6)输出:说明由哪些加工使用文件中的数据,以便确认数据的使用范围。

(7)存取方式:描述文件的存取方式,包括顺序存取、直接存取、关键码存取等不同方式。

(8)存取频率:单位时间内文件的存取次数,反映了文件的使用频率和重要程度。

5. 加工词条

数据流图中的每一个基本加工都需要通过数据字典进行描述,其主要描述内容如下:

(1)加工名:要求与数据流图中该图形元素的名字一致,以确保加工的身份和作用清晰明确。

(2)编号:用以反映该加工的层次和父子关系,有助于组织和理解加工之间的关联。

(3)简述:对加工的功能进行简单描述,说明加工的主要作用和目标。

(4)输入:列出加工的输入数据流,说明加工所依赖的数据源。

(5)输出:列出加工的输出数据流,说明加工产生的数据结果。

(6)加工逻辑:简述加工程序和加工顺序,对复杂的过程可以使用判定表、判定树、伪代码等形式进行描述,以便理解加工的执行逻辑和流程。

6. 数据源点和数据汇点词条

对于一个数据处理系统来说,数据源点和数据汇点应比较少。数据源点和数据汇点词条可包括以下几项描述内容:

(1)名称:要求与数据流图中该外部实体的名字一致,以确保实体的身份和作用清晰明确。

(2)简述:简要描述是什么外部实体,包括实体的性质和功能。

(3)有关数据流:说明该实体与系统交互时涉及哪些数据流,以了解实体与系统之间的数据交换情况。

(4)数目：描述该实体与系统交互的次数，反映了实体对系统的影响程度和重要性。

表 3-1 给出了一个数据字典实例。

表 3-1　数据字典实例

英文名称	中文名称	数据类型与长度	默认值	有效验证	输入方式	是否为空	说明
Adminid	管理员 ID	Long(5)			自动产生	否	主键自增 zi
Adminname	管理员名	Varchar(10)			手动输入	否	
password	密码	Varchar(8)			手动输入	否	

图 3-7 所示为一个简单的数据流图实例。它表示数据流"付款单"从外部项"客户"（源点）流出，经加工"帐务处理"转换成数据流"明细帐"，再经加工"打印帐簿"转换成数据流"帐簿"，最后流向外部项"会计"（终点），加工"打印帐簿"在进行转换时，从数据存储"总帐"中读取数据。

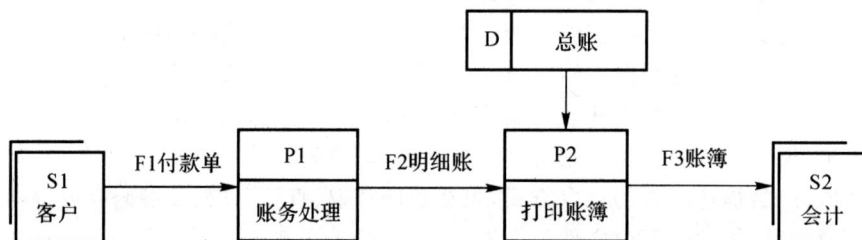

图 3-7　数据流图实例

3.4　人机界面设计

3.4.1　用户界面设计指南

用户界面设计是确保软件系统能够与用户进行有效互动的关键部分。它依赖于设计人员的经验，但经验的积累需要时间。为了帮助设计人员，这里提供了一些人机界面设计指南，其分为三大类，即一般交互指南、信息显示指南、数据输入指南。

1. 一般交互指南

这些指南适用于全局性的用户界面设计，涉及信息显示、数据输入和整体系统控制。它们对于用户体验至关重要，因为违反它们可能导致用户的困惑和错误。下面对一般交互指南进行讲述。

(1)保持一致性：在整个界面中，使用相同的格式和布局，确保用户在不同部分之间能够轻松导航。例如，如果"保存"命令在一个屏幕上是一个磁盘图标，那么在其他地方也应该用相似的方式表示。

(2)提供明确反馈：向用户提供清晰的视觉和听觉反馈，以建立有效的双向通信，确保用户明白他们的操作结果。视觉反馈如成功消息、错误提示或进度条,以及听觉反馈,如声音或提示音。

(3)确认破坏性操作:在执行可能带来重大后果的操作之前,应征得用户的明确确认,以避免误操作。例如,给出"您确定要……"的信息,以确认用户是否执行重大命令。

(4)支持撤销绝大多数操作:提供简便的 UNDO 或 REVERSE 功能,让用户能够取消已完成的操作,减少时间和努力的浪费。

(5)减少记忆负担:最少化用户需要记住的信息量,避免长串数字或标识符的过度使用。使用常见的、易于理解的术语和符号,而不是要求用户记住复杂的代码或特定的术语。

(6)提高操作效率:减少用户的击键次数,精心设计屏幕布局,减少鼠标移动距离,避免用户迷茫。

(7)容许错误:系统应能够自我保护,避免严重错误的发生,以维护系统的稳定性。当用户犯错误时,系统应该提供明确的错误消息,指导用户纠正问题。

(8)按动作分类和屏幕布局:按功能分类命令,以内聚性的方式组织命令和动作,使用户更容易找到所需的功能。命令和动作应该按功能组织,以提高用户的效率和理解。例如,使用下拉菜单来组织相关命令,可以使用户更容易找到所需的功能。通过组织命令和动作,用户能够更容易地找到并使用他们需要的功能,而不必浏览整个界面。

(9)提供针对工作内容的帮助:针对用户当前的工作内容,提供与其任务相关的帮助和指导。这可以包括上下文敏感的帮助、在线文档或指引,以帮助用户顺利完成任务。

(10)使用简单的命令名称:命令名称应简短易记,避免使用过长或晦涩的术语,以节省菜单空间。

2. 信息显示指南

(1)精准呈现相关信息:用户界面应仅显示与当前任务相关的信息。例如,当用户在文字处理软件中使用字体工具时,界面应突出显示与字体设置相关的选项,而将不相关的工具保持不可见。

(2)避免信息过载:应用程序不应在用户界面中过度呈现大量数据,以避免用户混淆。一个新闻应用可以采用摘要或卡片式布局,以突出显示重要新闻,而不是将所有文章都列在一页上。

(3)统一标记和颜色:界面元素应该使用一致的符号、标记和颜色,以确保用户容易理解它们的含义。例如,电子商务网站中使用购物车图标来表示购物车,这个标记的一致性有助于用户识别。

(4)维持视觉连贯性:用户在界面上缩放或移动时,应保持上下文的连贯性。例如,在地图应用中,地图应以某种方式指示当前视图的位置,使用户了解整体地理信息。

(5)提供有意义的错误信息:系统应在用户出现错误时提供清晰和有意义的错误消息。例如,在网页表单中,如信息填写提示"密码错误,请重新尝试";如果用户忘记填写必填字段,那么系统应提供明确的指示,如"请填写您的电子邮件地址"。

(6)组织并强调信息:在用户界面中使用大小写、缩进和文本分组来组织相关信息。一个设置菜单可以使用子标题来将不同设置选项分组。

(7)分隔多种信息类型:不同类型的信息应该在用户界面中得到区分。例如,音乐播放器可以使用不同的选项卡来分隔音乐库、播放列表和在线广播。

(8)采用模拟方式呈现信息:通过使用模拟方式来呈现信息,提供更直观的理解。在健康应用中,使用心率图表来表示用户的心率历史,而不仅仅呈现数字数据。

(9)有效使用屏幕空间:确保应用程序充分利用屏幕空间,使用户能够同时查看重要信息。例如,在视频编辑软件中,用户可以自定义布局以适应其工作方式和屏幕尺寸。

3. 数据输入指南

用户在大多数情况下需要执行命令、输入数据以及与系统互动。尽管键盘仍然是主要的输入方式,鼠标、数字化仪和语音识别系统也越来越重要。以下是关于数据输入的设计指南:

(1)减少用户输入工作:设计时要着重减少用户需要进行的输入操作,尤其是键盘输入和鼠标的击键次数。例如,在一个日期选择器中,用户可以使用鼠标单击来选择日期,而无需手动键入日期。

(2)保持一致的视觉特征:数据输入区域的外观应与信息展示一致,包括文字大小、颜色和位置。例如,在表单中,文本框的外观应与相应标签一致,以帮助用户理解它们的关联。

(3)允许用户自定义输入:用户应有权自定义命令、警告信息和确认动作,以满足其专业需求。例如,电子邮件客户端允许用户配置通知方式,包括自定义通知声音和振动模式。

(4)灵活的交互方式:互动方式应适应不同用户类型和喜好,包括键盘输入、鼠标点击或触摸屏。例如,图形设计应用允许用户使用绘图板进行绘制,同时也支持键盘快捷键以适应不同用户的工作方式。

(5)限制不适用的命令:只允许用户执行在当前上下文中有意义的命令,以避免误操作。例如,在文件管理器中,删除操作只在选中文件时可用,以避免不必要的删除操作。

(6)允许用户控制交互流:用户应该能够跳过不必要的步骤,更改操作顺序,并在不中断应用程序的情况下从错误状态中恢复。例如,在一个购物应用中,用户可以随时添加或删除商品,而无需按特定顺序执行购物流程。

(7)提供输入帮助:为所有输入操作提供可访问的帮助文档,以便用户了解如何执行它们。例如,在文本编辑器中,用户可以访问菜单中的"帮助"选项,以了解如何执行搜索和替换操作。

(8)消除冗余输入:避免要求用户提供重复、不必要的信息,提供默认值和自动计算信息,以降低用户的输入负担。例如,一个单位转换应用可以根据输入的数值自动进行单位转换,而无需用户手动指定单位。

3.4.2 界面设计的原则

界面设计在软件开发中起着至关重要的作用。它需要综合美学、应用特征、用户需求、操作特性以及用户体验,以实现美观和功能的统一。Theo Mandel 提出了著名的界面设计黄金三原则:

(1)置用户于控制之下;

(2)减少用户的记忆负担;

(3)保持界面一致。

根据专家经验,笔者总结了以下的界面设计的原则,每一项原则都附带了一个实际示例:

(1)统一操作界面:系统的不同操作界面应该保持一致,以减轻用户的认知负担,降低操作错误的概率,提高用户对系统的满意度。例如,在操作系统中,不同应用程序的菜单栏通常都遵循相似的布局和命令顺序,使用户能够在不同应用之间更容易地切换和使用。

(2)提供实时的反馈信息:提供实时反馈信息,包括操作状态、成功提示、错误信息等,以便用户了解系统状态并保持用户对系统的控制。例如,在文件复制过程中,操作系统通常会显示进度条,告知用户文件复制的进展情况,并在完成后提供成功提示。

(3)提供快捷方式和回滚操作:提供快捷方式以提高用户对常用操作的效率,同时支持回滚操作以减少用户错误操作的负面影响,特别是多级回滚操作对用户非常有帮助。例如,在文本编辑软件中,用户可以使用快捷键组合(Ctrl + Z)来撤销上一次操作,这是一种简单而有用的回滚操作。

(4)网页界面提供导向:针对网页设计,有一些特定原则,包括提供网页导向、遵循保持简单易用(KISS)原则以及进行个性化页面设计。例如,在电子商务网站上,提供清晰的导航菜单,使用户能够快速找到他们需要的产品。同时,遵循 KISS 原则,避免过多的广告和复杂的布局,以确保页面加载速度快。个性化页面设计可以包括个性化推荐和用户定制的界面主题。

3.4.3　从面向对象设计的角度出发设计人机交互子系统的策略

在面向对象设计的过程中,特别是在面向对象分析已经完成对用户界面需求的初步分析后,着重进行系统的人机交互子系统的详细设计至关重要。这一设计阶段涉及对人机交互的具体细节的确定,包括指定窗口和报表的形式以及设计命令层次等内容。

人机交互部分的设计结果将直接影响用户的情绪和工作效率。一个良好设计的人机界面能够使系统对用户产生吸引力,用户在使用系统时会感到兴奋,激发创造力,提高工作效率。相反,人机界面设计不佳可能导致用户感到不便、不习惯,甚至产生厌烦和愤怒的情绪。由于人机界面的评价很大程度上受到主观因素的影响,因此使用由原型支持的系统化的设计策略成为成功设计人机交互子系统的关键。以下给出从面向对象设计的角度出发设计人机交互子系统的策略。

1. 分类用户

人机交互界面的设计是为了用户使用,因此设计人员应该认真研究系统的各类用户。设计人员应深入到用户的工作现场,仔细观察用户如何完成工作对设计好人机交互界面至关重要。在深入现场的过程中,设计人员需要思考用户必须完成哪些工作,设计人员能够提供什么工具来支持这些工作的完成,以及如何使得这些工具使用起来更方便、更有效。为了更好地了解用户的需要与爱好,设计人员首先应该将将来可能与系统交互的用户进行分类,通常从技能水平(新手、初级、中级、高级)、职务(总经理、经理、职员)以及所属集团(职员、顾客)等不同角度进行分类。

2．描述用户

详细了解将来使用系统的每类用户的情况，将获得的信息记录下来，如用户类型、使用系统欲达到的目的、特征(年龄、性别、受教育程度、限制因素等)、关键的成功因素(需求、爱好、习惯等)、技能水平。

3．设计命令层次

(1)研究现有的人机交互含义和准则：当前，Windows 已经成为微机上图形用户界面的工业标准。设计人员设计图形用户界面时，应该保持与普通 Windows 应用程序界面相一致，并遵守广大用户习惯的约定，以提高用户接受度。

(2)确定初始的命令层次：命令层次实质上是用过程抽象机制组织起来的、可供选用的服务的表示形式。设计人员设计命令层次时，通常先从对服务的过程抽象着手，然后再进一步修改它们，以适合具体应用环境的需要。

(3)精化命令层次：为进一步修改完善初始的命令层次，考虑因素包括次序、整体-部分关系、宽度和深度、操作步骤等：

1)次序：仔细选择每个服务的名字，并在命令层的每一部分内把服务排好次序，可以根据最常用的服务或用户习惯的工作步骤排序。

2)整体-部分关系：寻找在这些服务中存在的整体-部分模式，以帮助在命令层中分组组织服务。

3)宽度和深度：由于人的短期记忆能力有限，因此命令层次的宽度和深度都不应该过大。

4)操作步骤：应该用尽量少的单击、拖动和击键组合来表达命令，并为高级用户提供简捷的操作方法。

3.5　概要设计文档

此处给出 GB 概要设计说明书模板。

概要设计说明书是概要设计阶段结束时提交的技术文档。

1．引言

1.1　编写目的

(1)阐明编写概要设计说明书的目的。

(2)阐述概要设计的用途。

(3)指出概要设计说明书所针对的读者对象。

1.2　项目背景

(1)阐述概要设计的背景、环境，以及概要设计的主要内容和使用范围。

(2)指出项目的委托单位、开发单位和主管部门。

(3)阐述该软件系统与其他系统的关系。

1.3　定义

列出本文档中所用到的专门术语的定义，必要时还要给出这些定义的英文原文及其缩写词。

1.4　参考资料

列出相关资料的作者、标题、编号、发表日期、出版单位或资料来源,包括:

(1)经核准的项目计划任务书、合同或上级机关的批文。

(2)项目开发计划。

(3)需求规格说明书。

(4)测试计划(初稿)。

(5)用户操作手册(初稿)。

(6)文档所引用的资料、采用的标准或规范。

2．任务概述

2.1　目标

描述软件系统所要实现的功能。

2.2　运行环境

描述软件系统对软硬件的要求。包括:

(1)硬件平台。

(2)操作系统和版本。

(3)其他的软件组件或与其共存的应用程序。

2.3　需求概述

概要地描述用户对该软件系统的要求,例如:

(1)需要实现的功能。

(2)界面要求。

(3)可以扩展的功能等。

2.4　限制描述

描述本系统概要设计中还没有实现的功能,如对于用户某需求在此文档中没有提出解决方案,还需改进的地方等。

3．总体设计

3.1　基本设计概念和处理流程

描述每个功能模块的定义及其处理流程。

3.2　系统总体结构和模块外部设计

描述系统的总体结构,确定系统由哪些模块组成以及各模块间的关系。

3.3　功能分配

描述系统所需要的功能,并表明各项功能需求与程序结构的关系。

4．接口设计

4.1　外部接口

描述系统与其他外部组件间的接口关系,包括用户界面、软件接口与硬件接口。

4.2　内部接口

描述系统中各模块之间的接口、调用关系,以及模块间的数据传递关系。

5．数据结构设计

5.1　逻辑结构设计

描述系统中所有抽象数据的逻辑结构。

5.2 物理结构设计

描述系统中相关数据的物理结构。

5.3 数据结构与程序的关系

描述某一数据结构与哪一程序模块关联,即被哪一模块使用。

6. 运行设计

6.1 运行模块的组合

描述系统运行时模块之间的调用、组合关系。给出在不同运行控制下,各个模块的组合方式,以及每种运行所经历的内部模块的控制流和数据流。

6.2 运行控制

描述系统运行时模块之间的调用控制关系,包括控制范围和作用范围等。说明各种运行方式及其具体操作步骤。

6.3 运行时间

描述系统对整体及单个模块运行时间的要求,以及所要达到的运行时间标准

7. 出错处理设计

7.1 出错输出信息

描述系统可能出现的错误信息。用表格方式说明各种可能的错误或故障出现时,系统输出的信息、含义及处理方法。

7.2 出错补救措施

说明错误或故障出现时,可采用的补救措施,如性能降级、恢复及再启动等。

7.3 系统恢复设计

描述当系统出现错误和异常时,如何使系统恢复到正常状态。

8. 安全保密设计

说明为了系统的安全和保密而进行的设计,如数据备份密码管理等功能。

9. 维护设计

说明为方便维护工作而采取的措施。

3.6 概要设计文档示例

3.6.1 引言

1. 编写目的

本设计书是《基于 Web 的网上外卖发布与订单管理系统》的概要设计,该文档主要提供给开发人员使用,同时也提供给系统上线后的维护人员使用。

主要目的:

(1)提供项目团队全面了解项目的整体设计概念和技术方案,以便更好地协同合作,实现项目目标。

（2）为项目管理层和决策者们提供清晰的技术视角,使其了解项目的关键技术细节、预期成果。

（3）作为交流和沟通工具,向用户表达项目的整体设计思路、方案和价值。

本文档的预期读者主要包括：

（1）项目开发团队成员：开发人员、设计人员、测试人员等,帮助他们更好地理解项目设计的目标和思路。

（2）项目管理人员：方便他们把握项目整体方向,有效管理项目。

（3）项目利益相关者：投资者、客户、合作伙伴等,帮助他们了解项目的技术实施。

2. 背景

（1）软件系统名称：《基于 Web 的网上外卖发布与订单管理系统》。

（2）项目背景介绍：

当今社会,网络已经十分发达,网络的功能也更加丰富,各种网上消费、网络购物发展迅速,淘宝、天猫、京东商城等电子商务平台也发展迅速:仅 2014 年,淘宝商城总成交额达 1.172 万亿人民币,天猫商城总成交额则有 5 050 亿元人民币。相比传统消费方式来说,这种足不出户的购物方式更加方便、快捷,越来越受到人们的欢迎。并且现如今社会上出现了一种现象,人们,特别是年轻人,习惯待在家中,或是活动在家和工作这两点一线上,他们有更多的个人时间花费在网络上,只需打开电脑,很多物质需求都可以从网上得到满足,这种现象也与迅速发展的快递行业息息相关。这种被称为"宅文化"的现象也从侧面说明了网络信息社会的发展对人们生活的影响。越来越多的人接触并使用网络来满足自己的需求,使自己的生活质量得以提高。

每个人,每天都面临着一日三餐的问题。在快节奏的工作、生活下,有时即使是吃一顿饭的时间也会显得非常宝贵,而对于各种"宅男""宅女"来说,出门吃饭则变成了一件令他们头痛的事。吃一顿饭,大概需要以下几步,即找餐馆、点餐、等待、吃饭、结账。可以发现,大部分时间都浪费在了找餐馆和等待之上。

如何解决这些问题呢？既然网络购物行业发展迅速,而餐饮也是商品之一,自然可以加入到网上购物的行列中,网上外卖也应运而生。

通过网络,人们可以轻松地找到自己附近能提供外卖服务的商家,不再对餐厅进行实地考察,而且能轻松实现货比三家。订餐用户根据自己个人口味选择喜欢的食物,付款方式可以选择在线支付或是当面支付,填写订单信息之后提交订单,只要几分钟时间就可以完成订餐。等待的时间完全可以自由支配,只需等待餐食送达后开门取餐即可。网上外卖的方式很好地解决了去哪吃,吃什么,没时间的问题,从而成为人们用餐时一个很受欢迎的方式。

正因为如此,网上外卖平台也纷纷出现。如今使用较多的平台有饿了么、美团外卖、百度外卖等。这些平台吸引了大量用户,特别是大学生。每到饭点,用户掏出手机或者打开电脑,点开网上外卖平台,短短几分钟就完成下单,只需等待外卖送货上门。并且不少商铺经常推出各类优惠活动,比如新用户首单减免,订餐多赠送饮料,这些都能吸引新用户,提高了商铺销量,也增大了平台影响力。商铺与平台互相宣传,实现互利共赢。

(3)项目相关人员。

1)委托者：

餐厅营业者：提出开发一个外卖管理平台，以简化订单处理、管理菜单和提供客户服务，提高外卖订单管理效率，覆盖更广范围的客户。

2)开发者：

软件开发团队：包括前端开发人员、后端开发人员、数据库管理人员、测试人员，UI/UX设计师。

3)用户：

餐厅工作人员：他们是主要的平台用户，使用平台来接收、处理、管理订单，更新菜单和库存，以及处理客户服务问题。

平台管理人员：他们是管理平台的人员，主要利用平台来管理各个店铺商店。

4)计算站点：

服务器：存储外卖管理平台的数据库（DBMS）以及业务逻辑。某些餐厅可能会选择在自己的物理位置托管部分系统，尤其是与本地订单处理和库存管理相关的部分。

3. 定义

(1)术语定义。

API（Application Programming Interface）：应用程序接口，用于不同软件组件间相互通信的一组规范。

UI（User Interface）：用户界面，指用户与软件或应用程序进行交互时所使用的界面。

UX（User Experience）：用户体验，指用户使用产品或服务时的整体感受和情感。

HTTPS（Hypertext Transfer Protocol Secure）：安全的超文本传输协议，用于加密网络传输的协议。

DNS（Domain Name System）：域名系统，将域名映射到与之对应的 IP 地址的系统。

HTTP（Hypertext Transfer Protocol）：超文本传输协议，用于传输超文本数据的协议。

Frontend：前端，指用户直接与之交互的网页或应用界面。

Backend：后端，指网站或应用程序的服务器端和数据库处理部分。

Responsive Design：响应式设计，能够在不同设备和屏幕尺寸上提供最佳显示效果的设计。

Cookie：在用户计算机上存储的小型文本文件，用于识别用户和记录用户信息。

(2)外文首字母词原词组介绍。

JSP：一种用于构建动态 Web 内容的 Java 技术。JSP 允许开发人员在 HTML 页面中嵌入 Java 代码，使得页面能够动态生成内容，包括从数据库检索数据、执行业务逻辑和呈现动态信息。JSP 页面的最终输出是一个普通的 HTML 页面，但它包含嵌入的 Java 代码，这些代码在服务器端执行并生成 HTML，然后将其发送到客户端浏览器。

MVC：一种软件设计模式，用于构建应用程序，特别是 Web 应用程序。它将应用程序分为三个主要部分，即模型（Model）、视图（View）和控制器（Controller）。模型负责处理数据逻辑和状态,视图负责用户界面的呈现,而控制器负责处理用户输入并根据输入更新模型和视图。MVC 模式有助于代码的组织和分离,提高了应用程序的可维护性和扩展性。

DBMS:数据库管理系统的缩写,它是一种软件系统,用于管理和组织数据库。DBMS 允许用户创建、访问、管理和更新数据库,提供了各种功能,包括数据存储、数据检索、数据安全性和数据完整性等。常见的 DBMS 包括 MySQL、Oracle、SQL Server 和 PostgreSQL 等。

SQL(Structured Query Language):一种用于管理关系型数据库的标准化语言。它允许用户对数据库进行操作,包括存储、检索、更新、删除数据以及管理数据库结构。

JavaBean:Java 平台上的可重用组件,它是一种可移植、可重用并且可扩展的 Java 类。

Servlet:Java 编写的服务器端程序,它扩展了 Web 服务器的功能,用于处理 HTTP 请求并生成动态 Web 内容。Servlet 运行在服务器端,接收来自客户端浏览器的请求,执行特定任务,然后生成响应并将其发送回客户端。Servlet 通常与 JSP 配合使用,共同构建动态的 Web 应用程序。

3.6.2　总体设计

3.6.2.1　需求规定

1. 主要输入

(1)商铺信息管理模块。

注册商铺输入:商铺账号,商铺密码,店主姓名,商铺电话,商铺名称,商铺地址,Email。

商铺资质提交:卫生许可证,营业执照。

商铺信息完善:营业时间,起送价,商铺简介。

商铺信息查看:商铺名称。

商铺基本信息修改:商铺名称,营业时间,起送价,商铺电话,商铺图标,商铺简介。

修改密码:商铺原密码,商铺新密码。

(2)商铺外卖管理模块。

发布外卖:外卖名称,外卖类别,出售区域,外卖价格。

查看外卖信息:外卖名称。

修改外卖信息:外卖名称,外卖类别,出售区域,外卖价格。

删除外卖信息:外卖名称。

(3)商铺订单管理模块。

新订单提醒:订单 ID。

搜索订单:订单 ID,外卖名称。

查看订单信息:订单 ID。

接受订单:订单 ID,订单状态。

派送订单:订单 ID,订单状态。

回复用户评价:回复信息。

(4)管理员管理模块。

商铺注册信息查看:商铺编号,商铺名称。

商铺资质审核:商铺编号,商铺名称,审核结果。

警告商铺:商铺编号,商铺名称,商铺状态。

解除警告:商铺编号,商铺名称,商铺状态。

关停商铺:商铺编号,商铺名称,商铺状态。

2. 主要输出

(1)商铺信息管理模块。

注册商铺输入:商铺编号,商铺账号,商铺密码,店主姓名,商铺电话,商铺名称,商铺描述,商铺地址,Email。

商铺资质提交:商铺状态。

商铺信息完善:商铺编号,商铺账号,商铺密码,店主姓名,商铺电话,商铺名称,商铺描述,商铺地址,Email,商铺图标,营业时间,起送价。

商铺信息查看:商铺编号,商铺账号,商铺密码,店主姓名,商铺电话,商铺名称,商铺描述,商铺地址,Email,商铺图标,营业时间,起送价。

修改商铺基本信息:商铺编号,商铺账号,商铺密码,店主姓名,商铺电话,商铺名称,商铺描述,商铺地址,Email,商铺图标,营业时间,起送价。

修改密码:商铺原密码,商铺新密码。

(2)商铺外卖管理模块。

发布外卖:外卖名称,外卖类别,所属商铺 ID,外卖单价。

查看外卖信息:外卖名称,外卖种类,所属商铺 ID,外卖单价。

修改外卖信息:外卖名称,外卖类别,所属商铺 ID,外卖单价。

删除外卖信息:外卖状态。

(3)商铺订单管理模块。

新订单提醒:订单 ID,订单详情。

搜索订单:订单列表。

查看订单信息:订单 ID,订单状态,收货地址,收货电话,备注,商铺 ID,会员 ID,服务质量,送餐速度,味道,评价,商铺回评,产生时间,关单时间,订单总价,平均评分,评论时间,地标 ID。

接受订单:订单 ID,订单状态。

派送订单:订单 ID,订单状态。

回复用户评价:回复信息。

(4)管理员管理模块。

商铺注册信息查看:商铺编号,账号名,店主名,地址,商铺描述,商铺名称,商铺状态,商铺图标,营业时间,Email,注册时间,平均评分。

商铺资质审核:审核结果,审核原因。

警告商铺:商铺状态,审核原因。

解除警告:商铺状态,解除原因。

关停商铺:商铺状态,关停原因。

3.性能要求

系统有较快的响应速度,有一定并发性,用户界面友好易操作,系统具备一定的容错性。

3.6.2.2　需求规定运行环境

(1)硬件环境要求。

CPU:双核处理器以上。

内存:4GB RAM 及以上。

存储空间:128 GB SSD 硬盘及以上。

(2)软件环境要求。

操作系统:Linux 或 Windows 操作系统。

数据库:Mysql Server 5.6.21 以上版本。

浏览器支持:Chrome、Firefox、Safari、Edge 等主流浏览器。

开发平台:IDEA 或 Eclipse。

编程语言:JAVA8。

3.6.2.3　基本设计概念和处理流程

基于 Web 的网上外卖发布与订单管理系统组成框图如图 3-8 所示。

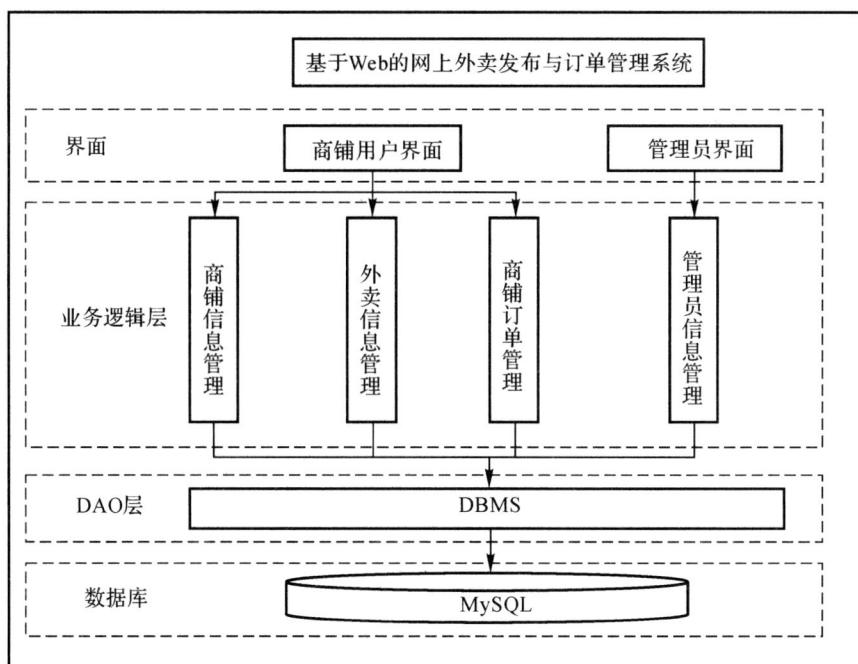

图 3-8　基于 Web 的网上外卖发布与订单管理系统组成框图

基于 Web 的网上外卖发布与订单管理系统架构图如图 3-9 所示。

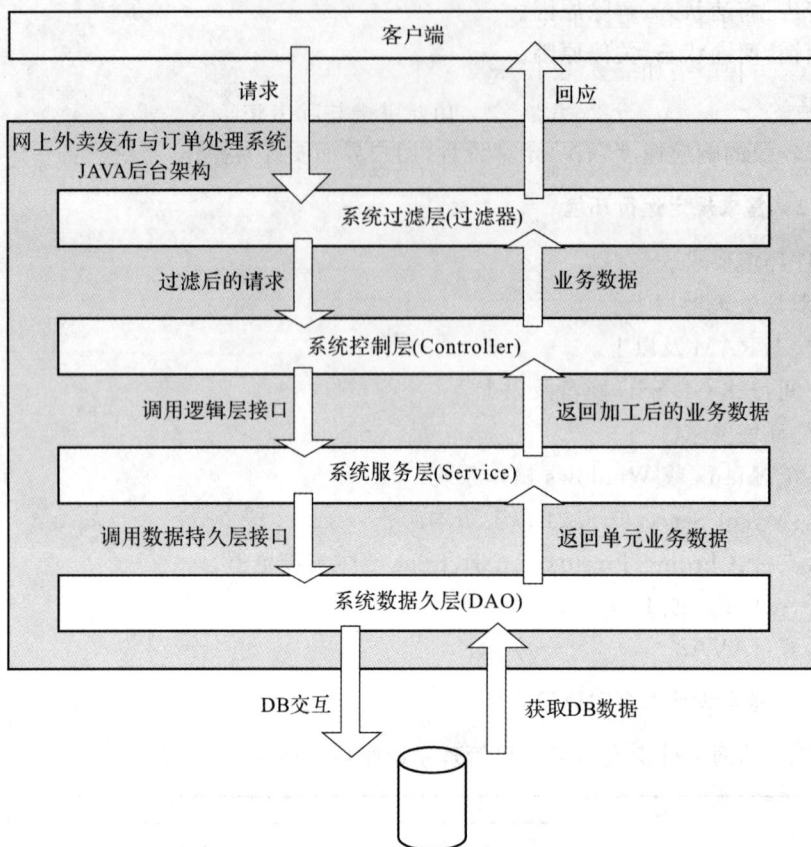

图 3 - 9 基于 Web 的网上外卖发布与订单管理系统架构图

3.6.2.4 系统功能结构

基于 Web 的网上外卖发布与订单管理系统功能结构图如图 3 - 10 所示。

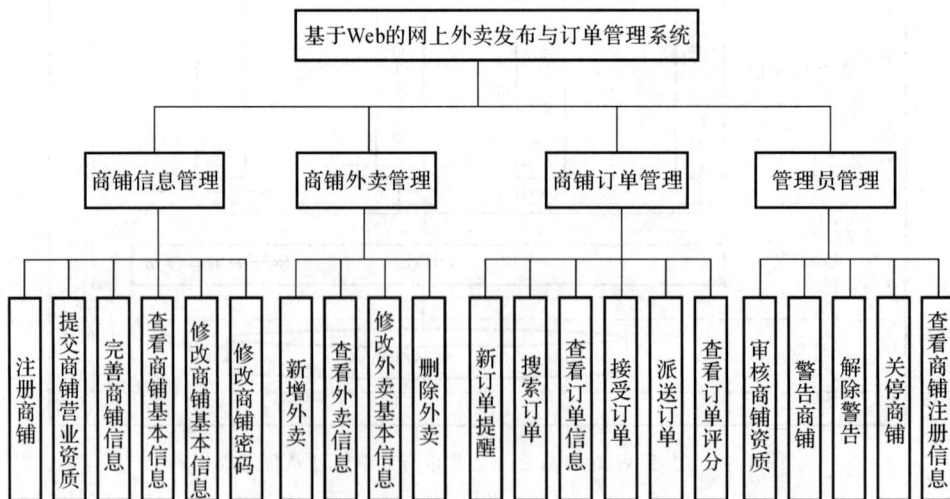

图 3 - 10 基于 Web 的网上外卖发布与订单管理系统功能结构图

3.6.2.5　功能需求与程序的关系

功能需求与程序表如表 3-2 所示。

表 3-2　功能需求与程序表

功能需求	前端界面	后端逻辑	数据库	第三方接口
商铺信息管理	√	√	√	√
系统管理员管理	√	√	√	
商铺外卖管理	√	√	√	√
商铺订单管理	√	√	√	

3.6.2.6　人工处理过程

1. 商铺资格审核流程

商铺资格审核需人工审核,商家填写营业执照号,上传营业执照图片,填写并上传卫生许可号,上传卫生许可证明,提交给工作人员确认真伪,审核通过后,商铺才可进入营业状态。商铺资格审核流程图如图 3-11 所示。

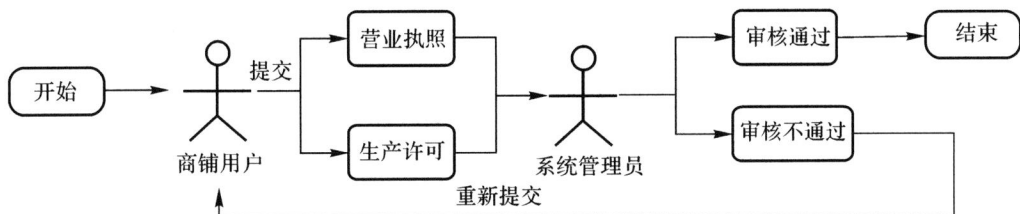

图 3-11　商铺资格审核流程图

2. 订单处理过程流程

订单的状态接受需要商铺用户主动接受,派送订单需要商铺用户先接单,完成后即可派送订单。订单处理过程流程图如图 3-12 所示。

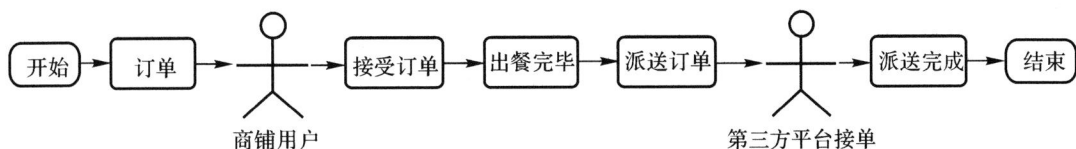

图 3-12　订单处理过程流程图

3. 警告和关停商铺流程

系统管理员可筛选出近 30 天内平均评分低于 3 分的商铺,然后选定商铺进行警告,如果警告状态一直持续 60 天,那么管理员可查看到该商铺被列入关停列表,管理员可进行关停操作。警告和关停商铺流程图如图 3-13 所示。

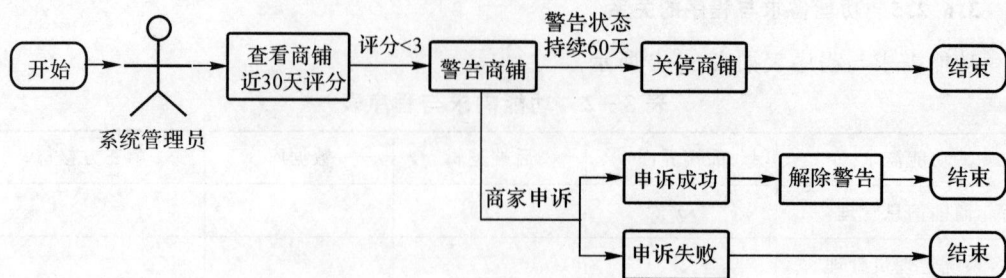

图 3 - 13　警告和关停商铺流程图

3.6.2.7　尚未解决的问题

（1）安全性需求：完善系统的安全性措施，包括用户认证、数据加密、防范网络攻击等方面的安全问题。

（2）性能优化：进一步优化系统的性能，包括响应时间、负载能力等，确保系统在高并发情况下仍能保持稳定性和高效性。

（3）跨平台兼容性：确保系统在不同操作系统、不同设备和不同浏览器下的兼容性，以提供更好的用户体验。

（4）用户反馈和改进机制：设计用户反馈和改进机制，以便系统上线后能够及时收集用户反馈并改进系统功能和体验。

3.6.3　接口设计

3.6.3.1　用户接口

用户接口表如表 3 - 3 所示。

表 3 - 3　用户接口表

命令	语法	信息回复
确定	OK、Click 时间，默认键 Enter	实现输入的命令
查询	搜索框填写信息，Click 事件，点击	显示根据条件所查询的内容
修改	先通过查询定位到要修改数据，然后修改能够修改的数据	获取焦点，可进行修改
删除	先定位到要删除的数据，然后定位到无效	删除某一项数据
取消	Cancel，Click 点击	取消对数据的修改

1. 商铺用户

（1）用户商铺注册接口。

商铺用户通过网页填写商铺表单信息，提交表单与系统进行交互系统处理表单后返回表单处理结果。

（2）发布外卖接口。

商铺用户通过网页填写外卖信息表单信息，提交表单与系统进行交互，系统处理表单之后返回表单的处理结果。

（3）查看商铺信息接口。

商铺用户通过网页，进入外卖管理平台主页，点击"我的店铺"，然后点击"店铺详情"，可查看商铺的完整信息。

（4）修改商铺信息接口。

商铺用户通过网页，进入外卖管理平台主页，点击"我的店铺"，然后点击"店铺详情"，然后在表单最下方点击红色的修改按钮，可以重新修改商铺信息，如商铺名称、商铺位置。

（5）搜索外卖接口。

在搜索栏中，商铺用户进入商铺后输入关键字如外卖人等进行搜索，然后点击搜索按钮，系统会返回满足搜索条件的外卖。

（6）修改外卖信息接口。

用户进入"我的商铺"后，点击"已发布外卖"，然后点击自己想要修改的外卖，进入详细页，然后可以点击外卖信息最下方的红色修改按钮，对外卖信息进行修改。

（7）删除外卖接口。

用户进入"我的商铺"后，点击"已发布外卖"，然后点击自己想要删除的外卖，进入详细页，然后可以点击外卖信息最下方的蓝色删除按钮，对外卖信息进行删除，系统会对用户删除外卖进行二次确认即弹出窗口进行确认。

（8）提交资质审核接口。

用户成功注册商铺后，可以提交"资质审核"，系统会发送给管理员进行审核，审核通过后，店铺状态改变。

（9）新订单提醒接口。

普通用户在指定商铺下单之后，商铺用户会接收到用户下单的提醒，并且商铺用户可以选择，接受订单。

（10）派送订单接口。

商铺接受订单之后，可以指定空闲派送员派送外卖。

2. 系统管理员

（1）商铺资质审核接口。

管理员进入管理员界面，可以看到待审核的商铺，点击列表中的某个商铺，可以查看用户提交的审核信息和凭证，以此为依据，审核商铺是否具备营业资质，并且返回审核结果，审核通过或拒绝（拒绝需给出拒绝理由）。

（2）关停商铺接口。

管理员通过管理员界面，搜索指定商铺，可关停商铺。

（3）解除警告接口。

管理员通过管理员界面，查看处于警告状态的商铺，并且进入其中"警告申诉"的商铺，通过查看申请"警告申诉"的商铺用户提供的凭证和信息，决定是否解除某个商铺的警告。

3.6.3.2　外部接口

1. Java Web 应用程序结构

（1）软件层次。

Java Web 应用程序通常由前端 JSP 页面，后端业务逻辑（Java 代码）、数据库交互 JDBC 等组成。

（2）硬件层次。

应用程序需要部署在服务器上，可以是物理服务器或虚拟服务器，包括 CPU、内存、存储设备等硬件资源。

2. 操作系统接口

（1）软件层次。

服务器可以是 Linux，Windows，客户端为 Windows。

（2）硬件层次。

操作系统管理硬件资源，为应用程序提供运行环境。

3. 网络接口

（1）软件层次。

Java Web 应用程序通过网络与用户进行通信，例如使用 HTTP 协议与客户端浏览器交互。

（2）硬件层次。

服务器与网络设备（路由器、交换机）连接，通过网络进行数据传输。

4. 数据库接口

（1）软件层次。

Java Web 应用程序通过 JDBC 与数据库进行交互，读取和存储数据。

（2）硬件层次。

数据库服务器提供数据存储和管理，包括磁盘存储、内存和其他硬件资源。

3.6.3.3　内部接口

系统内部与数据库接口的连接：客户端通过配置数据源与服务器建立连接。

1. 系统接口

（1）前端与后端接口：通过 JSON 进行数据传输，前端发送 HTTP 请求，后端提供数据响应。

（2）后端与数据库接口：使用 JDBC 进行数据库交互，执行 SQL 语句对数据库进行操作。

2. 在系统内部接口

（1）用户界面模块与业务逻辑模块之间的接口。

1）功能调用：用户界面（前端）通过定义的接口调用后端业务逻辑模块（后端），如用户登录、下单操作等。

2）数据传递：前端页面向后端发送数据请求，后端处理请求并返回相应数据给前端显示。

（2）商铺信息管理模块与外卖发布模块之间的接口。

1）商铺信息更新：商铺信息管理模块提供接口以更新商铺基本信息，如营业时间、商铺地址等。

2）外卖发布：外卖发布模块通过接口与商铺信息管理模块关联，将新发布的外卖与对应商铺关联起来。

（3）订单管理模块与商铺信息管理模块之间的接口。

1）订单状态变更：订单管理模块提供接口以允许商铺管理订单状态，比如接受订单、派送订单、交易成功等状态的更新。

2）评价信息交互：商铺信息管理模块可以通过接口查看订单评价信息，并可能对订单评价做出响应。

（4）身份验证模块与各业务模块之间的接口。

身份验证：各业务模块需要验证用户身份，身份验证模块提供接口以验证用户登录状态，并控制权限访问。

（5）数据库接口。

数据存取：所有模块需要通过数据库接口进行数据的读取、存储和修改，与数据库进行交互。

（6）系统管理员模块与其他模块之间的接口。

审核和管理：系统管理员模块可能需要与商铺注册模块、商铺信用信息模块进行交互，以审核商铺注册信息或管理商铺信用信息。

3.6.4　运行设计

1．模块组合

（1）用户浏览外卖信息。

模块组合：用户界面模块、外卖信息展示模块、数据库模块。

内部模块：前端页面展示、后端逻辑处理、数据库查询。

支持软件：Web 服务器（如 Tomcat）、数据库（MySQL）。

（2）商铺注册及审核。

模块组合：商铺注册模块、管理员审核模块、数据库模块。

内部模块：注册验证逻辑、管理员审核流程、数据存储。

支持软件：应用服务器、数据库管理系统。

2．模块组合运行控制

商铺注册与审核。

方式方法：商家填写注册信息，系统管理员审核信息。

操作步骤：商家填写注册信息→提交注册→系统管理员审核→审核结果通知商家。

3．运行时间

系统有较快的运行速度，较短的响应时间。

3.6.5 系统数据结构设计

1. 逻辑结构设计

基于 Web 的网上外卖发布与订单管理系统数据库按照第三范式设计,具体 E-R 图如图 3-14 所示。

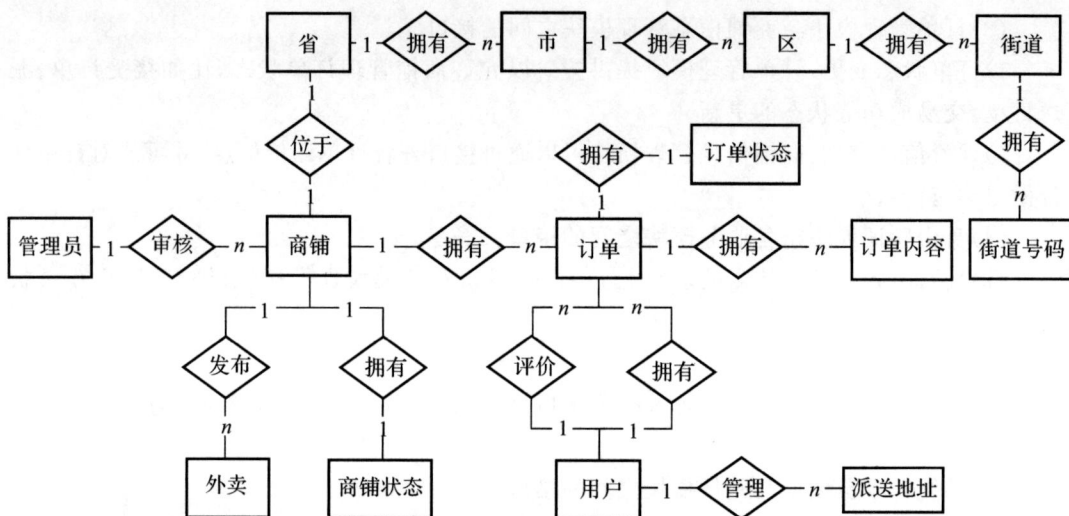

图 3-14　基于 Web 的网上外卖发布与订单管理系统数据库 E-R 模型图

数据库表名汇总表如表 3-4 所示,表 3-5~表 3-20 所示为基于 Web 的网上外卖发布与订单管理系统的数据字典。

表 3-4　数据库表名汇总表

数据库表名	中文名	用途
Admin	管理员信息表	存储管理员信息
Provence	省信息表	存储省份信息
Takeout	外卖信息表	存储外卖信息
Shop	商铺信息表	存储商铺信息
State	商铺状态信息表	存储商铺状态信息
Shoptel	商铺电话信息表	存储商铺电话信息
City	城市信息表	存储城市信息
Area	区域信息表	存储区域信息
Street	街道信息表	存储街道信息
StreetNum	街道号码信息表	存储街号信息

续表

数据库表名	中文名	用途
Member	用户信息表	存储用户信息
MemberAddress	用户地址表	存储用户地址信息
Orders	订单信息表	存储订单信息
Orderdetail	订单详情信息表	存储订单详情信息
Status	订单状态信息表	存储订单状态信息
Takeouttype	外卖类型信息表	存储外卖类型信息

表 3－5　管理员信息表

英文名称	中文名称	数据类型	默认值	有效验证	输入方式	是否为空	说明
Adminid	管理员 ID	Long			自动产生	否	主键自增 zi
Adminname	管理员名	varchar			手动输入	否	
password	密码	varchar			手动输入	否	

表 3－6　省信息表

英文名称	中文名称	数据类型	默认值	有效验证	输入方式	是否为空	说明
Provinceid	省 ID	Long			自动产生	否	主键
Provincename	省名	varchar			手动输入	否	

表 3－7　城市信息表

英文名称	中文名称	数据类型	默认值	有效验证	输入方式	是否为空	说明
Cityid	城市 ID	Long			自动产生	否	主键
Cityname	城市名	varchar			手动输入	否	
Provinceid	省 ID	Long			自动产生	否	外键

表 3－8　区域信息表

英文名称	中文名称	数据类型	默认值	有效验证	输入方式	是否为空	说明
Areaid	区 ID	Long			自动产生	否	主键
Areaname	区名	varchar			手动输入	否	
Cityid	城市 ID	Long			自动产生	否	外键

表 3 - 9 街道信息表

英文名称	中文名称	数据类型	默认值	有效验证	输入方式	是否为空	说明
Streetid	街道 ID	Long			自动产生	否	主键
Streetname	街道名	varchar			手动输入	否	
Areaid	区 ID	Long			自动产生	否	外键

表 3 - 10 街道号码信息表

英文名称	中文名称	数据类型	默认值	有效验证	输入方式	是否为空	说明
StreetNumid	街道号码 ID	Long			自动产生	否	主键
StreetNumname	街道号码名	varchar			手动输入	否	
Streetid	街道 ID	Long			自动产生	否	外键

表 3 - 11 用户地址表

英文名称	中文名称	数据类型	默认值	有效验证	输入方式	是否为空	说明
MemberAddressid	用户地址 ID	Long			自动产生	否	主键
MemberAddressname	用户地址名	varchar			手动输入	否	
MemberAddressid	用户 ID	Long			自动产生	否	外键

表 3 - 12 商铺电话信息表

英文名称	中文名称	数据类型	默认值	有效验证	输入方式	是否为空	说明
Shopid	商铺 ID	Long			自动产生	否	主键
Tel	商铺电话	varchar			手动输入	否	主键

表 3 - 13 用户信息表

英文名称	中文名称	数据类型	默认值	有效验证	输入方式	是否为空	说明
Memberid	用户 ID	Long			自动产生	否	主键
Membername	用户名	varchar			手动输入	否	
Password	密码	varchar			手动输入	否	
Email	邮箱	varchar			手动输入	否	
Address	地址	varchar			手动输入	否	
phone	电话	varchar			手动输入	否	

表 3－14 订单详情信息表

英文名称	中文名称	数据类型	默认值	有效验证	输入方式	是否为空	说明
Orderid	订单 ID	Long			自动产生	否	主键
Orderdetailid	订单详情 ID	Long			自动产生	否	主键
Takeoutid	外卖 ID	Long			自动产生	否	外键
Amount	数量	Long	1		手动输入	否	

表 3－15 外卖类型信息表

英文名称	中文名称	数据类型	默认值	有效验证	输入方式	是否为空	说明
Typeid	外卖类型 ID	Long			自动产生	否	主键
Type	外卖类型	varchar			手动输入	否	

表 3－16 外卖信息表

英文名称	中文名称	数据类型	默认值	有效验证	输入方式	是否为空	说明
Takeoutid	外卖 ID	Long			自动产生	否	主键
Name	外卖名	varchar			手动输入	否	
Typeid	外卖种类 ID	Long			自动产生	否	外键
Shopid	商铺 ID	Long			自动产生	否	外键
Price	外卖单价	Double	0		手动输入	否	

表 3－17 订单信息表

英文名称	中文名称	数据类型	默认值	有效验证	输入方式	是否为空	说明
Orderid	订单 ID	Long			自动产生	否	主键
Statusid	订单状态 ID	Long			自动产生	否	外键
Address	收货地址	varchar			自动产生	否	
Phone	收货电话	varchar			自动产生	否	
Remark	备注	varchar	NULL		手动输入	是	
Shopid	商铺 ID	Long			自动产生	否	外键
Memberid	用户 ID	Long			自动产生	否	外键
Comment	评价	varchar	NULL		手动输入	是	

续表

英文名称	中文名称	数据类型	默认值	有效验证	输入方式	是否为空	说明
Createtime	产生时间	DateTime			自动产生	否	
Closetime	关单时间	Date	NULL		自动产生	是	
Totalprice	订单总价	Double	0		自动计算	是	
Avg	平均评分	Double	5		手动输入	是	
Commenttime	评论时间	DateTime	NULL		手动输入	是	

表 3－18　商铺状态信息表

英文名称	中文名称	数据类型	默认值	有效验证	输入方式	是否为空	说明
Stateid	商铺状态 ID	Long			自动产生	否	主键
State	商铺状态	varchar			手动输入	否	

表 3－19　商铺信息表

英文名称	中文名称	数据类型	默认值	有效验证	输入方式	是否为空	说明
ShopId	商铺编号	Long			自动产生	否	主键
Account	账号名	varchar			手动输入	否	
Password	密码	varchar			手动输入	否	
Owner	店主名	varchar			手动输入	否	
ShopName	商铺名	varchar			手动输入	否	
Address	地址	varchar			手动输入	否	
Description	商铺描述	varchar	NULL		手动输入	是	
StateId	商铺状态 ID	Long			自动产生	否	外键
Icon	商铺图标	varchar	NULL		手动输入	是	
StartTime	起始营业时间	varchar	NULL		手动输入	是	
CloseTime	停止营业时间	varchar	NULL		手动输入	是	
PrepareTime	预计送达需要时间	varchar	NULL		手动输入	是	
Email	邮箱地址	varchar			手动输入	否	
CreateTime	注册时间	DateTime			手动输入	否	
WarnTime	警告时间	DateTime	NULL		自动产生	是	

续表

英文名称	中文名称	数据类型	默认值	有效验证	输入方式	是否为空	说明
MinPrice	起送价	Double	0		手动输入	是	
CityId	城市 ID	Long			自动产生	否	外键
CheckedNum	上次计算订单数	Long	0		手动输入	是	
Grade	平均评分	Double	5		手动输入	是	
Lat	纬度值	Double			手动输入	否	
Lng	经度值	Double			手动输入	否	

表 3 – 20　订单状态信息

英文名称	中文名称	数据类型	默认值	有效验证	输入方式	是否为空	说明
StatusId	订单状态 ID	Long			自动产生	否	主键
Status	订单状态	varchar			手动输入	否	

2. 物理结构设计要点

由客户端输入的信息存入服务端的数据库中,访问方式根据操作人员而定。

3. 数据结构与程序的关系

系统的数据结构由标准数据库语言 SQL 生成。

(1)用户信息数据结构。

1)用户注册:用户提供的信息将被收集并存储到用户信息数据结构中。

2)用户登录:程序将验证用户提供的凭据(用户名和密码的哈希值),以访问相关用户信息。

3)用户个人资料页面:程序通过用户 ID 检索和显示用户信息。

4)用户管理功能:程序允许管理员或特权用户访问和编辑用户信息。

(2)商家信息和菜单信息数据结构。

1)商家管理页面:程序允许商家管理其信息,并添加/编辑菜单项。

2)系统管理员页面:用于管理商家信息,审核注册的商家。

3)订单生成:根据菜单信息和商家信息,程序将创建订单并存储相应的订单信息。

(3)订单信息数据结构。

订单处理页面:程序允许商家或工作人员查看和管理订单,更新订单状态。

(4)访问数据结构的操作。

1)查询(Read):检索和展示存储在各个数据结构中的信息。

2)创建(Create):允许新信息的添加或创建新的记录。

3)更新(Update):允许已有信息的修改或更新。

4)删除(Delete):允许信息的删除或标记为无效。

3.6.6 系统出错处理设计

3.6.6.1 出错信息

系统出错信息表如表3-21所示。

表3-21 系统出错信息表

出错或故障情况	系统输出信息的形式	含意	处理方法
用户登录失败	错误消息提示:用户名或密码错误	用户提供的凭据不正确	提示用户重新输入正确的用户名和密码
数据库连接失败	错误消息提示:无法连接到数据库	数据库服务不可用或网络问题	检查数据库连接设置、重试连接或联系管理员

3.6.6.2 补救措施

1. 后备技术

数据库定期备份:

(1)技术说明:使用数据库备份工具或服务,定期将重要数据(用户信息、商家信息、订单信息等)备份到安全的存储介质(如云存储、备用服务器、磁带等)。

(2)处理方法:在数据损坏、意外删除或其他灾难性事件发生时,可以从备份中恢复数据以避免信息丢失。

2. 降效技术

临时手动处理订单:

(1)技术说明:如果系统出现故障,那么暂时采用人工方法处理订单。

(2)处理方法:通过电话、短信或其他手段与用户和商家进行沟通,并手动记录订单细节。此方法仅作为临时解决方案,以保证订单处理不受影响。

3. 恢复及再启动技术

系统错误恢复:

(1)技术说明:实现系统错误处理代码,记录错误日志,并尝试自动恢复系统故障前的状态。

(2)处理方法。

1)日志记录:记录系统错误和异常情况,以便分析问题原因。

2)自动重启服务:针对出现严重故障的情况,自动重启服务以尝试恢复正常运行状态。

3)系统回滚:针对某些数据库操作出现异常的情况,实现事务回滚或数据回滚,将数据库状态恢复到一致性状态。

3.6.6.3 系统维护设计

为了系统维护的方便,可以进行以下设计安排:

（1）系统检查与维护的检测点：实现定期的系统健康检查，包括数据库连接、服务运行状态、备份状态等，记录日志并提示管理员。

（2）专用模块：创建专用的维护模块，用于执行系统维护任务，如数据备份、数据库优化、日志清理等操作。

系统维护设计的对应关系矩阵表如表 3 - 22 所示。

表 3 - 22　系统维护设计的对应关系矩阵表

检查点/模块	商铺用户信息模块	商铺信息模块	外卖信息模块	订单信息模块
数据库连接检查	√	√	√	√
数据备份	√	√	√	√
日志记录	√	√	√	√
数据库优化	√	√	√	√
异常处理模块	√	√	√	√

第4章 软件项目的详细设计

4.1 结构化程序设计

4.1.1 结构化语言设计的原则

经过几十年的发展和经验总结,学者们已经得出了以下 5 条软件结构化设计的原则。

(1)模块化:在解决大型复杂问题时,常采用分解的方式,即将大型复杂的问题分解为许多容易解决的小问题。软件设计的模块化方法就是采用这种分解方式进行软件设计。

(2)高内聚、低耦合:内聚是指一个模块内部各个元素彼此结合的紧密程度,而耦合是程序结构中各个模块之间相互关联的度量。低耦合意味着模块间的联系尽可能简单,这样在详细设计、编码、测试和维护模块时,就不需要对其他模块有很多了解,从而简化了开发人员的工作。

(3)抽象:抽象是指抽取事物最基本的特性和行为,忽略非基本的细节。分层抽象的方式可以控制软件开发过程的复杂性,设计开始时应尽量提高软件的抽象层次,按抽象级别从高到低进行软件设计,有利于软件的理解和开发过程的管理。

(4)信息隐藏:信息隐藏是采用封装技术将程序模块的实现过程、数据等细节隐藏起来,不需要这些信息的其他模块不能访问;而模块之间可以通过接口说明给出的信息,包括操作、数据类型等来联系。

(5)一致性:软件设计中各个模块应使用一致的术语和符号,模块之间的接口应保持一致,与硬件的接口应保持一致,系统规格说明和系统应用行为应保持一致。这就要求软件设计人员使用良好的设计工具、采用良好的设计方法及具有良好的编码风格。

4.1.2 3 种基本控制结构

程序分为如下 3 种基本控制结构:

(1)顺序型如图 4-1(a)所示,由几个连续的执行步骤依次排列构成。

(2)选择型。常见的选择结构有简单选择型与多分支选择型结构。由某个逻辑判断式的取值决定选择两个加工中的一个,这种结构是简单选择型,如图 4-1(b)所示。多分支选择型,如图 4-1(c)所示,根据控制变量取值执行其一。此外,还有一种是多分支嵌套的结构。

(3)循环结构。循环结构一般有先判断(while)型循环和后判断(until)型循环。先判断(while)型循环如图 4-1(d)所示。当循环控制条件成立时,重复执行特定的循环;后判断

(until)型循环如图 4 - 1(e)所示,重复执行特定的循环,直到控制条件成立。

任何复杂的程序流程图都应由这 3 种基本控制结构组合嵌套而成。

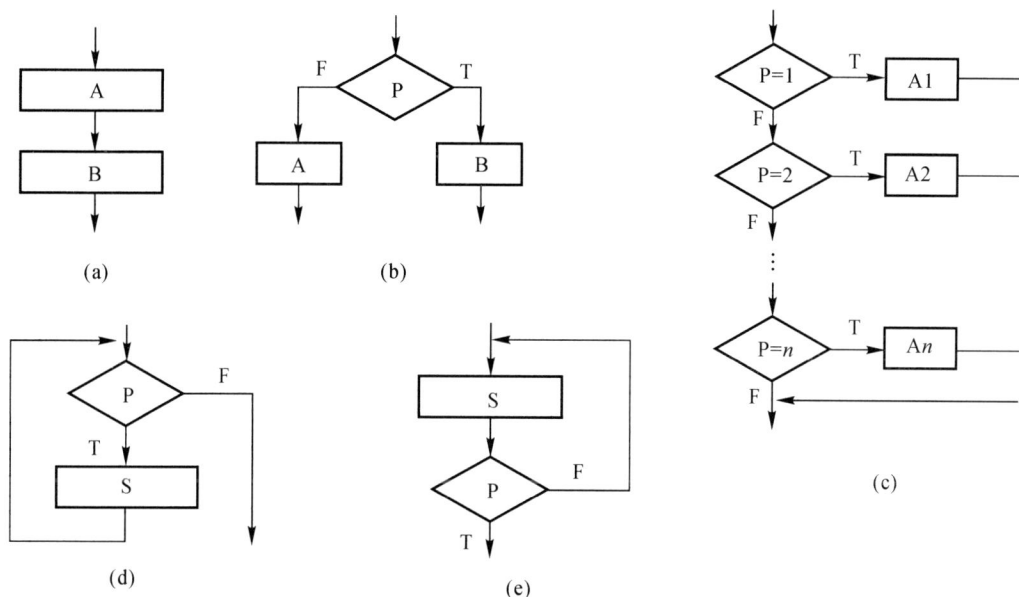

图 4 - 1　程序的 3 种基本控制结构图

(a)顺序型;(b)简单选择型;(c)多分支选择型;(d)先判断型;(e)后判断型

4.2　结构化详细设计常用工具

描述程序处理过程的工具对于软件设计至关重要,这些工具主要分为图形、表格和语言 3 类。无论是哪一类工具,它们的基本要求是能够提供对设计的无歧义的描述,明确控制流程、处理功能、数据组织以及其他实现细节,以便在编码阶段能够将对设计的描述直接翻译成程序代码。

4.2.1　程序流程图

程序流程图,又称为程序框图,是历史最悠久、应用最广泛的描述过程设计的方法之一。尽管它有着悠久的历史,但在使用中也容易出现混乱。前文已经使用程序流程图描绘了一些常用的控制结构,读者对程序流程图中使用的基本符号应该已经有了一些了解。图 4 - 2 所示为程序流程图中的常用符号。

图 4 - 2 中的各图例分别表示如下:(a)为选择(分支),(b)为注释,(c)为预先定义的处理,(d)为多分支,(e)为开始或停止,(f)为准备,(g)为循环上界限,(h)为循环下界限,(i)为虚线,(j)为省略符,(k)为并行方式,(l)为处理,(m)为输入输出,(n)为连接,(o)为换页连接,(p)为控制流。

这些符号涵盖了程序流程图中常见的控制结构,包括开始/结束、输入/输出、处理、判断、连接线等。在使用程序流程图时,设计人员应确保图中的符号和连接线能够清晰表达程序的逻辑结构,避免歧义和混淆。

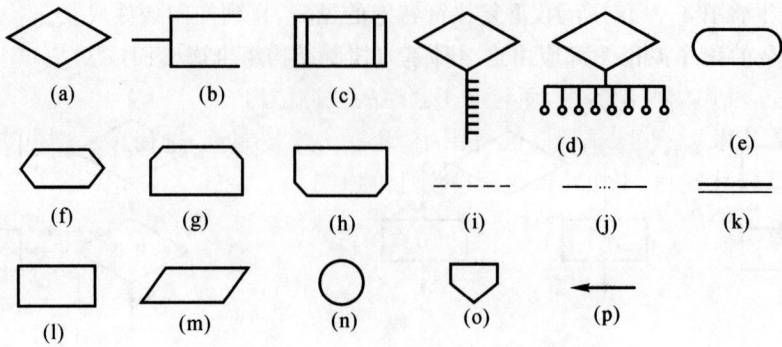

图 4-2 程序流程图中的常用符号

采购程序流程图如图 4-3 所示。

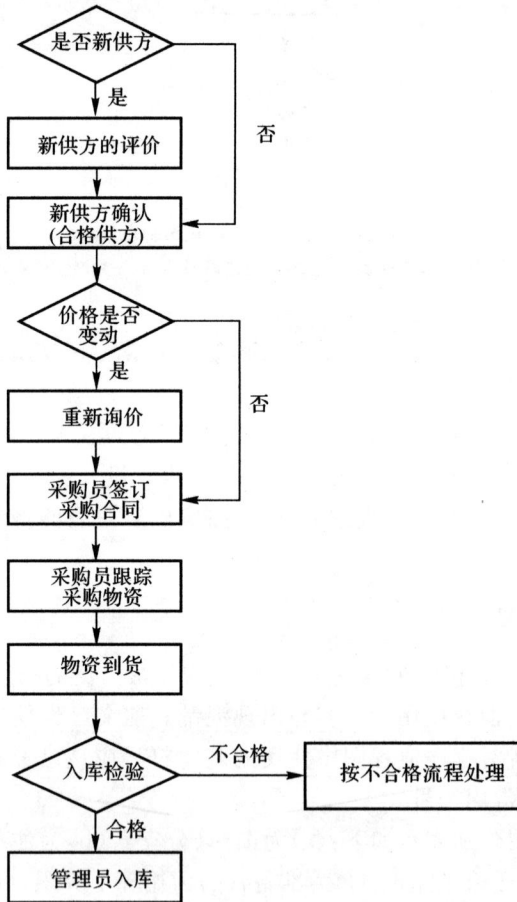

图 4-3 采购程序流程图

自 20 世纪 40 年代末至 70 年代中期,程序流程图一直是软件设计的主要工具。它的主要优点在于对控制流程的描绘非常直观,便于初学者快速掌握。程序流程图的历史悠久,为人所熟悉,尽管存在一些缺点,仍然广泛应用至今。然而,总体趋势显示越来越多的人选择不再使用程序流程图。程序流程图的主要缺点包括：

（1）不适合逐步求精：程序流程图本质上不是逐步求精的理想工具。它可能导致程序员过早地专注于程序的控制流程，而忽略了程序的全局结构。

（2）控制流限制不足：在程序流程图中，箭头代表控制流，这使得程序员受到较少的约束，可以随意转移控制，不顾结构化程序设计的原则。

（3）难以表示数据结构：程序流程图相对较难清晰地表示数据结构，这使得在图中表达程序的数据组织方式变得困难。

尽管存在这些缺点，由于程序流程图的直观性和广泛认知，所以仍有一部分人选择继续使用。然而，随着软件工程领域的发展，越来越多的设计人员和程序员倾向于使用其他更为灵活、结构化且能更好地表达程序设计思想的工具。这反映了软件设计方法的演进，朝着更现代、高效的方向发展。

4.2.2　盒图

为了确保图形工具能够遵循结构程序设计的精神，Nassi 和 Shneiderman 提出了盒图，又称为 N－S 图。盒图的以下特点，使其成为一种有力的详细设计工具：

（1）明确的功能域：盒图清晰地表示了每个盒子对应的功能域，即特定控制结构的作用范围。这使得设计人员能够一目了然地理解程序的结构。

（2）限制控制转移：盒图不允许任意转移控制，从而保持了程序的结构化。这有助于避免不受限制的控制流，符合结构程序设计的原则。

（3）明确的数据作用域：盒图使得确定局部和全局数据的作用域变得容易。设计人员能够清晰地了解数据在程序中的使用范围。

（4）表现嵌套关系和模块层次结构：盒图既能清晰表示嵌套关系，也可以展示模块的层次结构。这有助于设计人员更好地组织程序的模块化结构。

盒图中没有箭头，这意味着不允许随意转移控制。坚持使用盒图作为详细设计的工具，有助于培养程序员逐步养成用结构化的方式思考和解决问题的习惯。盒图是一种强大的工具，能够在软件设计过程中帮助设计人员保持结构化思维，确保程序的可读性和可维护性。

图 4-4 是盒图的一个实例，该实例为输入三角形三边长，判断三遍构成的是等边，等腰，还是一般三角形。

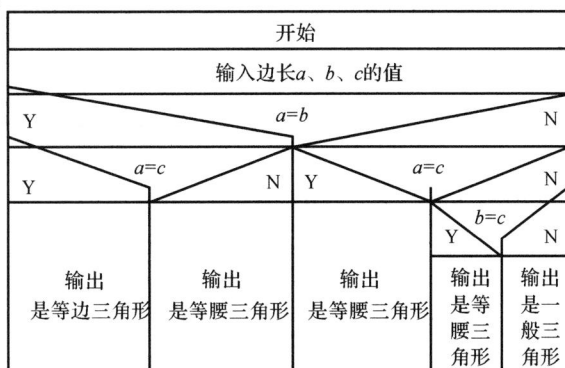

图 4-4　盒图实例

4.2.3 PAD

PAD,即问题分析图(Problem Analysis Diagram),是一种在软件设计领域应用广泛的图形工具。它起源于1973年,由日本日立公司发明,至今已被广泛采用。PAD以二维树形结构的形式展示程序的控制流,为程序设计提供了直观的图形化工具。

图4-5所示为PAD的基本符号,在图4-5中,各图示例分别如下:(a)为顺序(先执行P1后执行P2),(b)为选择(IF C THEN P1 ELSE P2),(c)为 CASE 型多分支,(d)为WHILE 型循环(WHILE C DO P),(e)为 UNTIL 型循环(REPEAT P UNTIL C),(f)为语句标号,(g)为定义。

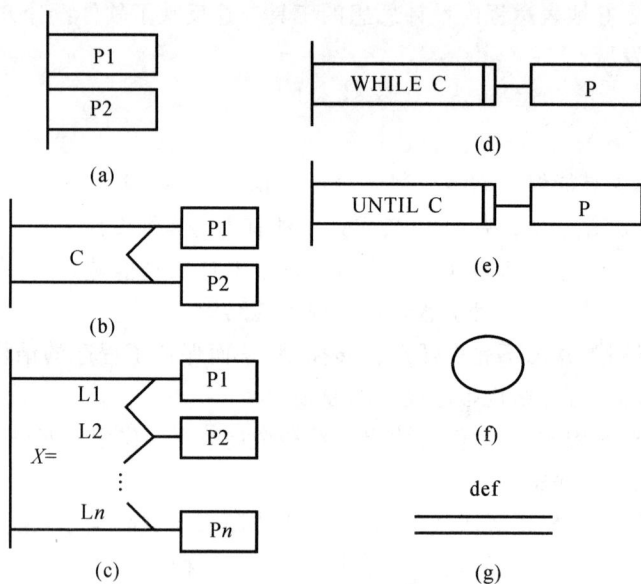

图 4-5 PAD 的基本符号

PAD 的以下多项优点,使其成为问题分析和程序设计的强大工具:

(1)结构化程序设计:使用 PAD 符号设计的程序必然是结构化程序,有助于提高程序的可维护性和可读性。

(2)清晰的程序结构:PAD 清晰地展示程序的结构,通过图中的竖线表示不同层次的结构,从而形成程序的层次结构。

(3)易读易懂易记:PAD 采用二维树形结构,程序从左至右、自上而下执行,使得程序逻辑清晰、易读、易懂、易记。

(4)便于转换成高级语言源程序:PAD 容易转换成高级语言源程序,通过软件工具自动完成转换,提高了软件可靠性和生产率。

(5)支持程序逻辑和数据结构表示:PAD 不仅用于表示程序逻辑,还可用于描绘数据结构,为综合设计提供支持。

(6)自顶向下、逐步求精方法:PAD 的符号支持自顶向下、逐步求精的设计方法,设计人员可以逐步增加细节,完成详细设计。

PAD 在问题分析和系统设计阶段具有广泛应用，PAD 帮助分析人员深入理解问题领域，确保对问题的全面考虑。同时，为系统设计提供基础，指导设计人员明确问题并规划解决方案。作为可视化工具，PAD 促进团队成员之间的有效沟通和合作，确保共同理解问题。

4.2.4　判定表

在软件设计中，当涉及多重嵌套的条件选择时，传统的图形工具，如程序流程图、盒图、PAD 等可能难以清晰地描述复杂的条件组合与相应的动作关系。这时，判定表成为一种有效的工具，能够清晰地表示不同条件组合与相应动作之间的对应关系。判定表是一种用于描述决策逻辑的工具，常用于软件设计和系统分析中。它以表格的形式呈现了不同条件下的决策结果，帮助分析人员和开发人员清晰地理解和实现复杂的决策过程。图 4-6 所示为使用 PAD 提供的定义功能来逐步求精的例子。PAD 的主要特点如下。

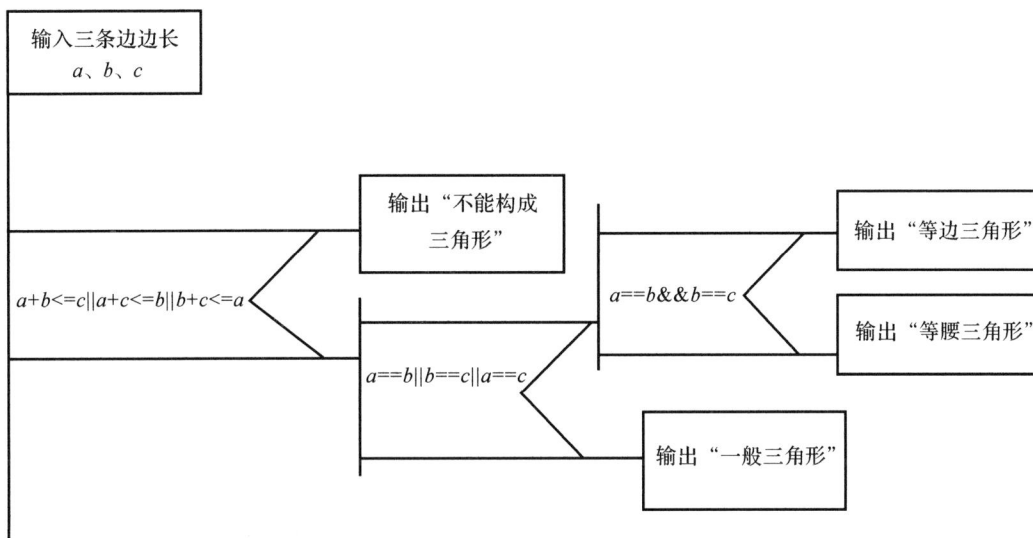

图 4-6　使用 PAD 提供的定义功能来逐步求精的例子

（1）结构化：判定表以表格的形式呈现，结构清晰，便于理解和使用。

（2）逻辑明确：每个表格项都清楚地描述了在特定条件下所做的决策，避免了歧义和模糊性。

（3）可扩展性：判定表可以根据需要随时添加新的条件和决策，具有较强的扩展性和灵活性。

判定表通常由以下几个主要部分组成：

（1）条件列（Condition Columns）：列出了不同的条件或情况。

（2）动作列（Action Columns）：列出了在每种条件下需要执行的动作或决策。

（3）动作规则（Action Rules）：每个单元格中描述了条件和相应的动作之间的关系，即在特定条件下执行何种动作。

（4）条件判定（Condition Evaluation）：用于判断每个条件是否满足，从而确定执行哪种动作。

判定表可应用于多种场景：当决策过程较为复杂时，判定表能够清晰地呈现各种条件下的决策结果,便于理解和沟通;在软件设计中,判定表用于描述程序中的各种条件和相应的行为,指导程序的开发和实现;在业务流程管理中,判定表用于定义业务规则和流程,指导业务流程的执行和管理;在系统分析阶段,判定表用于分析系统中的各种条件和行为,帮助分析人员理清系统的逻辑结构和运行规则。判定表是一种用于描述决策逻辑的工具,以表格的形式呈现了不同条件下的决策结果,帮助分析人员和开发人员清晰地理解和实现复杂的决策过程。它在软件设计、业务流程管理和系统分析等领域都有着重要的应用价值。下面以消费者折扣参考为例子,根据用户的账户类型和消费金额两个条件,给出相应的折扣比例。

(1)账户类型:这一条件反映了用户的账户级别,分为高级账户(T)和普通账户(F)。高级账户通常享有更大的折扣。

(2)消费金额:这一条件是用户的消费金额,划分为大于等于 100 元(T)和小于 100 元(F)。这个条件用来确定是否满足获得更大折扣的门槛。

通过组合这两个条件,开发人员设计了八个规则,每个规则都对应着不同的折扣策略,如表 4-1 所示。这样,系统可以根据用户的账户类型和消费金额快速准确地确定适用的折扣幅度,为用户提供优惠服务。

表 4-1 判定表实例

账户类型	消费金额	动作	折扣率
T	T	应用 40%折扣	40%
T	F	应用 25%折扣	25%
F	T	应用 20%折扣	20%
F	F	应用 10%折扣	10%
空白	T	应用 30%折扣	30%
空白	F	应用 15%折扣	15%
T	空白	应用 35%折扣	35%
F	空白	应用 5%折扣	5%

在表 4-1 中,T 表示条件成立,F 表示条件不成立。各条件包括账户类型(T 为高级账户,F 为普通账户)和消费金额(T 为大于等于 100 元,F 为小于 100 元)。根据这些条件的组合,确定用户享受的相应折扣。例如,当账户类型为高级账户且消费金额大于等于 100 元时,用户享受 10%的折扣。这样的判定表清晰地表示了各种条件组合下所执行的动作,使得系统的折扣策略更加直观。在实际应用中,判定表可以更加复杂,涉及更多条件和动作。但其优势在于清晰、简洁地呈现了系统的逻辑规则,方便开发人员理解和维护。此外,判定表的设计使得系统规则可读性强,便于系统用户和其他利益相关者。

4.2.5 判定树

尽管判定表能够清晰地表示复杂的条件组合与相应的动作关系,但对于初次接触这种工具的人来说,理解其含义可能需要一定的学习过程。相比之下,判定树是判定表的一种变体,同样能够清晰地表示复杂的条件组合与动作关系,但其形式简单易懂,几乎无需任何说明,初次看到便能理解其含义。因此,判定树更易于掌握和使用。在使用判定树进行描述时,需要从问题的文字描述中分辨出判定条件和相应的决策,并根据描述中的连接词(如"如果…则…")找出判定条件之间的关系,进而构造判定树。多年来,判定树一直受到人们的重视,被广泛应用于系统分析领域,成为一种常用的工具。判定树是一种图形化的工具,用于清晰地表示复杂的条件组合与应执行的动作之间的对应关系。它是判定表的一种变种,具有形式简单、直观易懂的优点,无需额外的说明即可被理解和使用。判定树的特点如下:

(1)直观易懂:判定树的形式简单,一眼就可以看出其含义,因此易于掌握和使用。

(2)图形化表示:树状结构清晰地呈现条件组合与动作的对应关系,使复杂逻辑更易理解。

(3)简洁性:尽管判定树更为直观,但在某些情况下,由于数据元素的值可能重复出现,因此判定树的简洁性可能略逊于判定表。

(4)分枝次序:分枝的次序可能对最终判定树的简洁程度产生较大影响,需要谨慎选择分枝次序。

判定树常用于系统分析和设计中,特别适用于描述复杂的条件逻辑。它提供了一种直观而清晰的方式,帮助分析人员和设计人员理解和表达系统中的决策过程。判定树的构建过程包括:

(1)根据条件和动作定义树干:将系统的主要条件和相应的动作定义为判定树的树干。

(2)逐层添加分枝:根据条件的不同取值逐层添加分枝,形成条件组合与动作的映射关系。

(3)谨慎选择分枝次序:选择分枝的次序可能影响判定树的简洁程度,需要根据实际情况谨慎决策。

图 4-7 所示为一个股票价格的判定树实例。

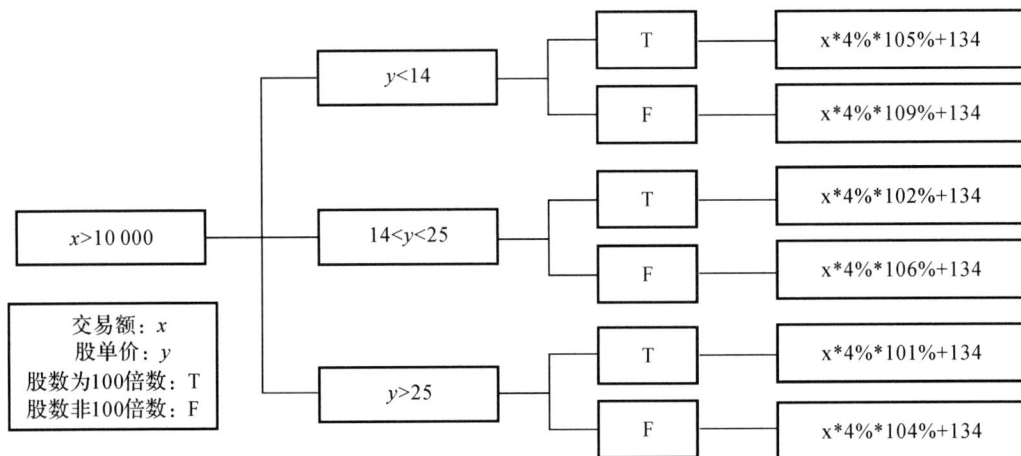

图 4-7 股票价格的判定树实例

4.2.6　过程设计语言(PDL)

过程设计语言(PDL)，又称伪码，是一种设计工具，用于以正文形式表示数据和处理过程。PDL 具有关键字外部语法，用于定义控制结构和数据结构，同时拥有内部语法的灵活性，适应各种工程项目的需要。这种"混杂"语言采用一种语言的词汇，同时使用另一种语言的语法，具有如下特点：

(1)固定语法关键字：PDL 提供了关键字的固定语法，定义了结构化的控制结构、数据说明和模块化特点。控制结构的头和尾部通常有关键字，如，if...fi(或 endif)等，以确保结构清晰和可读性好。

(2)自由语法：PDL 具有自然语言的自由语法，用于描述处理过程的特点。

(3)数据说明手段：PDL 包括简单的数据结构(如纯量和数组)以及复杂的数据结构(如链表或层次结构)的描述。

(4)模块化技术：提供模块定义和调用的技术，包括各种接口描述模式。

PDL 有以下几方面的优点：

(1)作为注释的直接插入：可以直接插入源程序中作为注释，促使维护人员在修改程序代码的同时更新 PDL 注释，有助于保持文档和程序的一致性，提高文档质量。

(2)使用方便：可以使用普通的正文编辑程序或文字处理系统，方便进行 PDL 的书写和编辑工作。

(3)自动化处理：已有自动处理 PDL 的程序存在，可以自动生成程序代码。

PDL 也有一些缺点，比如不如图形工具直观，特别是在描述复杂的条件组合与动作之间的对应关系时，不如判定表清晰简单。在这方面，图形工具如判定表可能更直观易懂。

以下为一个伪代码的示例：

```
//输入一个三角形的三条边长 a，b，c
//输出三角形的类型
function triangleType(a，b，c)：
    if a == b and b == c：
        return "等边三角形" // 三条边长相等
    else if a == b or a == c or b == c：
        return "等腰三角形" // 至少有两条边长相等
    else if a*a + b*b == c*c or a*a + c*c == b*b or b*b + c*c == a*a：
        return "直角三角形" // 符合勾股定理
    else：
        return "普通三角形" // 不符合以上条件的三角形
//示例
side1 = 3
side2 = 4
side3 = 5
type = triangleType(side1，side2，side3)
print("这是一个"，type)
```

这个伪代码中的函数 triangleType 接受三角形的三条边长作为输入,并返回三角形的类型。在函数中,首先检查三条边是否相等,其次检查是否有两条边相等,再次检查是否符合勾股定理,最后如果都不符合则判断该三角形为普通三角形。

4.3　面向对象详细设计——设计类中的服务

4.3.1　确定类中应有的服务

在面向对象设计中,正确确定类中应有的服务需要综合考虑对象模型、动态模型和功能模型。对象模型为设计提供了基本框架,但通常只列出每个类中最核心的服务。设计人员必须将动态模型中对象的行为和功能模型中的数据处理转化为由适当的类提供的服务。

状态图描绘了一类对象的生命周期,其中的状态转换是执行对象服务的结果。对象的服务与对象接收到的事件密切相关,事件可视为消息,对象接收到消息时会执行由消息选择符指定的服务,该服务将修改对象状态(修改相应的属性值)并完成对象应做的动作。对象的动作不仅与事件相关,还与对象的状态有关。因此,完成服务的算法自然也与对象的状态有关。在对象可以接受相同事件,但在不同状态下执行不同行为的情况下,服务的算法需要包含一个依赖于状态的"DO_CASE"型控制结构。

功能模型定义了系统必须提供的服务。状态图中状态转换触发的动作在功能模型中有时可能对应于数据流图。数据流图中的某些处理可能与对象提供的服务相对应,可以使用以下规则来确定操作的目标对象(即应该在该对象所属的类中定义的服务):

(1)若某处理从输入流中抽取一个值,则该输入流即被认定为目标对象。

(2)如果某处理涉及具有相同类型的输入流和输出流,而且输出流实际上是输入流的另一种形式,那么该输入/输出流即被确定为目标对象。

(3)当某处理从多个输入流得出输出值时,该处理被定义为输出类中的一个服务。

(4)如果某处理将对输入流的处理结果输出给数据存储或动作对象,那么该数据存储或动作对象即成为目标对象。

在处理涉及多个对象的情况下,设计人员需要判断哪个对象在该处理中扮演主要角色。通常情况下,将该处理服务定义在起主要作用的对象类中。以下两个准则有助于确定处理的属主:

(1)若处理影响或修改了某个对象,则最好将该处理与处理的目标联系在一起,而非与触发者联系。

(2)考察处理涉及的对象类以及这些类之间的关联,找出处于中心地位的类。如果其他类和关联以星形结构围绕这个中心类,那么这个中心类即为处理的目标。

4.3.2　设计实现服务的方法

在面向对象设计过程中还应该进一步设计实现服务的方法,主要应该完成以下几项工作。

1. 设计实现服务的算法

设计实现服务的算法时,需要综合考虑以下几个因素:

(1)算法复杂度:通常选择复杂度相对较低、即效率较高的算法。然而,不应过于追求高效率,而是应以满足用户需求为主要准则。

(2)易理解与易实现:理解和实现的简易性通常与高效率存在一定矛盾。设计人员应在这两者之间取得适度的平衡,确保算法既易于理解又易于实现。

(3)易修改:设计时应充分考虑未来可能的修改需求,并在设计阶段进行相应准备,以提高系统的灵活性。

2. 选择数据结构

选择数据结构时,在分析阶段仅需考虑系统中需要的信息的逻辑结构。然而,在面向对象设计中,需要选择能够方便、有效地实现算法的物理数据结构。

3. 算法与数据结构的关系

设计阶段是解决“怎么做”的关键时刻。确定实现服务方法所需的算法与数据结构是非常关键的,在确定实现服务方法的算法与数据结构关系时,以下是一些建议:

(1)分析问题特点:首先要分析问题,寻找数据的特点,提炼出所有可行有效的算法。

(2)定义相关联的数据结构:根据提炼的算法,定义与之相关联的数据结构,以支持算法的有效实现。

(3)详细设计算法:基于已定义的数据结构,进行算法的详细设计,确保实现过程合理高效。

(4)实验与评测:进行一定规模的实验与评测,验证算法的性能和效果。

(5)确定最佳设计:根据实验与评测的结果,确定最佳的设计方案。

4. 定义内部类和内部操作

在面向对象设计过程中,可能需要引入一些在需求陈述中未提及的类,这些新增类主要用于存放在执行算法过程中得出的中间结果。复杂操作通常可以用简单对象上的更低层操作来定义。因此,在分解高层操作时,经常引入新的低层操作。在面向对象设计过程中,需要定义这些新增的低层操作。

4.4　详细设计文档

此处给出 GB 详细设计说明书模板。

详细设计(又可称程序设计)说明书编制的目的是说明一个软件系统各个层次中的每个程序(每个模块或子程序)的设计考虑,为程序员编写程序提供依据。如果一个软件系统比较简单、层次很少,那么本文档可以不单独编写,与概要设计说明书合并编写即可。

详细设计说明书的重点是描述模块的执行流程。

1. 引言

1.1　编写目的

(1)说明编写详细设计说明书的目的。

(2)指明详细设计说明书的读者对象。

1.2　项目背景

(1)待开发软件的名称。

(2)列出本项目的任务提出者、开发者,以及与本项目开展工作直接有关的人员和用户。

1.3　术语说明

列出本文档中所用到的专门术语的定义和英文缩写词的原文。

1.4　参考资料

列举编写软件详细设计说明时所参考的资料,主要包括:

(1)项目经核准的计划任务书、合同或批文。

(2)引用的软件开发标准或规范。

(3)项目开发计划。

(4)需求规格说明书。

(5)概要设计说明书。

(6)测试计划(初稿)。

(7)用户操作手册(初稿)。

(8)文档中引用的其他资料等。

每项应该给出详细的信息,包括标题、作者、版本号、发表日期、出版单位或资料来源。

2. 软件结构

2.1　需求概述

简述本软件的主要功能。

2.2　软件结构

用一系列图表列出本软件系统内的每个程序(包括每个模块和子程序)的名称、标识符,以及它们之间的层次结构关系。图表常采用系统流程图的层次结构来表示。

3. 程序设计说明

3.1　模块描述

将概要设计中的功能模块进行细化,形成若干个可编程的子模块,可用图表形式给出其结构。

3.2　功能

说明各模块具有的功能,可采用 IPO(输入—处理—输出)图的形式进行描述。

3.3　性能

说明对模块全部性能的要求,包括对精度、灵活性和时间特性的要求。

3.4　输入项

描述每一个输入项的特性,包括名称、标识、数据的类型和格式、数据值的有效范围、输入的方式、数量和频度、输入媒体、输入数据的来源和安全保密条件等。

3.5　输出项

描述每一个输出项的特性,包括名称、标识、数据的类型和格式、数据值的有效范围、输出的形式、数量和频度、输出媒体、对输出图形及符号的说明、安全保密条件等。

3.6　算法

详细说明模块所选用的算法,具体的计算公式和计算步骤。

3.7 程序逻辑

采用图表的方式详细说明模块实现的算法,描述算法的图表主要有以下几种:

(1)程序流程图。

(2)程序设计语言(Program Design Language,PDL)。

(3)N-S图(也叫盒图)。

(4)问题分析图(Problem Analysis Diagram,PAD)。

(5)判定表。

3.8 接口

用图的形式说明本模块所隶属的上一层模块及隶属于本模块的下一层模块,说明参数赋值和调用方式,说明与本模块相直接关联的数据结构(数据库、数据文卷)。

3.9 存储分配

根据需要,说明模块的存储分配。

3.10 注释设计

说明准备在本模块中添加的注释,如:

(1)加在模块首部的注释。

(2)加在各分支点处的注释。

(3)对各变量的功能、范围、缺省条件等所加的注释。

(4)对使用的逻辑所加的注释等。

3.11 限制条件

说明本模块运行中所受到的限制条件。

3.12 测试要点

给出对本模块进行单元测试的主要测试要求,包括对测试的技术要求、输入数据、预期结果等的规定。

3.13 尚未解决的问题

说明本模块在设计中尚未解决而设计人员认为在软件完成之前应解决的问题。

4.5 详细设计文档示例

4.5.1 引言

1. 编写目的

本设计书是《基于 Web 的网上外卖发布与订单管理系统》的详细设计,该文档主要提供给开发人员使用,同时也可以作为系统上线后的维护人员使用。

主要目的:

(1)为项目团队提供全面了解项目的整体设计概念和技术方案,以便更好地协同合作,实现项目目标。

(2)为项目管理层和决策者们提供清晰的技术视角,使其了解项目的关键技术细节、预期成果。

（3）作为交流和沟通工具，向用户表达项目的整体设计思路、方案和价值。

本文档的预期读者主要包括：

（1）项目开发团队成员：开发人员、设计人员、测试人员等，帮助他们更好地理解项目设计的目标和思路。

（2）项目管理人员：方便他们把握项目整体方向，有效管理项目。

（3）项目利益相关者：投资者、客户、合作伙伴等，帮助他们了解项目的技术实施。

2. 背景

（1）软件系统名称：基于 Web 的网上外卖发布与订单管理系统。

（2）项目相关人员。

1）委托者：

餐厅营业者：提出开发一个外卖管理平台，以简化订单处理、管理菜单和提供客户服务，提高外卖订单管理效率，覆盖更广范围的客户。

2）开发者：

软件开发团队：包括前端开发人员、后端开发人员、数据库管理人员、测试人员，UI/UX设计师。

3）用户：

餐厅工作人员：他们是主要的平台用户，使用平台来接收、处理、管理订单，更新菜单和库存，以及处理客户服务问题。

平台管理人员：他们是管理平台的人员，主要利用平台来管理各个店铺商店。

4）计算站点：

服务器：存储外卖管理平台的数据库（DBMS）以及业务逻辑。某些餐厅可能会选择在自己的物理位置托管部分系统，尤其是与本地订单处理和库存管理相关的部分。

3. 定义

（1）术语定义。

API（Application Programming Longerface）：应用程序接口，用于不同软件组件间相互通信的一组规范。

UI（User Longerface）：用户界面，指用户与软件或应用程序进行交互时所使用的界面。

UX（User Experience）：用户体验，指用户使用产品或服务时的整体感受和情感。

HTTPS（Hypertext Transfer Protocol Secure）：安全的超文本传输协议，用于加密网络传输的协议。

DNS（Domain Name System）：域名系统，将域名映射到与之对应的国际互连协议（IP）地址的系统。

HTTP（Hypertext Transfer Protocol）：超文本传输协议，用于传输超文本数据的协议。

Frontend：前端，指用户直接与之交互的网页或应用界面。

Backend：后端，指网站或应用程序的服务器端和数据库处理部分。

Responsive Design:响应式设计,能够在不同设备和屏幕尺寸上提供最佳显示效果的设计。

Cookie:在用户计算机上存储的小型文本文件,用于识别用户和记录用户信息。

(2)外文首字母词原词组介绍。

JSP:一种用于构建动态 Web 内容的 Java 技术。JSP 允许开发人员在 HTML 页面中嵌入 Java 代码,使得页面能够动态生成内容,包括从数据库检索数据、执行业务逻辑和呈现动态信息。JSP 页面的最终输出是一个普通的 HTML 页面,但它包含嵌入的 Java 代码,这些代码在服务器端执行并生成 HTML,然后将其发送到客户端浏览器。

MVC:一种软件设计模式,用于构建应用程序,特别是 Web 应用程序。它将应用程序分为 3 个主要部分,即模型(Model)、视图(View)和控制器(Controller)。模型负责处理数据逻辑和状态,视图负责用户界面的呈现,而控制器负责处理用户输入并根据输入更新模型和视图。MVC 模式有助于代码的组织和分离,提高了应用程序的可维护性和扩展性。

DBMS:数据库管理系统的缩写,它是一种软件系统,用于管理和组织数据库。DBMS 允许用户创建、访问、管理和更新数据库,提供了各种功能,包括数据存储、数据检索、数据安全性和数据完整性等。常见的 DBMS 包括 MySQL、Oracle、SQL Server 和 PostgreSQL 等。

SQL(Structured Query Language):一种用于管理关系型数据库的标准化语言。它允许用户对数据库进行操作,包括存储、检索、更新、删除数据以及管理数据库结构。

JavaBean:Java 平台上的可重用组件,它是一种可移植、可重用并且可扩展的 Java 类。

Servlet:Java 编写的服务器端程序,它扩展了 Web 服务器的功能,用于处理 HTTP 请求并生成动态 Web 内容。Servlet 运行在服务器端,接收来自客户端浏览器的请求,执行特定任务,然后生成响应并将其发送回客户端。Servlet 通常与 JSP 配合使用,共同构建动态的 Web 应用程序。

4.5.2 程序系统的结构

基于 Web 的网上外卖发布与订单管理系统功能结构图如图 4-8 所示。

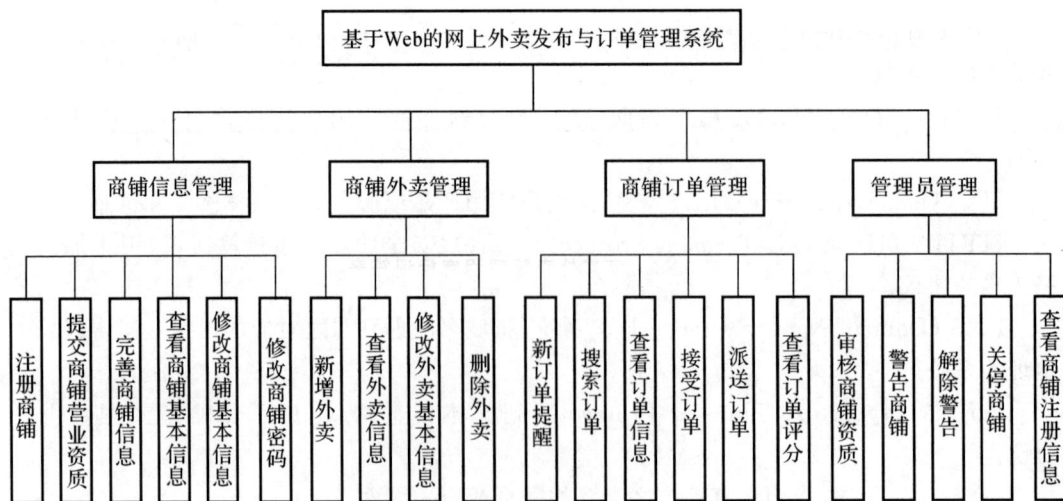

图 4-8 基于 Web 的网上外卖发布与订单管理系统功能结构图

系统静态类图如图 4-9 所示。

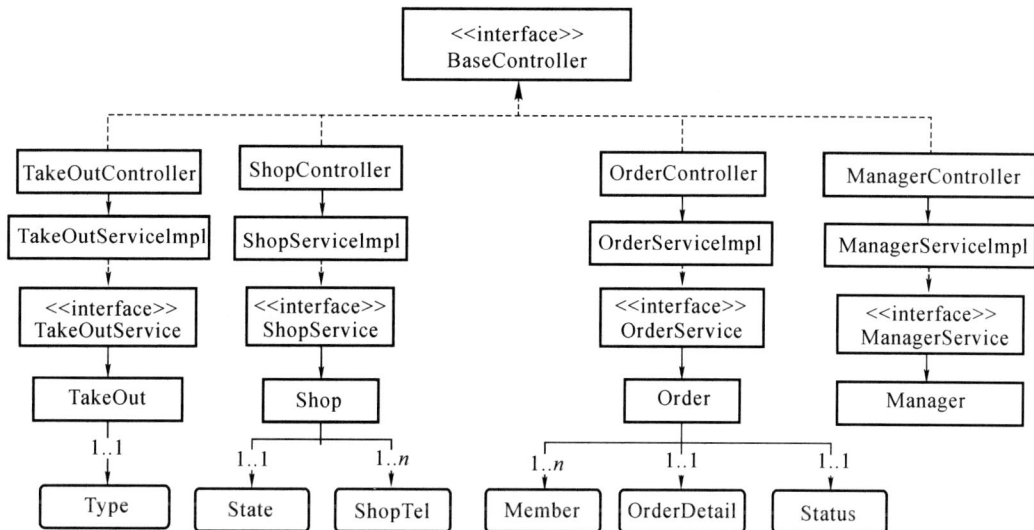

图 4-9 系统静态类图

1. 商铺用户模块 SU

(1)商铺信息管理子模块 SU - M1。

商铺信息管理程序标识符表如表 4-2 所示,模块详细设计见相应标识模块设计说明。

表 4-2 商铺信息管理程序标识符表

子程序名	标识符
商铺注册	SU - M1.1
商铺营业资质提交	SU - M1.2
商铺信息完善	SU - M1.3
商铺基本信息查看	SU - M1.4
商铺基本信息修改	SU - M1.5
商铺密码修改	SU - M1.6

(2)商铺外卖管理子模块 SU - M2。

商铺外卖管理程序标识符表如表 4-3 所示,模块详细设计见相应标识模块设计说明。

表 4-3 商铺外卖管理程序标识符表

子程序名	标识符
新增外卖	SU - M2.1
查看外卖信息	SU - M2.2
修改外卖基本信息	SU - M2.3
删除外卖	SU - M2.4

（3）商铺订单管理子模块 SU - M3。

商铺订单管理程序标识符表如表 4-4 所示，模块详细设计见相应标识模块设计说明。

表 4-4　商铺订单管理程序标识符表

子程序名	标识符
新订单提醒	SU - M3.1
订单搜索	SU - M3.2
查看订单信息	SU - M3.3
接受订单	SU - M3.4
派送订单	SU - M3.5
查看订单评分	SU - M3.6

2. 系统管理员模块 SM

系统管理员管理程序标识符表如表 4-5 所示，模块详细设计见相应标识模块设计说明。

表 4-5　系统管理员管理程序标识符表

子程序名	标识符
新订单提醒	SM1
订单搜索	SM2
查看订单信息	SM3
接受订单	SM4
派送订单	SM5
查看订单评分	SM6

4.5.3　商铺用户(SU)模块设计说明

4.5.3.1　程序描述

（1）商铺信息管理子模块（SU - M1）：该子模块为商铺用户管理商铺基本信息，包括注册商铺（SU - M1.1）、商铺营业资质提交（SU - M1.2）、商铺信息完善（SU - M1.3）、商铺基本信息查看（SU - M1.4）、商铺基本信息修改（SU - M1.5）和商铺密码修改（SU - M1.6）。

与本模块相关的实体类有 Shop、ShopTel、State。Shop 实体类定义了商铺对象的属性，ShopTel 实体类则定义了商铺电话的属性。State 实体类定义了商铺状态的属性。商铺注册需要提供注册商铺的详细信息，包括商铺账号、商铺密码、店主姓名、商铺电话、商铺名称、商铺地址和 Email。这些信息都将构成 Shop 实体与 ShopTel 实体，提交到控制层 ShopController 进行处理，如图 4-10 所示。

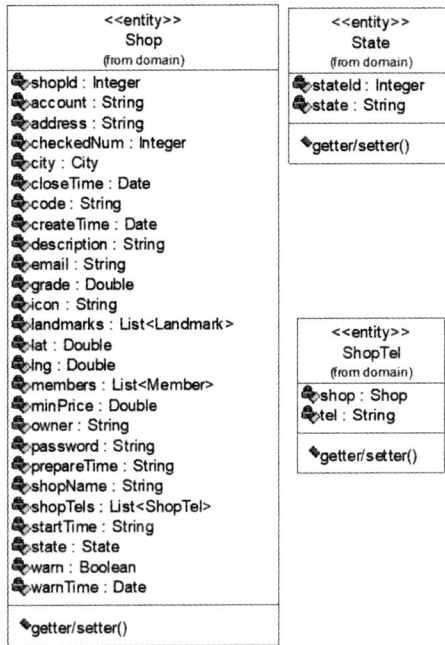

图 4-10　商铺信息管理模块实体类

　　ShopController 主要处理商铺用户和普通用户关于商铺的请求,并且和其他 Controller (控制器)一样,继承了 BaseController,BaseController 中包含了所有 Controller 所通用的一些方法。其中包含了处理注册商铺请求的方法 register,如图 4-11 所示。

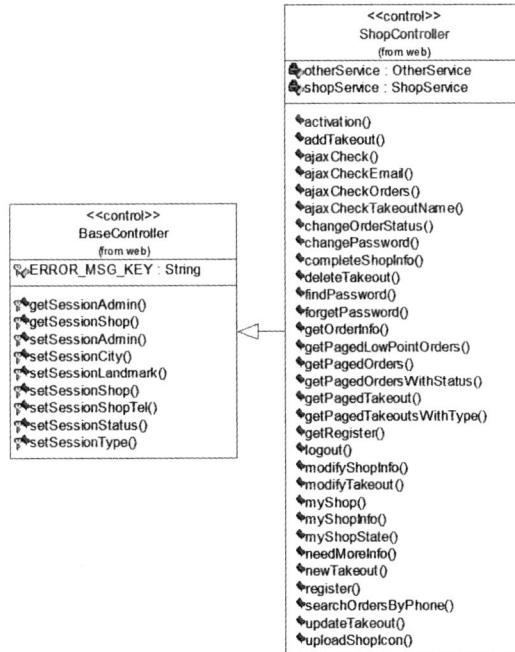

图 4-11　商铺信息管理模块控制层类

register 方法将调用 Service 层（服务层）的 ShopService 接口，其实现类为 ShopServiceImpl，还调用了 MD5Util 进行密码的加密处理（见图 4-11）。

（2）商铺外卖管理子模块（SU-M2）：该子模块为商铺用户管理商铺外卖信息，包括新增外卖（SU-M2.1）、查看外卖信息（SU-M2.2）、修改外卖信息（SU-M2.3）和删除外卖信息（SU-M2.4）。

模块的控制器为 ShopController，使用到的控制层的接口有 ShopService，其实现类为 ShopServiceImpl，如图 4-12 所示。

图 4-12　商铺信息管理服务层类

与本模块相关的实体类包括 Shop、Landmark、Takeout、Type。Takeout 实体定义了外卖的属性，Type 实体定义了外卖类型的属性，如图 4-13 所示。

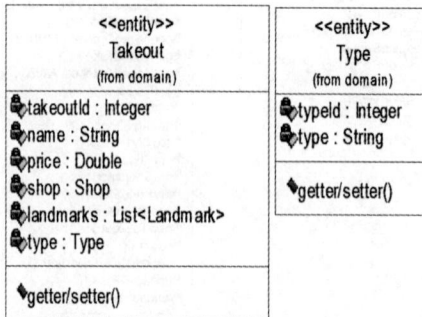

图 4-13　商铺外卖管理模块实体类

（3）商铺订单管理子模块(SU－M3)：该子模块为商铺用户管理商铺订单信息，包括新订单提醒(SU－M3.1)、搜索订单(SU－M3.2)、查看订单信息(SU－M3.3)、接受订单(SU－M3.4)、派送订单(SU－M3.5)和查看订单评分(SU－M3.6)。

与本模块相关的实体类包括 Shop、Orders、OrderDetail、Status、Member、Landmark、Takeout。

Orders 实体定义了订单的属性，OrderDetail 实体定义了订单内容的属性，Status 实体定义了订单状态的属性，Member 实体定义了订餐用户的属性。商铺订单管理模块实体类如图 4－14 所示。

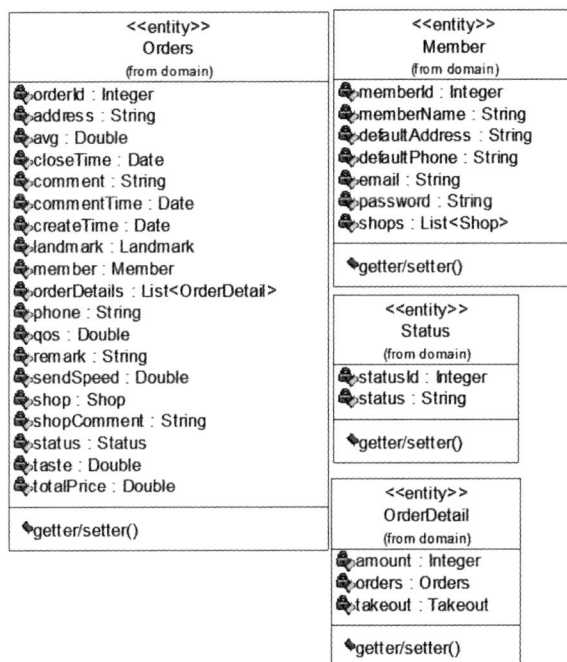

图 4－14　商铺订单管理模块实体类

本模块的控制器为 ShopController，使用到的控制层的接口有 ShopService，其实现类为 ShopServiceImpl（见图 4－12）。

商铺用户通过 myOrders.jsp 管理商铺外卖，控制器为 ShopController，服务层为 ShopService，使用 OrdersDao 进行数据保存。

4.5.3.2　功能

1. 商铺信息管理子模块(SU－M1)

(1)注册商铺(SU－M1.1)。

用户注册页面，填写商铺账号、商铺密码、店主姓名、商铺电话、商铺名称、商铺地址、Email 等信息，系统验证无误后，响应注册成功。在提交系统验证过程中，验证内容包括：所有信息的长度是否合适；账号是否有重复；电话号码和 Email 格式是否符合规范；商铺地址是否存在。信息有误则注册失败，需要重新注册。同时，将商铺注册信息，生成商铺编号以及当前商铺状态(包括待激活、待审核、审核通过、审核未通过、待完善信息、歇业、营业、停业、警告)保存到数据库中,完成商铺注册。此时用户可以使用注册的账号与密码组合进行登录。商铺账号注册 IPO 表设计如表 4 - 6 所示。

表 4 - 6　商铺账号注册 IPO 表

商铺账号注册 IPO 表

模块编号:SU - M1.1

模块名称:注册商铺

所属子系统:商铺信息管理

模块描述:用户在注册页面,填写商铺账号,商铺密码,店主姓名,商铺电话,商铺名称,商铺地址,Email 等信息,系统验证无误后,响应注册成功。提交系统验证过程中,验证内容包括所有信息的长度是否合适;账号是否有重复;电话号码和 Email 格式是否符合规范;商铺地址是否存在。信息有误则注册失败,需要重新注册。同时将商铺注册信息,生成商铺编号以及当前商铺状态(包括待激活、待审核、审核通过、审核未通过、待完善信息、歇业、营业、停业、警告)保存到数据库中,完成商铺注册。此时用户可以使用注册的账号与密码组合进行登录

输入:商铺账号,商铺密码,店主姓名,商铺电话,商铺名称,商铺地址,Email

输出:商铺注册响应

处理:用户依次填写商铺账号、商铺密码、店主姓名、商铺电话商铺名称、商铺地址、Email,填写完相应信息后,若数据符合要求,则用户点击提交后系统提示注册成功

变量说明:

商铺账号:默认值为"NULL",有效值为可变长字符串类型

商铺密码:默认值为"NULL",有效值为不小于八位的包含数字,大小写字母的可变长字符串

店主姓名:默认值为"NULL",有效值为可变长字符串,要求与身份证姓名一致

商铺电话:默认值为"NULL",有效值为可变长字符串

商铺名称:默认值为"NULL",有效值为可变长字符串

商铺地址:默认值为"NULL",有效值为可变长字符串

Email:默认值为"NULL",有效值为可变长字符串,系统会进行邮箱格式检测与验证,需要确保邮箱格式正确并且账号存在

---

(2)商铺资质提交(SU - M1.2)。

商铺注册成功后,此时商铺处于未激活状态,需要在系统中提交营业资格证、生产许可证等文件,管理员审核通过后,商铺进入信息完善阶段。商铺资质提交(SU - M1.2)IPO 表如表 4 - 7 所示。

表 4 - 7　商铺资质提交 IPO 表

商铺资质提交 IPO 表

模块编号:SU - M1.2

模块名称:商铺资质提交

所属子系统:商铺信息管理

模块描述:商铺注册完成后,进入未激活状态,需要用户在系统中上传营业资格证、系统许可证等文件,待管理员审核通过后,商铺进入信息完善阶段

续表

商铺资质提交 IPO 表

输入:生产许可证,营业资格证文件

输出:资质审核结果

处理:用户在系统上传生产许可证以及营业资格证,系统将其提交于管理员,审核状态响应为待审核,审核完毕后,若通过,则提示审核成功,商铺可进一步完善信息

变量说明:

生产许可证:默认值为"NULL",有效值为可变长字符串,需要提交.png 或者.jpg 或者.pdf 格式文件

营业资格证:默认值为"NULL",有效值为可变长字符串,需要提交.png 或者.jpg 或者.pdf 格式文件

（3）商铺信息完善（SU－M1.3）。

商铺的注册通过系统管理员审核后,商铺进入完善商铺信息的步骤中,商铺需要填写完成认证后,并补充开业的其他商铺信息才能正式营业。这些信息包括营业时间、起送价、商铺简介、经纬度。商铺信息完善（SU－M1.3）IPO 表如表 4－8 所示。

表 4－8　商铺信息完善 IPO 表

商铺信息完善 IPO 表

模块编号:SU－M1.3

模块名称:商铺信息完善

所属子系统:商铺信息管理

模块描述:商铺的注册通过系统管理员审核后,商铺进入完善商铺信息的步骤中,商铺需要填写完成认证,并补充开业的其他商铺信息才能正式营业。这些信息包括营业时间、起送价、商铺简介、经纬度

输入:商铺 ID、营业时间、起送价、商铺简介

输出:添加商铺信息响应

处理:用户依次输入信息,若数据符合要求,则用户点击保存后系统提示保存成功

变量说明:

营业时间:默认值为 2020/01/01 12:00—20:00,有效值为日期类型,其中年份为四位数字字符串,月份为两位数字字符串,日限制于年份以及月份有效日期,时间为 24 小时计时制

起送价:默认值为 0,有效值为浮点型

商铺简介:默认值为"NULL",有效值为可变长字符串类型

经纬度:默认值为 0,经度范围（－180°,180°）,纬度范围（－90°,90°）

（4）商铺信息查看（SU－M1.4）。

商铺用户可在商铺信息页面查看商铺基本信息,包括商铺名称、店主姓名、注册时间、可选外卖发布区域、营业时间、起送价、商铺电话、商铺图标、商铺简介、商铺账号、商铺地址、Email。商铺信息查看（SU－M1.4）IPO 表如表 4－9 所示。

表 4 - 9　商铺信息查看 IPO 表

商铺信息查看 IPO 表

模块编号:SU - M1.4

模块名称:商铺信息查看

所属子系统:商铺信息管理

模块描述:商铺的基本信息可查看,包括商铺名称、店主姓名、注册时间、营业时间、起送价、商铺电话、商铺图标、商铺简介、商铺账号、商铺地址、Email

输入:商铺 ID

输出:查询商铺信息响应

处理:用户点击查看商铺信息,即可查看商铺的所有基本信息

变量说明:

商铺账号:默认值为"NULL",有效值为可变长字符串类型

店主姓名:默认值为"NULL",有效值为可变长字符串,要求与身份证姓名一致

注册时间:默认值为"NULL",有效值为 Date 类型

营业时间:默认值为"NULL",有效值为 Date 类型

起送价:默认值为 0,有效值为浮点类型

商铺图标:默认值为"NULL",有效值为可变长字符串

商铺简介:默认值为"NULL",有效值为可变长字符串

商铺电话:默认值为"NULL",有效值为可变长字符串

商铺名称:默认值为"NULL",有效值为可变长字符串

商铺地址:默认值为"NULL",有效值为可变长字符串

Email:默认值为"NULL",有效值为可变长字符串,系统会进行邮箱格式检测

(5)商铺基本信息修改(SU - M1.5)。

部分商铺信息可以修改,包括商铺名称、店主姓名、登录密码、营业时间、准备时间、起送价、商铺电话、商铺图标、商铺简介。不可修改的信息包括商铺账号、商铺地址、Email。修改商铺基本信息(SU - M1.5)IPO 表设计如表 4 - 10 所示。

表 4 - 10　商铺基本信息修改 IPO 表

商铺基本信息修改 IPO 表

模块编号:SU - M1.5

模块名称:商铺基本信息修改

所属子系统:商铺信息管理

模块描述:此模块可修改商铺基本信息,包括商铺名称、营业时间、起送价、商铺电话、商铺图标、商铺简介

不可修改的信息:商铺账号,商铺地址,Email,商铺经纬度

输入:商铺 ID,商铺名称,营业时间,起送价,商铺电话,商铺图标,商铺简介

输出:修改商铺信息响应

处理:用户依次填写商铺名称、营业时间、起送价、商铺电话、商铺图标、商铺简介,填写完相应信息后,若数据符合要求,则用户点击保存后系统提示修改信息保存成功

续表

商铺基本信息修改 IPO 表

变量说明：

商铺名称：默认值为"NULL"，有效值为可变长字符串

营业时间：默认值为 2020/01/01 12：00—20：00，有效值为日期类型，其中年份为四位数字字符串，月份为两位数字字符串，日限制于年份以及月份有效日期，时间为 24 小时计时制

起送价：默认值为 0，有效值为浮点型

商铺图标：默认值为"NULL"，有效值为可变长字符串，指向图片 URL

商铺简介：默认值为"NULL"，有效值为可变长字符串类型

（6）商铺密码修改（SU－M1.6）

该功能需要填写修改密码的商铺账号的原密码。用户输入旧密码校验通过后，填写修改后的新密码，二次确认新密码后，提交系统，修改密码成功，商铺用户跳转到用户登录页面，使用新密码进行登录。商铺密码修改（SU－M1.6）IPO 表设计如表 4－11 所示。

表 4－11 商铺密码修改 IPO 表

商铺密码修改 IPO 表

模块编号：SU－M1.6

模块名称：商铺密码修改

所属子系统：商铺信息管理

模块描述：修改商铺账号的登录密码

输入：商铺 ID，商铺原密码，商铺新密码

输出：修改商铺密码响应

处理：用户填写原密码验证成功后可修改为新密码，系统响应修改密码成功

变量说明：

商铺原密码：默认值为商铺数据库密码，有效值为可变长字符串，包含数字以及大小写字母

商铺新密码：默认值为"NULL"，有效值为可变长字符串，包含数字以及大小写字母

2．商铺外卖管理子模块（SU－M2）

商铺外卖管理为商铺用户管理商铺外卖信息，包括发布外卖、查看外卖信息、修改外卖信息、删除外卖信息。

（1）发布外卖（SU－M2.1）。

商铺用户发布新外卖时使用此功能，商铺用户需要提供被发布外卖的详细信息，包括外卖名称、外卖类别、出售区域、外卖价格。商铺用户填写完毕后提交系统进行处理，系统将对所填信息进行验证，包括该商铺是否已经发布相同名称的外卖，外卖类别是否正确，发布区域集合是否属于商铺可选外卖区域集合，外卖价格是否符合要求。验证无误后将成功发布外卖，否则将提醒发布失败，需重新填写外卖信息进行发布。发布外卖（SU－M2.1）IPO 表设计如表 4－12 所示。

表 4-12 发布外卖 IPO 表

发布外卖 IPO 表
模块编号:SU-M2.1 模块名称:发布外卖 所属子系统:商铺外卖管理 模块描述:商铺用户发布新外卖时使用此功能,商铺用户需要提供被发布外卖的详细信息,包括外卖名称、外卖类别、出售区域、外卖价格。商铺用户填写完毕后提交系统进行处理,系统将对所填信息进行验证,包括该商铺是否已经发布相同名称的外卖,外卖类别是否正确,发布区域集合是否属于商铺可选外卖区域集合,外卖价格是否符合要求。验证无误后将成功发布外卖,否则将提醒发布失败,需重新填写外卖信息进行发布
输入:外卖 ID,外卖名称,外卖类别,出售区域,外卖价格 输出:新增外卖响应信息 处理:用户依次填写外卖名称、外卖类别、出售区域、外卖价格后,点击提交,验证信息有效后,系统响应提交外卖信息成功 变量说明: 外卖名称:默认值"NULL",有效值为可变长字符串 外卖类别:默认值"NULL",有效值为可变长字符串 出售区域:默认值"NULL",有效值为可变长字符串,并且满足范围要求 外卖价格:默认值为"0",有效值为浮点型,要求大于等于 0

(2)查看外卖信息(SU-M2.2)。

商铺用户可选择查看自己的外卖信息列表和某一具体的外卖信息。查看外卖信息(SU-M2.2)IPO 表设计如表 4-13 所示。

表 4-13 查看外卖信息 IPO 表

查看外卖信息 IPO 表
模块编号:SU-M2.2 模块名称:查看外卖信息 所属子系统:商铺外卖管理 模块描述:商铺用户可选择查看自己的外卖信息列表和某一具体的外卖信息
输入:外卖 ID、外卖名称 输出:外卖基本信息 处理:用户依次点击列表中的外卖后,系统响应外卖信息,包括外卖名称、外卖种类、所属商铺 ID、外卖价格、出售区域 变量说明: 外卖名称:默认值"NULL",有效值为可变长字符串 外卖类别:默认值"NULL",有效值为可变长字符串 出售区域:默认值"NULL",有效值为可变长字符串,并且满足范围要求 外卖价格:默认值为"0",有效值为浮点型,要求大于等于 0

（3）修改外卖信息（SU－M2.3）。

商铺用户可对某一外卖信息进行修改,修改内容包括外卖名称,外卖类别,出售区域,外卖价格。对于修改后的信息,系统将对其进行验证,使其符合发布要求后进行修改和发布。修改外卖信息（SU－M2.3）IPO 表设计如表 4－14 所示。

4－14　修改外卖信息 IPO 表

修改外卖信息 IPO 表

模块编号:SU－M2.3

模块名称:修改外卖信息

所属子系统:商铺外卖管理

模块描述:商铺用户可对某一外卖信息进行修改,修改内容包括外卖名称、外卖类别、出售区域、外卖价格。对于修改后的信息,系统将对其进行验证,使其符合发布要求后进行修改和发布

输入:外卖 ID,外卖名称,外卖类别,出售区域,外卖价格

输出:外卖修改信息响应

处理:用户依次输入外卖名称,外卖类别,出售区域,外卖价格,信息有效,则系统响应修改外卖信息成功

变量说明:

外卖名称:默认值"NULL",有效值为可变长字符串

外卖类别:默认值"NULL",有效值为可变长字符串

出售区域:默认值"NULL",有效值为可变长字符串,并且满足范围要求

外卖价格:默认为"0",有效值为浮点型,要求大于等于 0

（4）删除外卖信息（SU－M2.4）。

商铺用户可以删除某一外卖信息,删除外卖信息需要进行二次确认,此信息一旦删除则不可恢复。删除外卖信息（SU－M2.4）IPO 表设计如表 4－15 所示。

表 4－15　删除外卖信息 IPO 表

删除外卖信息 IPO 表

模块编号:SU－M2.4

模块名称:删除外卖信息

所属子系统:商铺外卖管理

模块描述:商铺用户可以删除某一外卖信息,删除外卖信息需要进行二次确认,此信息一旦删除则不可恢复

输入:外卖 ID,外卖名称

输出:外卖删除响应信息

处理:用户在外卖列表中点击已发布外卖选择删除,系统二次确认是否删除外卖后,用户确认删除,则删除该外卖信息,并且响应删除外卖成功

变量说明:

外卖名称:默认值"NULL",有效值为可变长字符串

3. 商铺订单管理子模块（SU－M3）

商铺订单管理为商铺用户管理商铺订单信息,包括新订单提醒、搜索订单、查看订单信

息、修改订单状态、查看低评分订单、填写商铺评论,其中修改订单状态包含接受订单、派送订单,交易成功,交易失败功能。

(1)新订单提醒(SU‐M3.1)。

一旦有新的等待商铺用户接受的订单出现,则在商铺用户的主要界面上能够对商铺用户进行提示,显示提示信息,提示商铺用户对新订单进行处理。新订单提醒(SU‐M3.1)IPO表设计如表4‐16所示。

表4‐16 新订单提醒 IPO 表

新订单提醒 IPO 表
模块编号:SU‐M3.1
模块名称:新订单提醒
所属子系统:商铺订单管理
模块描述:一旦有新的等待商铺用户接受的订单出现,则在商铺用户的主要界面上能够对商铺用户进行提示,显示提示信息,提示商铺用户对新订单进行处理
输入:订单 ID
输出:新订单提示信息
处理:用户下单后,系统封装外卖信息为订单,提醒商铺处理订单,显示订单提示信息。
变量说明:
无

(2)搜索订单(SU‐M3.2)。

商铺用户能根据关键字查找某一类或一条符合信息的订单,并将结果显示出来供商铺用户进行处理。搜索订单(SU‐M3.2)IPO表设计如表4‐17所示。

表4‐17 搜索订单 IPO 表

搜索订单 IPO 表
模块编号:SU‐M3.2
模块名称:搜索订单
所属子系统:商铺订单管理
模块描述:商铺用户能根据关键字查找某一类或一条符合信息的订单,并将结果显示出来供商铺用户进行处理
输入:订单 ID,外卖名称
输出:订单 ID,订单内容,送达地址,联系电话,订单价格,备注,下单时间,完成时间,评论时间,平均得分,服务质量得分,及时送达得分,美味程度得分,用户留言和商铺留言
处理:用户下单后,系统封装外卖信息为订单,提醒商铺处理订单,显示订单提示信息
变量说明:
订单内容:外卖名称,数量
送达地址:默认值"NULL",有效值为可变长字符串
联系电话:默认值为"NULL",有效值为可变长字符串,要求为数字
订单价格:默认值为 0,有效值为所点外卖总价格,为浮点型

续表

搜索订单 IPO 表

备注:默认值为"NULL",有效值为可变长字符串

下单时间:默认值为用户下单时间,由系统自动产生

评论时间:默认值"NULL",用户评价完成后系统自动生成

平均得分:默认值为 5,有效值为 0～5 的整数,系统自动计算

服务质量得分:默认值为 5,有效值为 0～5 的整数

及时送达得分:默认值为 5,有效值为 0～5 的整数

美味程度得分:默认值为 5,有效值为 0～5 的整数

用户留言和商铺留言:默认值为"NULL",有效值为可变长字符串

(3)查看订单信息(SU－M3.3)。

商铺用户能够查看订单具体信息,包括订单 ID、订单内容、送达地址、联系电话、订单价格、备注、下单时间、完成时间、评论时间、订单得分、用户留言和商铺留言。这些信息会根据订单状态的不同而分别显示相对应的信息。例如,待确认订单、正在制作和正在送出的订单可显示订单 ID、订单内容、送达地址、联系电话、订单价格、备注、下单时间信息。交易成功的订单可显示出完成时间。交易失败的订单可再显示出失败原因。已经评价的订单可显示评论时间、平均得分、用户留言和商铺留言。查看订单信息(SU－M3.3)IPO 表设计如表 4－18 所示。

表 4－18　查看订单信息 IPO 表

查看订单信息 IPO 表

模块编号:SU－M3.3

模块名称:查看订单信息

所属子系统:商铺订单管理

模块描述:商铺用户能够查看订单具体信息,包括订单 ID、订单内容、送达地址、联系电话、订单价格、备注、下单时间、完成时间、评论时间、订单得分、用户留言和商铺留言。这些信息会根据订单状态的不同而分别显示相对应的信息。例如,待确认订单、正在制作和正在送出的订单可显示订单 ID、订单内容、送达地址、联系电话、订单价格、备注、下单时间信息。交易成功的订单可多显示出完成时间。交易失败的订单可再显示出失败原因。已经评价的订单可显示评论时间,平均得分,用户留言和商铺留言

输入:订单 ID

输出:订单 ID,订单内容,送达地址,联系电话,订单价格,备注,下单时间,完成时间,评论时间,平均得分,服务质量得分,及时送达得分,美味程度得分,用户留言和商铺留言

处理:用户点击查看订单详情后,系统响应订单详细信息,包括订单 ID、订单内容、送达地址、联系电话、订单价格、备注、下单时间、完成时间、评论时间、平均得分、服务质量得分、及时送达得分、美味程度得分、用户留言和商铺留言

变量说明:

订单内容:外卖名称,数量

送达地址:默认值"NULL",有效值为可变长字符串

续表

查看订单信息 IPO 表

联系电话:默认值为"NULL",有效值为可变长字符串,要求为数字
订单价格:默认值为0,有效值为所点外卖总价格,为浮点型
备注:默认值为"NULL",有效值为可变长字符串
下单时间:默认值为用户下单时间,由系统自动产生
评论时间:默认值"NULL",用户评价完成后系统自动生成
平均得分:默认值为5,有效值为0~5之间的整数,系统自动计算
服务质量得分:默认值为5,有效值为0~5之间的整数
及时送达得分:默认值为5,有效值为0~5之间的整数
美味程度得分:默认值为5,有效值为0~5之间的整数
用户留言和商铺留言:默认值为"NULL",有效值为可变长字符串

(4)接受订单(SU-M3.4)。

商铺用户对已经下单,等待确认的订单可选择接受订单,表示此订单已被确认,此时该订单状态变为已确认订单。接受订单(SU-M3.4)IPO表设计如表4-19所示。

表 4-19　接受订单 IPO 表

接受订单 IPO 表

模块编号:SU-M3.4
模块名称:接受订单
所属子系统:商铺订单管理
模块描述:商铺用户对已经下单,等待确认的订单可选择接受订单,表示此订单已被确认,此时该订单状态变为已确认订单

输入:订单ID,订单状态
输出:修改订单状态响应信息为已接受
处理:商铺用户在订单下单后可以选择接受订单,系统提示订单状态为已接受
变量说明:
订单状态:默认值"NULL",有效值为五个状态中一种状态

(5)派送订单(SU-M3.5)。

商铺用户对已经确认的订单可选择派送订单,表示该订单的外卖已经完成制作,正在派送中。此时该订单状态变为被正派送的订单。商铺接受订单后,出餐完成后,可以选择派送订单,第三方派送平台将接收到此订单,并且到店取餐进行派送。派送订单(SU-M3.5)IPO表设计如表4-20所示。

表 4-20　派送订单 IPO 表

派送订单 IPO 表

模块编号:SU-M3.5
模块名称:派送订单

续表

派送订单 IPO 表
所属子系统:商铺订单管理
模块描述:商铺用户对已经接受的订单出餐完毕后,可以将订单信息发送给第三方平台,若订单被第三方平台接受,订单状态为派送中
输入:订单 ID,订单状态
输出:修改订单状态响应信息
处理:商铺用户在订单接受后出餐,出餐完毕,可以选择派送订单,系统提示订单状态为派送中
变量说明:
订单状态:默认值"NULL",有效值为五个状态中一种状态

(6)查看用户评价信息(SU－M3.6)。

商铺用户可选择查看本商铺的用户评价,并且进行回复。查看用户评价信息(SU－M3.6)IPO 表设计如表 4－21 所示。

表 4－21　查看用户评价信息 IPO 表

查看用户评价信息 IPO 表
模块编号:SU－M3.6
模块名称:查看用户评价信息
所属子系统:商铺订单管理
模块描述:商铺对客户已经评价的订单可以查看用户评价并且进行回复,可以是对好评订单的感谢,也可对订餐用户留言,或是对低评分订单做出解释,以供订餐用户和系统管理员查看
输入:回复信息
输出:填写评价响应信息
处理:商铺点击用户订单评价,填写反馈信息进行反馈,反馈成功后,系统提示反馈成功
变量说明:
评价信息:默认值"NULL",有效值为可变长字符串

4.5.3.3　性能

1. 精度
(1)软件的输入精度:浮点数只保留至小数点后两位,其他类型数据精度不变。
(2)软件的输出精度:浮点数只保留至小数点后两位,其他类型数据精度不变。
(3)传输过程中的精度:浮点数只保留至小数点后两位,其他类型数据精度不变。

2. 灵活性
(1)运行环境的变化:该软件适用于 Windows 操作系统、Linux 操作系统、MacOS 操作系统。
(2)计划的变化和改进:根据用户的反馈以及需求针对软件做出更新。

3. 时间特性的要求

(1)响应时间:2 s 内。

(2)更新处理时间:5 s 内。

(3)数据的更换和传送时间:3 s 内。

4.5.3.4 输入项

1. 商铺信息管理子模块(SU-M1)

(1)注册商铺(SU-M1.1)。

商铺注册模块输入信息表如表 4-22 所示。

表 4-22 商铺注册模块输入信息表

英文名称	中文名称	数据类型	默认值	有效验证	输入方式	是否为空
ShopId	商铺编号	Long			自动产生	否
Account	商铺账号	varchar			手动输入	否
Password	商铺密码	varchar			手动输入	否
Owner	店主姓名	varchar			手动输入	否
ShopName	商铺名称	varchar			手动输入	否
Address	商铺地址	varchar			手动输入	否
Email	邮箱地址	varchar			手动输入	否

(2)商铺资质提交(SU-M1.2)。

商铺资质提交模块输入信息表如表 4-23 所示。

表 4-23 商铺资质提交模块输入信息表

英文名称	中文名称	数据类型	默认值	有效验证	输入方式	是否为空
ShopId	商铺编号	Long			自动产生	否
Product_pic	生产许可证	varchar			手动输入	否
Manager_pic	营业资格证	varchar			手动输入	否

(3)商铺信息完善(SU-M1.3)。

商铺信息完善模块输入信息表如表 4-24 所示。

表 4-24 商铺信息完善模块输入信息表

英文名称	中文名称	数据类型	默认值	有效验证	输入方式	是否为空
ShopId	商铺编号	Long			自动产生	否
Description	商铺描述	varchar	NULL		手动输入	是

续 表

英文名称	中文名称	数据类型	默认值	有效验证	输入方式	是否为空
StartTime	起始营业时间	varchar	NULL		手动输入	是
CloseTime	停止营业时间	varchar	NULL		手动输入	是
MinPrice	起送价	Double	0	.	手动输入	是

（4）商铺信息查看（SU－M1.4）。

商铺信息查看模块输入信息表如表 4－25 所示。

表 4－25　商铺信息查看模块输入信息表

英文名称	中文名称	数据类型	默认值	有效验证	输入方式	是否为空
Account	商铺账号	varchar			手动输入	否
ShopName	商铺名称	varchar			手动输入	否

（5）修改商铺基本信息（SU－M1.5）。

修改商铺基本信息模块输入信息表如表 4－26 所示。

表 4－26　修改商铺基本信息模块输入信息表

英文名称	中文名称	数据类型	默认值	有效验证	输入方式	是否为空
Account	商铺账号	varchar			手动输入	否
ShopName	商铺名	varchar			手动输入	否
Description	商铺描述	varchar	NULL		手动输入	是
Icon	商铺图标	varchar	NULL		手动输入	是
StartTime	起始营业时间	varchar	NULL		手动输入	是
CloseTime	停止营业时间	varchar	NULL		手动输入	是
MinPrice	起送价	Double	0		手动输入	是

（6）修改密码（SU－M1.6）。

修改密码模块输入信息表如表 4－27 所示。

表 4－27　修改密码模块输入信息表

英文名称	中文名称	数据类型	默认值	有效验证	输入方式	是否为空
Old_pwd	原密码	varchar			手动输入	否
New_pwd	新密码	varchar			手动输入	否

2. 商铺外卖管理子模块(SU-M2)

(1)发布外卖(SU-M2.1)。

发布外卖模块输入信息表如表4-28所示。

表4-28　发布外卖模块输入信息表

英文名称	中文名称	数据类型	默认值	有效验证	输入方式	是否为空
Takeoutid	外卖ID	varchar			自动产生	否
Name	外卖名称	varchar			手动输入	否
Typeid	外卖种类ID	varchar			自动产生	否
Shopid	商铺ID	varchar			自动产生	否
Price	外卖单价	Double	0		手动输入	否

(2)查看外卖信息(SU-M2.2)。

查看外卖信息模块输入信息表如表4-29所示。

表4-29　查看外卖信息模块输入信息表

英文名称	中文名称	数据类型	默认值	有效验证	输入方式	是否为空
Takeoutid	外卖ID	Long			自动产生	否
Name	外卖名称	varchar			手动输入	否

(3)修改外卖信息(SU-M2.3)。

修改外卖信息模块输入信息表如表4-30所示。

表4-30　修改外卖信息模块输入信息表

英文名称	中文名称	数据类型	默认值	有效验证	输入方式	是否为空
Takeoutid	外卖ID	Long			自动产生	否
Name	外卖名称	varchar			手动输入	否
Typeid	外卖种类ID	Long			自动产生	否
Shopid	商铺ID	Long			自动产生	否
Price	外卖单价	Double	0		手动输入	否

(4)删除外卖信息(SU-M2.4)。

删除外卖信息模块输入信息表如表4-31所示。

表4-31　删除外卖信息模块输入信息表

英文名称	中文名称	数据类型	默认值	有效验证	输入方式	是否为空
Takeoutid	外卖ID	Long			自动产生	否
Name	外卖名称	varchar			手动输入	否

3．商铺订单管理子模块（SU－M3）

（1）新订单提醒（SU－M3.1）。

新订单提醒模块输入信息表如表 4－32 所示。

表 4－32　新订单提醒模块输入信息表

英文名称	中文名称	数据类型	默认值	有效验证	输入方式	是否为空
OrderId	订单 ID	Long			自动产生	否
ShopId	商铺 ID	Long			自动产生	

（2）搜索订单（SU－M3.2）。

搜索订单模块输入信息表如表 4－33 所示。

表 4－33　搜索订单模块输入信息表

英文名称	中文名称	数据类型	默认值	有效验证	输入方式	是否为空
Orderid	订单 ID	Long			自动产生	否

（3）查看订单信息（SU－M3.3）。

查看订单信息模块输入信息表如表 4－34 所示。

表 4－34　查看订单信息模块输入信息表

英文名称	中文名称	数据类型	默认值	有效验证	输入方式	是否为空
Orderid	订单 ID	Long			自动产生	否

（4）接受订单（SU－M3.4）。

接受订单模块输入信息表如表 4－35 所示。

表 4－35　接受订单模块输入信息表

英文名称	中文名称	数据类型	默认值	有效验证	输入方式	是否为空
Orderid	订单 ID	Long			自动产生	否

（5）派送订单（SU－M3.5）。

派送订单模块输入信息表如表 4－36 所示。

表 4－36　派送订单模块输入信息表

英文名称	中文名称	数据类型	默认值	有效验证	输入方式	是否为空
Orderid	订单 ID	Long			自动产生	否

（6）查看用户评价信息（SU－M3.6）。

查看用户评价模块输入信息表如表 4－37 所示。

表 4‑37　查看用户评价模块输入信息表

英文名称	中文名称	数据类型	默认值	有效验证	输入方式	是否为空
Reply	回复信息	varchar			自动产生	否

4.5.3.5　输出项

1. 商铺信息管理子模块(SU‑M1)

(1)注册商铺(SU‑M1.1)。

注册商铺模块输出信息表如表 4‑38 所示。

表 4‑38　注册商铺模块输出信息表

英文名称	中文名称	数据类型	默认值	是否为空
ShopId	商铺编号	Long		否
Account	账号名	varchar		否
Password	密码	varchar		否
Owner	店主姓名	varchar		否
ShopName	商铺名	varchar		否
Address	地址	varchar		否
Description	商铺描述	varchar	NULL	是
StateId	商铺状态 ID	Long		否
Icon	商铺图标	varchar	NULL	是
Email	邮箱地址	varchar		否
CreateTime	注册时间	DateTime		否

(2)商铺资质提交(SU‑M1.2)。

商铺资质提交模块输出信息表如表 4‑39 所示。

表 4‑39　商铺资质提交模块输出信息表

英文名称	中文名称	数据类型	默认值	是否为空
State	商铺状态	varchar		否

(3)商铺信息完善(SU‑M1.3)。

商铺信息完善模块输出信息表如表 4‑40 所示。

表 4‑40　商铺信息完善模块输出信息表

英文名称	中文名称	数据类型	默认值	是否为空
ShopId	商铺编号	Long		否

续 表

英文名称	中文名称	数据类型	默认值	是否为空
Account	账号名	varchar		否
Password	密码	varchar		否
Owner	店主姓名	varchar		否
ShopName	商铺名	varchar		否
Address	地址	varchar		否
Description	商铺描述	varchar	NULL	是
StateId	商铺状态 ID	Long		否
Icon	商铺图标	varchar	NULL	是
StartTime	起始营业时间	varchar	NULL	是
CloseTime	停止营业时间	varchar	NULL	是
PrepareTime	预计送达需要时间	varchar	NULL	是
Email	邮箱地址	varchar		否
CreateTime	注册时间	DateTime		否
MinPrice	起送价	Double	0	是

（4）商铺信息查看（SU－M1.4）。

商铺信息查看模块输出信息表如表 4－41 所示。

表 4－41　商铺信息查看模块输出信息表

英文名称	中文名称	数据类型	默认值	是否为空
ShopId	商铺编号	Long		否
Account	账号名	varchar		否
Owner	店主姓名	varchar		否
ShopName	商铺名	varchar		否
Address	地址	varchar		否
Description	商铺描述	varchar	NULL	是
Icon	商铺图标	varchar	NULL	是
StartTime	起始营业时间	varchar	NULL	是

续表

英文名称	中文名称	数据类型	默认值	是否为空
CloseTime	停止营业时间	varchar	NULL	是
PrepareTime	预计送达需要时间	varchar	NULL	是
Email	邮箱地址	varchar		否
MinPrice	起送价	Double	0	是

(5)修改商铺基本信息(SU－M1.5)。

修改商铺基本信息模块输出信息表如表4－42所示。

表4－42　修改商铺基本信息模块输出信息表

英文名称	中文名称	数据类型	默认值	是否为空
ShopId	商铺编号	Long		否
Account	账号名	varchar		否
Password	密码	varchar		否
Owner	店主姓名	varchar		否
ShopName	商铺名	varchar		否
Address	地址	varchar		否
Description	商铺描述	varchar	NULL	是
StateId	商铺状态 ID	Long		否
Icon	商铺图标	varchar	NULL	是
StartTime	起始营业时间	varchar	NULL	是
CloseTime	停止营业时间	varchar	NULL	是
PrepareTime	预计送达需要时间	varchar	NULL	是
Email	邮箱地址	varchar		否
CreateTime	注册时间	DateTime		否
WarnTime	警告时间	DateTime	NULL	是
MinPrice	起送价	Double	0	是
CityId	城市 ID	Long		否

(6)修改密码(SU－M1.6)。

修改密码模块输出信息表如表4－43所示。

表 4 - 43　修改密码模块输出信息表

英文名称	中文名称	数据类型	默认值	是否为空
New_pwd	新密码	varchar		否

2. 商铺外卖管理子模块(SU - M2)

(1)发布外卖(SU - M2.1)。

发布外卖模块输出信息表如表 4 - 44 所示。

表 4 - 44　发布外卖模块输出信息表

英文名称	中文名称	数据类型	默认值	是否为空
Takeoutid	外卖 ID	Long		否
Name	外卖名称	varchar		否
Typeid	外卖种类 ID	Long		否
Shopid	商铺 ID	Long		否
Price	外卖单价	Double	0	否

(2)查看外卖信息(SU - M2.2)。

查看外卖信息模块输出信息表如表 4 - 45 所示。

表 4 - 45　查看外卖信息模块输出信息表

英文名称	中文名称	数据类型	默认值	是否为空
Name	外卖名称	varchar		否
Type	外卖种类	varchar		否
Price	外卖单价	Double	0	否

(3)修改外卖信息(SU - M2.3)。

修改外卖信息模块输出信息表如表 4 - 46 所示。

表 4 - 46　修改外卖信息模块输出信息表

英文名称	中文名称	数据类型	默认值	是否为空
Takeoutid	外卖 ID	Long		否
Name	外卖名称	varchar		否
Typeid	外卖种类 ID	Long		否
Shopid	商铺 ID	Long		否
Price	外卖单价	Double	0	否

(4)删除外卖信息(SU-M2.4)。

无输出。

3. 商铺订单管理子模块(SU-M3)

(1)新订单提醒(SU-M3.1)。

新订单提醒模块输出信息表如表4-47所示。

表4-47 新订单提醒模块输出信息表

英文名称	中文名称	数据类型	默认值	有效验证	是否为空
Orderid	订单ID	Long			否
Order_info	订单详情	OrderDetail			否

(2)搜索订单(SU-M3.2)。

搜索订单模块输出信息表如表4-48所示。

表4-48 搜索订单模块输出信息表

英文名称	中文名称	数据类型	默认值	是否为空
Order_list	订单列表	Order		

(3)查看订单信息(SU-M3.3)。

查看订单信息模块输出信息表如表4-49所示。

表4-49 查看订单信息模块输出信息表

英文名称	中文名称	数据类型	默认值	是否为空
Orderid	订单ID	Long		否
Statusid	订单状态ID	Long		否
Address	收货地址	varchar		否
Phone	收货电话	varchar		否
Remark	备注	varchar	NULL	是
Shopid	商铺ID	Long		否
Memberid	会员ID	Long		否
Qos	服务质量	Double	5	是
Sendspeed	送餐速度	Double	5	是
Taste	味道	Double	5	是
Comment	评价	varchar	NULL	是
Createtime	产生时间	DateTime		否

续表

英文名称	中文名称	数据类型	默认值	是否为空
Closetime	关单时间	Date	NULL	是
Totalprice	订单总价	Double	0	是
Avg	平均评分	Double	5	是
Commenttime	评论时间	DateTime	NULL	是
Landmarkid	地标 ID	Long		否

(4)接受订单(SU - M3.4)。

接受订单模块输出信息表如表 4 - 50 所示。

表 4 - 50　接受订单模块输出信息表

英文名称	中文名称	数据类型	默认值	是否为空
Statusid	订单状态 ID	Long		否
Status	订单状态	varchar		否

(5)派送订单(SU - M3.5)。

派送订单模块输出信息表如表 4 - 51 所示。

表 4 - 51　派送订单模块输出信息表

英文名称	中文名称	数据类型	默认值	是否为空
Statusid	订单状态 ID	Long		否
Status	订单状态	varchar		否

(6)查看用户评价信息(SU - M3.6)。

查看用户评价信息模块输出信息表如表 4 - 52 所示。

表 4 - 52　查看用户评价信息模块输出信息表

英文名称	中文名称	数据类型	默认值	是否为空
Reply	回复信息	varchar		否

4.5.3.6　算法

警告算法:商铺近 30 天内平均评分小于 3 分,将自动进入警告状态。

4.5.3.7　流程逻辑

(1)商铺信息管理子模块(SU - M1)。

商铺信息管理子模块流程逻辑图如图 4 - 15 所示。

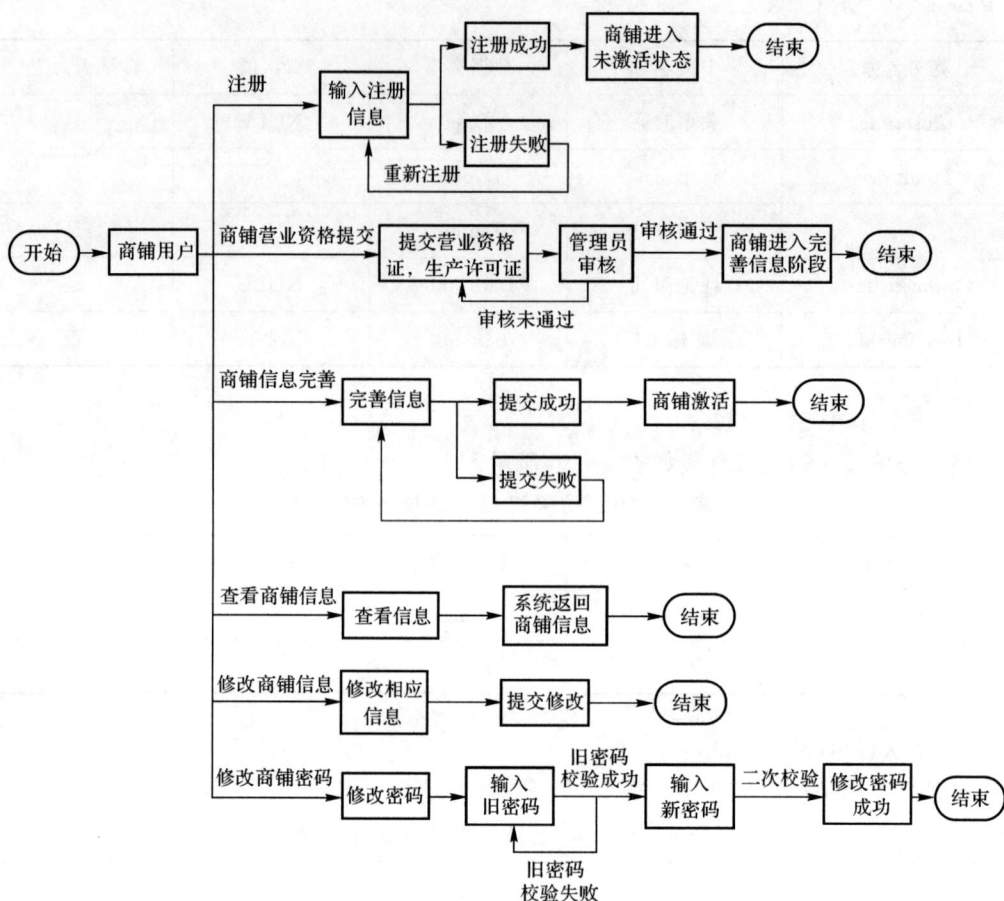

图 4-15　商铺信息管理子模块流程逻辑图

(2)商铺外卖管理子模块(SU-M2)

商铺外卖管理子模块流程逻辑图如图 4-16 所示。

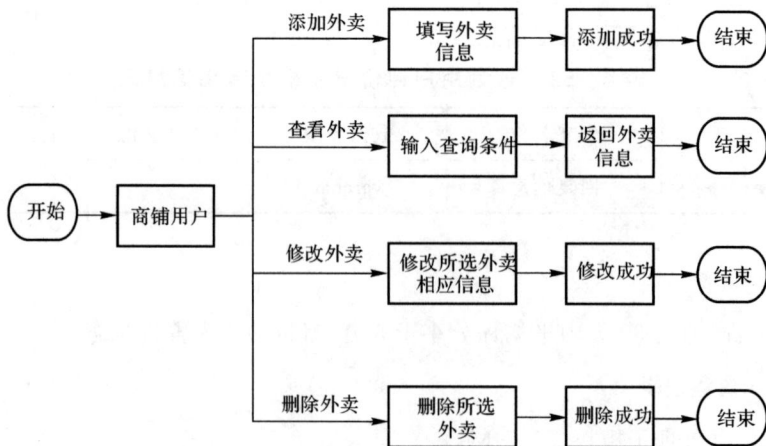

图 4-16　商铺外卖管理子模块流程逻辑图

（3）商铺订单管理子模块（SU - M3）

商铺订单管理子模块流程逻辑图如图 4 - 17 所示。

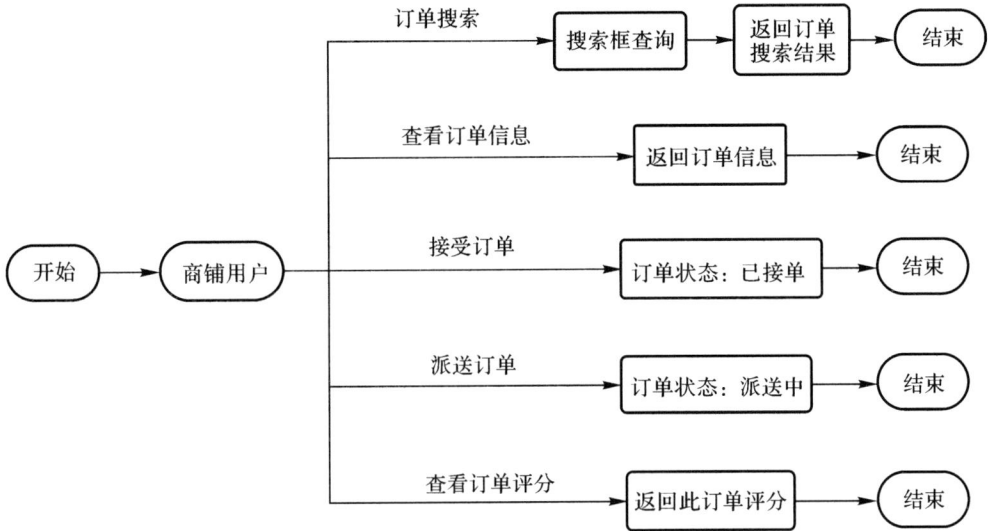

图 4 - 17　商铺订单管理子模块流程逻辑图

4.5.3.8　接口

商铺用户模块接口图如图 4 - 18 所示。

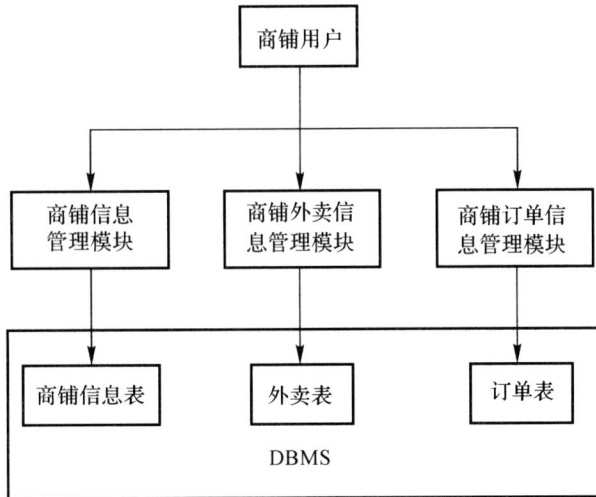

图 4 - 18　商铺用户模块接口图

4.5.3.9　存储分配

商铺信息表、订单状态信息表、商铺状态信息表、订单信息表和外卖信息表如表 4 - 53～表 4 - 57 所示。

表 4 - 53 商铺信息表

英文名称	中文名称	数据类型	默认值	有效验证	输入方式	是否为空	说明
ShopId	商铺编号	Long			自动产生	否	主键
Account	账号名	varchar			手动输入	否	
Password	密码	varchar			手动输入	否	
Owner	店主名	varchar			手动输入	否	
ShopName	商铺名	varchar			手动输入	否	
Address	地址	varchar			手动输入	否	
Description	商铺描述	varchar	NULL		手动输入	是	
StateId	商铺状态 ID	Long			自动产生	否	外键
Icon	商铺图标	varchar	NULL		手动输入	是	
StartTime	起始营业时间	varchar	NULL		手动输入	是	
CloseTime	停止营业时间	varchar	NULL		手动输入	是	
PrepareTime	预计送达需要时间	varchar	NULL		手动输入	是	
Email	邮箱地址	varchar			手动输入	否	
CreateTime	注册时间	DateTime			手动输入	否	
WarnTime	警告时间	DateTime	NULL		自动产生	是	
MinPrice	起送价	Double	0		手动输入	是	
CityId	城市 ID	Long			自动产生	否	外键
CheckedNum	上次计算订单数	Long	0		手动输入	是	
Grade	平均评分	Double	5		手动输入	是	
Lat	纬度值	Double			手动输入	否	
Lng	经度值	Double			手动输入	否	

表 4 - 54 订单状态信息表

英文名称	中文名称	数据类型	默认值	有效验证	输入方式	是否为空	说明
StatusId	订单状态 ID	Long			自动产生	否	主键
Status	订单状态	varchar			手动输入	否	

表 4 - 55 商铺状态信息表

英文名称	中文名称	数据类型	默认值	有效验证	输入方式	是否为空	说明
Stateid	商铺状态 ID	Long			自动产生	否	主键
State	商铺状态	varchar			手动输入	否	

表 4-56　订单信息表

英文名称	中文名称	数据类型	默认值	有效验证	输入方式	是否为空	说明
Orderid	订单 ID	Long			自动产生	否	主键
Statusid	订单状态 ID	Long			自动产生	否	外键
Address	收货地址	varchar			自动产生	否	
Phone	收货电话	varchar			自动产生	否	
Remark	备注	varchar	NULL		手动输入	是	
Shopid	商铺 ID	Long			自动产生	否	外键
Memberid	用户 ID	Long			自动产生	否	外键
Comment	评价	varchar	NULL		手动输入	是	
Createtime	产生时间	DateTime			自动产生	否	
Closetime	关单时间	Date	NULL		自动产生	是	
Totalprice	订单总价	Double	0		自动计算	是	
Avg	平均评分	Double	5		手动输入	是	
Commenttime	评论时间	DateTime	NULL		手动输入	是	

表 4-57　外卖信息表

英文名称	中文名称	数据类型	默认值	有效验证	输入方式	是否为空	说明
Takeoutid	外卖 ID	Long			自动产生	否	主键
Name	外卖名	varchar			手动输入	否	
Typeid	外卖种类 ID	Long			自动产生	否	外键
Shopid	商铺 ID	Long			自动产生	否	外键
Price	外卖单价	Double	0		手动输入	否	

4.5.3.10　注释设计

1. 加在模块首部的注释

示例:

```
/**
*模块名称:订单管理模块
*创建者:张三
*创建日期:2023 年 1 月 1 日
*版本:1.0
**/
```

2．加在各分支点处的注释

示例：

if condition：

//如果条件满足，执行以下代码

do_something()

else：

//如果条件不满足，执行以下代码

do_something_else()

3．对各变量的功能、范围、缺省条件等所加的注释

示例：

//用户名，用于存储用户的登录名

String username ＝ "John"

//最大尝试次数，限制用户登录的尝试次数

Long max_attempts ＝ 3

4．对使用的逻辑所加的注释

示例：

//使用循环遍历列表中的元素，并打印每个元素

for item in my_list：

prLong(item)

4.5.3.11　限制条件

必须保证程序正常地连接到服务器。

4.5.3.12　测试计划

测试用例：选取有代表性的数据，避免使用穷举法。

测试方法：模块测试采用黑盒测试方法，系统测试采用白盒测试方法，包括语句覆盖、判定覆盖、条件覆盖等操作。

4.5.4　系统管理员(SM)模块设计说明

1．程序描述

商铺用户管理主要为系统管理员管理商铺用户时使用的功能，包括商铺注册信息查看、商铺资质审核、警告商铺、解除警告、关停商铺。

(1)商铺注册信息查看。

系统管理员对商铺提交的注册信息进行查看。

(2)商铺资质审核。

系统管理员查看商铺提交的资质审核信息，包括卫生许可证以及营业执照。系统管理员查看完毕可选择审核通过或者不通过，不通过则给出理由。

(3)警告商铺。

系统管理员可警告 30 天内平均评分低于 3 分的商铺，商铺需要对警告做出响应，说明

理由,被警告的商铺将处于为期 30 天的警告期。

(4)解除警告。

商铺需要在警告期内将评分提升至 3 分及以上,对于未达要求的商铺,管理员可以选择对其进行停业处理,在警告期内也可随时解除警告,以免有恶意评分订单的出现而导致商铺被关停。

(5)关停商铺。

商铺持续 60 天未消除警告,则关停商铺。

本模块相关的实体类有 Admin、Shop、City、Landmark、ShopTel、State、Orders。商铺用户管理模块实体类如图 4 - 19 所示。Admin 实体定义了系统管理员的属性。City 实体定义了城市属性。Landmark 实体定义了地标属性。Orders 实体定义了订单的属性。模块使用的控制器为 AdminController,AdminController 控制器只处理系统管理员所发出的请求,其也继承了 BaseController,如图 4 - 20 所示,其将调用服务层的接口 AdminService 进行业务处理,其实现类为 AdminServiceImpl,如图 4 - 21 所示。

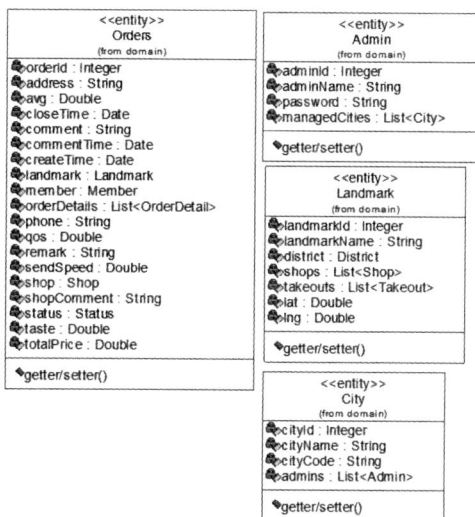

图 4 - 19　系统管理员模块实体类图

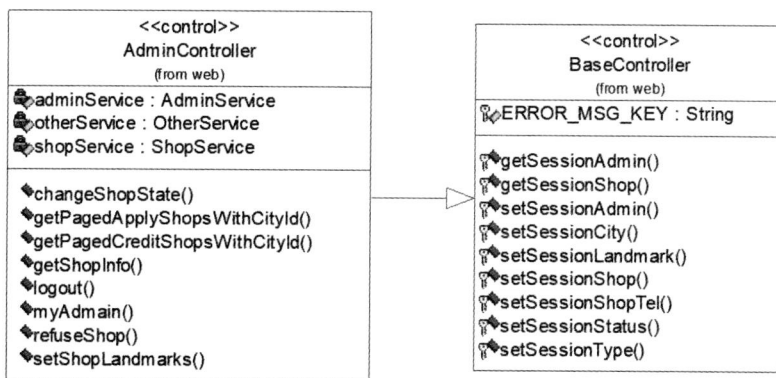

图 4 - 20　系统管理员模块控制层类图

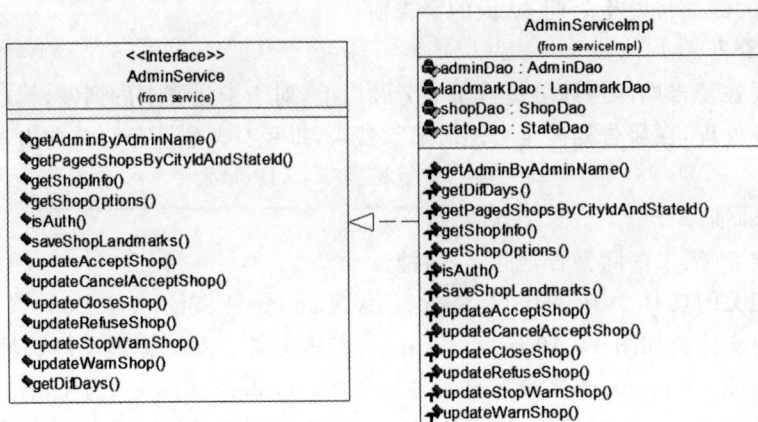

图 4-21　系统管理员模块服务层类图

2. 功能

(1)商铺注册信息查看模块(SM1)。

系统管理员管理商铺的注册信息,对商铺提交的注册信息进行查看与审核,通过其注册信息,判断其是否可信,根据实际情况,选择商铺注册信息审核通过或者审核不通过。审核通过的商铺可以进行下一步操作,而未通过审核的商铺则需重新注册。商铺注册信息查看模块 IPO 表如表 4-58 所示。

表 4-58　商铺注册信息查看 IPO 表

商铺注册信息查看 IPO 表

模块编号:4-1

模块名称:商铺注册信息查看

所属子系统:系统管理员管理

模块描述:系统管理员管理商铺,对商铺注册信息进行查看与审核,通过其注册信息,判断其是否可信,选择商铺注册信息审核通过或者审核不通过。审核通过的商铺可以进行下一步操作,而未通过审核的商铺则需重新注册

输入:商铺 ID

输出:商铺注册所填信息

处理:管理员可点击查看商铺注册所填写信息,若其中存在不可信信息,则可要求用户重新进行注册

变量说明:

商铺账号:默认值为"NULL",有效值为可变长字符串类型

商铺密码:默认值为"NULL",有效值为不小于八位的包含数字,大小写字母的可变长字符串

店主姓名:默认值为"NULL",有效值为可变长字符串,要求与身份证姓名一致

商铺电话:默认值为"NULL",有效值为可变长字符串

商铺名称:默认值为"NULL",有效值为可变长字符串

商铺地址:默认值为"NULL",有效值为可变长字符串

Email:默认值为"NULL",有效值为可变长字符串,系统会进行邮箱格式检测与验证,需要确保邮箱格式正确并且账号存在

（2）商铺资质审核模块（SM2）。

系统管理员可查看商铺提交的资质审核信息，包括生产许可证以及营业资格证。查看完毕可选择审核通过或者不通过，不通过则给与理由。商铺资质审核模块 IPO 表如表 4 - 59 所示。

表 4 - 59　商铺资质审核 IPO 表

商铺资质审核 IPO 表

模块编号：4 - 2

模块名称：商铺资质审核

所属子系统：系统管理员管理

模块描述：系统管理员可查看商铺提交的资质审核信息，包括生产许可证以及营业资格证。查看完毕可选择审核通过或者不通过，不通过则给与理由

输入：商铺 ID

输出：审核结果

处理：管理员审核生产许可证以及营业资格证是否有效

变量说明：

生产许可证：默认值为"NULL"，有效值为可变长字符串，需要提交.png 或者.jpg 或者.pdf 格式文件

营业资格证：默认值为"NULL"，有效值为可变长字符串，需要提交.png 或者.jpg 或者.pdf 格式文件

（3）警告商铺模块（SM3）。

系统管理员可警告 30 天内平均评分低于 3 分的商铺，商铺需要对警告做出响应，说明理由，被警告的商铺将处于为期 30 天的警告期。警告商铺 IPO 表如表 4 - 60 所示。

表 4 - 60　警告商铺 IPO 表

警告商铺 IPO 表

模块编号：4 - 3

模块名称：警告商铺

所属子系统：系统管理员管理

模块描述：系统管理员可警告 30 天内平均评分低于 3 分的商铺，商铺需要对警告做出响应，说明理由，被警告的商铺将处于为期 30 天的警告期内

输入：近 30 天平均评分小于 3 分的商铺列表

输出：警告理由

处理：管理员可在商铺列表中根据评分筛选商铺，并且将时间设置为最近一个月，可针对筛选列表中的低评分上商铺给与警告，并说明理由

变量说明：

警告信息：默认值"NULL"，有效值为可变长字符串

（4）解除商铺警告模块（SM4）。

商铺需要在警告期内将评分提升至 3 分及以上，对于达到要求的商铺可以自动解除警告。此外，申诉存在恶意评分的商铺，给与理由后，可重新计算评分，新评分满足要求则解除

警告。解除商铺警告 IPO 表如表 4－61 所示。

表 4－61　解除商铺警告 IPO 表

解除商铺警告 IPO 表

模块编号:4－4

模块名称:解除商铺警告

所属子系统:系统管理员管理

模块描述:商铺需要在警告期内将评分提升至 3 分及以上,对于达到要求的商铺可以自动解除警告。此外,申诉存在恶意评分商铺,给与理由后,可重新计算评分,新评分满足要求则解除警告

输入:警告商铺 ID

输出:解除警告信息

处理:管理员点击警告列表中的商铺,如存在申诉,查看申诉信息后,理由充分则管理员可解除警告

变量说明:

无

(5)关停商铺模块(SM5)。

商铺持续 60 天未消除警告,则关停商铺。关停商铺 IPO 表如表 4－62 所示。

表 4－62　关停商铺 IPO 表

关停商铺 IPO 表

模块编号:4－5

模块名称:关停商铺

所属子系统:系统管理员管理

模块描述:商铺持续 60 天未消除警告,则关停商铺

输入:持续 60 天处于警告商铺列表

输出:商铺关停提示信息

处理:管理员点击持续 60 天处于警告列表中的商铺,进行关停商铺操作。

变量说明:

无

3. 性能

(1)精度。

1)软件的输入精度:浮点数只保留至小数点后两位,其他类型数据精度不变。

2)软件的输出精度:浮点数只保留至小数点后两位,其他类型数据精度不变。

3)传输过程中的精度:浮点数只保留至小数点后两位,其他类型数据精度不变。

(2)灵活性。

1)运行环境的变化:该软件适用于 Windows 操作系统,Linux 操作系统,MacOS 操作系统。

2)计划的变化和改进:根据用户的反馈以及需求针对软件做出更新。

(3)时间特性的要求。

1)响应时间:2 s内。

2)更新处理时间:5 s内。

3)数据的更换和传送时间:3 s内。

4．输入项

(1)商铺注册信息查看模块(SM1)。

商铺注册信息查看模块输入信息表如表4-63所示。

表 4-63　商铺注册信息查看模块输入信息表

英文名称	中文名称	数据类型	默认值	有效验证	输入方式	是否为空
ShopId	商铺编号	Long			自动产生	否
Account	商铺名称	varchar			手动输入	否

(2)商铺资质审核模块(SM2)。

商铺资质审核模块输入信息表如表4-64所示。

表 4-64　商铺资质审核模块输入信息表

英文名称	中文名称	数据类型	默认值	有效验证	输入方式	是否为空
ShopId	商铺编号	Long			自动产生	否
Account	商铺名称	varchar			手动输入	否
Result	审核结果	Bool			手动输入	否

(3)警告商铺模块(SM3)。

警告商铺模块输入信息表如表4-65所示。

表 4-65　警告商铺模块输入信息表

英文名称	中文名称	数据类型	默认值	有效验证	输入方式	是否为空
ShopId	商铺编号	Long			自动产生	否
Account	商铺名称	varchar			手动输入	否

(4)解除商铺警告模块(SM4)。

解除商铺警告模块输入信息表如表4-66所示。

表 4-66　解除商铺警告模块输入信息表

英文名称	中文名称	数据类型	默认值	有效验证	输入方式	是否为空
ShopId	商铺编号	Long			自动产生	否
Account	商铺名称	varchar			手动输入	否
State	商铺状态	State			手动输入	否

(5)关停商铺模块(SM5)。

关停商铺模块输入信息表如表 4-67 所示。

表 4-67　关停商铺模块输入信息表

英文名称	中文名称	数据类型	默认值	有效验证	输入方式	是否为空
ShopId	商铺编号	Long			自动产生	否
Account	商铺名称	varchar			手动输入	否
State	商铺状态	State			自动输入	否

5. 输出项

(1)商铺注册信息查看模块(SM1)。

商铺注册信息查看模块输出信息表如表 4-68 所示。

表 4-68　商铺注册信息查看模块输出信息表

英文名称	中文名称	数据类型	默认值	有效验证
ShopId	商铺编号	Long		
Account	账号名	varchar		
Owner	店主名	varchar		
ShopName	商铺名	varchar		
Address	地址	varchar		
Description	商铺描述	varchar	NULL	
StateId	商铺状态 ID	Long		
Icon	商铺图标	varchar	NULL	
StartTime	起始营业时间	varchar	NULL	
CloseTime	停止营业时间	varchar	NULL	
PrepareTime	预计送达需要时间	varchar	NULL	
Email	邮箱地址	varchar		
CreateTime	注册时间	DateTime		
WarnTime	警告时间	DateTime	NULL	
MinPrice	起送价	Double	0	
CityId	城市 ID	Long		
CheckedNum	上次计算订单数	Long	0	
Warn	警告状态	Bool	0	
Grade	平均评分	Float	5	

（2）商铺资质审核模块（SM2）。

商铺资质审核模块输出信息表如表 4－69 所示。

表 4－69　商铺资质审核模块输出信息表

英文名称	中文名称	数据类型	默认值	有效验证
Result	审核结果	Bool		
Reason	审核原因	varchar		

（3）警告商铺模块（SM3）。

警告商铺模块输出信息表如表 4－70 所示。

表 4－70　警告商铺模块输出信息表

英文名称	中文名称	数据类型	默认值	有效验证
State	商铺状态	State		
Reason	审核原因	varchar		

（4）解除商铺警告模块（SM4）。

解除商铺警告模块输出信息表如表 4－71 所示。

表 4－71　解除商铺警告模块输出信息表

英文名称	中文名称	数据类型	默认值	有效验证
State	商铺状态	State		
Reason	解除原因	varchar		

（5）关停商铺模块（SM5）。

关停商铺模块输出信息表如表 4－72 所示。

表 4－72　关停商铺模块输出信息表

英文名称	中文名称	数据类型	默认值	有效验证
State	商铺状态	State		
Reason	关停原因	varchar		

6．算法

警告算法：商铺近 30 天内平均评分小于 3 分，将自动进入警告状态。

7．流程逻辑

系统管理员模块流程逻辑图如图 4－22 所示。

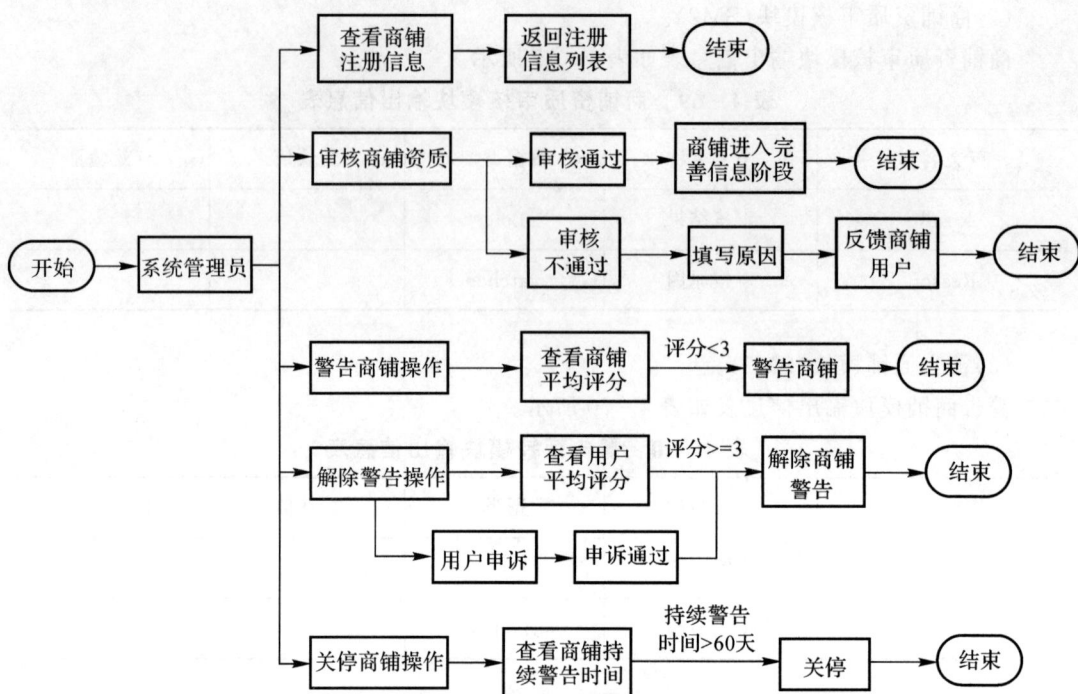

图 4 - 22　系统管理员模块流程逻辑图

8. 接口

系统管理员接口图如图 4 - 23 所示。

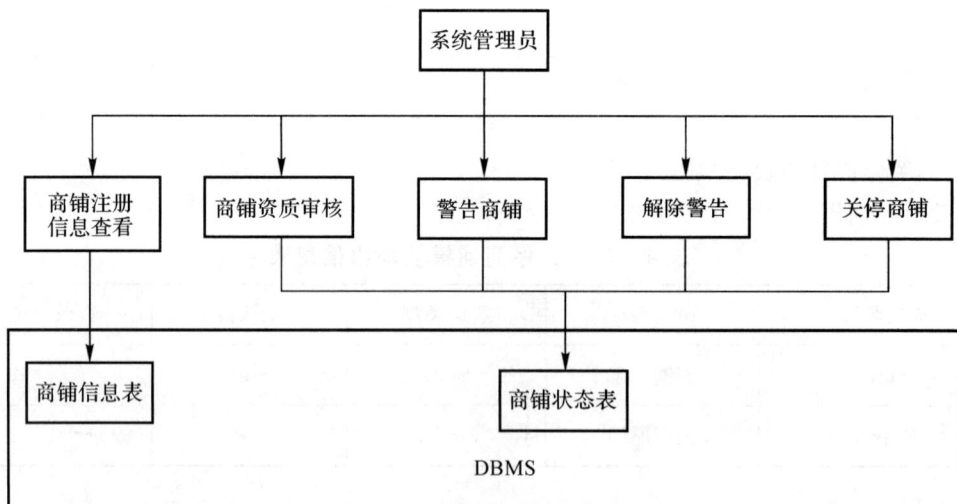

图 4 - 23　系统管理员接口图

9. 存储分配

管理员信息表如表 4 - 73 所示。

表 4 - 73　管理员信息表

表 4 - 73　管理员信息表

英文名称	中文名称	数据类型	默认值	有效验证	输入方式	是否为空	说明
Adminid	管理员 ID	Long			自动产生	否	主键自增 zi
Adminname	管理员名	varchar			手动输入	否	
password	密码	varchar			手动输入	否	

商铺状态信息表如表 4 - 74 所示。

表 4 - 74　商铺状态信息表

英文名称	中文名称	数据类型	默认值	有效验证	输入方式	是否为空	说明
Stateid	商铺状态 ID	Long			自动产生	否	主键
State	商铺状态	varchar			手动输入	否	

10. 注释设计

(1)加在模块首部的注释:要求包含模块名称,创建者以及日期和版本。

示例:

```
/**
* 模块名称:订单管理模块
* 创建者:张三
* 创建日期:2023 年 1 月 1 日
* 版本:1.0
**/
```

(2)加在各分支点处的注释。

示例:

```
if condition:
//如果条件满足,执行以下代码
    do_something()
else:
    //如果条件不满足,执行以下代码
do_something_else()
```

(3)对各变量的功能、范围、缺省条件等所加的注释。

示例:

```
//用户名,用于存储用户的登录名
String username = "John"
//最大尝试次数,限制用户登录的尝试次数
Long max_attempts = 3
```

(4)对使用的逻辑所加的注释。

示例:

```
//使用循环遍历列表中的元素,并打印每个元素
```

```
for item in my_list：
prLong(item)
```

11. 限制条件

必须保证程序正常的连接到服务器,并且可以完成增、删、改和查操作。

12. 测试计划

测试用例:选取有代表性的数据,避免使用穷举法。

测试方法:模块测试采用黑盒测试方法,系统测试采用白盒测试法,包括语句覆盖、判定覆盖、条件覆盖等操作。

第5章　软件项目的实现

5.1　软件项目常用的集成开发环境(IDE)简介

集成开发环境(IntegratedDevelopmentEnvironment,IDE),是一种提供程序开发环境的应用程序,它为程序员提供一个集成的工作环境,集编写、测试和调试代码为一体,同时提供各种辅助工具,以提高开发效率和质量。IDE 通常包括代码编辑器、编译器、调试器和图形用户界面等工具,它集成了代码编写功能、分析功能、编译功能、调试功能等一体化的开发软件服务。一般程序员可以通过 IDE 提供的高代码、自动代码补全、代码提示、语法错误提示、函数追踪、断点调试等功能高效地编写代码。IDE 还可以提供版本控制、构建工具、调试器、性能分析器、单元测试等功能,以支持程序员的整个开发流程。同时,IDE 还可以集成许多其他工具和插件,以支持各种语言和框架的开发。

5.1.1　常用的 IDE 工具

目前市面上 IDE 种类非常多,很多程序员都会纠结究竟用哪一种 IDE 编写代码比较好。IDE 不过是写代码的辅助工具而已,运行环境和书写格式其实都一样,关键在于用哪一款比较顺手。以下为读者推荐一些个人常用的 IDE 工具,供大家参考。

1. Microsoft Visual Studio(简称 VS)

VS 是微软开发的一款 IDE,它包括了整个软件生命周期中所需要的大部分工具,如 UML 工具、代码管控工具等,用它写的目标代码适用于微软支持的所有平台。它是一款非常实用且强大的代码编写开发软件,也是一个极好的开发环境,专门针对开发人员而设计,可以为开发人员带来极大的方便。

优点:支持多种语言,包括 C♯,C++,VisualBasic 等,可用于 Web 应用程序、桌面应用程序、移动应用程序等开发;集成了多种工具和功能,如调试器、性能分析器、Git 版本控制等;界面友好,易于上手。

缺点:安装包较大,占用系统资源,仅适用于 Windows 系统。

VS 界面图如图 5-1 所示。

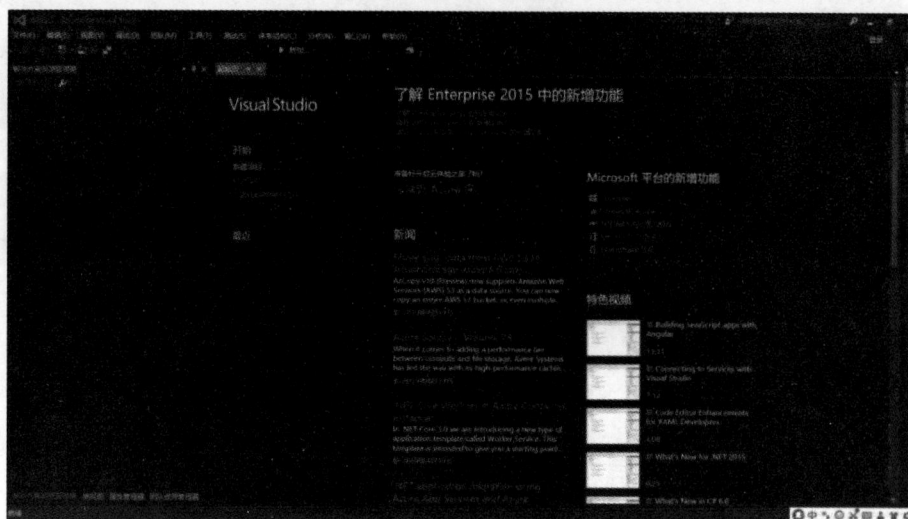

图 5-1　VS 界面图

2. MyEclipse

MyEclipse 是基于 Eclipse 对 Java 进行的深度设计,它拥有功能丰富的 JavaEE 集成开发环境,包括了完备的编码、调试、测试和发布功能,完整支持 HTML、Struts、JSP、CSS、JavaScript、SQL、Hibernate、Spring 等,利用它可以极大地提高 Java 的开发效率。

特点:插件丰富;跨平台支持 Windows、Linux、MacOSX 等操作系统;支持代码的调试、编译、分析、自动完成与重构;拥有强大的可视化布局功能,可以实时地展示界面布局效果。

MyEclipse 界面图如图 5-2 所示。

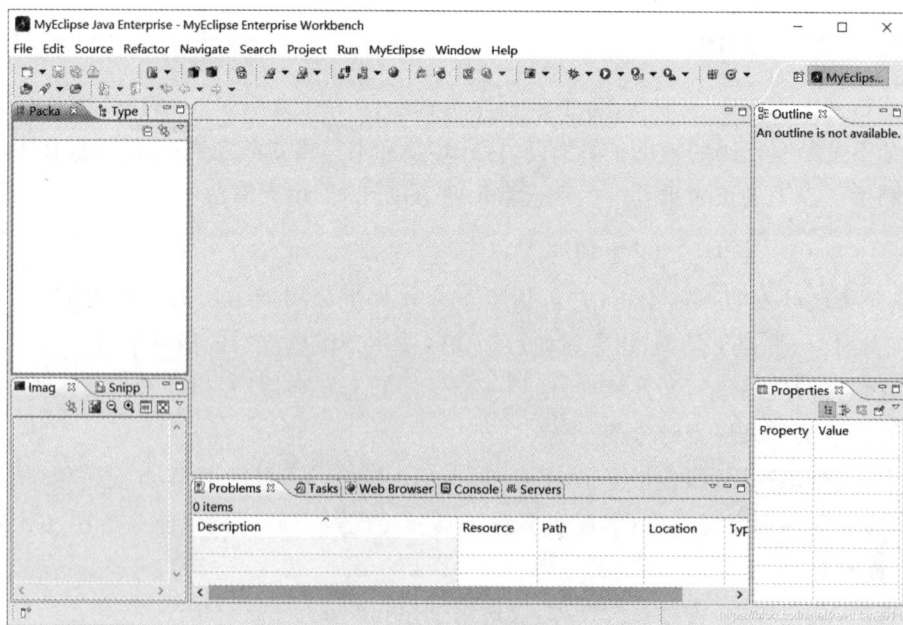

图 5-2　MyEclipse 界面图

3．PyCharm

PyCharm 是一款 Python IDE，它带有一整套可以帮助用户在使用 Python 语言开发时提高其效率的功能，比如调试、语法高亮、Project 管理、代码跳转、智能提示、自动完成、单元测试、版本控制等。它同时支持 Python 框架快速搭建，是 Python 开发人员必备的开发工具。

特点：专为 Python 提供代码完成，快速切换语法，错误代码高亮显示和代码检查；项目查看，文件结构查看，在文件、类、方法间快速跳转；快速进行代码分析，错误高亮显示和快速修复；跨平台支持 Windows、Linux、MacOSX 等操作系统；

PyCharm 界面图如图 5-3 所示。

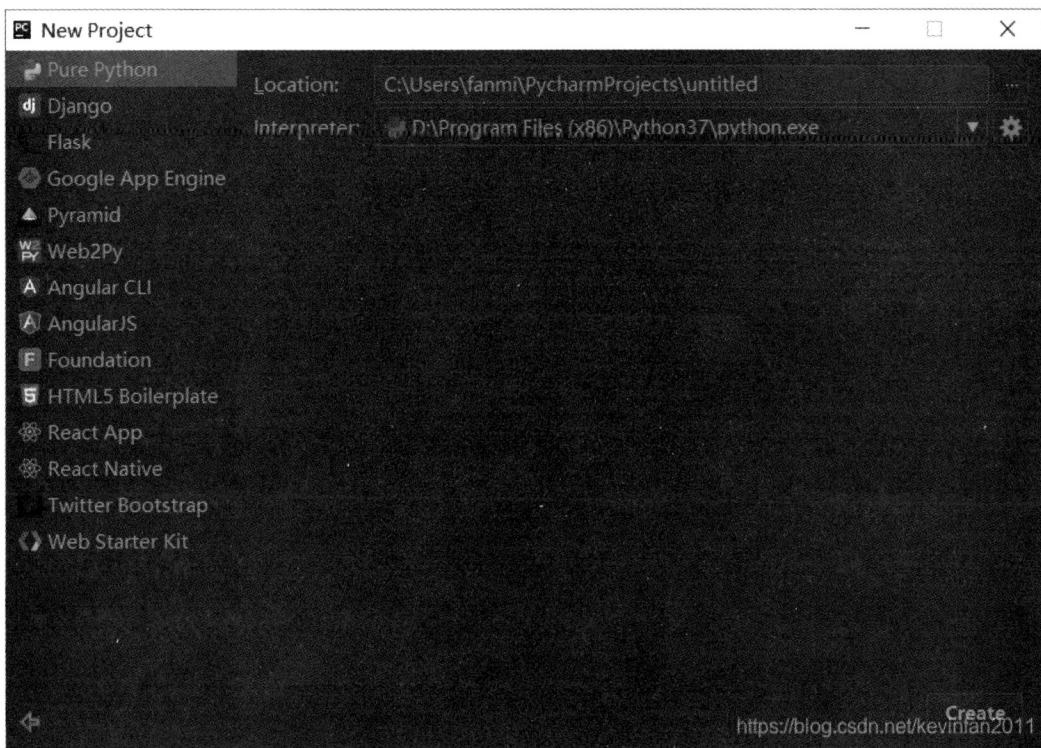

图 5-3　PyCharm 界面图

4．Vue

Vue（发音为 /vju:/，类似 view）是一款用于构建用户界面的 JavaScript 框架。它基于标准 HTML、CSS 和 JavaScript 构建，并提供了一套声明式的、组件化的编程模型，帮助开发人员高效地开发用户界面。

Vue 是一个独立的社区驱动的项目，它是由尤雨溪在 2014 年作为其个人项目创建的，是一个成熟的、经历了无数实战考验的框架，它是目前使用最广泛的 JavaScript 框架之一，可以轻松处理大多数 Web 应用的场景，并且几乎不需要手动优化，并且 Vue 完全有能力处理大规模的应用。

Vue 是一个框架,也是一个生态。可以用下面不同的方式使用 Vue:

(1)无需构建步骤,渐进式增强静态的 HTML;

(2)在任何页面中作为 WebComponents 嵌入;

(3)单页应用(SPA);

(4)全栈/服务端渲染(SSR);

(5)Jamstack/静态站点生成(SSG);

(6)开发桌面端、移动端、WebGL,甚至是命令行终端中的界面。

Vue 框架的特点:

(1)易用。在有 HTML,CSS,JavaScript 的基础上,开发人员能快速上手。Vue. js 的 API 是参考了 AngularJS、Knockout、Ractive. js、Rivets. js。Vue. js 的 API 对于其他框架的参考不仅是参考,其中也包含了许多 Vue. js 的独特功能。

(2)灵活。简单小巧的核心,渐进式技术栈,足以应付任何规模的应用。它专为 Python 提供代码完成,快速切换语法,错误代码高亮显示和代码检查;项目查看,文件结构查看,在文件、类、方法间快速跳转;快速进行代码分析,错误高亮显示和快速修复;跨平台支持 Windows、Linux、MacOSX 等操作系统;

Vue 界面图如图 5-4 所示。

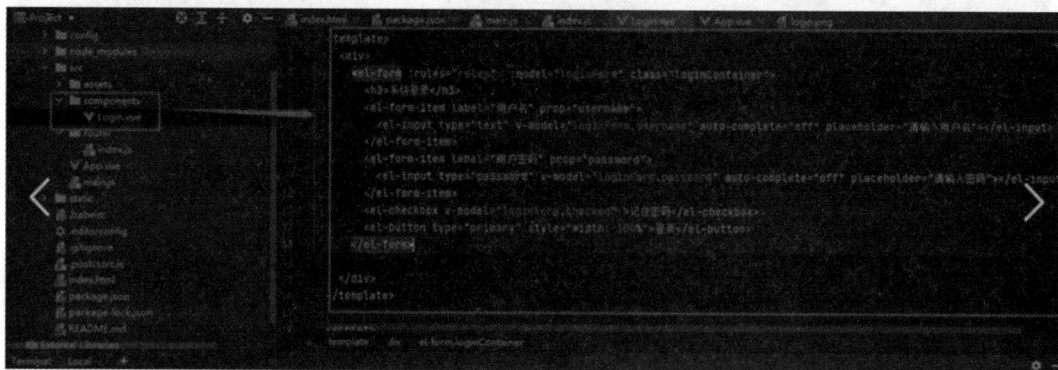

图 5-4   Vue 界面图

5. Android

Android Studio 是谷歌推出的一个 Android 集成开发工具,适用于 Android 手机、平板电脑、穿戴式设备、电视等设备的应用开发,可以直接下载免安装版使用,不用再在 Eclipse 复杂地配置环境了,直接上手使用,相当地方便快捷。

特点:

(1)和 Microsoft Visual Studio 一样,Android Studio 拥有强大的可视化布局功能,可以实时的展示界面布局效果;

(2)Android Studio 支持了多种插件,可直接在插件管理中下载所需的插件;

(3)智能代码补全、智能保存、错误代码高亮显示、代码检查等;

(4)内置模拟终端。

Android Studio 界面图如图 5 - 5 所示。

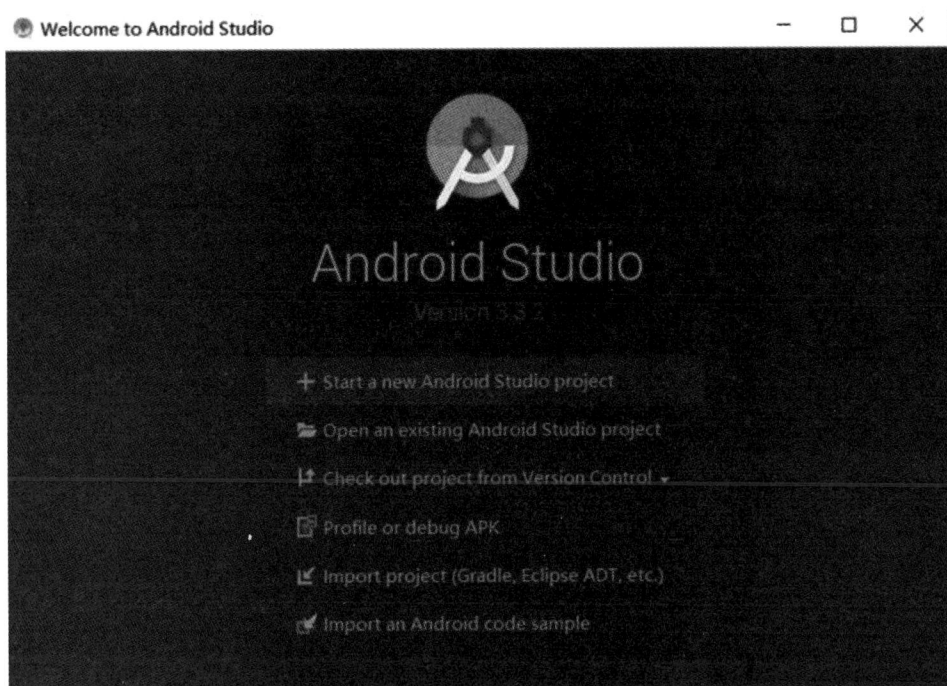

图 5 - 5　Android studio 界面图

6. Adobe Dreamweaver

Adobe Dreamweaver(简称 DW)是 Adobe 旗下的集网页制作和管理网站于一身的所见即所得网页代码编辑器,支持 HTML、CSS、JavaScript 语言的开发,设计人员和程序员可以使用它快速制作和建设网站。

Adobe Dreamweaver 使用所见即所得的接口,亦有 HTML(标准通用标记语言下的一个应用)编辑的功能,借助经过简化的智能编码引擎,轻松地创建、编码和管理动态网站。在 DW 中,访问代码提示,可快速了解 HTML、CSS 和其他 Web 标准,使用视觉辅助功能减少错误并提高网站开发速度。

Adobe Dreamweaver 界面图如图 5 - 6 所示。

7. 微信开发者工具

微信开发者工具是微信官方提供的针对微信小程序的开发工具,集中了开发、调试、预览、上传等功能。微信团队发布了微信小程序开发者工具、微信小程序开发文档和微信小程序设计指南,全新的开发者工具,集成了开发调试、代码编辑及程序发布等功能,帮助开发者简单高效地开发微信小程序。

启动工具时,开发者需要使用已在后台绑定成功的微信号扫描二维码登录,后续所有的操作都会基于这个微信的账号。

微信开发者工具界面图如图 5 - 7 所示。

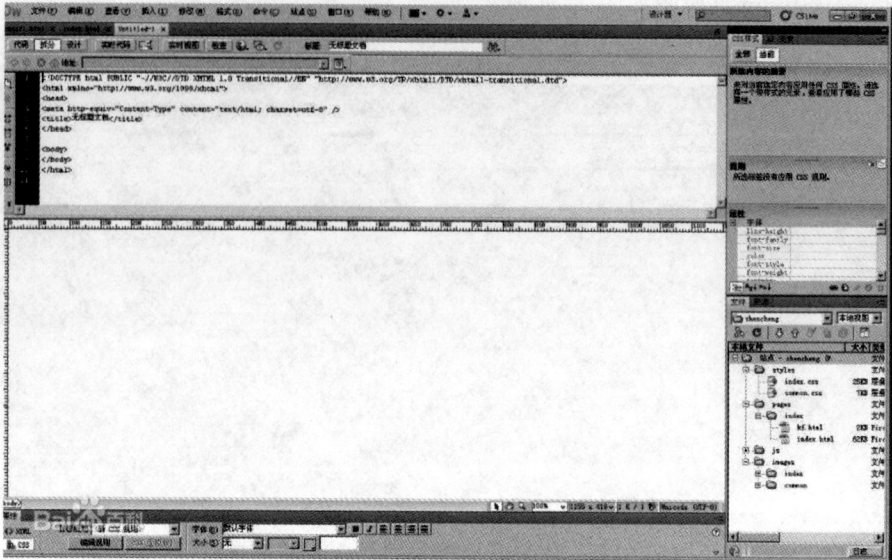

图 5-6　Adobe Dreamweaver 界面图

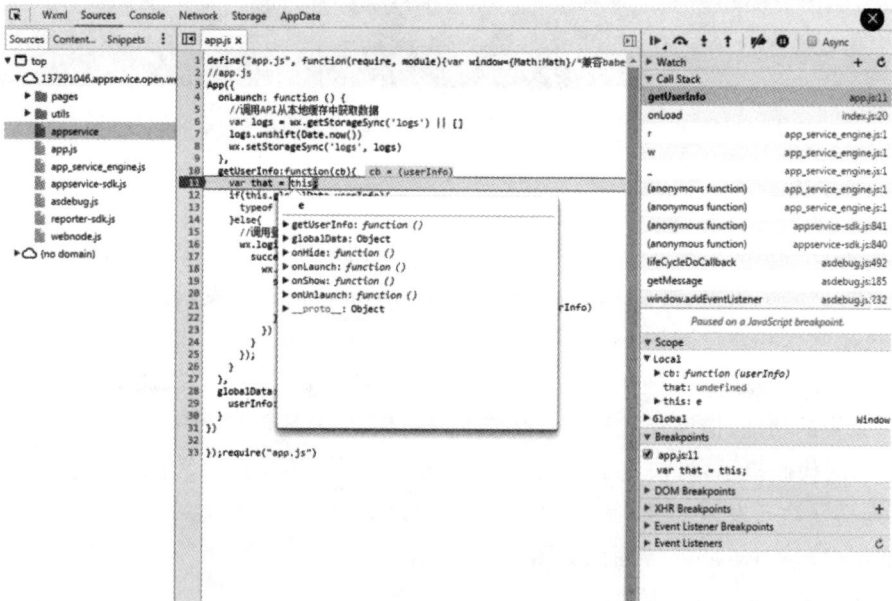

图 5-7　微信开发者工具界面图

5.1.2　其他辅助开发工具

1. Notepad＋＋

Notepad＋＋是一款非常有特色的免费开源编辑器,软件小巧高效,支持多种编程语言,比如 C,C＋＋,Java,C♯,XML, HTML, PHP,JavaScript 等,其缺点是代码提示和调试功能较弱,但用来查看代码还是相当不错的。

Notepad＋＋界面图如图 5-8 所示。

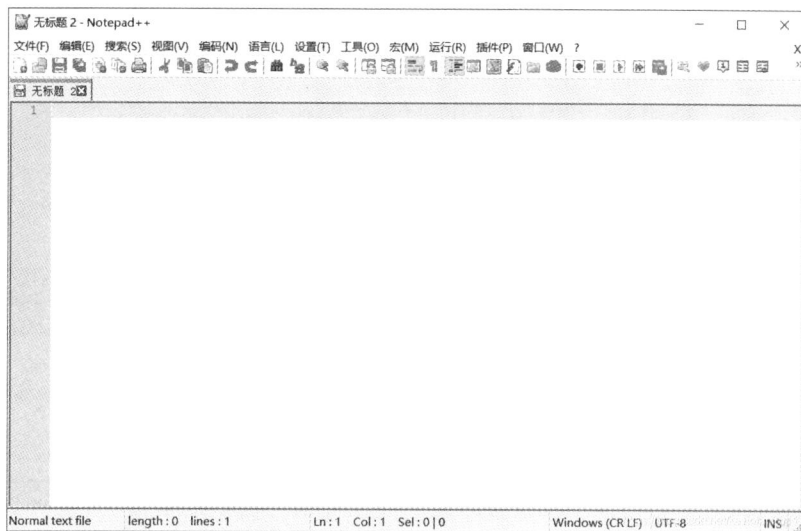

图 5-8　Notepad＋＋界面图

2. SublimeText

Sublime Text 是一款跨平台代码编辑软件,也是程序员必不可少的工具。它支持代码补全、代码折叠、自定义皮肤等功能,同时支持多种语言和多种操作系统,插件丰富。

Sublime Text 界面图如图 5-9 所示。

图 5-9　Sublime Text 界面图

3. Chrome 浏览器

Chrome 是由 Google 公司开发的一款基于 JavaScriptV8 引擎的快速、安全浏览器,Chrome 最大特点是超级简洁的界面,而且运行快速,常用来开发前端调试。

Chrome 界面图如图 5-10 所示。

图 5-10　Chrome 浏览器界面图

4. FinClip IDE

FinClip IDE 是针对小程序开发者的集成开发环境,提供小程序的开发调试工具,简化跨平台应用程序的开发流程。

优点:

(1)界面与微信小程序的开发工具类似,发现功能强大,界面简洁,上手门槛低。

(2)支持跨平台应用程序的开发,包括小程序、APP、H5 等,可以一次性开发多个平台版本的应用程序。

(3)集成了预览和调试工具,可以快速验证应用程序的功能和外观。

(4)可以通过 FinClip 云平台进行发布和管理应用程序,便于应用程序的部署和维护。

缺点:

(1)功能相对有限,仅支持特定的语言和框架。

(2)依赖于 FinClip 平台,开发人员需要熟悉并遵循平台的开发规范和限制。

总的来说,FinClip IDE 是一个对开发流程要求不高的开发人员使用的工具,能够帮助他们快速构建和发布跨平台应用程序,同时避免了一些常见的编程错误和工具配置问题。

FinClip 界面图如图 5-11 所示。

图 5-11　FinClip 界面图

以上是目前常用的各种集成开发环境(IDE),开发人员可以根据自己的偏好及所开发的具体项目类型选择合适、高效的 IDE 进行项目开发。

5.2　编　码　风　格

5.2.1　编码的基本规则(编码标准与规范)

编写源程序代码时,确保逻辑简明清晰,易读易懂是实现优质程序的重要标准。为了达到这一目标,开发人员应当遵循以下设计原则:

1. 程序内部的文档

规则说明:在程序内部嵌入适当的标识符、注解和视觉组织,确保程序结构清晰易读。标识符应当选取有明确含义的名字,能够直观地反映所代表的实体。

示例 1:使用具体的变量名如"monthlyIncome"代替模糊的"inc",提高变量意义的表达。

示例 2:在每个模块的开头添加简要注解,说明该模块的功能、算法、接口和关键数据。

2. 数据说明

规则说明:数据说明的风格应当标准化,按照数据结构或数据类型的逻辑次序排列,以提高可读性,对于复杂的数据结构,使用注解解释其实现方法和特点。

示例 1:在数组说明时,按照逻辑关系排列变量,例如,先说明横坐标数组,再说明纵坐标数组。

```
# 不好的数据说明
y_coords = [10, 20, 5, 8, 15]
x_coords = [1, 4, 2, 5, 3]
# 更好的数据说明
coordinates = {
    'x': [1, 2, 3, 4, 5],
    'y': [10, 5, 15, 20, 8]
}
```

示例 2:使用注解解释复杂数据结构的设计思路,说明每个字段的作用和关联。

```
# 示例代码
Data Structure: Employee
Fields:
— id: Employee ID
— name: Employee Name
— department: Employee Department
```

3. 语句构造

规则说明:构造每个语句时应当简单而直接,避免为了提高效率而使程序复杂化。清晰的逻辑结构有助于代码的维护和理解。不要为了节省空间而把多个语句写在同一行;尽量避免复杂的条件测试;尽量减少对"非"条件的测试;避免大量使用循环嵌套和条件嵌套;利用括号使逻辑表达式或算术表达式的运算次序清晰直观。

示例1:将每个条件判断语句写成独立的行,避免在同一行堆砌多个条件。

```
# 不好的写法
if condition1 and condition2: do_something()
# 更好的写法
if condition1:
    if condition2:
        do_something()
```

示例2:使用括号使逻辑表达式的运算次序清晰,增加代码可读性。

```
# 不好的写法
result = a + b * c
# 更好的写法
result = a + (b * c)
```

4. 输入输出

规则说明:在设计和编写程序时,要考虑输入输出规范。对输入数据进行检验,保持简单的输入格式,提供明确的用户提示和规范的输出报表。

示例1:对于用户输入的数字,进行范围和类型的检查,以确保输入的有效性。

示例2:输出报表时,使用表头和结构良好的排版,使信息一目了然。

```
Report: Monthly Sales
Date        | Product   | Sales
——————————————————————————————
2023-10-01 | A         | $500
2023-10-01 | B         | $300
2023-10-02 | A         | $700
```

5. 效率

规则说明:在考虑效率时,要明确性能需求,并在需求分析阶段确定效率方面的要求。良好的设计是提高效率的关键,但不应以牺牲程序清晰性和可读性为代价。

示例1:精简算术和逻辑表达式,尽量避免复杂嵌套结构,以提高程序执行效率。

```
# 不好的写法
if condition1 and (condition2 or condition3) and not condition4:
    do_something()
# 更好的写法
if condition1 and condition2 and not condition4:
    do_something()
```

示例2:在存储器效率方面,使用紧凑的数据结构,避免使用过多的指针和复杂的表。

```
# 不好的数据结构
complex_data = {'info': {'name': 'John', 'age': 30, 'details': [1, 2, 3]}}
# 更好的数据结构
simple_data = {'name': 'John', 'age': 30, 'details': [1, 2, 3]}
```

这些源代码设计原则适用于软件工程的设计和编码阶段,确保源代码具备高可维护性和良好的可读性。

5.2.2　面向对象编码原则

在面向对象编码中,遵循一系列原则有助于提高代码的可维护性、可扩展性和重用性。以下是一些关键的面向对象编码原则:

1. 信息隐藏和模块化

信息隐藏旨在提高模块的独立性。类的定义需要将属性和方法封装在一起,对外提供公共接口以实现系统功能,对内提供数据和存储,并通过半开放式机制(protected 部分)为派生类提供灵活性。

示例 1:封装类的内部状态,通过公共方法提供对状态的控制。

```python
...
python
class BankAccount:
    def __init__(self, balance):
        self._balance = balance    # 封装的内部状态
    def deposit(self, amount):
        self._balance += amount
    def withdraw(self, amount):
        self._balance -= amount
...
```

2. 重用

重用分为代码重用和设计模式重用。代码重用包括直接使用源码、继承源代码、引用头文件和调用动态链接库等方式。设计模式重用则涉及高层次的软件重用,包括系统设计模式和代码设计模式。

示例 1:使用已有的源码进行直接代码重用。

```python
...
python
# 示例代码
from external_module import useful_function
result = useful_function(data)
...
```

示例 2:应用设计模式,如工厂模式,实现灵活对象创建。

```python
...
python
# 示例代码
class Animal:
    def speak(self):
        pass
```

```
class Dog(Animal):
    def speak(self):
        return "Woof!"
class Cat(Animal):
    def speak(self):
        return "Meow!"
def create_animal(animal_type):
    if animal_type == "dog":
        return Dog()
    elif animal_type == "cat":
        return Cat()
```
...

3. 单一原则

类应该只涉及与其相关的服务,确保一个类有一个单一的责任。换句话说,一个类无论其定义的属性和方法数量有多少,都应只涉及与它相关的服务,不应该涉及与其关系不大的服务。

示例:设计一个处理用户认证的类,仅关注认证逻辑,如设计对网站地址 URL 分析的类,就应该围绕给定的一个 URL,如何分析得到需求的相关信息(如 WWW 地址、目录层次、网页类型等)。

4. 规划和统一接口,不急于考虑细节问题

在系统设计初期,重点是规划类的职责和类之间的关系,统一类的方法接口。避免急于解决细节问题,确保系统的整体结构清晰。类职责除了自身的方法所提供的服务之外,类之间的关联该由谁响应、该如何响应也需要综合设计。

5. 优先使用聚合

在考虑类的重用时,应优先使用聚合。聚合避免了基类的修改对派生类的设计和实现造成的影响。

6. 开放封闭原则

所谓开放原则是指对系统功能扩展的完善性设计,应立足于在原有类的基础上提供新的属性和行为,尽量避免类的重新开发。这样既能满足用户新的需求,又能使系统具有一定的适应性和灵活性。所谓封闭原则是指通过封装将类组织起来,并通过公有部分和私有部分确定对类的合理访问。特别是在继承机制中,越是处于上层的类,对它的修改就要越谨慎,这样才能保证对系统修改时的稳定性和延续性。

示例:在遵循开放原则的情况下,创建一个基础图形类(Shape),并通过扩展该类来添加新的图形类型,而无需修改现有的代码。

```
# 基础图形类
class Shape:
    def draw(self):
        pass
```

```
# 圆形类,继承自基础图形类
class Circle(Shape):
    def draw(self):
        super().draw()
        # 绘制圆形的具体逻辑
# 新增的图形类型 — 椭圆类
class Ellipse(Shape):
    def draw(self):
        super().draw()
        # 绘制椭圆的具体逻辑
```

第6章 软件项目的测试

6.1 软件测试准则

软件测试是为了发现程序缺陷而执行程序的过程。软件测试的目标是为了证明程序中有错误，而不是证明程序中无错误。一次成功的测试指的是发现了新的软件缺陷的测试。一个好的测试用例指的是它可能发现至今尚未发现的缺陷。

怎样才能达到软件测试的目标呢？为了能设计出有效的测试方案，软件工程师必须深入理解并正确运用指导软件测试的基本准则。

软件测试的基本准则有以下6点。

(1)所有测试都应该能追溯到用户需求。软件测试的目标是发现错误，那么从用户的角度看，最严重的错误是导致程序不能满足用户需求的那些错误。

(2)应该早在测试开始之前就制订出测试计划。实际上，一旦完成了需求模型就可以着手制定测试计划，在建立了设计模型之后就可以立即开始设计详细的测试方案。因此，在编码之前就可以对所有测试工作进行计划和设计。

(3)在软件测试中应用 Pareto 原理。Pareto 原理的内涵为：测试发现的错误中的80%很可能是由程序中20%的模块造成的。关键是如何识别这些可能有问题的模块，并对它们进行彻底的测试。

(4)应该从"小规模"测试开始，并逐步进行"大规模"测试。通常，首先重点测试单个程序模块，其次把测试重点转向在集成的模块簇中寻找错误，最后在整个系统中寻找错误。

(5)穷举测试是不可能的。所谓穷举测试就是把程序所有可能的执行路径都检查一遍的测试。即使是一个中等规模的程序，其执行路径的排列数也十分庞大，由于受时间、人力以及其他资源的限制，所以在测试过程中不可能完全执行每个可能的路径。因此，测试只能证明程序中有错误，不能证明程序中没有错误。但是，精心地设计测试方案，有可能充分覆盖程序逻辑，并使程序达到项目要求的可靠性。

(6)为了达到最佳的测试效果，应该由独立的第三方负责测试工作。所谓"最佳效果"，指测试有最大的可能性发现错误。从心理学角度看，开发软件的软件工程师并不是完成全部测试工作的最佳人选(通常他们主要承担模块测试工作)。

这些准则有助于确保软件测试是有组织、全面且高效的，以最大程度地发现和纠正错误。

6.2　黑盒测试技术简介及举例

黑盒测试技术把被测试对象看成一个黑盒子,测试人员完全不考虑程序的内部结构和处理过程,只在软件的界面上进行测试,用来证实软件功能的可操作性,检查程序是否满足功能要求,是否能很好地接收数据,并产生正确的输出。因此,黑盒测试又称为功能测试或数据驱动测试,一般用来检验系统的基本特征。

黑盒测试的任务是发现以下错误:

(1)是否有不正确或遗漏了的功能;

(2)在界面上,能否正确地处理合理和不合理的输入数据,并产生正确的输出信息;

(3)访问外部信息是否有错;

(4)性能上是否满足要求等;

(5)初始化和终止错误。

用黑盒测试时,必须在所有可能的输入条件和输出条件中确定测试数据。能否对每个数据都进行穷举测试呢? 例如,测试一个程序,须输入 3 个整数值,3 个整数值的排列组合数为 $2^{16}\times 2^{16}\times 2^{16}=2^{48}\approx 3\times 10^{14}$。假设此程序执行,计算机 1 ms 执行一次测试并得出评估,24 h 不停地运行,则需要用时 1 万年,但这还不能算穷举测试,在黑盒测试时还包括输入一切不合法的数据。可见,穷举地输入测试数据进行黑盒测试是不可能的。

下面举一个例子来体会黑盒测试。

例:输入值是学生成绩 x,范围是 0～100,需要判断学生成绩是否及格。

首先,应用等价类划分法设计一部分测试用例。等价类划分法是把程序的输入域划分成若干部分,然后从每个部分中选取少数代表性数据作为测试用例,每一类的代表性数据在测试中的作用等价于这一类中的其他值,也就是说,如果某一类中的一个例子发现了错误,那么这一等价类中的其他例子也发生同样的错误。在以上例子中,可以将合理的等价类设定为"0≤成绩＜60"和"60≤成绩≤100",不合理的等价类为"成绩＜0"和"成绩＞100"两个,如表 6-1 所示。

表 6-1　等价类划分表

输入范围	测试输入值	类型
0≤成绩＜60	0,15,57 等	有效等价类
60≤成绩≤100	89,75,61 等	有效等价类
成绩＜0	−1,−200 等	无效等价类
成绩＞100	139,3982 等	无效等价类

其次,利用边界值分析法的思想,对问题的边界情况进行测试。在该问题中,需要进行测试的边界值有"成绩＝0""成绩＝60""成绩＝100",如表 6-2 所示。

表6-2　边界值分析表

边界值	输入测试值
0	-1,0,1
60	59,60,61
100	99,100,101

错误推测法的思想指导人们可以依靠经验和直觉,对程序中可能存在的错误进行针对性的推测。

与此同时,等价类划分法和边界值分析法都只是孤立地考虑各个输入数据的测试功能,而没有考虑多个输入数据的组合引起的错误。可以应用因果图的方法有效地检测输入条件的各种组合可能会引起的错误。因果图的基本原理是将自然语言描述的功能说明转换为判定表,最后为判定表的每一列设计一个测试用例。

6.3　白盒测试技术简介及举例

白盒测试把测试对象看作一个透明的盒子,测试人员能了解程序的内容结构和处理过程,以检查处理过程为目的,对程序中尽可能多的逻辑路径进行测试,在所有的节点检验内部控制结构和数据结构是否和预期相同。

简单来看,人们会认为通过全面的白盒测试的程序将是"完全正确"的程序。但是,"全面"的白盒测试法也是不可能的。如测试一个循环20次的嵌套的if语句,循环体中有5条路径。测试这个程序的执行路径为5^{20},约为10^{14},如果每毫秒完成一个路径的测试,那么完成此程序的测试需3 170年。

由于白盒测试不检查功能,因此即使每条路径都测试并正确了,程序仍可能有错。例如,要求编写一个升序的程序,错编成降序程序(功能错误),就是穷举路径测试也无法发现。再如,由于疏忽漏写了路径,那么白盒测试也发现不了。

因此,黑盒测试和白盒测试都不能达到彻底测试。为了从有限的测试中发现更多的错误,须精心设计测试用例。

下面按照发现错误能力由弱到强的顺序,介绍6种白盒测试的覆盖标准,如表6-3所示。

表6-3　6种白盒测试的覆盖标准

发现错误能力	覆盖标准	要求
弱↓强	语句覆盖	每条语句至少执行一次
	判定覆盖	每个判定的每个分支至少执行一次
	条件覆盖	每个判定的每个条件应取到各种可能的值
	判定/条件覆盖	同时满足判定覆盖和条件覆盖
	条件组合覆盖	每个判定中各条件每一种组合至少出现一次
	路径覆盖	使程序中每一条可能的路径至少执行一次

在前 5 种测试技术中,都是针对单个判定或判定的各个条件值上,其中条件组合覆盖发现错误能力最强,凡满足其标准的测试用例,也必然满足前 4 种覆盖标准。

下面根据图 6-1 所示的程序,以条件组合覆盖技术为例,讨论并理解覆盖技术。

在白盒测试中,选择足够的测试用例,使得每个判定中条件的各种可能组合都至少出现一次。显然,满足条件组合覆盖的测试用例是一定满足判定覆盖、条件覆盖和判定/条件覆盖的。

上述程序中,两个判定表达式共有 4 个条件,因此有 8 种组合:

(1)$a>1,b=0$;　　　　(2)$a>1,b\neq0$;

(3)$a\leqslant1,b=0$;　　　　(4)$a\leqslant1,b\neq0$;

(5)$a=2,c>1$;　　　　(6)$a=2,c\leqslant1$;

(7)$a\neq2,x>1$;　　　　(8)$a\neq2,c\leqslant1$。

下面 4 组测试用例就可以满足条件组合覆盖标准:

$a=2,b=0,c=2$ 覆盖条件组合(1)和(5),通过路径 1—2—4;

$a=2,b=1,c=1$ 覆盖条件组合(2)和(6),通过路径 1—3—4;

$a=1,b=0,c=2$ 覆盖条件组合(3)和(7),通过路径 1—3—4;

$a=1,b=1,c=1$ 覆盖条件组合(4)和(8),通过路径 1—3—5。

显然,满足条件组合覆盖的测试一定满足"判定覆盖""条件覆盖""判定/条件覆盖",因为每个判定表达式、每个条件都不止一次地取到过"真""假"值。但是,该组测试数据没有能通过 1—2—5 这条路径,不能测试出这条路径中存在的错误。

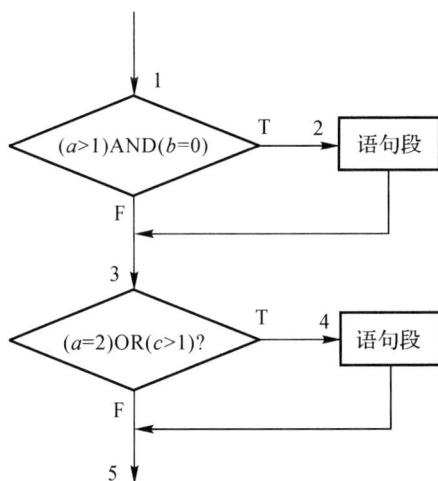

图 6-1　被测程序流程图

6.4　单　元　测　试

单元测试集中检测软件设计过程中的最小单元——模块。通常,单元测试和编码属于软件过程的同一个阶段。在编写出源程序代码并通过了编译程序的语法检查之后,就可以以详细设计描述为依据,对重要的执行通路进行测试,以发现模块内部的错误。可以应用人工测试和计算机测试这两种不同类型的测试方法,完成单元测试工作。这两种测试方法各有所长,互相补充。通常,单元测试主要使用白盒测试技术,而且对多个模块的测试可以并行地进行。

6.4.1　测试重点

在单元测试期间着重从下述 5 个方面对模块进行测试。

1. 模块接口

首先应该对通过模块接口的数据流进行测试,如果数据不能正确地进出,那么所有其他测试都是不切实际的。

对模块接口进行测试时,主要检查下述几个方面:参数的数目、次序、属性或单位系统与变元是否一致;是否修改了只当作输入的变元;全局变量的定义和用法在各个模块中是否一致。

2. 局部数据结构

对于模块,局部数据结构是常见的错误来源。应该仔细设计测试方案,以便发现局部数据说明、初始化、默认值等方面的错误。

3. 重要的执行通路

由于通常不可能进行穷尽测试,因此在单元测试期间选择最有代表性、最可能发现错误的执行通路进行测试就是十分关键的。应该设计测试方案用来发现由于错误的计算、不正确的比较或不适当的控制流而造成的错误。

4. 出错处理通路

好的设计应该能预见出现错误的条件,并且设置适当的处理错误的通路,以便在真的出现错误时执行相应的出错处理通路或干净地结束处理;不仅应该在程序中包含出错处理通路,而且应该认真测试这种通路。当评价出错处理通路时,应该着重测试下述一些可能发生的错误。

(1)对错误的描述是难以理解的。

(2)记下的错误与实际遇到的错误不同。

(3)在对错误进行处理之前,错误条件已经引起系统干预。

(4)对错误的处理不正确。

(5)描述错误的信息不足以帮助确定造成错误的位置。

5. 边界条件

边界测试是单元测试中最后的也可能是最重要的任务。软件常常在它的边界上失效,例如,处理 n 元数组的第 n 个元素时,或做到 i 次循环中的第 i 次重复时,往往会发生错误。使用刚好小于、刚好等于和刚好大于最大值或最小值的数据结构、控制量和数据值的测试方案,极有可能发现软件中的错误。

6.4.2　个人测试与调试

开发人员完成初步的编码过程之后一般需要自己运行一些测试,验证所开发的代码单元(如一个模块、文件或者类)是否符合开发任务要求。这种测试一般由开发人员自己而非专门的测试人员来进行,因此被称为开发者测试。开发者测试一般针对的是所开发的代码单元,因此属于单元测试层次。单元测试用例一般是根据代码单元的开发要求来编写的,如需要提供的接口、实现的功能等。在当前流行的测试驱动的开发过程中,开发人员需要在编码之前先编写好测试用例并将通过这些测试用例作为完成开发任务的检验标准。

调试(Debug)是在测试发现问题(例如,程序异常退出、运行结果不符合预期等)之后对问题进行分析和解决的过程,一般包括以下过程。

(1)问题定位:重现失败的测试用例并确定问题(缺陷)在代码中的什么位置。

(2)问题修复:通过修改代码对问题进行修复。

(3)修复验证:重新运行原有的测试用例(即进行回归测试),验证问题是否已经得到修复,有时还会增加新的测试用例以进行确认。

在以上过程中,开发人员感觉最困难的是问题定位。这主要是因为问题的表面现象(例如,界面上的报错或不正确的结果)与问题的根源(例如,底层代码中的一处逻辑错误)可能相距很远,而且问题的表面现象受到多种因素影响,存在一定的不确定性。

调试中的问题定位是一种经验性的工作,一种常用的策略是采用二分法,不断做出假设并进行验证,根据结果确认或否定假设。例如,一个字符串处理程序出错,开发人员根据经验判断可能是因为传入的字符串参数中包含特殊符号,那么可以尝试去掉特殊符号,接下来如果测试通过,那么很可能就是这个原因,否则可以初步排除这个原因。在具体调试过程中,开发人员可以利用一些常用的方法和工具来提升调试的效率,更快地确定问题所在。

1. 断点和单步运行

在代码中设置断点并让程序单步执行是最基础的调试技术之一。现代集成开发环境一般都提供了调试环境,其中最重要的调试功能就是让程序在运行到所设定的断点位置时停止运行,同时允许开发人员查看当前各个变量的取值,并接着单步运行程序。通过这种方式,开发人员可以观察程序的执行路径(例如所经过的分支和语句)以及在此过程中的状态(例如相关变量的取值)变化情况,从而深入理解程序的实际行为并判断与预期是否相符。一旦发现程序运行过程与预期不相符,那么就可以回溯问题的来源,定位到问题的根源。这种调试过程中最困难的是断点位置的设置以及程序状态的观察。断点位置设置不当可能导致错过影响问题定位的关键部分或者需要很长时间的单步执行才能到达问题区域。而状态观察的主要问题是如何在众多的程序变量中确定值得观察的关键变量。

2. 日志

在某些情况下,代码的问题并不容易用断点和单步运行的方式重现出来。例如,当程序运行在客户的真实环境中时可能不允许使用侵入式的调试手段,因此开发人员无法对程序进行断点设置和单步执行。在另一些情况下,例如多线程或异常抛出,通过单步运行和断点调试,有可能会导致程序的行为发生变化而难以发现现场运行中的问题,因此难度较大。此时,让程序输出关键节点的日志,能有效帮助开发人员进行调试。通过日志,程序可以自己记录执行过程、中间状态和出错信息,从而便于开发人员还原并分析出错过程。开发人员可以根据在日志中所记录的错误情况,在代码中寻找可能造成错误的位置,并在这些位置上进一步增加错误相关的日志输出,例如,向屏幕或者文件输出可能有问题的变量取值,然后通过查看所记录的运行过程和相应的值来进一步判断可能出错的位置。这一过程可能需要持续多轮,通过调整日志输出的内容来逐步精确数据。

通过日志进行调试是当前复杂在线系统调试的重要手段,并且日志输出的详细程度需要恰到好处,既能帮助发现关键的程序错误,又不会由于日志过多而影响到错误定位,甚至影响到程序的运行性能。过多的日志,往往是系统运行性能下降的因素,甚至可能由于占用过多的存储空间导致程序无法正常运行。因此,对于调试用的日志,应当定时清理,并且在程序中仅保留关键的日志信息,以确保程序运行不会受到日志的影响。

3．运行堆栈与内存镜像

由于日志只能反映出程序预设的检查点的指定变量信息,因此在面对一些复杂的情况(例如,多个并发线程、特定的运行环境)时,原有的日志信息不足以确定缺陷的位置,调试人员需要花不少工夫增加新的检查点和新的检查信息。虽然要把程序出错时的所有内存信息全部仔细地分析一遍需要耗费大量的精力,但这仍然不失为保留程序出错时完整"现场"的终极手段。程序出错后将当时的所有堆栈(包含子程序调用情况以及所有的变量取值)以内存镜像的形式保存下来,那么调试人员就有机会通过仔细分析当时的内存数据来排查问题,甚至在开发环境中重现同样的问题。

这种方式对于无法有效更新出错的程序的情况是有帮助的。但由于运行堆栈与内存镜像记录的信息往往过于庞大,因此要找到问题的原因也非常困难。因此这种方式一般仅适于较为罕见的严重错误情况使用。

6.4.3　测试用例设计

测试用例是按一定的顺序执行的、与测试目标相关的测试活动的描述,即确定"怎样"测试。测试用例被看作是有效发现软件缺陷的最小测试执行单元,也被视为软件的测试规格说明书。在测试工作中,测试用例的设计是非常重要的,是测试能够正确、有效执行的基础。如何有效地设计测试用例,一直是测试人员所关注的问题;设计好测试用例,也是保证测试工作的关键因素之一。下面介绍测试用例设计的几点原则。

(1)测试用例应尽可能地找出软件错误。测试的目的是查找错误。寻找测试用例的设计灵感,应沿着"程序可能会怎样失效"这条思路进行回溯。

(2)杜绝冗余的测试用例。如果两个测试都是查找同一个错误,那么为什么两个都要执行呢? 而用例计划的编写可以很好地避免这一问题的出现。

(3)尽量寻找最佳测试方法。在对某一个模块测试的时候,总会有某个方法的测试效率高于其他的方法。由于编写测试用例时会在测试方法的研究与设定上耗费大量时间,所以需要找出最佳测试方法。

(4)测试应使得程序失效显而易见。如何知道程序究竟有没有通过测试,这可是需要考虑的大问题。测试人员如果没有详细地阅读程序输出,或没有看出问题就在眼前,就会忽视很多程序失效的情况。

在生成测试用例的同时,应记下每项测试预期的输出或结果。执行测试时应将测试结果与测试预期进行比对。待查的输出或文件应尽可能地保持简短,不要让失效现象湮没于一大堆乏味的输出中。对计算机进行编程,在大的输出文件中搜索错误,这可能像让计算机把测试输出与一份已知的无故障文件进行比较一样简单。

在实际的测试开发场景中,测试人员可以依照上文提到的黑盒测试技术和白盒测试技术进行测试用例的设计。在测试用例设计的实际过程中,不仅要求测试人员根据场合单独使用这些方法,而且常常需要综合运用多个方法,使测试用例的设计更为有效。

测试用例设计遵循与软件设计相同的工程原则。好的软件设计包含几个对测试设计进行精心描述的阶段,这些阶段是测试策略、测试计划、测试描述和测试过程。上述 4 个测试设计阶段适用于从单元测试到系统测试各个层面的测试。测试设计由软件设计说明驱动。单元测试用于验证模块单元实现了模块设计中定义的规格。一个完整的单元测试说明应该包含正面测试和负面测试。正面测试验证程序应该执行的工作,负面测试验证程序不应该执行的工作。

下面以一个具体的例子来说明测试用例的设计过程。假设开发一个简单的计算器应用程序,其中一个基本功能是加法操作。设计测试用例来验证这个加法功能的正确性。

首先,需要明确测试目标:验证加法操作的正确性。其次,将设计一系列测试用例,覆盖各种情况,包括正常情况、边界情况和异常情况。

1. 正常情况下的加法测试用例

输入:2,3。

预期输出:5。

描述:这是一个常规的加法测试用例,输入两个正整数,预期输出它们的和。

2. 包含负数的加法测试用例

输入:-5,3。

预期输出:-2。

描述:这个测试用例包含了一个负数,验证加法操作是否正确处理了负数。

3. 包含小数的加法测试用例

输入:2.5,1.3。

预期输出:3.8。

描述:这个测试用例包含了小数,验证加法操作是否正确处理了小数。

4. 边界值测试用例

输入:0,0。

预期输出:0。

描述:这个测试用例验证了加法操作在边界情况下的表现,即两个操作数都为 0 的情况。

5. 大整数测试用例

输入:999 999,1。

预期输出:1 000 000。

描述:这个测试用例验证了加法操作是否能正确处理大整数相加的情况。

6. 输入为空的测试用例

输入:无。

预期输出:空值。

描述:这个测试用例验证了加法操作在没有输入的情况下的表现,预期输出是程序返回错误或者空值。

7. 输入为非数字字符的测试用例

输入:a,&。

预期输出:错误。

描述:这个测试用例验证了加法操作在输入为非数字字符的错误情况下的表现,预期输出是程序返回错误。

通过设计以上测试用例,开发人员就能够在没有冗余的情况下全面地覆盖各种情况,从而验证程序运行加法操作的正确性。

测试用例是软件测试的核心,但如何以最少的人力、资源投入,在最短的时间内完成测试,发现软件系统的缺陷,保证软件的优良品质,是软件公司探索和追求的目标。每个软件产品或软件开发项目都需要有一套优秀的测试方案和测试方法。

6.4.4 代码审查

人工测试源程序可以由程序的编写者本人非正式地进行,也可以由审查小组正式进行。后者称为代码审查,它是一种非常有效的程序验证技术,对于典型的程序来说,可以查出30%~70%的逻辑设计错误和编码错误。审查小组最好由下述4人组成。

(1)组长,应该是一个很有能力的程序员,而且没有直接参与这项工程。

(2)程序的设计者。

(3)程序的编写者。

(4)程序的测试者。

如果一个人既是程序的设计者又是编写者,或既是编写者又是测试者,那么审查小组中应该再增加一个程序员。

审查之前,小组成员应该先研究设计说明书,最大程度地理解这个设计。为了帮助理解,可以先由设计者扼要地介绍该设计。在审查会上由程序的编写者解释他是怎样用程序代码实现这个设计的,通常是逐个语句地讲述程序的逻辑,小组其他成员仔细倾听,并力图发现其中的错误。审查会上进行的另外一项工作,是对照类似于上一小节中介绍的程序设计常见错误清单,分析审查这个程序。当发现错误时,组长记录下来,审查会继续进行(审查小组的任务是发现错误而不是改正错误)。

审查会还有另外一种常见的进行方法,称为预排:由一个人扮演“测试者”,其他人扮演“计算机”。会前测试者准备好测试方案,会上由扮演计算机的成员模拟计算机执行被测试的程序。当然,由于人执行程序速度极慢,因此测试数据必须简单,测试方案的数目也不能过多。但是,测试方案本身并不十分关键,它只起一种促进思考引起讨论的作用。在大多数情况下,通过向程序员提出关于他的程序的逻辑和他编写程序时所做的假设的疑问,可以发现的错误比由测试方案直接发现的错误还多。

代码审查相比于计算机测试的优势是：一次审查会上可以发现许多错误；用计算机测试的方法发现错误之后，通常需要先改正这个错误才能继续测试，因此错误是一个一个地发现并改正的。也就是说，采用代码审查的方法可以减少系统验证的总工作量。实践表明，对于查找某些类型的错误来说，人工测试比计算机测试更有效；对于其他类型的错误来说则刚好相反。因此，人工测试和计算机测试是互相补充、相辅相成的，缺少其中任何一种方法都会使查找错误的效率降低。

6.5　集　成　测　试

集成测试，也叫组装测试或联合测试。在单元测试的基础上，将所有模块按照设计要求组装成子系统或系统，进行集成测试。实践表明，一些模块虽然能够单独地工作，但并不能保证连接起来也能正常工作。程序在某些局部反映不出来的问题，在全局上很可能暴露出来，进而影响软件功能的实现。

6.5.1　集成测试的实施策略

6.5.1.1　实施策略的种类

集成测试的实施策略有很多种，如自顶向下集成测试策略、自底向上集成测试策略、核心系统先行集成测试策略、Big-Bang 集成测试策略等，下面详细介绍前 3 种策略。

1. 自顶向下集成测试策略

自顶向下集成测试策略是构造程序结构的一种增量式方式，它从主控模块开始，按照软件的控制层次结构，以深度优先或广度优先的策略，逐步把各个模块集成在一起。深度优先策略是优先把主控制路径上的模块集成在一起。

以图 6-2 为例，若选择最左一条路径，则应首先将模块 M1、M2、M5 和 M8 集成在一起，再将 M6 集成起来，然后考虑中间和右边的路径。广度优先策略则不然，它沿控制结构水平地向下移动。以图 6-2 为例，它首先把 M2、M3 和 M4 与主控模块集成在一起，再将 M5 和 M6 和其他模块集成起来。

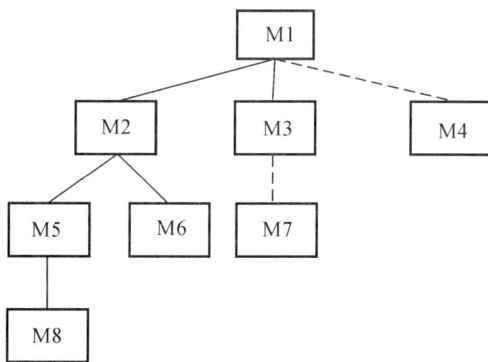

图 6-2　模块组成结构图

自顶向下集成测试的具体步骤如下：

(1)以主控模块作为测试驱动模块,把对主控模块进行单元测试时引入的所有桩模块用实际模块替代。

(2)依据所选的集成策略(深度优先或广度优先),每次只替代一个桩模块。

(3)每集成一个模块立即测试一遍。

(4)只有每组测试完成后,才着手替换下一个桩模块。

(5)为避免引入新错误,需不断地进行回归测试(即全部或部分地重复已做过的测试)。从第二步开始,循环执行上述步骤,直至整个程序结构构造完毕。图 6 - 2 中,实线表示已完成测试部分,若采用深度优先策略,下一步将用模块 M7 替换桩模块 S7,当然 M7 本身可能又带有桩模块,随后将被对应的实际模块——替代。

自顶向下集成的优点在于能尽早地对程序的主要控制和决策机制进行检验,因此能够较早地发现错误;其缺点是在测试较高层模块时,低层处理采用桩模块替代,不能反映真实情况,重要数据不能及时地回送到上层模块,因此测试并不充分。

2. 自底向上集成测试策略

自底向上集成测试是集成测试中最常使用的方法。其他集成方法都或多或少地继承、吸收了这种集成方法的思想。自底向上的集成测试方法从程序模块结构中最底层的模块开始组装和测试,因为模块是自底向上进行组装的。对于一个给定层次的模块,它的子模块(包括子模块的所有下属模块)事前已经完成组装并经过测试,所以不再需要编制桩模块。自底向上集成测试的步骤大致如下：

(1)对被测模块进行分层,在同一层次上的测试可以并行进行,然后排出测试活动的先后关系,制订测试进度计划。利用图论的相关知识,可以排出各活动之间的时间序列关系,处于同一层次的测试活动可以同时进行,而且不会相互影响。

(2)按时间线序关系,将软件单元集成为模块,并测试在集成过程中出现的问题。这里,可能需要测试人员开发一些驱动模块来驱动集成活动中形成的被测模块。对于比较大的模块,可以先将其中的某几个软件单元集成为子模块,然后再集成为一个较大的模块。

(3)将各软件模块集成为子系统,检测各子系统是否能正常工作。同样,可能需要测试人员开发少量的驱动模块来驱动被测子系统。

(4)将各子系统集成为最终用户系统,测试各分系统能否在最终用户系统中正常工作。

自底向上集成测试方法的优点是管理方便,测试人员能较好地锁定软件故障所在位置。

3. 核心系统先行集成测试策略

核心系统先行集成测试的思想是先对核心软件部件进行集成测试,在测试通过的基础上再按各外围软件部件的重要程度逐个集成到核心系统中。每次加入一个外围软件部件都产生一个产品基线,直至最后形成稳定的软件产品。核心系统先行集成测试法对应的集成过程是一个逐渐趋于闭合的螺旋形曲线,代表产品逐步定型的过程,其步骤如下：

(1)对核心系统中的每个模块进行单独的、充分的测试,必要时使用驱动模块和桩模块。

(2)对于核心系统中的所有模块,将其一次性集合到被测系统中,解决集成中出现的各类问题。在核心系统规模相对较大的情况下,也可以按照自底向上的步骤,集成核心系统的各组成模块。

（3）按照各外围软件部件的重要程度以及模块间的相互制约关系，拟定外围软件部件集成到核心系统中的顺序方案。方案经评审以后，即可进行外围软件部件的集成。

（4）在外围软件部件添加到核心系统以前，外围软件部件应先完成内部的模块级集成测试。

（5）按顺序不断加入外围软件部件，排除外围软件部件集成中出现的问题，形成最终的用户系统。

该集成测试方法的优点是对快速软件开发很有效，适用于较复杂系统的集成测试，能保证一些重要功能和服务的实现；缺点是采用此法的系统一般应能明确区分核心软件部件和外围软件部件，核心软件部件应具有较高的耦合度，外围软件部件内部也应具有较高的耦合度，但各外围软件部件之间应具有较低的耦合度。

6.5.1.2　集成测试案例

在集成测试中，不同的实施策略可以根据项目的特点和需求来选择。接下来，将通过一个案例分析来说明自顶向下集成测试、自底向上集成测试和核心系统先行集成测试这 3 种集成测试策略的应用情况。假设正在开发一个电子商务网站，该网站将提供商品展示、购物车、下单、支付等功能，现在对该系统进行集成测试。

1. 自顶向下集成测试案例

在自顶向下集成测试中，从主控模块（例如网站的首页）开始，逐步集成各个子模块。以深度优先策略为例，首先集成首页、商品展示页面和购物车页面等核心功能模块。其次，逐步集成其他功能模块，如用户登录、用户注册等。在每个阶段，都进行测试并修复发现的问题。

2. 自底向上集成测试案例

在自底向上集成测试中，从最底层的模块开始，逐步将子模块集成为更大的模块，直至整个系统。在电子商务网站项目中，可以从数据库访问模块开始，然后逐步集成业务逻辑模块、控制器模块和前端页面模块。这样做可以更好地锁定问题的位置，并逐步验证系统的各个层次。

3. 核心系统先行集成测试案例

在核心系统先行集成测试中，先集成和测试核心功能模块，如商品展示、购物车和下单功能。一旦核心功能模块通过测试，再集成其他外围功能模块，如用户登录、支付等。这种方法能够保证核心功能的稳定性和可靠性，并在此基础上逐步扩展系统的功能。

在电子商务网站开发项目中，可以根据项目特点和需求选择适合的集成测试策略。自顶向下集成测试适用于先验证系统的核心功能，然后逐步集成其他功能；自底向上集成测试适用于逐步验证系统的各个层次；核心系统先行集成测试适用于先验证核心功能的稳定性，然后再逐步扩展功能。选择合适的集成测试策略可以提高测试效率和测试覆盖度，确保项目顺利交付并达到预期的质量要求。

6.5.2　性能测试

性能测试是指通过自动化的测试工具模拟多种正常、峰值以及异常负载条件来对系统的各项性能指标进行的测试。负载测试和压力测试都属于性能测试,两者可以结合进行。负载测试能确定系统在各种工作负载下的性能,目标是当负载逐渐增加时测试系统各项性能指标的变化情况。

6.5.2.1 性能测试的内容

性能测试在软件的质量保证中起着重要的作用,它包括的测试内容丰富多样。性能测试包括 3 个方面,即应用在客户端性能的测试、应用在网络上性能的测试和应用在服务器上性能的测试。通常情况下,这 3 个方面有效、合理地结合,可以实现对系统性能的全面分析,并且能够做到对瓶颈的预测。

1. 应用在客户端性能的测试

应用在客户端性能的测试目的是考察客户端应用的性能,测试的入口是客户端。它主要包括并发性能测试、疲劳强度测试、大数据量测试和速度测试等,其中并发性能测试是重点。并发性能测试的过程是一个负载测试和压力测试的过程,即逐渐增加负载,直到达到系统的瓶颈或者不能接收的性能点,通过综合分析交易执行指标和资源监控指标来确定系统并发性能的过程。负载测试是确定在各种工作负载下系统的性能,目标是测试当负载逐渐增加时,利用系统组成部分的相应输出项,如通过量、响应时间、CPU 负载、内存使用情况等来决定系统的性能。负载测试是对软件应用程序及其支撑架构进行分析,并通过模拟真实环境的使用,从而确定其能够接收的性能过程。压力测试是通过确定一个系统的瓶颈或者不能接收的性能点来获得系统能提供的最大服务级别的测试。

并发性能测试的目的主要体现在三个方面:以真实的业务为依据,选择有代表性的、关键的业务操作设计测试案例,以评价系统的当前性能;当扩展应用程序的功能或者新的应用程序将要被部署时,负载测试会帮助确定系统是否还能够处理期望的用户负载,以预测系统的未来性能;模拟成百上千个用户、重复执行和运行测试,可以确认性能瓶颈并优化和调整应用,目的在于寻找到瓶颈问题。

这类问题常见于采用联机事务处理(On Line Transaction Processsing,OLTP)方式的数据库应用、Web 浏览和视频点播等系统。这种问题的解决要借助于科学的软件测试手段和先进的测试工具。

测试的基本策略是自动负载测试,通过在一台或几台个人计算机上模拟成百或上千的虚拟用户同时执行业务的情景,对应用程序进行测试,同时记录每一事务处理的时间、中间件服务器峰值数据、数据库状态等。可重复的、真实的测试能够彻底地度量应用的可扩展性和性能,确定问题所在以及优化系统性能。预先知道了系统的承受力,就为最终用户规划整个运行环境的配置提供了有力的依据。

多媒体数据库性能测试的目的是模拟多用户并发访问某新闻单位多媒体数据库,执行关键检索业务,分析系统性能。

性能测试的重点是针对系统并发压力负载较大的主要检索业务,进行并发测试和疲劳测试,系统采用 B/S 运行模式。并发测试设计了特定时间段内分别在中文库、英文库、图片库中进行单检索词、多检索词以及变检索式、混合检索业务等并发测试案例。疲劳测试案例为在中文库中并发用户数 200,进行测试周期约 8 h 的单检索词检索。在进行并发测试和疲劳测试的同时,监测的测试指标包括交易处理性能以及 UNIX(Linux)、Oracle、Apache 资源等。

在机房测试环境和内网测试环境中,带宽为 100 Mbit/s 情况下,针对规定的各并发测试案例,系统能够承受并发用户数为 200 的负载压力,每分钟最大交易数达到 78.73,运行基本稳定,但随着负载压力增大,系统性能有所衰减。系统能够承受 200 个并发用户数持续周期约 8 h 的疲劳压力,基本能够稳定运行。通过对系统 UNIX(Linux)、Oracle 和 Apache 资源的监控,系统资源能够满足上述并发性能和疲劳性能需求,且系统硬件资源尚有较大利用余地。

当并发用户数超过 200 时,监控到 Http500、Connect 和超时错误,且 Web 服务器报内存溢出错误,系统应进一步提高性能,以支持更大并发用户数。建议进一步优化软件系统,充分利用硬件资源,缩短交易响应时间。

2. 应用在网络上性能的测试

应用在网络上性能的测试的重点是利用成熟先进的自动化技术进行网络应用性能监控、网络应用性能分析和网络预测。

网络应用性能分析的目的是准确展示网络带宽、延迟、负载和传输控制协议(TCP)端口的变化是如何影响用户的响应时间的。利用网络应用性能分析工具,如 Application Expert,能够发现应用的瓶颈,人们可知应用在网络上运行时在每个阶段发生的应用行为,在应用的线程级别上分析问题:客户端是否对数据库服务器运行了不必要的请求?当服务器从客户端接收了一个查询,应用服务器是否花费了不可接受的时间联系数据库服务器?在投产前预测应用的响应时间,利用 Application Expert 调整应用在广域网上的性能,Application Expert 能够让人们快速、容易地仿真应用性能,根据最终用户在不同网络配置环境下的响应时间,用户可以根据自己的条件决定应用投产的网络环境。

在系统试运行之后,需要及时准确地了解:网络上正在发生什么事情;什么应用在运行,如何运行;多少 PC 正在访问局域网(LAN)或广域网(WAN);哪些应用程序导致系统瓶颈或资源竞争。这时网络应用性能监控以及网络资源管理对系统的正常稳定运行是非常关键的。利用网络应用性能监控工具,可以达到事半功倍的效果,在这方面可以提供的工具是 Network Vantage。它主要用来分析关键应用程序的性能,并由此来定位问题的根源是在客户端、服务器、应用程序还是网络。

考虑到系统未来发展的扩展性,预测网络流量的变化和网络结构的变化对用户系统的影响非常重要。根据规划数据进行预测并及时提供网络性能预测数据是非常有必要的。由此测试人员可以设置服务水平、规划网络容量、离线测试网络、分析网络失效和容量极限、诊断日常故障、预测网络设备迁移和网络设备升级对整个网络的影响。

3. 应用在服务器上性能的测试

对于应用在服务器性能的测试,可以采用工具监控,也可以使用系统本身的监控命令。性能测试的目的是验证软件系统是否能够达到用户提出的性能指标,同时发现软件系统中存在的性能瓶颈,优化软件,最后实现系统优化。应用在服务器上性能的测试包括以下几个方面:

（1）评估系统的能力：测试中得到的负荷和响应时间数据可以被用于验证所计划的模型的能力，并帮助做出决策。

（2）识别体系中的弱点：受控的负荷可以被增加到一个极端的水平，并突破它，从而修复体系的瓶颈或薄弱的地方。

（3）系统调优：重复运行测试，验证调整系统的活动，得到了预期的结果，从而改进性能。

（4）检测软件中的问题：长时间执行测试将导致程序内存泄漏而引起失败，从而揭示程序中的隐含的问题或冲突。

（5）验证稳定性和可靠性：在一个生产负荷下执行一定时间的测试，是评估系统稳定性和可靠性是否满足要求的唯一方法。

6.5.2.2 性能测试案例

性能测试在软件质量保证中扮演着重要的角色，它涉及应用在客户端、网络和服务器上的性能。下面将重点通过一个电子商务网站性能测试的案例来说明以上 3 个方面的性能测试。

1. 应用在客户端性能的测试案例

目的：考察客户端应用的性能，包括并发性能测试、疲劳强度测试、大数据量测试和速度测试等。

重点：并发性能测试是关键，通过逐渐增加负载来确定系统的瓶颈或性能点。

案例：在电子商务网站中，模拟多个用户同时访问购物车、搜索商品等功能，逐步增加负载，测试系统的响应时间和吞吐量。使用 Apache JMeter 这样的性能测试工具来执行这些测试。Apache JMeter 性能测试工具可以轻松地模拟多个用户的行为，并测量系统在不同负载条件下的性能表现。在测试过程中，可以记录每个用户请求的发送时间和接收时间，从而计算出系统的响应时间；同时，还可测量单位时间内处理的请求数量，以确定系统的吞吐量。

2. 应用在网络上性能的测试案例

目的：监控网络带宽、延迟、负载等变化对用户响应时间的影响，进行网络性能分析和预测。

重点：使用自动化工具进行网络应用性能监控和分析，发现系统的瓶颈和资源竞争。

案例：在电子商务网站中，利用网络性能监控工具分析网站访问时的延迟和吞吐量，预测不同网络配置环境下用户的响应时间。首先，配置网络性能监控工具，如 Wireshark 或 SolarWinds Network Performance Monitor，以监测网站的访问情况。这些工具通常会收集关于网站访问的各种数据，包括请求发送和接收的时间、数据传输的延迟等信息。其次，在不同的网络配置环境下进行测试，例如在高速网络和低速网络下进行测试。在测试过程中，可以模拟用户对网站的访问，并记录每个请求的发送和接收时间，以及数据传输的延迟情况。分析收集到的数据，得出不同网络配置环境下用户的平均响应时间和吞吐量。根据这些数据，可以预测在不同网络条件下，用户访问网站时可能遇到的延迟情况，从而评估网站在不同网络环境下的性能表现。

3. 应用在服务器上性能的测试案例

目的:验证软件系统是否达到用户提出的性能指标,发现性能瓶颈并优化系统。

重点:评估系统的能力,识别系统中的弱点,系统调优和验证稳定性、可靠性。

案例:在电子商务网站系统中,监控服务器的负载、响应时间和资源利用率,验证系统是否能承受并发用户数的压力,并优化系统以提高性能。首先,可以选择适当的监控工具,如Zabbix、Nagios 或 Prometheus 等,以收集服务器的负载、响应时间和资源利用率等性能指标。配置监控工具以收集关键指标,并确保其能够提供直观的监控界面和报警功能。其次,模拟并发用户访问数据库系统,逐步增加负载,同时记录并监控服务器的性能指标。这些指标包括服务器的负载情况、响应时间和各种资源的利用率。分析收集到的监控数据,就能够评估系统在不同负载下的性能表现,以及是否存在性能瓶颈。基于监控数据的分析结果,可以采取相应的优化措施来提高系统的性能。例如,优化数据库查询语句,增加服务器资源(如 CPU、内存、磁盘)等。优化后,还需要重新测试系统,并验证优化效果。持续监控系统性能,确保系统能够稳定地承受预期的并发用户压力,并且性能表现良好。

以上案例分析表明,性能测试在客户端、网络和服务器不同方面的应用,能确保系统的稳定性、可靠性和性能。

6.5.3　案例分析

下面是 ATM 机"取款"功能的测试过程。

1. 基本事件流

事件流 1:用户向 ATM 提款机中插入银行卡,图 6-3 所示为验证银行卡用例场景图,如果银行卡是有效的,那么 ATM 提款机界面提示用户输入用户密码(见表 6-4)。

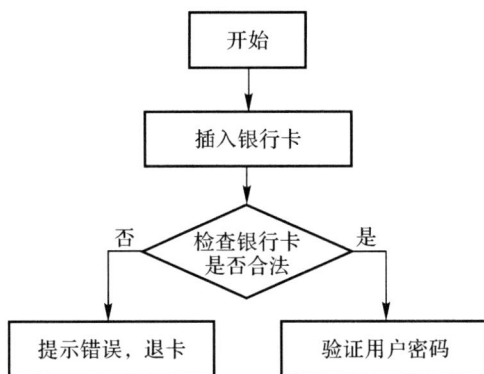

图 6-3　验证银行卡用例场景图

表 6-4　"验证用户密码"的测试用例表

参数 1	用户密码
参数类型	字符串
参数范围	字符串为 0~9 之间的阿拉伯数字,密码长度为 6 位

事件流 2：用户输入该银行卡的密码，ATM 提款机与 MainFrame 进行密码传递，检验密码的正确性。图 6-4 所示为验证用户密码用例场景。如果输入密码正确，那么系统出现业务总界面；如果选择"取款"业务，那么进入取款服务。

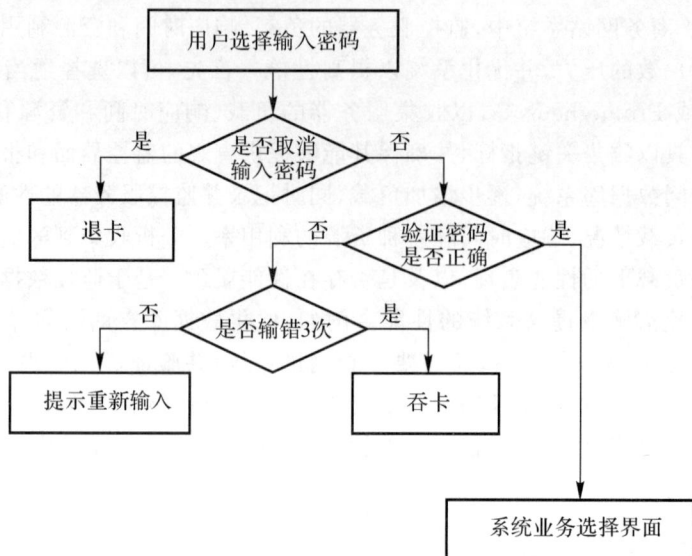

图 6-4   验证用户密码用例场景图

事件流 3：系统进入系统业务选择界面，等待用户选择业务功能。假如用户选择"取款"业务，则系统进入取款功能。注意，图 6-5 中用户每次只能进入一个业务功能。表 6-5 给出"业务功能选择"测试用例。

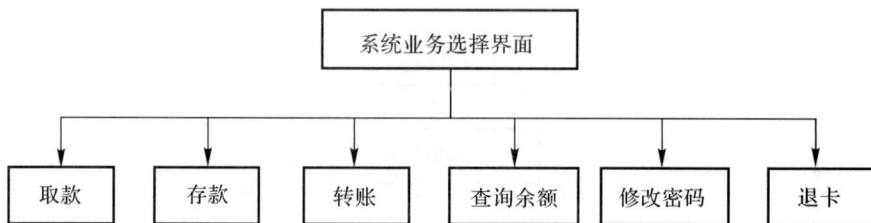

图 6-5   系统业务选择图

表 6-5   "业务功能选择"测试用例

参数 1	单击
参数类型	无
参数范围	用户可以选择"取款""存款""转账""查询余额""修改密码""退卡"选项

事件流 4：系统提示用户输入取钱金额，提示信息为"请输入您的提款额度"；用户输入取钱金额，系统校验金额正确，提示用户确认，提示信息为"您输入的金额是×××，请确认，谢谢！"，用户按下"确认"键，确认需要提取的金额（见表 6-6）。系统执行取款用例场景图如图 6-6 所示。

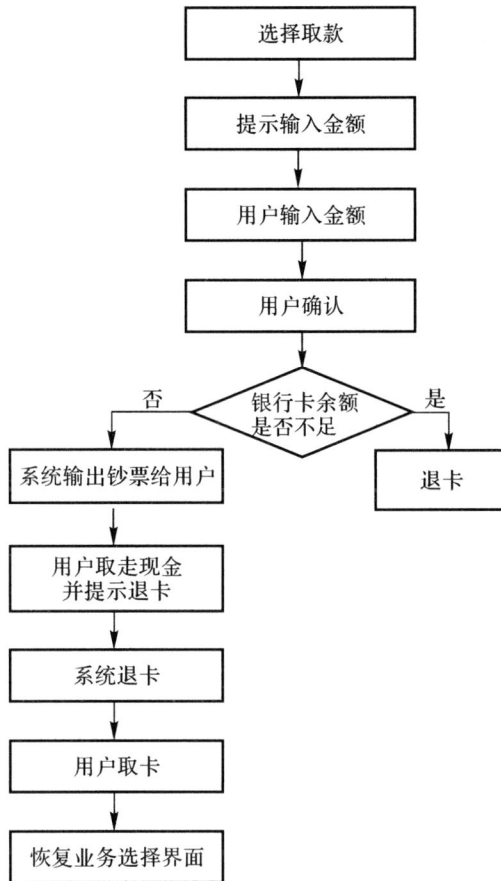

图 6-6　系统执行取款用例场景图

表 6-6　"取款金额"测试用例表

参数 1	取款金额
参数类型	整数
参数范围	50～1 500 元人民币,单笔取款额最高为 1 500 元人民币;每 24 h 内,取款的最高限额是 4 500 元人民币

事件流 5:系统同步银行主机,点钞票,输出给用户,并且减掉数据库中该用户账户中的存款金额。

事件流 6:用户提款,用户取走现金,ATM 机恢复业务选择界面。

事件流 7:用户选择"退卡",银行卡自动退出。

2. 分析

事件流 1:如果插入无效的银行卡,那么在 ATM 提款机界面上提示用户"您使用的银行卡无效!"3 s 后,自动退出该银行卡。

事件流 2：如果用户输入的密码错误，那么提示用户"您输入的密码无效，请重新输入"；如果用户连续 3 次输入错误密码，那么 ATM 提款机吞卡，并且 ATM 提款机的界面恢复到初始状态。此时，其他提款人可以继续使用其他合法的银行卡在 ATM 提款机上提取现金。用户输入错误的密码后，也可以按"退出"键，则银行卡自动退出。

事件流 3：用户在系统业务选择界面选择所需办理的业务，以下以"取款"业务为例进行分析。

事件流 4：如果用户输入的单笔提款金额超过单笔提款上限，那么 ATM 提款机界面提示"您输入的金额错误，单笔提款上限金额是 1 500 RMB，请重新输入"；如果用户输入的单笔金额，不是以 50 RMB 为单位的，那么提示用户"您输入的提款金额错误，请输入以 50 RMB 为单位的金额"；如果用户在 24 h 内提取的金额大于 4 500 RMB，那么 ATM 提款机提示用户"24 小时内只能提取 4 500 RMB，请重新输入提款金额"；如果用户输入正确的提款金额，ATM 提款机提示用户确认后，用户取消提款，那么 ATM 提款机自动退出该银行卡；如果 ATM 提款机中余额不足，那么提示用户"抱歉，ATM 提款机中余额不足"，3 s后，自动退出银行卡。如果用户银行账户中的存款小于提款金额，那么提示用户"抱歉，您的存款余额不足！"，3 s 后，自动退出银行卡。

事件流 5：如果用户没有取走现金，或者没有拔出银行卡，那么 ATM 提款机不做任何提示，直接恢复到界面的初始状态。

根据场景，得到 ATM 机取款的基本路径：插入银行卡→提示输入密码→用户输入密码→提示输入金额→用户输入金额→提示确认→用户确认→输出钞票给用户，退卡→用户取走现金，取走银行卡→界面恢复初始状态。

3. 测试用例设计

下面分析测试数据，采用等价类划分和边界值法。

等价类划分表如表 6-7 所示。

表 6-7 等价类划分表

输入条件	有效等价类	无效等价类
银行卡	银行卡	非银行卡
密码	字符串为 0~9 之间的阿拉伯数字组合，密码长度为 6 位	长度不是 6 位的 0~9 之间的组合
金额	以 50 为单位，50~1 500 元人民币，单笔取款额最高为 1 500 元人民币；每 24 h 之内，取款的最高限额是 4 500 元人民币	非 50 的倍数，或大于 1 500 元，24 h 内取款超过 4 500 元
输入金额大于等于银行卡金额确认	TRUE、FALSE	
是否取走现金确认	TRUE、FALSE	
是否取走银行卡确认	TRUE、FALSE	

边界值分析表如表 6-8 所示。

表 6 - 8　边界值分析表

输入	内点	上点	离点
密码	00001、99998	00000、99999	0000、1000000
金额	100、1350	50、1500	0、1550

得到测试用例,如表 6 - 9～表 6 - 18 所示。

表 6 - 9　第一组测试用例表

测试用例编号	ATM_ST_FETCH_001
测试项目	银行 ATM 机取款
测试标题	输入合法密码和金额,确认金额,并取走现金和银行卡
重要级别	高
预置条件	系统存在该用户
输入	金额 100,密码 000001
操作步骤	1 插入银行卡;2 输入密码 000001;3 输入金额 100;4 确定;5 取走现金;6 取走银行卡
预期输出	1 提示输入密码;2 提示输入金额;3 提示确认;4 输出钞票;5 退出银行卡;6 界面恢复初始状态

表 6 - 10　第二组测试用例表

测试用例编号	ATM_ST_FETCH_002
测试项目	银行 ATM 机取款
测试标题	输入合法密码和金额,确认金额,不取走现金和银行卡
重要级别	中
预置条件	系统存在该用户
输入	金额 1350,密码 99998
操作步骤	1 插入银行卡;2 输入密码 99998;3 输入金额 1350;4 确定;5 不取走现金;6 不取走银行卡
预期输出	1 提示输入密码;2 提示输入金额;3 提示确认;4 输出钞票;5 退出银行卡;6 界面恢复初始状态

表 6 - 11　第三组测试用例表

测试用例编号	ATM_ST_FETCH_003
测试项目	银行 ATM 机取款
测试标题	输入合法密码和金额,确认金额,并取走现金和银行卡
重要级别	中
预置条件	系统存在该用户

续表

测试用例编号	ATM_ST_FETCH_003
输入	金额 50,密码 000000
操作步骤	1 插入银行卡;2 输入密码 000000;3 输入金额 50;4 确定;5 取走现金;6 取走银行卡
预期输出	1 提示输入密码;2 提示输入金额;3 提示确认;4 输出钞票;5 退出银行卡;6 界面恢复初始状态

表 6-12   第四组测试用例表

测试用例编号	ATM_ST_FETCH_004
测试项目	银行 ATM 机取款
测试标题	输入合法密码和金额,确认金额,并取走现金和银行卡
重要级别	中
预置条件	系统存在该用户
输入	金额 1500,密码 999999
操作步骤	1 插入银行卡;2 输入密码 99999;3 输入金额 1500;4 确定;5 取走现金;6 取走银行卡
预期输出	1 提示输入密码;2 提示输入金额;3 提示确认;4 输出钞票;5 退出银行卡;6 界面恢复初始状态

表 6-13   第五组测试用例

测试用例编号	ATM_ST_FETCH_005
测试项目	银行 ATM 机取款
测试标题	插入非银行卡
重要级别	中
预置条件	
输入	
操作步骤	插入 IC 卡
预期输出	提示用户"您使用的银行卡无效!",3 s 后,自动退出银行卡

表 6-14   第六组测试用例

测试用例编号	ATM_ST_FETCH_006
测试项目	银行 ATM 机取款
测试标题	输入非法密码
重要级别	中

续表

测试用例编号	ATM_ST_FETCH_006
预置条件	系统存在该用户
输入	密码 00000
操作步骤	1 插入银行卡；2 输入密码 00000
预期输出	1 提示输入密码；2 提示用户"您输入的密码无效，请重新输入"

表 6-15　第七组测试用例

测试用例编号	ATM_ST_FETCH_007
测试项目	银行 ATM 机取款
测试标题	输入非法密码
重要级别	中
预置条件	系统存在该用户
输入	密码 1000000
操作步骤	1 插入银行卡；2 输入密码 1000000
预期输出	1 提示输入密码；2 提示用户"您输入的密码无效，请重新输入"

表 6-16　第八组测试用例

测试用例编号	ATM_ST_FETCH_008
测试项目	银行 ATM 机取款
测试标题	输入非法金额
重要级别	中
预置条件	系统存在该用户
输入	密码 123456，金额为 0
操作步骤	1 插入银行卡；2 输入密码 123456；3 输入金额 0
预期输出	1 提示输入密码；2 提示输入金额；3 提示用户"您输入的提款金额错误，请输入以 50 为单位的金额"

表 6-17　第九组测试用例

测试用例编号	ATM_ST_FETCH_009
测试项目	银行 ATM 机取款
测试标题	输入非法金额
重要级别	中

续表

测试用例编号	ATM_ST_FETCH_009
预置条件	系统存在该用户
输入	密码 123456,金额为 1550
操作步骤	1 插入银行卡;2 输入密码 123456;3 输入金额 1550
预期输出	1 提示输入密码;2 提示输入金额;3 提示用户"您输入的提款金额错误,单笔提款上限金额是 1500 RMB,请重新输入"

表 6-18　第十组测试用例

测试用例编号	ATM_ST_FETCH_010
测试项目	银行 ATM 机取款
测试标题	提取金额达到上限
重要级别	中
预置条件	系统存在该用户
输入	密码 123456,金额为 1500,50
操作步骤	1 插入银行卡;2 输入密码 123456;3 输入金额 1500;4 且在 23 小时内,提款 4500;5 在 23 时 59 分,提款 50
预期输出	1 提示输入密码;2 提示输入金额;3 提示用户"24 小时内只能提取 4500 RMB,请重新输入提款金额"

6.6　持　续　集　成

6.6.1　持续集成的概念

软件测试策略展示了完整的软件系统测试过程。同时,它也反映了系统的集成过程。对于大规模的复杂软件系统,追求系统的稳定性、可靠性是适宜的。对于中小型项目,由于软件系统开发周期较长,所以集中测试和集成系统时容易暴露大量问题,如接口不匹配、代码版本冲突、模块间逻辑错误等。另外,随着网络基础设施的不断完善和增强,要求软件系统测试、集成、升级等过程适应系统应用快速变化的节奏。因此,软件测试和集成的频度越低,错误发现的时间越晚,修正和完善的代价就越大。近年来,软件工程业界的大量实践已充分表明,在软件工程过程的实施中,特别是敏捷过程的实施,持续集成是提高软件系统开发效率、提升软件产品质量的有效方法。

持续集成(Continuous Integration,CI)是一种软件开发实践,要求团队成员频繁地集成工作。每次集成都通过自动化构建(包含测试)来尽可能快地检测错误并修正。开发团队的经验表明,持续集成能显著地减少集成错误并快速整合软件。

在持续集成实践中,"持续"要求以较高的频度不断重复的过程,主要体现在以下的核心实践中。

（1）频繁发布：持续集成的目的就是通过高频度提交集成，满足软件系统频繁交付，满足需求的软件。高频度是可变的，对于不同的软件系统规模、复杂度与用户需求，可以以一个月、一周或一天，甚至以小时为单位。持续过程及时为用户提供高质量的软件修正及完善。

（2）自动化过程：无论软件系统发布定义为何种频度，都需要自动化过程来执行构建提交、集成、测试、发布、部署等处理。

（3）可重复：对于软件系统，定义的自动化过程对于相同输入都应得到对应地给出结果。这就意味着软件系统不同版本的代码作为输入，都应有对应的软件产品发布。

在持续集成实践中，"集成"包括源代码提交及编译代码集、测试、系统打包、发布等一系列过程。经过每次集成的自动化构建来验证，希冀尽快、尽早地发现集成错误。图 6-7 所示为持续集成的基本结构图。

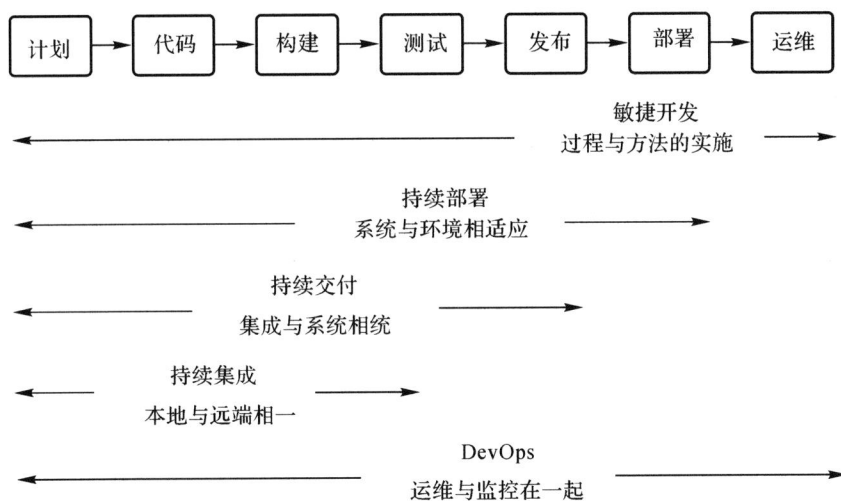

图 6-7　持续集成的基本结构图

6.6.2　持续集成的原则

持续集成在软件系统开发和进化过程中，主要体现在代码集成、编译、产品打包、发布、部署等过程。虽然持续集成有自动化工具的支持，但是集成过程也需要遵循下列持续集成原则，以确保从代码修改到新版软件系统发布运行的进度。

（1）持续集成工具的部署：持续集成工具应部署并运行在持续集成服务器上，并能根据提交代码、文档、数据等内容的不同，由服务器端的版本控制系统负责管理各类型内容的不同版本。

（2）提交频度：开发人员应根据项目规定的发布频度，在发布周期内至少向服务器提交一次代码、文档或数据等相关内容。

（3）更新频度：开发人员应根据项目规定的发布频度，在发布周期内至少从版本控制系统中更新一次代码到本地机器，确保一次发布周期内的所有有关更新内容在本地机器上被重新构建。

(4)本地构建:开发人员在本地机器上做本地构建,之后在发布周期内至少提交一次到持续集成服务器中,以确保构建发生的所有变更不会导致持续集成失败。

(5)构建通过:提交到持续集成服务器上的构建都必须通过,否则需重新在本地重新构建后再重复前述过程。

(6)可发布产品:持续集成的构建在通过后都应生成可发布的产品。

(7)优先修正:修正是比完善更优先的任务,应确保修正的持续集成获得成功。

6.7 软件测试报告

在软件测试各阶段完成之前,必须编写软件测试报告,并按照评审标准对软件测试报告进行评审。编写测试报告的目的是发现并消除其中存在的遗漏、错误和不足,使得测试用例、测试预期结果等内容符合标准及规范的要求。通过了评审的软件测试报告成为基线配置项,纳入项目管理的过程。

6.7.1 软件测试说明

软件测试说明(Software Testing Description,STD)描述了执行计算机软件配置项、系统或子系统合格性测试所用到的测试准备、测试用例以及测试过程。通过 STD,用户能够评估所执行的合格性测试是否充分。

STD 的基本框架如下。

1. 引言

1.1 标识

包含文档使用的系统和软件的完整标识。

1.2 系统概述

简述文档适用的系统和软件的用途。

1.3 文档概述

简述文档的用途与内容,并描述与其使用有关的保密性与私密性要求。

2. 引用文件

列出文档引用的所有文档的编号、标题、修订版本和日期。

3. 测试准备

3. x(测试的项目唯一标识符)。

用项目唯一标识符标识一个测试并提供简要说明。

3. x.1 硬件准备

描述为进行测试工作需要做的硬件准备过程。

3. x.2 软件准备

描述为测试准备被测项和其他有关软件,包括用户测试的数据的必要过程。

3. x.3 其他测试准备

描述进行测试前所需的其他人员活动、准备或过程。

4. 测试说明

4．x(测试的项目唯一标识符)

用项目唯一标识符标识一个测试并分为以下几条。

4．x.y(测试用例的项目唯一标识符)

用项目唯一标识符标识一个测试用例,说明其目的并提供简要描述。

4．x.y.1 涉及的需求

标识测试用例所涉及的软件配置项需求或系统需求。

4．x.y.2 先决条件

标识执行测试用例前必须建立的先决条件。

4．x.y.3 测试输入

描述测试用例所需的测试输入,并提供以下内容:

(1)测试输入的名称、用途和说明。

(2)测试输入的来源与用于选择测试输入的方法。

(3)测试输入是真实的还是模拟的。

(4)测试输入的时间或事件序列。

(5)控制输入数据。

4．x.y.4 预期测试结果

4．x.y.5 评价结果的准则

标识用于评价测试用例的中间和最终测试结果的准则。对每个测试结果提供以下信息:

(1)输出可能变化但仍能接收的范围或准确度。

(2)构成可接受的测试结果的输入和输出条件的最少组合或选择。

(3)用时间或事件数表示的最大/最小允许的测试持续时间。

(4)可能发生的中断、停机或其他系统故障的最大数目。

(5)处理错误的允许严重程度。

(6)当测试结果不明确时执行重测试的条件。

(7)把输出解释为"指出在输入测试数据、测试数据库/数据文件或测试过程中的不规则性"的条件。

(8)允许表达测试的控制、状态和结果的指示方式,以及表明下一个测试

6.7.2　软件测试报告

软件测试报告(Software Testing Report,STR)是对计算机软件配置项、软件系统或子系统,以及与软件相关内容执行合格性测试的记录。

通过 STR,用户能够评估所执行的合格性测试及其测试结果。

STR 的基本框架如下。

1. 引言

1.1　标识

包含文档适用的系统和软件的完整标识。

1.2　系统概述

简述文档适用的系统和软件的用途。

1.3 文档概述

描述文档的用途和内容,并描述与其使用有关的保密性和私密性要求。

2. 引用文件

列出文档引用的所有文档编号、标题、修订版本和日期。

3. 测试结果概述

3.1 对被测试软件的总体评估

(1)根据本报告中所展示的测试结果,提供对该软件的总体评估。

(2)标识在测试中检测到的任何遗留的缺陷、限制或约束。

(3)对每一遗留缺陷、限制或约束进行评估。

3.2 测试环境的影响

对测试环境与操作环境的差异做评估,并分析这种差异对测试结果的影响。

3.3 改进建议

对被测软件的设计、操作或测试提供改进建议。

4. 详细的测试结果

4. x(测试的项目唯一标识符)

由项目唯一标识符标识一个测试。

4. x.1 测试结果小结

综述该项测试的结果,应尽可能以表格的形式给出与该测试相关联的每个测试用例的完成状态。

4. x.2 遇到的问题

应分条标识遇到一个或多个问题的每个测试用例。

4. x.3 与测试用例/过程的偏差

应分条标识与测试用例/测试过程出现偏差的每个测试用例。

4. x.3.y(测试用例的项目唯一标识符)

应使用项目唯一标识符标识出现一个或多个偏差的测试用例。

5. 测试用例

尽可能以图表或附录形式给出一个本报告所覆盖的测试事件的按年月顺序排列的记录。

6. 评价

包括能力、缺陷和限制、建议、结论。

7. 测试活动总结

总结主要的测试活动和事件,总结资源消耗,如人力消耗、物质资源消耗。

第7章 软件项目的维护

软件维护是软件产品生命周期的最后一个阶段。在产品开发完成交付并且投入使用之后,为了解决在使用过程中不断发现的各种问题,保证系统正常运行,同时使系统功能随着用户需求的更新而不断升级,软件的维护工作是非常必要的。据统计,软件开发机构将60%以上的精力都用在维护已有的软件产品上。对于大型的软件系统,一般开发周期是1~3年,而维护周期会高达5~10年,维护费用甚至会是开发费用的4~5倍。

7.1 软件维护过程

典型的软件维护的过程包括:建立维护机构,确定维护申请报告,规定维护事件序列并实施维护工作,保存维护记录,评价维护工作。以下分别对其进行介绍。

1. 建立维护机构

为了减少维护过程中可能出现的混乱,需要在维护活动开始前明确维护责任。对于大型的软件开发公司,建立独立的维护机构是非常必要的。维护机构一般包括维护管理员、系统监督员、配置管理员和具体的维护人员。对于一般的软件开发公司,其在软件维护过程中也必须设立一个针对性的产品维护小组。

软件维护活动需要专业的维护人员,他们应具备以下能力:熟悉软件的功能、架构和技术实现;具备良好的沟通能力和团队合作精神;具备快速定位和解决问题的能力;具备优秀的文档编写和整理的能力。

2. 确定维护申请报告

当系统运行时出现问题并需要解决时,用户需要向维护机构提交一份维护申请报告。维护申请报告一般由维护组织提供,用户填写完成审核评估无误后提交至软件维护机构。维护申请报告应该用标准化的格式表达所有软件维护要求,如果用户运行中遇到错误,那么必须完整地说明产生错误的情况,包括输入的数据、系统反应、错误清单等。而对于适应性维护或完善性维护的要求,用户应该提出一个简短的维护需求说明书,列出所有希望的修改。

维护人员根据用户提交的申请报告,对维护工作进行类型划分,确定维护性质,评估所需工作量,并确定每项维护工作的优先级,从而确定多项维护工作的顺序。

3. 规定维护事件序列并实施维护工作

软件维护有多种类型,对不同类型的维护工作所采取的具体措施也有所不同。概括而

言,软件维护的类型主要包括:

(1)纠错性维护:修复系统缺陷,解决已发现的问题。

(2)适应性维护:调整系统以适应外部环境的变化,如硬件升级、操作系统更新等。

(3)完善性维护:增加新功能或改进现有功能,提高系统性能和可用性。

(4)预防性维护:通过检查和修改代码来预防潜在的错误或问题。

对于纠错性维护的申请,首先要评价错误的严重性程度。对于严重错误,必须马上开始分析问题,寻找错误发生的原因,并安排人员进行紧急维护;对于不严重的错误,则制订错误改正计划,按照错误的轻重缓急进行排队,并编写和存储错误改正目录,统一安排时间完成。类似地,对于适应性维护和完善性维护的申请,要确定每个申请的优先级。高优先级的申请,马上开始分析问题,并安排人员进行维护。低优先级的申请,写入开发目录并同其他工作一起排队,统一安排时间完成。

在实施维护的过程中,通常需要完成多项技术性的工作,例如:

(1)修改软件设计;

(2)对相关文档进行更新;

(3)对源代码进行检查和修改;

(4)单元测试;

(5)集成测试;

(6)软件配置评审;

(7)验收测试和复审等。

4. 保存维护记录

为了对维护活动进行度量并方便后续的软件运行状况评估及维护评价工作,需要对维护工作进行简单的记录。需要记录的数据一般有:

(1)程序名称,程序标识;

(2)使用的程序设计语言,源程序语句数,机器指令条数;

(3)程序交付的日期和程序安装的日期;

(4)程序安装后的运行次数,程序安装后运行时发生故障导致运行失败的次数;

(5)程序变动的层次和名称;

(6)进行程序修改的次数、修改内容及日期;

(7)修改程序而增加的源代码数目;

(8)修改程序而删除的源代码数目;

(9)每次进行修改所消耗的人力和时间,程序修改的日期;

(10)软件维护人员的姓名;

(11)维护申请表的名称及标识;

(12)维护类型,维护的开始和结束日期;

(13)维护工作累计花费的人力和时间;

(14)与维护工作相关的纯收益。

维护工作实施完成后,可以对本次维护工作进行评审,总结经验,从而为今后的软件开发和维护工作提供改进方向。

5. 评价维护工作

当维护工作完成时,需要对维护工作完成的好坏进行评价。维护记录是维护评价的重要参考,评价标准可以参考如下维度:

(1)每次程序运行的平均出错次数;

(2)各类维护申请的比例;

(3)每一类维护活动所消耗的人力、物力、财力、时间等资源;

(4)平均每个程序、每种编程语言、每种维护类型所做的程序变动数;

(5)维护过程中,增加、删除或修改一条源程序语句所花费的人数和时间;

(6)维护申请报告的平均处理时间。

7.2　维护活动记录

软件维护活动记录是软件维护过程中的重要文档,用于跟踪记录维护活动的详细情况、问题诊断、解决方案和实施结果。维护活动记录能够确保维护过程的可追溯性和可管理性,提高维护效率和准确性,有助于开发团队了解软件系统状态,评估维护效果,优化维护策略,确保软件产品的持续改进和稳定运行,并可以为未来的维护活动提供参考和借鉴。

1. 维护记录的内容

软件维护活动记录的内容包括以下几个方面:

(1)任务编号及描述。按照时间顺序或优先级对维护任务进行编号。对每次维护任务进行详细描述,包括任务类型、目标、影响范围等。

(2)关联模块。明确指出该维护任务涉及的软件系统模块或功能组件。

(3)负责人和参与人员。记录每次维护任务的负责人和参与人员,明确各自的责任和分工。

(4)开始时间和结束时间。记录每次维护任务的开始时间和结束时间,以便跟踪和评估维护进度。

(5)使用的工具和技术。记录在维护过程中使用的工具和技术,如测试工具、代码编辑器等。

(6)问题定位与分析。记录发现的问题现象、分析过程及原因诊断结果。

(7)解决方案与实施步骤。详细描述采取的修复措施、代码更改、配置调整等操作过程。

(8)测试验证结果。记录维护后功能测试、性能测试以及安全测试的结果,确认问题是否已得到解决或需求是否已实现。

(9)文档更新情况。记录在维护过程中对相关文档的更新情况,如用户手册、系统设计文档等。

此外,还应进行经验教训的总结,包括成功之处、待改进的地方以及对未来维护工作的启示。还应尽可能地添加附录,包含与此次维护活动相关的数据报告、图表、日志文件、测试用例等相关文档资料。

2. 维护活动记录的方法

为了确保软件维护活动记录的准确性和完整性,可以采用以下方法进行记录:

(1)使用专门的软件维护活动记录工具:使用专门的软件维护活动记录工具,如 BUG 跟踪系统、任务管理工具等,对每次维护任务进行详细记录和跟踪。

(2)定期进行回顾和总结:定期对软件维护活动进行回顾和总结,分析存在的问题和不足,提出改进措施,从而不断提高软件维护水平。

(3)建立完善的文档体系:建立完善的文档体系,包括维护日志、问题报告、解决方案等,以便对每次维护任务进行详细记录和跟踪。

(4)加强沟通和协作:加强与开发团队、测试团队等相关人员的沟通和协作,确保信息畅通,提高维护效率和质量。

据此,表 7-1 给出了单次维修活动的软件系统维护记录表。表 7-2 则跟踪了一个进销存办公自动化(OA)办公系统在一段时间内的所有维护活动,该表单记录了项目实施过程中和客户方之间的重大维修实施操作,以及对系统版本的修正情况。表 7-2 中,□为未定选项,☑为确定选项。

表 7-1 软件系统维护记录表

部门名称			日期		编号	
用户信息	单位名称					
	单位地址				邮编	
	联系人		联系电话		传真	
	Email					
问题描述	产品/项目编号		产品/项目名称		版本	
	问题程度		□ 重大　　□ 局部功能　　□轻微			
		记录人:　　　　　　　　　日期:				
分析原因	故障	□用户操作有误 □用户数据错误 □系统安装有误 □硬件故障 □系统软件故障 □软件设计有误 □软件编码有误 □软件生产有误 □用户手册有误 □服务器系统故障 □数据库故障 □原因不明				
	非故障	□数据错误 □超出设计功能 □超出设计性能 □机器配置不足 □其他				

续表

处理意见		
	负责人：	日期：
解决结果		
	解决人：	日期：
□软件产品/项目维护 □硬件产品维修 □现场的技术服务 □其他		
维护阶段	□质量保证期 □维护期内 □维护期外	
操作员签字		
客户签字		日期

表 7 - 2　进销存 OA 办公系统项目维护流水记录单

序号	日期	实施内容或原因	实施类型	程序更新记录	实施人员	备注
1	20190214	办公系统后台日志更新	□新增功能 □BUG 修正 ☑优化调整 □部署调整 □需求变更 □服务器	更新系统	张三	☑现场已测试并提交
2	20190321	数据备份、补丁修复	□新增功能 □BUG 修正 □优化调整 □部署调整 □需求变更 □服务器	补丁包	李四	☑现场已测试并提交
3	20190410	OA 新增 7 个流程	☑新增功能 □BUG 修正 □优化调整 □部署调整 □需求变更 □服务器	流程需求、新增审批默认记录 NoteWoCore 更新	张三	☑现场已测试并提交
4	20190419	进销存系统：库存升级包括库存数据、采购入库、销售出库	□新增功能 □BUG 修正 ☑优化调整 □部署调整 □需求变更 □服务器	表结构和类库 NoteWo. Framework 更新	张三	☑现场已测试并提交

续 表

序号	日期	实施内容或原因	实施类型	程序更新记录	实施人员	备注
5	20190508	服务器日常维护	□新增功能 □BUG 修正 □优化调整 □部署调整 □需求变更 □服务器	有查杀木马、清理插件、修复漏洞	李四	☑ 现场已测试并提交
6	20190524	进销存系统:库存新建调剂和配置仓库	☑新增功能 □BUG 修正 □优化调整 □部署调整 □需求变更 □服务器	表结构和 NoteWo.DC 新增	张三	☑ 现场已测试并提交
7	20190602	进销存系统:报表能分别统计相应的财务信息	□新增功能 □BUG 修正 ☑优化调整 □部署调整 □需求变更 □服务器	NoteWo. Report 更新	张三	☑ 现场已测试并提交
8	20190625	OA 新增签到	新增功能 □BUG 修正 □优化调整 □部署调整 □需求变更 □服务器	NoteWo. Report 新增	张三	☑ 现场已测试并提交

7.3　软件维护规格说明文档

软件维护规格说明文档是软件维护过程中的重要文档,它详细描述了软件维护的任务、目标和具体要求。编写和维护规格说明文档,可以确保开发团队、测试团队和其他相关人员对软件维护过程有清晰的理解,从而提高维护效率和准确性。

软件维护规格说明文档的内容应包括以下几个方面:

(1)维护目标:明确软件维护的目标,如改正错误、改进性能、适应新环境等。

(2)维护范围:描述软件维护的范围,包括需要修改的模块、功能或数据等。

(3)维护任务:详细列出需要进行的维护任务,包括任务类型、目标、影响范围等。

(4)维护流程:描述软件维护的流程,包括需求分析、计划制订、修改实施、测试与验证等步骤。

(5)负责人和参与人员:列出负责每个维护任务的负责人和参与人员,明确各自的责任和分工。

(6)时间表和资源分配:列出每个维护任务的时间表和资源分配,以便于跟踪和评估维护进度。

(7)风险评估和应对措施:对可能出现的风险进行评估,并制定相应的应对措施,以确保维护过程的顺利进行。

(8)变更控制:描述如何进行变更控制,包括变更申请、评审、批准等步骤。

(9)测试用例:列出用于测试的测试用例,包括测试目的、输入数据、预期输出等。

（10）文档更新：描述在维护过程中对相关文档的更新情况，如用户手册、系统设计文档等。

以下为 IEEE Std 1219—1998 标准提供的一个软件维护计划模板。

1. 引言

软件维护计划应描述软件维护工作的具体目的、目标和范围。应明确指出制订该计划所针对的软件维护工作及其具体涵盖的软件过程与产品。此外，还应提供计划发布的日期及状态，并明确标明发布该计划的组织以及批准该计划的权限机构。

2. 参考资料

对维护工作产生制约、施加限制的文件；

本维护计划所引用的文件；

用于补充或执行本维护计划的辅助文档，包括但不限于详述本计划细节的其他计划或任务描述文档。

3. 定义

应定义或引用所有理解本维护计划所必需的术语，并解释所有文中的缩略词和符号。

4. 软件维护概述

软件维护计划应描述执行软件维护所需的组织架构、调度优先级、资源、职责、工具、技术和方法等要素。

4.1　组织架构

描述软件维护工作的组织方式，包括与外部组织的沟通渠道、解决维护工作中出现问题的授权机构以及批准软件维护产品的权威部门。

4.2　计划优先级

阐述如何将维护活动划分为工作包，确定组织维护优先级的因素，以及分配工作包优先级的方法及相应资源的分配原则，同时说明进度估算方法。

4.3　资源总结

软件维护计划应总结软件维护资源，包括人员配备、设施、工具、财务和特殊进程要求（如安全性、访问权限和文档控制）。应描述成本估算方法。

总结软件维护所需的资源，包括人员配置、设施、工具、财务以及特殊程序要求（如安全、访问权限和文档控制），并介绍成本估算方法。

4.4　职责

明确维护活动的组织要素和职责概述。

4.5　工具、技术和方法

描述在维护过程中使用的具体文档、软件维护工具、技术和方法，以及操作和测试环境。对于每种工具、技术和方法，需包含获取、培训、支持和资格认证信息。软件维护计划还应记录用于维护过程的度量指标和度量方法，并说明这些度量如何支持维护过程。

5. 软件维护过程

明确每个软件维护阶段所要执行的操作，并提供维护阶段的总体视图。

每个维护阶段都应涉及以下主题：

（1）阶段输入：执行该阶段需要什么。

（2）阶段输出：阶段运行后产生的结果。

（3）阶段处理：阶段执行细节。

（4）阶段控制：控制阶段结果应采取的措施。

软件维护过程涉及如下阶段。

5.1　问题/修改识别、分类及优先级规划

5.2　分析

5.3　设计

5.4　实现

5.5　系统测试

5.6　验收测试

5.7　交付

6.软件维护报告要求

描述每个报告周期内信息收集和提供的方法，包括已完成的工作包、正在进行的工作包、接收的工作包以及积压工作，并指出风险及其缓解策略。

7.软件维护管理要求

描述异常处理及报告、偏差政策、控制程序以及适用的标准、实践和约定。

7.1　异常处理和报告

描述报告和处理异常的方法，包括报告异常的准则、异常分发列表以及有权解决异常的机构。

7.2　偏差政策

描述偏离计划时使用的程序和表格，以及负责批准偏差的主管单位。

7.3　控制程序

明确应用于维护工作的控制程序，这些程序应描述如何配置、保护和存储软件产品及维护结果。

7.4　标准、实践和惯例

明确评定维护行为执行效果的标准、实践和惯例，包括内部组织标准、实践和政策。

7.5　性能跟踪

描述工作项在所有维护阶段的性能跟踪的过程。

7.6　计划的质量控制

描述确保计划正确性和时效性的审查、更新和批准方法。

8.软件维护文档要求

记录和展示维护过程输出结果时所需遵循的程序和规定。

第8章 其他软件开发方法

8.1 敏捷软件开发方法

8.1.1 敏捷开发模型

敏捷开发模型的起源可以追溯到 20 世纪 90 年代,当时软件开发领域存在着传统的瀑布模型,即按照固定的阶段顺序进行开发,缺乏灵活性和快速响应能力。为了解决这些问题,一些软件开发人员开始尝试采用一种更加灵活的开发方法。

1995 年,一组软件开发实践者在美国犹他州的雪鸟度假村聚集到一起,讨论软件开发的新方法。在这次会议上,他们提出了一种名为"轻量级方法"的新开发方法,该方法后来也被称为"敏捷开发"。

敏捷开发的理念是强调快速响应变化、团队协作和持续交付高质量的软件。相比于传统的瀑布模型,敏捷开发注重迭代开发、持续集成和快速反馈。它强调通过与客户的密切合作,不断验证和调整需求,最大限度地提高软件质量和客户满意度。

最早的敏捷开发方法包括极限编程(Extreme Programming)和 Scrum。随着时间的推移,敏捷开发模型不断演进和丰富,出现了更多的方法和实践,如精益开发(Lean)、Kanban 和尤为有名的 Scaled Agile Framework(SAFe)等。

敏捷开发模型的核心原则包括以下方面:

(1)个体和交互优先于流程和工具:注重团队成员之间的有效沟通和协作,强调人与人之间的交流比流程和工具更为重要。

(2)可以工作的软件优先于详尽的文档:注重通过及早交付可工作的软件来验证需求和解决问题,而不是过度关注繁文缛节的文档。

(3)客户合作优先于合同谈判:鼓励与客户紧密合作,及时响应变化和反馈,以满足客户需求并达到客户满意度。

(4)响应变化优先于遵循计划:接受需求变化的事实,并灵活调整计划和优先级,以适应不断变化的市场和客户需求。

敏捷开发模型通常采用迭代和增量的方式进行开发,将开发过程划分为多个短时间的迭代周期(例如 Scrum 中的 Sprint),每个迭代周期都会交付一个可工作的软件版本。通过持续集成、自动化测试和快速反馈等实践,敏捷团队能够快速识别和修复问题,确保高质量的软件交付。

敏捷开发模型适用于许多场景,特别适用于以下情况:

(1)需求不确定或频繁变化:当项目的需求不够明确或可能经常发生变化时,敏捷开发模型可以快速响应变化并及时调整开发方向;

(2)需要快速交付高质量软件:敏捷开发模型通过迭代和增量的方式进行开发,每个迭代都可以交付一个可工作的软件版本,以满足客户的紧急需求和快速反馈;

(3)要求高度的客户参与和反馈:敏捷开发模型鼓励与客户紧密合作,在整个开发过程中与客户保持频繁的沟通和反馈,以确保软件能够满足客户的期望和需求;

(4)团队成员能力多样且需要协作:敏捷开发模型注重团队的协作和自组织能力,能够更好地发挥团队成员的专长和协同效应,共同解决问题并提供高质量的软件;

(5)多个相关团队协同合作:对于大型项目或涉及多个团队合作的项目,敏捷开发模型可以通过协同、集成和持续交付的方式帮助团队更好地进行合作和协同开发。

需要注意的是,敏捷开发模型并不适用于所有项目。对于一些具有稳定和明确需求、项目范围严格受限、团队规模庞大等的情况,可能其他开发模型(如瀑布模型)更为适合。项目管理人员需要根据具体项目情况进行综合考虑和选择合适的开发模型。

下面通过一个实例来分析敏捷开发模型的适应情况。假设有一个初创公司要开发一个社交媒体应用程序,该应用程序具有以下特点:

(1)用户的需求不确定:由于市场竞争过于激烈,所以公司需要快速推出产品交予用户,根据用户的反应及时调整程序的功能。

(2)需要用户参与到开发中:公司希望与用户紧密合作,及时了解用户需求和反馈,以便提供满足用户期望的社交媒体应用。

(3)开发团队的规模小:初创公司的团队规模较小,团队之间需要的合作沟通更多。

基于以上情况,敏捷开发模型是适用的选择。通过采用敏捷开发模型,该公司可以获得的优势有哪些呢?首先,敏捷开发采用逐次迭代、不断更新的开发模式。因此采用短周期迭代开发,可以及时更新版本,交予用户进行测试反馈。其次,由于采用灵活的变更管理,所以可以及时根据用户反馈和市场需求,迅速调整开发优先级。最后,敏捷开发采用的是自动化测试,团队可以及时发现程序中存在的问题,并及时修复。

需要注意的是,敏捷开发模型并非万能的解决方案。如果该公司预估的用户规模非常庞大,或者需要遵循一系列严格的合规性要求,那么敏捷开发模型可能会面临挑战,在这种情况下,可能需要结合其他开发模型或采取一些自定义的敏捷实践来满足特定需求。

总之,以上实例分析表明,敏捷开发模型在需求不确定、用户参与度高、团队规模小的场景下是适用的。

8.1.2　Scrum 开发过程

Scrum 是一种敏捷开发方法,起源于 20 世纪 80 年代的软件开发领域。它的发展主要归功于日本的丰田汽车公司和美国的软件开发专家杰夫·萨瑟兰(Jeff Sutherland)和肯·

施瓦伯(Ken Schwaber)。

Scrum 的灵感来源于丰田汽车公司的生产方式,丰田汽车公司以其高效灵活的生产方式而闻名。萨瑟兰和施瓦伯在研究丰田汽车公司的生产方式时,意识到这种灵活性和高效性的原则可以应用于软件开发中。于是,萨瑟兰和施瓦伯开始研究如何将这些原则应用到软件开发过程中,并于 1995 年提出了 Scrum 的概念。

Scrum 强调团队合作、迭代开发和持续反馈。它将开发过程划分为一系列的"迭代",每个迭代称为一个"冲刺"。Scrum 的原则包括跨职能团队合作、产品所有者确定需求优先级、迭代开发、持续集成和持续反馈。

这些原则使得团队能够更加灵活地应对需求变化和快速交付高质量的软件。Scrum 已经在软件开发领域广泛应用,并且在其他领域(如项目管理、产品开发和服务交付)也越来越受欢迎。它提供了一种灵活、透明且高效的开发方法,帮助团队在不断变化的环境中提供更好的价值。

Scrum 的开发过程是基于一系列重复执行的冲刺(Sprint)来实现的。Scrum 过程主要包括三个角色、三个工件和五个事件。

(1)三个角色,即产品所有者、团队和 Scrum 主管。产品所有者负责确定产品特性、维护产品 Backlog 和定义优先级。团队包括开发团队和测试团队,他们负责完成每个冲刺计划中的任务并提交产物。Scrum 主管负责组织和协调 Scrum 过程,确保每个人都依据 Scrum 方法工作。

(2)三个工件,即产品 Backlog、Sprint Backlog 和增量。产品 Backlog 包括所有产品特性和需求,它是产品所有者和团队协商的产物。Sprint Backlog 是由团队决策并承诺完成的一组产品 Backlog 条目。在冲刺过程中,所有工作都是基于 Sprint Backlog 进行安排和执行的。当完成每个冲刺时,团队交付一个增量,增量是指经过测试且可以发布的功能集合。

(3)五个事件,即 Sprint、Sprint 计划会议、每日 Scrum 会议、冲刺评审会议和 Sprint 回顾会议。Sprint 是一个很短的开发周期,通常为 1~4 个星期。在每个 Sprint 中,团队根据 Sprint Backlog 完成一组与增量相关的任务。Sprint 计划会议用于讨论和确定 Sprint 目标、产品 Backlog 条目和 Sprint Backlog 条目等。每日 Scrum 会议是一个 15 min 左右的会议,目的是让团队成员互相了解工作进展和遇到的问题。冲刺评审会议在每个 Sprint 结束后的会议,用于演示增量和获取对产品 Backlog 项的反馈。Sprint 回顾会议用于评估整个 Sprint 的过程,包括对 Sprint 完成情况、团队表现和产品 Backlog 的评估。

这些事件、角色和工件在 Scrum 过程中不断循环迭代,以达到高效地开发出高质量的软件产品的目标。

Scrum 是一种灵活的敏捷开发方法,适用于许多不同类型的项目和团队。以下是几种适合使用 Scrum 的场景:

(1)软件开发:Scrum 最初是为软件开发而设计的,因此在软件开发项目中广泛应用。它适用于中小型的软件开发团队,并能够应对需求变化和不断推动功能交付。

(2)需要创新性的项目:Scrum 适用于需要快速验证想法和实现创新的项目。通过迭代和持续反馈,团队可以更快地进行试验和学习,并在开发过程中灵活调整方向。

(3)不同团队合作项目:Scrum 鼓励跨职能团队合作,适用于需要多个不同专业技能协同工作的项目。这样的团队可以更加高效地解决问题和完成任务。

(4)多个项目共同开发:如果组织中同时有多个项目在进行,那么 Scrum 可以帮助团队更好地管理和协调这些项目。每个项目使用单独的 Sprint 和团队,可以降低项目之间的干扰并提高整体交付效率。

(5)变化频繁的需求:Scrum 适用于要求快速适应和响应变化的项目。通过每个 Sprint 的迭代开发和持续反馈,团队可以更好地应对需求的变化,并在开发过程中进行及时调整。

总的来说,Scrum 适用于需要灵活性、高度合作和快速交付的项目。它帮助团队更好地应对不确定性和变化,同时提高效率和质量。无论是软件开发、创新项目还是其他类型的项目,Scrum 都可以成为一个有效的开发方法。具体的 Scrum 开发模式如图 8-1 所示。

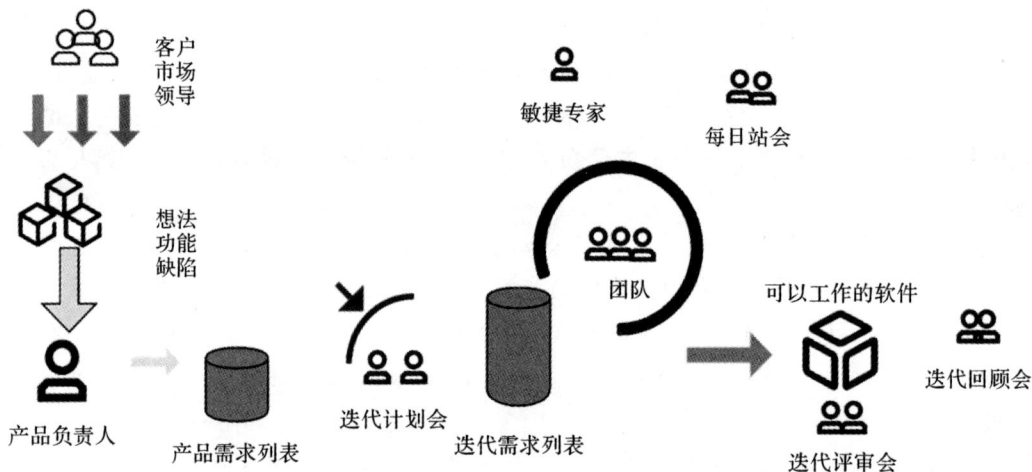

图 8-1 Scrum 开发模式

下面以一个虚拟的软件开发项目为例来进行 Scrum 实例分析。

假设开发的项目是一个在线购物平台,以下是一个简化的 Scrum 实例。

(1)人员分配。

产品所有者:负责与利益相关者沟通,确定需求,并优化产品 Backlog。团队成员包括开发人员、测试人员和设计人员等。他们负责实施开发任务,并通过 Sprint 回顾会议提供反馈。

产品 Backlog 管理:产品所有者与相关利益相关者合作,收集和维护所有需求和功能。产品 Backlog 是一个持续演化的列表,按优先级排序,包含了待开发的功能项。

(2)Sprint 计划会议。

团队和产品所有者共同参与 Sprint 计划会议。团队评估产品 Backlog,根据其能力和时间估算,选择要在当前 Sprint 中实施的功能。团队将这些功能转化为 Sprint Backlog 条目,定义如何完成这些任务,并制订计划。

(3)Sprint 开发。

在一个预定的时间内,团队实施 Sprint Backlog 中的任务,根据 Scrum 主管的协调来分配和跟踪任务。团队成员每天参与每日 Scrum 会议,分享进展、讨论问题并解决障碍。

(4)冲刺评审会议。

在 Sprint 结束后,团队展示并演示已完成的增量给利益相关者,收集反馈和意见。在会议上,产品所有者和团队成员也讨论产品 Backlog 中的调整和优化。

(5)Sprint 回顾会议。

团队成员、产品所有者和 Scrum 主管参与 Sprint 回顾会议,评估过去 Sprint 的表现。团队收集所有能够改善开发过程的反馈,并制订改进计划。

通过不断迭代上述步骤,团队可以持续开发新功能并不断优化产品。这种迭代和持续反馈的方式可以帮助团队更好地应对需求变化,并在每个 Sprint 结束时交付高质量的增量。

8.2　DevOps 软件开发方法

8.2.1　DevOps 概述

DevOps 起源于 Google、Amazon、Facebook 等企业实践,2008 年 Patrick Debois 在"Agile 2008 conference"首次提出 DevOps 术语,由 Flickr 展示的开创性的"一天 10 次部署"。基础设施即代码(Mark Burgess 和 Luke Kanies)、"敏捷基础设施"(Andrew Shafer)、"敏捷系统管理"(Patrick DeBois)、Amazon 的"平台即服务",这些相辅相成,让 DevOps 在 2012~2013 年成为 IT 业界潮流。

那为什么会产生 DevOps?

DevOps 代表了开发人员(Development)和运维人员(Operations)。运维人员要求稳定可靠,认为变更充满风险,开发人员则被鼓励频繁发布新代码,认为运维部门对流程的坚持阻碍了开发速度。开发人员和运维人员之间的脚本、配置、过程和环境存在差别。开发和运维团队通常处于公司组织的不同部门,有不同的管理者,通常是不信任的关系。这些问题导致开发存在困难,因此诞生了 DevOps。

那么什么是 DevOps?

DevOps(Development and Operations)是一种基于敏捷和 Lean 思想的软件开发和交付方法,旨在实现快速交付高质量的软件应用程序。它通过引入自动化流程、实现持续交付和持续集成等工具和实践,促进软件开发与运维的协作和集成,加速软件开发和部署的速度,提高软件质量和可靠性。

DevOps 的核心原则是快速响应变化,通过增强开发人员和运维人员之间的协作、交流和自动化流程,推动软件开发和运维高效协同,提高产品的快速推进速度、稳定性和质量。了解了 DevOps 的核心原则,现在介绍采用 DevOps 开发的具体内容。DevOps 实践内容图如图8-2所示。

DevOps的关键实践包括以下内容：

（1）自动化流程：将软件交付过程中的手动和文档化步骤自动化，从而加快软件开发和交付速度。自动化流程包括持续集成、自动化测试、持续交付、自动化部署和自动化监控等。

（2）持续集成（Continuous Integration，CI）：将所有开发人员的修改集成到共享代码库中，并对代码质量和测试进行自动化评估，从而检测和修复问题，快速集成代码。

（3）持续交付（Continuous Delivery，CD）：在CI的基础上，通过自动化流程将软件应用程序自动部署到生产环境中，从而实现快速、可靠的软件交付。

（4）自动化测试：自动化测试是确保软件质量和减少错误的重要组成部分，包括单元测试、集成测试、验收测试和端到端测试等。

（5）自动化部署：通过自动化工具实现软件应用程序自动部署到生产环境，并实现应用程序的自动配置和调度等。

（6）自动化监控：通过自动化工具实现对生产环境中应用程序性能、容量、可用性和安全性的实时监控，以及对任何异常事件的响应处理、修复和优化等。

更加形象化的DevOps开发实践内容图如图8-2所示。DevOps的实践可以帮助软件开发和运维团队更好地协作，加快软件交付和部署的速度，提高软件质量和可靠性，最终实现更快、更可靠的业务创新和价值交付。

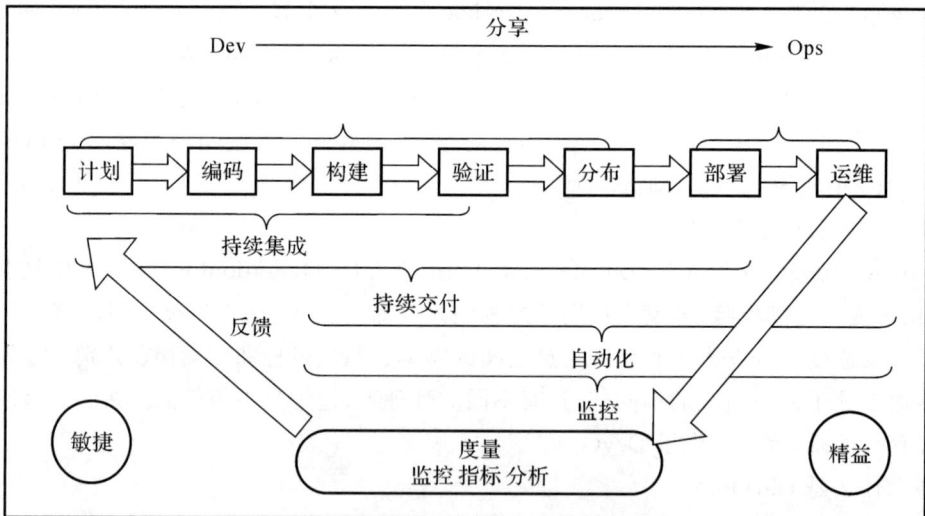

图8-2 DevOps开发实践内容图

DevOps的兴起有多个方面的驱动因素，大致可以分成以下4个：

（1）业务诉求：业务负责人要求加快产品交付。

（2）能力基础：大规模使用敏捷软件开发过程与方法。

（3）技术基础：虚拟化和云计算基础设施日益普遍。

（4）工程基础：数据中心自动化技术和配置管理工具的普及。

DevOps 有 5 个组成要素,分别是文化、自动化、精益、度量、分享。DevOps 可以理解成敏捷理念从开发领域向运维领域的延伸。

DevOps 对各种 ITIL(一套描述 IT 服务最佳实践的框架)服务提供持续交付,而不要求把这些服务打包为主要发布版本。具体的 DevOps 和 ITIL 服务关系图如图 8-3 所示。

虽然 DevOps 相比于其他的开发方法有一定的优势,但是 DevOps 想要大规模应用还存在一定的障碍。比如说,如果应用 DevOps,那么就需要人员具备使用相关工具的专业技能。同时,将运维人员的任务转移给开发人员,可能会面临成本增加,需要通过自动化等进行缩减,而且给开发人员增加更多的任务可能导致开发人员短缺。

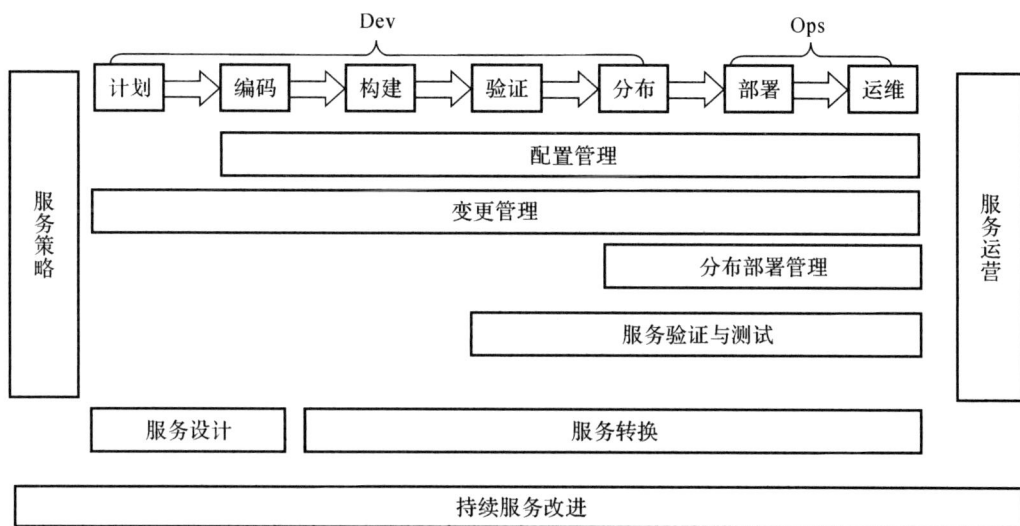

图 8-3　DevOps 和 ITIL 服务关系图

8.2.2　使用 DevOps 需要用到的工具

上述介绍了 DevOps 使用需要人员具备相关工具的专业技能,接下来将介绍使用 DevOps 需要用到的工具:

1. 持续集成与持续交付工具

Jenkins:用于自动化构建、测试和部署软件。
GitLabCI/CD:集成了代码托管和 CI/CD 功能。
TravisCI:用于执行自动化测试和持续集成任务。

2. 配置管理工具

Ansible:用于自动化配置和管理服务器和网络设备。
Puppet:用于管理服务器和应用程序配置。
Chef:用于自动化服务器配置和管理。

3. 容器化与编排工具

Docker:用于打包应用程序及其依赖项到容器中。

Kubernetes：用于自动化容器的部署、扩展和管理。

DockerCompose：用于在开发环境中组合和管理多个 Docker 容器。

4. 监控与日志工具

Prometheus：用于收集和分析指标数据。

ELK(Elasticsearch，Logstash，Kibana)Stack：用于日志收集、分析和可视化。

Grafana：用于创建和查看图形化监控仪表盘。

5. 自动化测试工具

Selenium：用于自动化 Web 应用程序的功能测试。

JUnit：用于执行单元测试和集成测试。

Postman：用于自动化 API 测试。

6. 代码管理工具

Git：用于版本控制和团队协作。

Bitbucket：提供基于 Git 的代码托管和团队协作功能。

GitHub：提供基于 Git 的代码托管和社区协作功能。

以上工具都是使用 DevOps 可能用到的。因为软件种类很多，没有确定的标准，所以本书主要介绍华为的云上 DevOps 开发平台 DevCloud 的使用方法。

8.2.3 DevCloud 工作流程

软件开发平台 DevCloud 是持续集成(CL)、持续部署(CD)工具；应用管理与运维平台 servicestage 用来管理多个运维环境(如 alpha 开发、beta 测试、gamma 集成测试、prod 生产)。

DevCloud 关注软件的开发过程，servicestage 关注软件的运维过程。下面将用一个具体的例子来展示使用 DevCloud 的具体流程。

1. 创建项目

DevCloud 使用链接：软件开发生产线 CodeArts_DevOps_开发者平台-华为云 (huaweicloud. com)，进入 DevCloud 控制台，选择新建项目，如图 8-4 所示。

图 8-4 DevCloud 控制台图

创建一个 Scrum 项目,项目名称为 Helloworld。工作模板选择常用的 Scrum 开发方法,如图 8-5 所示。

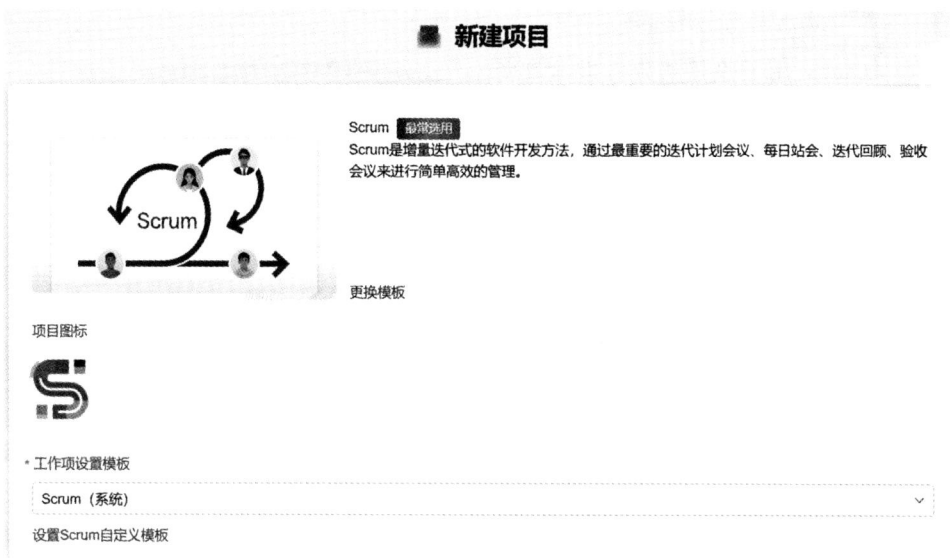

图 8-5　创建 Scrum 项目图

2. 托管代码

点击窗口上方的"服务"按钮,选择"代码托管"功能,如图 8-6 所示,点开后选择"构建新的代码仓库",如图 8-7 所示。

图 8-6　选择代码托管图

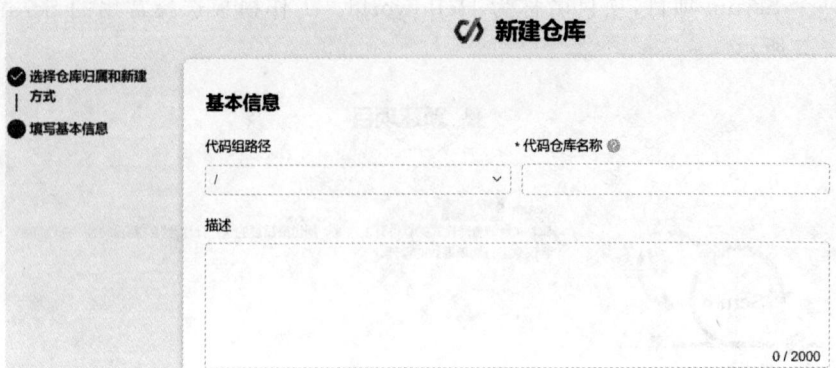

图 8-7 构建新的代码仓库图

往代码仓库里面添加几个文件，如图 8-8 所示。

main.py：python 代码文件

requirements.txt：python 依赖包

Dockfile：docker 打包命令

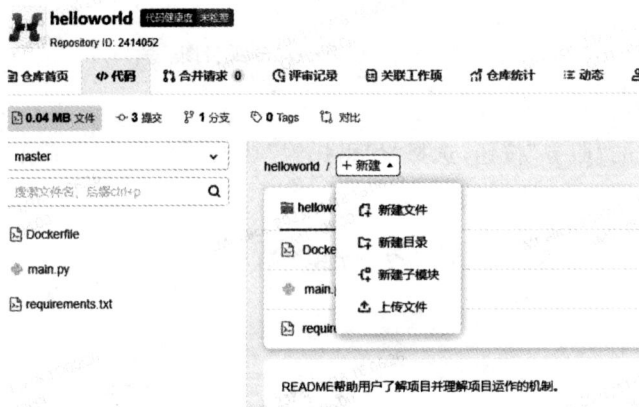

图 8-8 往代码仓库里添加文件图

新建文件名称为 main.py，如图 8-9 所示。

```python
from flask import Flask

app = Flask(__name__)

@app.route('/', methods=['GET', 'POST'])
def hello_world():
    return 'Hello, World! 这里是你好，世界'


if __name__ == '__main__':
    app.run(host='0.0.0.0', port=5002)
```

图 8-9 文件 main.py 图

新建文件名称为 requirements.txt,如图 8-10 所示。

Flask

图 8-10　文件 requirements.txt 图

新建文件名称为 Dockerfile,如图 8-11 所示。

```
# Using official python runtime base image
FROM python:3.7-alpine

# Set the application directory
WORKDIR /app

# Install our requirements.txt
ADD requirements.txt /app/requirements.txt
RUN pip install -i https://repo.huaweicloud.com/repository/pypi/simple -r requirements.txt

# Copy our code from the current folder to /app inside the container
ADD . /app

# Make port 5002 available for links and/or publish
EXPOSE 5002

# Define our command to be run when launching the container
CMD ["python", "/app/main.py"]
```

图 8-11　文件 Dockerfile 图

往代码仓库里添加文件后如图 8-12 所示。

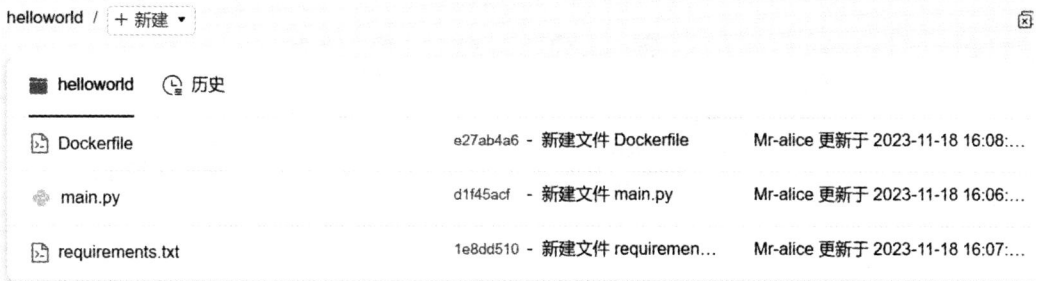

图 8-12　往代码仓库里添加文件后

main.py 文件主要写明了代码需要实现的相关功能,requirement.txt 文件用来集成下载代码运行所需依赖包,Dockfile 文件主要是对项目进行打包,方便后续部署。

3. 编译构建

接下来要新建编译构建任务。编译构建任务会拉取代码,执行构建命令,生成镜像,最后推送到镜像仓库中:code→构建→容器镜像仓库。

选择编译构建,如图 8-13 所示。

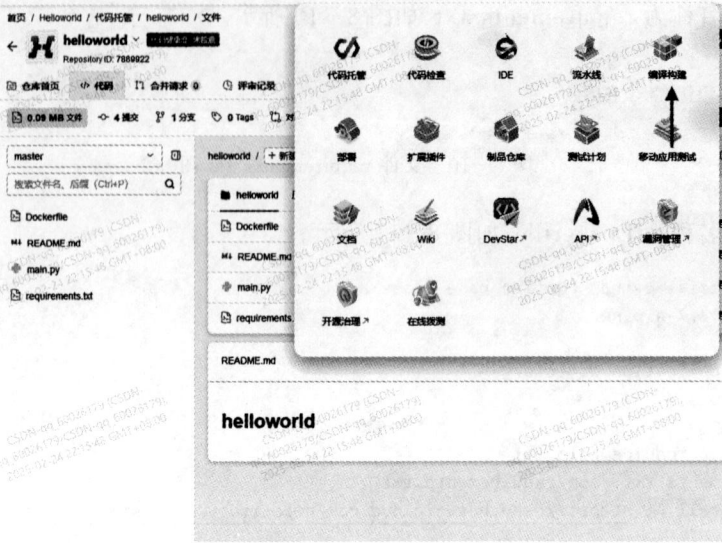

图 8-13　选择编译构建

新建编译构建任务，如图 8-14 所示。

图 8-14　新建编译构建任务

选择空白构建模板，如图 8-15 所示。

图 8-15　选择空白构建模板

添加构建步骤:制作镜像并推送到 SWR 仓库,如图 8 - 16 所示。

上传软件包到软件发布库
上传软件包到软件发布库。　查看操作指南

执行shell命令
执行shell命令。　查看操作指南

Npm构建
使用Npm工具管理软件包,能做vue和webpack的构建。　查看操作指南

Gradle构建
使用Gradle构建工具构建Java, Groovy和Scala项目。　查看操作指南

制作镜像并推送到SWR仓库
通过Dockerfile制作镜像并推送到SWR仓库。　查看操作指南

添加

添加

图 8 - 16　制作镜像并推送到 SWR 仓库

新建一个 imageTag 参数,如图 8 - 17 所示。

← **111**　基本信息　构建步骤　**参数设置**

自定义参数　系统预定义参数　🔍 请输入名称或

名称	类型
codeBranch	字符串
imageTag	字符串
＋ 新建参数	

图 8 - 17　新建一个 imageTag 参数

　　配置 SWR 仓库相关参数:①组织。SWR 镜像仓库的组织,构建生成的镜像会被推送到这个组织下,这里配置为 melody。②镜像名字。自己取一个名字,生成的镜像就是这个名称,这里配置成 helloworld。③ 镜像标签。其实就是软件的版本号,这里配置为 ${imageTag},每次上传新版本,镜像标签值都会增加 1,如图 8 - 18 所示。
　　执行构建任务后,即可在容器镜像仓库看到生成的镜像,如图 8 - 19 所示。

图 8-18　配置 SWR 仓库相关参数

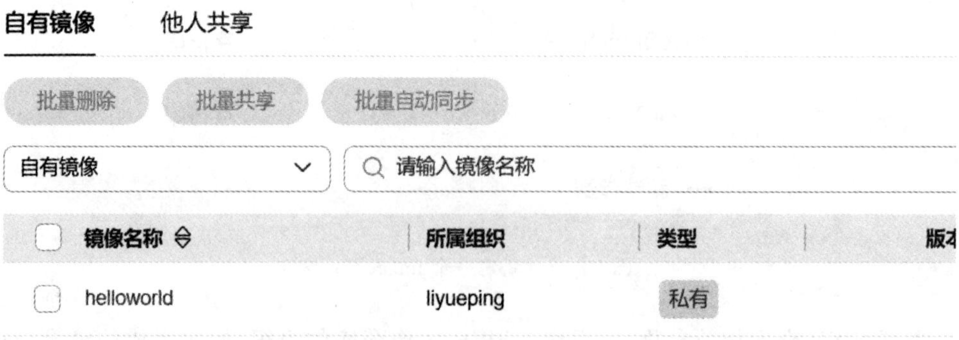

图 8-19　执行构建任务后

4. 创建应用、组件、环境

在控制台搜索"ServiceStage",进入应用管理与运维平台——ServiceStage 控制台,创建应用 helloworld,如图 8-20 所示。

图 8-20　创建应用 helloworld

创建组件(组件相当于一个微服务),这里是一个 Python 微服务而且准备打包成 docker 镜像运行,因此选择了自定义配置→通用。

有了应用和组件后,每个组件(微服务)需要有不同的部署环境。一般企业开发至少有测试环境、生产环境。也可以按照 Devops 流程创建 alpha/beta/gamma/prod 四个环境。本书只创建 helloworld-alpha、helloworld-prod 两个环境,具体创建方式是找到图 8-20 中左侧栏的环境管理项,点击"创建新的环境",如图 8-21 所示。

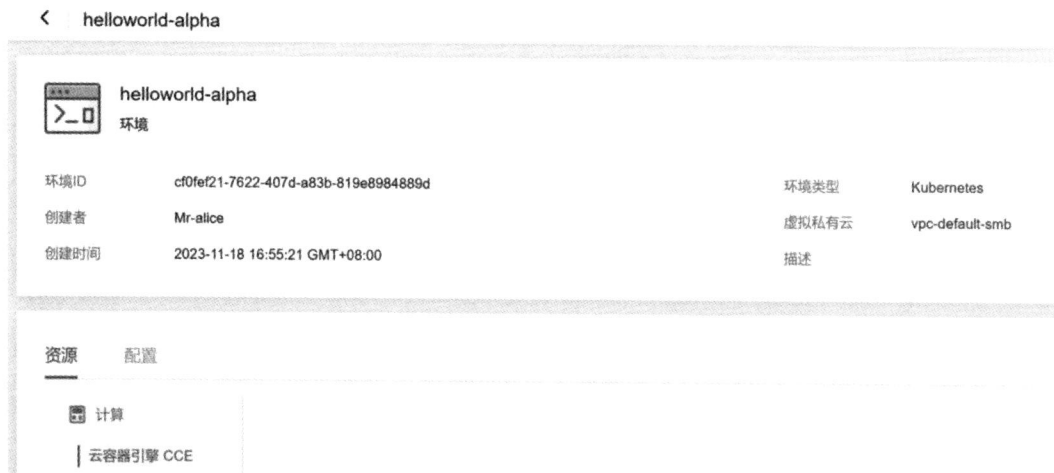

图 8-21　部署环境

由于还没有计算资源,因此从这里直接跳转到云容器引擎(CCE),创建一个 k8s 集群。这样就创建好了应用-组件-环境。

5. 部署

在 DevCloud 创建部署任务,部署到 helloworld 应用——helloworld 组件——helloworld-alpha 环境下。

新建部署任务,选择"空白模板",如图 8-22 所示。

图 8-22 新建部署任务

添加部署步骤:ServiceStage 组件部署 2.0,如图 8-23 所示。

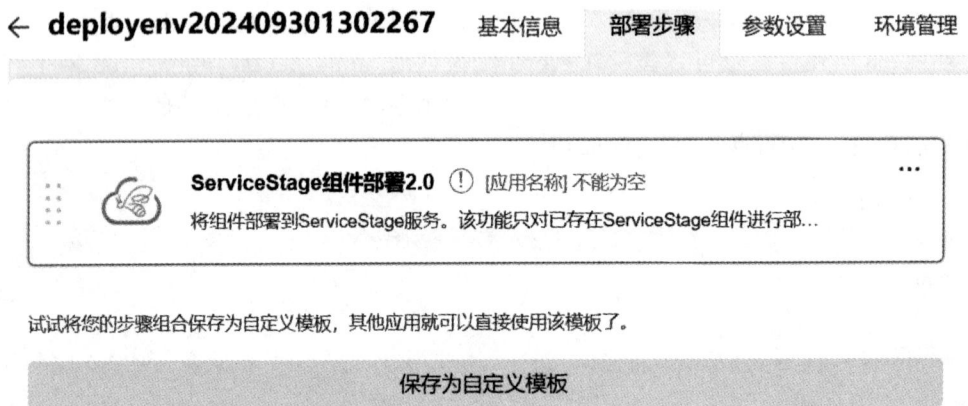

图 8-23 ServiceStage 组件部署

保存执行,服务部署成功。接下来测试服务响应是否成功。由于应用是部署在 CCE (k8s)集群中,所以外部是无法直接访问的,为了访问服务,需在 ServiceStage 平台上为集群设置一个外部访问。

ServiceStage→应用列表→helloworld,如图 8-24 所示。

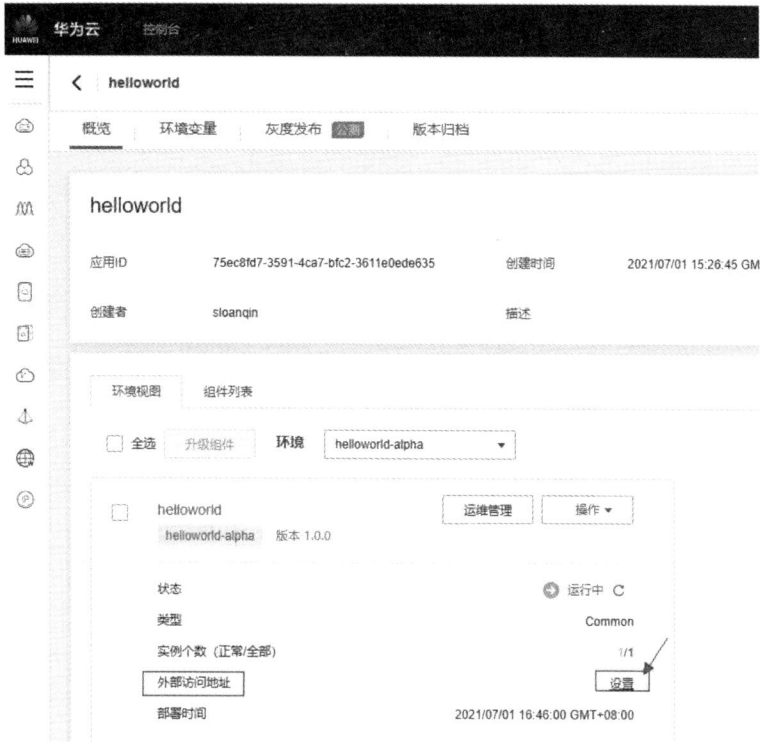

图 8-24　设置测试服务响应

　　设置→添加服务→公网访问。这里设置的是公网访问,使用弹性 IP,因为该集群就是一个节点,用弹性 IP 比较方便,如果是多个节点,那么推荐绑定弹性负载均衡(ELB)。代码开放端口是 9003,因此容器端口设置的是 9003,对外开放的访问端口可自行设置,如图 8-25 所示。

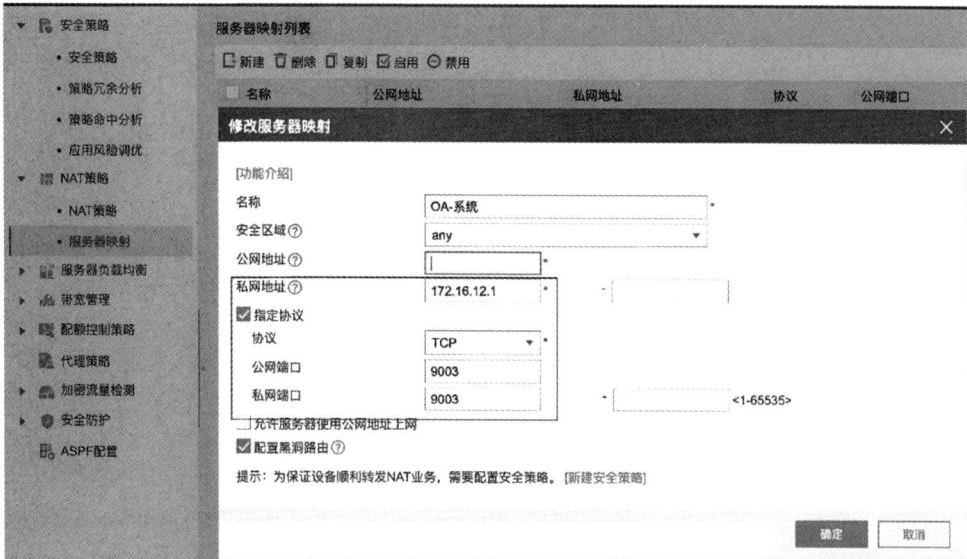

图 8-25　设置公网访问图

创建好后点击访问地址,服务器响应成功。

至此,在 DevCloud 上实现了代码管理、编译构建、发包到镜像仓库、部署到 ServiceStage 管理的 CCE 集群中。有了持续集成、持续部署,企业的研发效率会得到巨大提升,更好地应对业务竞争。

参 考 文 献

[1] 胡思康. 软件工程基础[M]. 4 版. 北京：清华大学出版社，2023.

[2] 吴彦文. 软件工程导论与项目案例教程：微课视频版[M]. 北京：清华大学出版社，2023.

[3] 廖雪峰. 廖雪峰的官方网站—Git 教程[Z/OL]. (2019 - 11 - 13)[2024 - 02 - 20]. https://liaoxuefeng.com/books/git/introduction/index.html.

[4] 贝尔，比尔. GitHub 入门[M]. 李新叶，译. 北京：中国电力出版社，2015.

[5] 尹志宇. 软件工程导论：方法、工具和案例[M]. 北京：清华大学出版社，2022.

[6] 吕云翔. 软件工程导论：双语版[M]. 北京：电子工业出版社，2017.

[7] 彭鑫，游依勇，赵文耘. 现代软件工程基础[M]. 北京：清华大学出版社，2022.

[8] 周利平. BH 公司软件开发项目流程管理改进研究[D]. 苏州：苏州大学，2014.

[9] 龚银锋. 软件项目管理研究与实践：以某广电 BOSS 项目为例[D]. 杭州：浙江工业大学，2013.

[10] 张楠楠. NA 公司多项目敏捷管理研究[D]. 上海：华东理工大学，2017.

[11] 窦万峰. 软件工程方法与实践[M]. 3 版. 北京：机械工业出版社，2016.

[12] 李代平，胡致杰，林显宁. 软件工程[M]. 5 版. 北京：清华大学出版社，2022.

[13] 张海藩，牟永敏. 软件工程导论[M]. 6 版. 北京：清华大学出版社，2013.

[14] 刘学俊，李继芳，刘汉中. 软件工程实务[M]. 杭州：浙江大学出版社，2007.

[15] 普莱斯曼，马克西姆. 软件工程：实践者的研究方法[M]. 8 版. 北京：机械工业出版社，2015.

[16] 沙赫. 软件工程：面向对象和传统的方法[M]. 邓迎春，译. 北京：机械工业出版社，2007.

[17] 邬向前，张大鹏，王宽全. 掌纹识别技术[M]. 北京：科学出版社，2006.

[18] 杨帆，徐俊刚. 一种改进的 Scrum 敏捷软件开发方法[J]. 电子技术，2011，38(9)：22 - 23.

[19] 范少芬. 基于 Scrum 的敏捷测试探讨[J]. 智能计算机与应用，2017，7(5)：111 - 112.

[20] 孙哲南，赫然，王亮，等. 生物特征识别学科发展报告[J]. 中国图象图形学报，2021，26(6)：1254 - 1329.

[21] LIANG X, ZHANG D, LU G M, et al. A novel multicamera system for high-speed touchless palm recognition[J]. IEEE Trans Syst Man Cybern Syst, 2021, 51

(3)：1534 - 1548.

[22] 张坤，张云霞，孙全建. 计算机软件数据库设计的原则及问题研究[J]. 电子技术与软件工程，2022(1)：168 - 171.

[23] 信息产业部电子工业标准化研究所.计算机软件文档编制规范：GB/T 8567—2006[S].北京：国家标准化管理委员会，2006.

[24] 苏光大，王生进，陈健生，等. 公共安全：生物特征识别术语：GB/T 41786—2022[S].北京：国家市场监督管理总局，2022.

[25] TRIPP L L. IEEE Standard for Software Maintenance：IEEE Std 1219—1998[S]. New York：The Institute of Electrical and Electronics Engineers，1998.

[26] Transparency Market Research. Mobile Biometrics Market[EB/OL]. (2022 - 02 - 03)[2024 - 02 - 20]. https：//www. transparencymarketresearch. com/mobile-biometrics - market. html.

[27] 效率工具指北. 深度介绍：2023 年 12 款最佳需求管理工具对比[Z/OL]. (2023 - 07 - 25)[2024 - 02 - 20]. https：//baijiahao. baidu. com/s？ id＝1772358288880916170&wfr＝spider&for＝pc.

[28] Atlassian. Great Outcomes Start with Jira[Z/OL]. (2023 - 12 - 18)[2024 - 02 - 20]. https：//www. atlassian. com/software/jira.

[29] Terry. PingCode 产品怎么样？产品底层逻辑是什么样的？[Z/OL]. (2022 - 04 - 26)[2024 - 02 - 20]. https：//blog. pingcode. com/qi-di-jie-mi-pingcode-xiang-da-zao-de-yan-fa-chan-pin-di-ceng-luo-ji-2.

[30] Xebrio. All - in - One Requirements Management Tool[EB/OL]. (2023 - 03 - 24) [2024 - 02 - 20]. https：//xebrio. com.

[31] Jama Software. Intelligently Improve Your Development Process with Jama Connect@ Requirements Management & Traceability Software[EB/OL]. (2024 - 01 - 15)[2024 - 02 - 20]. https：//www. jamasoftware. com.

[32] Visure Solutions. Centralize Your Requirements，Risk and Testing with an All - In - One Platform [EB/OL]. (2024 - 02 - 03)[2024 - 02 - 20]. https：//visuresolutions. com/tool - suite/requirements - alm - platform.

[33] Modern Requirements. Requirements Management Tools built for Azure DevOps [EB/OL]. (2023 - 12 - 18)[2024 - 02 - 20]. https：//www. modernrequirements. com/products/modern - requirements4devops.

[34] OSSENO Software GmbH. The Smart Tool for Your Requirements Management [EB/OL]. (2022 - 09 - 26)[2024 - 02 - 20]. https：//www. osseno. com/en.

[35] Sparx Systems. Make Your Vision a Reality[Z/OL]. (2023 - 08 - 02)[2024 - 02 - 20]. https：//sparxsystems. com.

[36] Lucid Software. Where Seeing Becomes Doing[Z/OL]. (2024 – 01 – 22)[2024 – 02 – 20]. https://www. lucidchart. com/pages.

[37] Atlassian. Goodbye Silos，Hello Teamwork[Z/OL]. (2022 – 05 – 06)[2024 – 02 – 20]. https://www. atlassian. com/software/confluence.

[38] JGraph. Security – First Diagramming for Teams[Z/OL]. (2023 – 09 – 23)[2024 – 02 – 20]. https://www. drawio. com.

[39] Oracle. MySQL Workbench：Enhanced Data Migration[Z/OL]. (2024 – 02 – 07) [2024 – 02 – 20]. https://www. mysql. com/products/workbench/.

[40] Novalys. PowerDesigner Main Features[Z/OL]. (2023 – 11 – 16)[2024 – 02 – 20]. https://www. powerdesigner. biz/EN/powerdesigner/powerdesigner-features. html ♯ history.

[41] Idera. ER/STUDIO：Translate Complex Data into Business Strategy[Z/OL]. (2023 – 07 – 10)[2024 – 02 – 20]. https://www. idera. com/er – studio – enterprise – architecture – solutions.

[42] 人人文库. 考务系统的分层数据流图实例[Z/OL]. (2022 – 03 – 08)[2024 – 02 – 20]. https://www. renrendoc. com/paper/201782194. html.

[43] 道客巴巴. 软件工程数字字典[Z/OL]. (2012 – 08 – 15)[2024 – 02 – 20]. http:// www. doc88. com/p – 568147870865. html.

[44] Fakhroutdinov K. Online Shopping UML Use Case Diagram Example[Z/OL]. (2024 – 01 – 25)[2024 – 02 – 20]. https://www. uml – diagrams. org/examples/ online – shopping – use – case – diagram – example. html.

[45] 爱伴功. OA 办公系统，进销存系统，项目实施流水纪录单[Z/OL]. (2024 – 01 – 14) [2024 – 02 – 20]. https://abg. baidu. com/view/efebf23a376baf1ffc4fad2c? fr = search – income – top3page.

[46] 软件质量保障. 软件测试入门系列之十：集成测试[Z/OL]. (2021 – 07 – 01)[2024 – 03 – 23]. https://zhuanlan. zhihu. com/p/354967307.

[47] 阿里云. 性能测试(23)：完整性能项目案例[EB/OL]. (2023 – 06 – 07)[2024 – 03 – 23]. https://developer. aliyun. com/article/1243105.

[48] 亿图图示. N – S 图(盒图)详解(附案例)[Z/OL]. (2021 – 04 – 06)[2024 – 03 – 23]. https://blog. csdn. net/Edraw_Max/article/details/115470341? utm_medium = distribute. pc_relevant. none – task – blog – 2～default～baidujs_baidulandingword～ default – 2 – 115470341 – blog – 103239255. 235^v38^pc_relevant_default_base&spm = 1001. 2101. 3001. 4242. 2&utm_relevant_index=5.

[49] ProgramNotes. 程序员必备开发工具(IDE)推荐[Z/OL]. (2019 – 05 – 10)[2024 – 01 – 16]. https://blog. csdn. net/kevinfan2011/article/details/89429188.

［50］ 2023 年 6 款程序员常用 IDE 工具推荐. (2023 - 05 - 08)[2024 - 01 - 16]. https://cloud. tencent. com/developer/article/2282361？ areaSource＝102001. 20＆traceId＝LbRhUki9e8j6 - 0LsCfQPh.